U0376870

翁诗甫　徐怡庄　编著

第三版

傅里叶变换红外光谱分析

化学工业出版社

·北京·

红外光谱作为"分子的指纹"广泛用于分子结构和物质化学组成的研究。《傅里叶变换红外光谱分析》(第三版)系统地介绍了红外光谱的基本概念、傅里叶变换红外光谱学的基本原理、红外光谱仪的结构及其附件原理和使用技术、红外光谱样品制备和测试技术、红外光谱数据处理技术、红外光谱谱图解析、红外光谱的定性分析和未知物的剖析、红外光谱的定量分析等。

《傅里叶变换红外光谱分析》(第三版)可供从事红外光谱分析测试工作者学习参考,也可作为高等院校化学、化工、材料、环境及相关专业师生的教学参考书。

图书在版编目(CIP)数据

傅里叶变换红外光谱分析/翁诗甫,徐怡庄编著. —3 版.
北京:化学工业出版社,2016.4(2025.1 重印)
 ISBN 978-7-122-26218-9

Ⅰ.①傅… Ⅱ.①翁…②徐… Ⅲ.①傅里叶变换光谱学 Ⅳ.①O433

中国版本图书馆 CIP 数据核字(2016)第 022849 号

责任编辑:杜进祥　　　　　　　　装帧设计:尹琳琳
责任校对:王素芹

出版发行　化学工业出版社
　　　　　(北京市东城区青年湖南街 13 号　邮政编码 100011)
印　　装　北京虎彩文化传播有限公司
850mm×1168mm　1/32　印张 16½　字数 441 千字
2025 年 1 月北京第 3 版第 8 次印刷

购书咨询:010-64518888　　　　　　售后服务:010-64518899
网　　址:http://www.cip.com.cn

凡购买本书,如有缺损质量问题,本社销售中心负责调换。

定　　价:79.00 元

前言

本书第一版书名《傅里叶变换红外光谱仪》于 2005 年出版，第二版书名改为《傅里叶变换红外光谱分析》于 2010 年出版。第二版出版后，作为红外光谱分析测试工作者和高等院校学习红外光谱测试和分析的本科生和研究生的参考用书，深受欢迎。五年来，又出现了一些新的红外仪器和新的红外附件。本书再版的目的，一方面是为了尽量体现最新的红外光谱技术，另一方面是将 35 年来北京大学化学学院红外光谱实验室全体老师和研究生在红外光谱教学、科研和分析测试工作中积累的知识、经验和光谱数据呈现给广大读者。本书中所录用的红外光谱数据绝大部分是在尼高力 (Nicolet) 仪器公司的红外和拉曼仪器上测试得来的。

本书第三版在第二版的基础上进行修订。原书的第 2 章 "傅里叶变换红外光谱学的基本原理"、第 5 章 "红外光谱样品制备和测试技术" 和第 6 章 "红外光谱数据处理技术" 内容改动很少；第 1 章 "红外光谱的基本概念" 和第 4 章 "傅里叶变换红外光谱仪附件" 改动较多；第 3 章 "傅里叶变换红外光谱仪" 和第 9 章 "红外光谱仪的保养和维护" 合并为第 3 章；原书的第 8 章 "基团的振动频率分析" 是按照基团分类进行分析的，在第三版中改为第 7 章 "红外光谱谱图解析"，按化合物分类进行谱图解析，在解析时，为了便于理解，加入了许多谱图；在第三版中，添加第 8 章 "红外光谱的定性分析和未知物的剖析"；将原书第 7 章 "红外光谱的定量分析和未知物的剖析" 改为第 9 章 "红外光谱的定量分析"。本书第三版对第二版内容修订较多，尤其是第 7 章内容全部重新编写。其他章节有的重新编写，有的进行添加，还有一些章节进行了删除、合并。

作者在编写第三版过程中，得到黎乐民、吴瑾光、杨键、耿刚、张元福、刘建华、贺安琪等老师的帮助和支持，在此向他们表示由衷的感谢。本书虽经再三修改，仍有些光谱现象难以解析。书中内容若存在不妥之处，敬请读者不吝赐教。

翁诗甫　徐怡庄
2015 年 10 月于北京大学

第一版前言

从 20 世纪 70 年代到现在的 30 多年中，傅里叶变换红外光谱技术（FTIR）发展非常迅速，FTIR 光谱仪的更新换代很快。现在世界上许多生产 FTIR 光谱仪的公司，每 3～5 年就推出新型号 FTIR 光谱仪。随着傅里叶变换红外光谱技术的不断发展，红外光谱仪附件也在不断地发展，不断地更新换代。新的、先进的红外光谱仪附件的出现，使红外光谱仪附件的功能不断地扩大，性能不断地提高，使红外光谱技术得到更加广泛的应用。

我国从 20 世纪 70 年代就开始从国外引进傅里叶变换红外光谱仪。进入 80 年代，开始大批量引进 FTIR 光谱仪。80 年代中后期，北京瑞利分析仪器公司（北京第二光学仪器厂）引进美国 Analect 仪器公司的 FTIR 技术，开始生产 FTIR 光谱仪。到 2004 年为止，我国 FTIR 光谱仪的保有量已经达到 3000 台左右。FTIR 光谱仪遍布我国高等院校、科研机构、厂矿企业和各个分析测试部门，在教学、科研和分析测试中发挥着越来越重要的作用。

红外光谱属于分子光谱，分子光谱是四大谱学之一。红外光谱和核磁共振光谱、质谱、紫外光谱一样，是确定分子组成和结构的有力工具。根据未知物红外光谱中吸收峰的强度、位置和形状，可以确定该未知物分子中包含有哪些基团，从而推断该未知物的结构。

红外光谱分析技术的优点是灵敏度高、波数准确、重复性好。红外光谱可以分析超薄薄膜（纳米级）样品，利用红外光谱附件（如红外显微镜）可以分析微克级，甚至纳克级的样品。

红外光谱可以用于定性分析，也可以用于定量分析，还可以对未知物进行剖析。红外光谱应用范围非常广泛，可以说，对于任何样品，都可以得到一张红外光谱。对固体、液体或气体样品，对单一组分的纯净物和多种组分的混合物都可以用红外光谱法测定。红外光谱可以用于有机物、无机物、聚合物、配位化合物的分析，也可用于复合材料、木材、粮食、饰物、土壤、岩石、各种矿物、包裹体等的分析。因此，红外光谱是教学、科研领域必不可少的分析技术，在化工、冶金、地矿、石油、煤炭、医药、环境、农业、海关、宝石鉴定、文物、公检法等部门得到广泛的应用。

　　本书作者在北京大学红外光谱实验室从事红外谱学基础研究和分析测试工作已有 26 载。20 多年来，红外光谱实验室的全体老师和研究生在红外光谱的教学、科研和分析测试工作中积累了十分丰富的经验。本书虽然由作者执笔，但内容却是全体同仁智慧的结晶。在本书书写过程中，作者与北京大学徐光宪院士、吴瑾光教授、尼高力仪器公司维修工程师经理杨健同志进行许多有益的讨论。徐光宪院士审阅了本书中有关理论部分的书稿，吴瑾光教授对全部书稿进行了逐字审阅，杨健同志审阅了本书第 2、3、6、7、10 章的书稿。他们对书稿提出了许多宝贵的修改意见。在此向他们表示衷心的感谢！

　　由于本书编写时间所限，加之作者理论水平有限，书中不妥或错误之处在所难免，祈请读者不吝批评和指正。

翁诗甫
于北京大学化学学院
2005 年 4 月 10 日

第二版前言

本书第一版《傅里叶变换红外光谱仪》自 2005 年发行以来，受到红外光谱分析测试工作者的广泛欢迎，成为高等院校红外光谱教学的参考用书，也成为红外光谱培训班的教学和参考用书。几年来，我们认真收集读者的反馈意见，针对这几年来出现的新红外光谱仪器和新的红外光谱仪附件，为了反映最新的红外技术，对本书第一版进行了修改。

本次修订书名改为《傅里叶变换红外光谱分析》。本书第二版仍保留了第一版深入浅出、通俗易懂、注重实例的特色，在第一版的基础上删除了一部分内容，增加了一些新内容。为了节省篇幅，删除了一部分不重要的图片。原书的第 8 章和第 10 章内容基本上没有改动。将原书第 3 章"傅里叶变换红外光谱仪"和第 7 章"远红外和近红外光谱简介"合并为一章，其中一些内容作了修改或删除。其他章节的排列顺序作了调整，变动较大，具体内容也作了适当精简。有些章节删除了，有些章节合并了，有些章节重新编写了。

在本书编写过程中，吴瑾光、杨健、徐怡庄、杨展澜、李维红、张元福、刘建华等提供了大力帮助和支持，在此谨向他们表示真诚的谢意。本书有不尽如人意的地方，敬请读者批评指正。

翁诗甫

2009 年 10 月于北京大学

目 录

第1章

红外光谱的基本概念

1.1 红外光谱的产生和红外光谱区间的划分

采用傅里叶变换红外（Fourier transform infrared，FTIR）光谱仪测定样品的红外光谱时，使用的红外光源是连续波长的光源。连续波长光源照射红外样品后，样品中的分子会吸收某些波长的光。没有被吸收的光到达检测器，检测器将检测到的光信号经过模数转换，再经过傅里叶变换，即可以得到样品的单光束光谱。为了得到样品的红外光谱，需要从样品的单光束光谱中扣除掉背景的单光束光谱，也就是需要测试红外光不经过样品的情况下得到的背景单光束光谱。这样得到的背景单光束光谱中包含了仪器内部各种零部件和空气的信息。在测试样品的单光束光谱和测试背景的单光束光谱时，这些信息是完全相同的。所以，从样品的单光束光谱中扣除掉背景的单光束光谱后就得到样品的红外透射光谱。

在红外光谱中，在被吸收的光的波长或波数位置会出现吸收峰。某一波长的光被吸收得越多，透射率就越低，吸收峰就越强。当样品分子吸收很多种波长的光时，在测得的红外光谱中就会出现许多吸收峰。

红外透射光谱的纵坐标有两种表示方法，即透射率 T（％，Transmittance）和吸光度 A（Absorbance）。纵坐标采用透射率 T 表示的光谱称为透射率光谱，纵坐标采用吸光度 A 表示的光谱称为吸光度光谱。

某一波长（或波数）光的透射率 $T_{(\nu)}$ 是红外光透过样品后的光强 $I_{(\nu)}$ 和红外光透过背景（通常是空光路）的光强 $I_{0(\nu)}$ 的比值。通常采用透射率（T）表示。

$$T_{(\nu)} = \frac{I_{(\nu)}}{I_{0(\nu)}} \times 100\%$$

某一波长（或波数）光的吸收强度即吸光度 $A_{(\nu)}$ 是透射率 $T_{(\nu)}$ 倒数的对数

$$A_{(\nu)} = \lg \frac{1}{T_{(\nu)}}$$

透射率光谱和吸光度光谱之间可以相互转换。透射率光谱虽然能直观地看出样品对不同波长红外光的吸收情况，但是透射率光谱的透射率与样品的含量不成正比关系，即透射率光谱不能用于红外光谱的定量分析，要进行定量分析，必须将透射率光谱转换成吸光度光谱。吸光度光谱的吸光度值 A 在一定范围内与样品的厚度和样品的浓度成正比关系，即吸光度光谱能用于红外光谱的定量分析，所以现在的红外光谱图大都采用吸光度光谱表示。

光谱图的横坐标通常采用波数（cm^{-1}）表示，也可以采用波长（μm）或（nm）表示。

$$1\mu m = 1000nm$$

$$1cm = 10000\mu m$$

波长和波数的关系为

波长（μm）×波数（cm^{-1}）=10000

红外光谱工作者通常将红外光谱区间划分为三个区域，即近红外区、中红外区和远红外区。测试这三个区间的红外光谱所用的红外仪器或仪器内部的配置是不相同的，这三个区间所获得的光谱信息也不相同。表 1-1 列出了这三个红外区所对应的波长和波数。

表 1-1　不同红外区对应的波长和波数

区间	波长/μm	波数/cm^{-1}	区间	波长/μm	波数/cm^{-1}
近红外区	0.78~2.5	12800~4000	远红外区	25~1000	400~10
中红外区	2.5~25	4000~400			

这三个红外区之间的划分没有非常严格的界线。近红外区出现的是倍频峰和合频峰，但倍频峰和合频峰也会在中红外区出现。中红外区出现的振动频率主要是基频频率和指纹频率。气体分子的转动光谱、氧化物的光谱主要出现在远红外区和中红外区的低频区。

1.2 分子的量子化能级

一切物质都有运动，分子是由共价键把原子连接起来的、能独立存在的物质微粒，因而分子也有运动。分子运动服从量子力学规律。按照量子力学的 Born-Oppenheimer 近似，分子运动的能量由平动能、转动能、振动能和电子能四部分组成。因此，分子运动的能量 E 可以表示为：

$$E = E_{平} + E_{转} + E_{振} + E_{电} \tag{1-1}$$

分子的平移运动能级间隔非常小，可以看作是连续变化的，分子的电子运动、振动和转动都是量子化的。图 1-1 示出分子的量子化能级。

分子从较低的能级 E_1，吸收一个能量为 $h\tilde{\nu}$ 的光子，可以跃迁到较高的能级 E_2，但需满足下列能量守恒关系式：

$$\Delta E = E_2 - E_1 = h\tilde{\nu} \tag{1-2}$$

式中，ΔE 的单位为 J（焦）；h 是普朗克常数，等于 6.626×10^{-34} J·s；$\tilde{\nu}$ 是光的频率，$\tilde{\nu} =$ 光速(c)/波长(λ)，$\tilde{\nu}$ 的单位是 s^{-1}；E_1 和 E_2 分别表示能级 1 和能级 2 的能量。

反之，分子由较高的能级 E_2 跃迁回到较低的能级 E_1 时可以发出一个能量为 $h\tilde{\nu}$ 的光子。

由式（1-2）可知，能级 E_2 态与能级 E_1 态之间的能级差越大，分子所吸收的光的频率越高，即波长越短。相反，如果二者之间能级差越小，分子所吸收的光的频率就越低，即波长越长。

从图 1-1 可以看出，分子的转动能级之间比较接近，也就是能级差较小。分子吸收能量低的低频光产生转动跃迁，低频光在红外

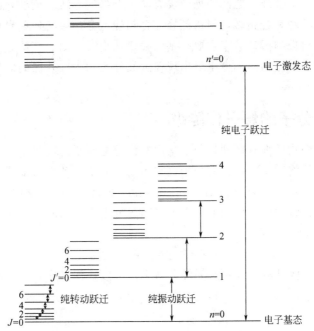

图 1-1　分子的量子化能级示意图

（电子能级的实际间隔要比图中所示的间隔大得多，而转动
能级的间隔则要比图中所示的间隔要小得多）

波段中处于远红外区。所以分子的纯转动光谱出现在远红外区。振动能级间隔比转动能级间隔大得多，所以，振动能级的跃迁频率比转动能级的跃迁频率高得多。分子中原子之间振动所吸收的红外光频率处于中红外区，所以分子中原子之间的纯振动光谱出现在中红外区。电子能级之间的间隔比振动能级间隔大得多，电子能级之间的跃迁频率已经超出红外区，电子光谱落入紫外-可见区，已超出了本书讨论的范围。

量子力学指出，并非所有这些能级间的跃迁都是可能的。有些跃迁是允许的，而有些跃迁是禁阻的。也就是说，能级之间的跃迁要遵循一定的规律，即所谓的选律。而选律是由分子的对称性决定的。

振动光谱选律表述如下：振动光谱分为红外光谱和拉曼光谱。从量子力学的观点来看，如果振动时，分子的偶极矩发生变化，则该振动是红外活性的；如果振动时分子的极化率发生变化，则该振动是拉曼活性的；如果振动时，分子的偶极矩和极化率都发生变化，则该振动既是红外活性的，也是拉曼活性的。

本书主要讨论分子振动光谱和转动光谱。

1.3 分子的转动光谱

分子的转动光谱主要是指气体分子发生转动能级跃迁时在红外光区段产生的光谱信号。由于气体中分子之间的距离很大，分子可以自由转动，吸收光辐射后，能观察到气体分子转动光谱的精细结构。液体中分子之间的距离很短，分子之间的碰撞使分子的转动能级受到微扰，因此观察不到液体分子转动光谱的精细结构。

每个非直线型气体分子都可以围绕通过分子重心的三个轴转动（x、y、z 轴），直线型气体分子可以围绕两个轴转动，因为围绕价键轴转动不产生偶极矩变化，在红外光谱中观测不到相应的转动跃迁信号。对于双原子分子，如 CO，可以围绕两个轴转动，如图 1-2 所示。CO 分子不存在围绕价键轴（a 轴）转动的问题。当 CO 分子围绕通过分子重心并垂直价键轴（b 轴和 c 轴）转动时，分子的偶极矩发生变化，吸收红外光，因而在红外区出现转动光谱。气体分子的转动光谱大多数出现在微波区和远红外区。

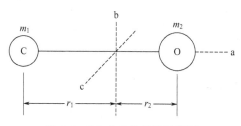

图 1-2　CO 分子的转动示意图

1.3.1 转动能级

分子的转动能级是量子化的。把双原子分子看作刚性双原子分子，所允许的转动能级由下式计算：

$$E_{转} = \frac{h^2}{8\pi^2 I} J(J+1) \qquad (1\text{-}3)$$

$$= BhcJ(J+1) \qquad (1\text{-}4)$$

式中，J 是转动量子数（$J = 0, 1, 2, 3, \cdots$）；h 是普朗克常数；c 是光速；B 是转动常数，单位为 cm^{-1}；I 是转动轴垂直于价键轴的转动惯量。

$$B = \frac{h}{8\pi^2 Ic} \qquad (1\text{-}5)$$

$$I = \frac{m_1 m_2}{m_1 + m_2} r^2 = \mu r^2 \qquad (1\text{-}6)$$

式中，m_1 和 m_2 分别表示两个原子的质量；μ 称为双原子分子的折合质量，$\mu = m_1 m_2 / (m_1 + m_2)$；$r$ 表示两个原子核之间的距离。

从式（1-6）可以看出，分子的折合质量 μ 越大，分子的转动惯量 I 越大；原子核之间的距离 r 越大，分子的转动惯量越大。而从式（1-3）可以看出，分子的转动惯量越大，分子的转动能量 $E_{转}$ 越小。

将 $J = 0, 1, 2, 3, 4$ 分别代入式（1-4）得到各个转动能级的能量（见表1-2）。

表 1-2　转动量子数和转动能级能量的关系

J	$E_{转}/J$(焦)	J	$E_{转}/J$(焦)
0	0	3	$12Bhc$
1	$2Bhc$	4	$20Bhc$
2	$6Bhc$		

表1-2中的数据说明，分子转动能级的间隔随着转动量子数 J 的增加而加大。刚性双原子分子的转动能级如图1-3所示。从

图 1-3可以看出，转动能级之间的距离是不等的，从转动能级的基态到高能级态，相邻两个能级之间的能级差依次为 $2Bhc$，$4Bhc$，$6Bhc$，$8Bhc$，…。单位为 J（焦）。

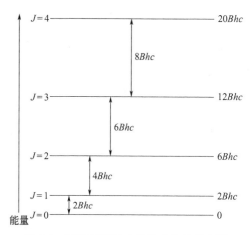

图 1-3　刚性双原子分子转动能级示意图

1.3.2　转动频率

　　根据量子力学，非极性的双原子分子转动时偶极矩不发生变化，不吸收红外光，不产生转动光谱，如 O_2、N_2、H_2 等。对于极性的双原子分子，如 CO、HF、HCl 等，当分子围绕通过分子重心并垂直价键轴转动时，偶极矩发生变化，吸收红外光，使转动能级跃迁。转动能级跃迁的选律是 $\Delta J = \pm 1$。$\Delta J = 1$ 说明转动能级跃迁只能是从低能级态转动量子数向相邻的高能级态转动量子数跃迁。

　　当从低能级态转动量子数 J 向相邻的高能级态转动量子数 $J+1$跃迁时，分子转动能量的增加 $\Delta E_{转}$ 为

$$\Delta E_{转} = E_{J+1} - E_J$$
$$= Bhc(J+1)(J+2) - BhcJ(J+1)$$
$$= 2Bhc(J+1) \tag{1-7}$$

从低能级态转动量子数 J 向相邻的高能级态转动量子数 $J+1$ 跃迁时,分子吸收红外光的频率等于分子纯转动光谱的频率 ν。

由式 (1-2) 可知

$$\Delta E_{转} = h\tilde{\nu} = \frac{hc}{\lambda} = hc\nu \tag{1-8}$$

当光速 c 的单位以 cm/s 表示,波长 λ 的单位以 cm 表示时,分子吸收红外光波数 ν 的单位为 cm^{-1}。由式 (1-7) 和式(1-8)得

$$\nu = \frac{\Delta E_{转}}{hc} = \frac{2Bhc(J+1)}{hc} = 2B(J+1) \tag{1-9}$$

式中,$J=0,1,2,3,\cdots$。将 $J=0,1,2,3$ 分别代入式 (1-9),得到转动量子数从 $0 \rightarrow 1$,$1 \rightarrow 2$,$2 \rightarrow 3$ 和 $3 \rightarrow 4$ 跃迁时的转动光谱频率(见表 1-3)。

表 1-3　刚性双原子分子的转动光谱频率

转动能级跃迁	纯转动光谱频率 ν/cm^{-1}	转动能级跃迁	纯转动光谱频率 ν/cm^{-1}
$J=0 \rightarrow 1$	$2B$	$J=2 \rightarrow 3$	$6B$
$J=1 \rightarrow 2$	$4B$	$J=3 \rightarrow 4$	$8B$

表 1-3 中的数据说明,刚性双原子分子的纯转动光谱应该是一系列等间距的谱线。相邻两条谱线之间的间隔为 $2B$,如图 1-4 所示。

相邻两条谱线间隔的大小由 B 值决定。B 值越大,两条谱线间隔越大。

将式 (1-5) 和式 (1-6) 合并,得到 B 值:

$$B = \frac{h}{8\pi^2 \mu r^2 c} \tag{1-10}$$

从式 (1-10) 可知,双原子分子的核间距 r 越小,转动光谱两条谱线间隔越大;体系的折合质量 μ 越小,两条谱线间隔越大。

从实测双原子分子转动光谱中相邻的两个吸收峰的波数,根据式 (1-10) 可以求出核间距。表 1-4 列出 CO 和 HF 的部分纯转动光谱频率和谱线间隔。CO 和 HF 的谱线间隔分别为 $3.84cm^{-1}$ 和

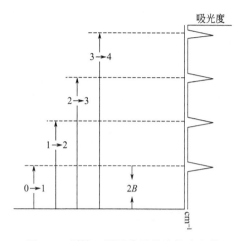

图 1-4　刚性双原子分子的纯转动光谱

$41.11cm^{-1}$。由式（1-10）计算得到 CO 和 HF 分子的核间距分别为 0.113nm（1.13Å）和 0.093nm（0.93Å）。

表 1-4　CO 和 HF 的部分纯转动光谱频率和谱线间隔

J	$\nu(CO)/cm^{-1}$	CO 谱线间隔 $2B/cm^{-1}$	$\nu(HF)/cm^{-1}$	HF 谱线间隔 $2B/cm^{-1}$
0	3.85	3.85	41.08	41.08
1	7.69	3.84	82.19	41.11
2	11.53	3.84	123.15	40.96
3	15.38	3.85	164.00	40.85
4	19.22	3.84	204.62	40.62
5	23.07	3.85	244.93	40.31
6	26.91	3.84	285.01	40.08
7	30.75	3.84	324.65	39.64
8	34.59	3.84	363.93	39.28
9	38.43	3.84	402.82	38.89
10	42.26	3.83	441.13	38.31

从表 1-4 中的 HF 谱线间隔可知，随着 J 的增加，谱线间隔

$2B$ 值逐渐减少。这是由于 B 反比于核间距 r^2。J 值越大，分子的转动速度越快，离心力会引起键长伸长，即核间距 r 会增大，所以 B 值会逐渐减少。

从表 1-4 还可以看出，由于 CO 分子的折合质量比 HF 分子的折合质量大，CO 的 B 值比 HF 的小，所以 CO 分子的转动光谱谱线间隔比 HF 的小。分子的质量愈重，转动惯量愈大，B 值愈小，谱线波长愈长。所以质量重的分子转动光谱落在微波区，而质量轻的分子转动光谱落在远红外区。

1.4 分子的纯振动光谱

从图 1-1 可以看出，分子的振动能级间隔比转动能级间隔大得多，当分子吸收红外辐射，在振动能级之间跃迁时，不可避免地会伴随着转动能级的跃迁，因此，无法测得纯的振动光谱，实际测得的是分子的振动-转动光谱。为了便于讨论，先不考虑转动光谱对振动光谱的影响，只讨论纯振动光谱。

分子中原子之间的振动能级是量子化的。把分子的振动用谐振子模型加以描述，若振动能级由 $n=0$ 向 $n=1$ 跃迁，即当振动量子数由 $n=0$ 变到 $n=1$ 时，分子所吸收光的波数等于谐振子的振动频率，这种振动叫作基频振动，基频振动的频率叫作基频。

1.4.1 双原子分子的伸缩振动

从量子力学的角度来考虑，双原子分子两个原子核之间的振动可以简化成质量为 μ 的单个质点的运动。该质点相对于其平衡位置的位移 q 等于核间距的变化。可以近似地把这个质点看作是一个谐振子。这个谐振子的动能 T 和势能 V 分别为

$$T = \frac{1}{2}\mu \dot{q}^2 \tag{1-11}$$

$$V = \frac{1}{2}kq^2 \tag{1-12}$$

式中，k 是振动力常数。

量子力学证明，谐振子的总能量是量子化的。其能量为

$$E_{振} = h\widetilde{\nu}\left(n + \frac{1}{2}\right) \tag{1-13}$$

式中，$E_{振}$ 的单位是 J（焦）；n 是振动量子数（$n = 0,1,2,3,\cdots$）；h 是普朗克常数；$\widetilde{\nu}$ 是谐振子的振动频率，单位是 s^{-1}，其值由下式决定：

$$\widetilde{\nu} = \frac{1}{2\pi}\sqrt{\frac{k}{\mu}} \tag{1-14}$$

将式（1-14）代入式（1-13），得谐振子的总能量：

$$E_{振} = \frac{h}{2\pi}\sqrt{\frac{k}{\mu}}\left(n + \frac{1}{2}\right) \tag{1-15}$$

根据谐振子选择定则，凡符合 $\Delta n = \pm 1$ 的跃迁都是允许的。从式（1-15）可以计算出，相邻振动能级间的间隔是相等的。因为 $n = 0,1,2,3,\cdots$，所以谐振子可以从 $0\rightarrow1$，$1\rightarrow2$，$2\rightarrow3$，$\cdots\cdots$ 跃迁。然而，按照麦克斯韦-波尔兹曼分布定律，绝大多数的振动能级跃迁都是从电子基态中的 $n = 0$ 向 $n = 1$ 能级跃迁。

当振动能级从 $n = 0$ 向 $n = 1$ 跃迁时，其能量变化为

$$\Delta E_{振} = \frac{h}{2\pi}\sqrt{\frac{k}{\mu}} = h\widetilde{\nu} = \frac{hc}{\lambda} = hc\nu \tag{1-16}$$

式中，h 是普朗克常数；$\widetilde{\nu}$ 是光的频率，单位为 s^{-1}；c 是光速；λ 是光的波长。当 c 以 cm/s 为单位，λ 以 cm 为单位时，即得到谐振子基频振动吸收波数 ν（cm^{-1}）：

$$\nu = \frac{1}{2\pi c}\sqrt{\frac{k}{\mu}} \tag{1-17}$$

式（1-17）是双原子分子振动的经典方程。

如果知道振动力常数 k，从式（1-17）可以计算出双原子分子的基频振动吸收波数 ν（cm^{-1}）。相反，如果知道双原子分子的基频振动吸收波数 ν（cm^{-1}），就可以计算出力常数 k。

因为双原子分子的力常数 k 只与电子云密度和核电荷有关而

与质量无关。同种元素，k 值相同。因此，利用式（1-17）不仅可以计算双原子分子同位素的基频振动频率，而且还可以近似地应用于多原子分子同位素中的伸缩振动和弯曲振动频率的计算。从式（1-17）得到

$$\frac{\nu_1}{\nu_2} = \sqrt{\frac{\mu_2}{\mu_1}}$$
(1-18)

式中，ν_1 和 ν_2 分别表示两种同位素的振动频率；μ_1 和 μ_2 分别表示两种同位素的折合质量。例如，μ_1 和 μ_2 分别代表 O—H 和 O—D 的折合质量，$\sqrt{\frac{\mu_2}{\mu_1}} = 1.374$。$H_2O$ 的伸缩振动 $\nu_{O-H} = 3400cm^{-1}$ 和变角振动 $\delta_{H-O-H} = 1640cm^{-1}$，$\frac{\nu_1}{\nu_2} = \sqrt{\frac{\mu_2}{\mu_1}} = 1.374$，可以计算得 D_2O 的伸缩振动 $\nu_{O-D} = 2470cm^{-1}$ 和变角振动 $\delta_{D-O-D} = 1194cm^{-1}$。实际测得 D_2O 的伸缩振动 $\nu_{O-D} = 2507cm^{-1}$ 和变角振动 $\delta_{D-O-D} = 1209cm^{-1}$。计算值和实测值非常接近。

1.4.2 多原子分子的振动

在双原子分子中，伸缩振动是沿着两个核的连线进行的。但在多原子分子中，振动情况要复杂得多，因为分子中所有的原子都围绕其平衡位置分别以不同的振幅进行着各自的简谐振动。在多原子分子中，除了两个原子之间的伸缩振动外，还有三个或三个以上原子之间的伸缩振动，此外，还存在各种模式的弯曲振动。多原子分子的所有这些振动称简正振动。

在多原子分子中，简正振动的数目与原子个数和分子构型有关。由 N 个原子组成的非线形分子，其简正振动数目为 $3N-6$ 个；对于线形分子，其简正振动数目为 $3N-5$ 个。这是因为，在直角坐标系中，每个原子核的运动有三个自由度，描述由 N 个原子组成的分子所有的原子核的运动，需要 $3N$ 个自由度（x_i，y_i，和 z_i，$i=1$，2，3，…，n）。多原子分子作为一个整体，其质心的平动需要用三个坐标来描述（三个平动自由度），转动也需要用

三个坐标来描述（三个转动自由度）。所以，描述 N 个原子组成的分子有固定方位时各个原子核的相对运动，即振动，只剩下 $3N-6$ 个自由度，或者换句话说，有 $3N-6$ 个简正振动。但是，对于线形分子，转动只需要两个坐标来描述，因为它没有围绕分子轴转动的自由度，所以，线形分子有 $3N-5$ 个振动自由度，即 $3N-5$ 个简正振动。

在多原子分子红外光谱中，基频振动谱带的数目等于或少于简正振动的数目。随着分子中原子数目的增多，基频振动的数目会远远地少于简正振动的数目。这是由于：①并非所有的简正振动都是红外活性的，有些简正振动是非红外活性的；②对称性相同的同种基团的简正振动频率发生简并，即它们的简正振动频率重叠在一起，只出现一个吸收谱带。

下面举几个例子说明多原子分子光谱中，基频振动谱带数目和简正振动数目之间的差异。

例 1-1 气体水分子 H_2O 是非线形分子，应该有 $3N-6=3\times3-6=3$ 个简正振动。这三个简正振动模式如图 1-5 所示。

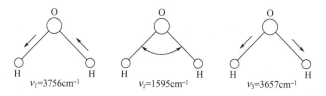

图 1-5　气体水分子的简正振动模式

图 1-5 中气体水分子的三种简正振动在振动过程中都伴随着偶极矩的变化。所以，这三种简正振动模式都是红外活性的。在红外光谱中实际观察到气体水分子的三个基频振动谱带：H_2O 的对称伸缩振动 $\nu_1=3756\text{cm}^{-1}$；H_2O 的变角振动 $\nu_2=1595\text{cm}^{-1}$；H_2O 的反对称伸缩振动 $\nu_3=3657\text{cm}^{-1}$。

在液体水中，$\nu_1=3615\text{cm}^{-1}$；$\nu_3=3450\text{cm}^{-1}$。由于水分子之间形成很强的氢键，形成缔合水，使 H_2O 的反对称伸缩振动和对称伸缩振动重叠在一起，形成一个宽谱带，这个宽谱带的中心位置在 3400cm⁻¹ 左右。液体水的变角振动 $\nu_2=1640\text{cm}^{-1}$。

以上事实说明，水分子的基频振动谱带数目等于简正振动数目。

例 1-2 二氧化碳分子 CO_2 是线形分子，应该有 $3N-5=3\times 3-5=4$ 个简正振动。这 4 个简正振动模式如图 1-6 所示。

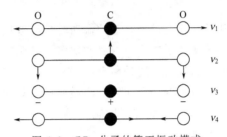

图 1-6　CO_2 分子的简正振动模式

（"＋"表示运动方向垂直纸面向上；"－"表示
运动方向垂直纸面向下）

图 1-6 中的 ν_1 是 CO_2 的对称伸缩振动，在振动过程中偶极矩不发生变化，这种简正振动是非红外活性的，在红外光谱中不出现吸收谱带；ν_2 和 ν_3 是 CO_2 的弯曲振动，是红外活性的，这两个振动的频率完全相同，发生简并；ν_4 是 CO_2 的反对称伸缩振动，是红外活性的。所以，在 CO_2 的红外光谱中，只在 669cm⁻¹ 和 2349cm⁻¹ 处出现两个基频振动谱带。

在 CO_2 分子的 4 个简正振动模式中，其中一个是拉曼活性的，两个发生简并，所以，在 CO_2 分子的红外光谱中，基频振动数目少于简正振动数目。

例 1-3 正十四烷 $CH_3(CH_2)_{12}CH_3$ 分子是非线形分子，应该有 $3N-6=3\times 44-6=126$ 个简正振动。正十四烷的红外光谱如图 1-7 所示。

在正十四烷的红外光谱中，只观察到 CH_3 的对称（2872cm⁻¹）和反对称（2957cm⁻¹）伸缩振动；CH_2 的对称（2854cm⁻¹）和反对称（2924cm⁻¹）伸缩振动；CH_2 的弯曲振动（1467cm⁻¹）；CH_3 的对称弯曲振动（1378cm⁻¹）和 CH_2 的面内

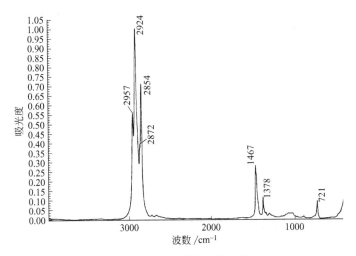

图 1-7　正十四烷的红外光谱

摇摆振动（721cm^{-1}）。由于 C—C 伸缩振动的偶极矩变化很小，红外吸收谱带非常弱。在正十四烷分子中，12 个 CH$_2$ 基团相同的振动频率发生简并，使实际测得的基频振动谱带大大地减少。

在正十四烷的红外光谱中，只观察到 7 个明显的基频振动谱带，这个数目远远小于 126 个简正振动数目。

1.5　分子的振-转光谱

当分子吸收红外光，从低能级态的振动能级 $n=0$ 向相邻的高能级态振动能级 $n=1$ 跃迁时，得到的纯振动光谱应该是线状光谱。但是实际上，不可能得到线状的纯振动光谱，得到的是宽的红外谱带。这是因为在振动能级跃迁时，总是伴随着转动能级的跃迁。

图 1-8 所示是采用不同分辨率测得的空气中 CO$_2$ 气体的吸收光谱。当用 0.125cm^{-1} 分辨率测定光谱时，在 2390～2280cm^{-1} CO$_2$ 反对称伸缩振动区间，可以看到很多条近乎线状的、彼此间

隔相等的振-转光谱（光谱 A）。随着测量分辨率的逐渐降低，线状振-转光谱逐渐消失，当分辨率降到 $4cm^{-1}$ 时，线状振-转光谱完全消失，变成宽的振-转吸收谱带。

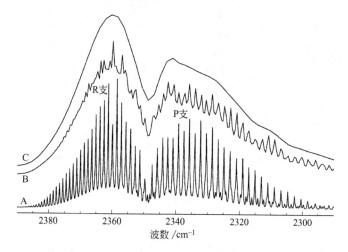

图 1-8　CO_2 气体的反对称伸缩振动区间的振-转吸收光谱

A—$0.125cm^{-1}$分辨率；B—$1cm^{-1}$分辨率；C—$4cm^{-1}$分辨率

图 1-8 中的振-转光谱 A 可以用振-转能级的跃迁来解析。把分子振动当作谐振子处理，转动当作刚体处理，那么，振-转能级的能量可以看作是振动能级与转动能级的加和，由式（1-4）和式（1-15）得

$$E_{振-转}=\frac{h}{2\pi}\sqrt{\frac{k}{\mu}}\left(n+\frac{1}{2}\right)+BhcJ(J+1) \qquad (1-19)$$

若从振动量子数 $n=0$，转动量子数 $J=J$ 能级向振动量子数 $n=1$，转动量子数 $J=J'$ 能级跃迁，则吸收红外光波数为

$$\nu_{振-转}=\frac{\Delta E_{振-转}}{hc}=\nu_{振}+B\left[J'(J'+1)-J(J+1)\right] \qquad (1-20)$$

在振-转能级跃迁中，转动能级跃迁的选律为：基团振动时，若偶极矩变化平行于基团对称轴，则 $\Delta J=\pm1$；若偶极矩变化垂直于基团对称轴，则 $\Delta J=0,\pm1$。

当 $\Delta J = -1$，即 $J' = J-1$ 时，式（1-20）变为

$$\nu_{振-转} = \nu_{振} - 2BJ \qquad （P支） \qquad (1-21)$$

式中，$J = 1,2,3,\cdots$。这时得到一系列间隔为 $2B$ 的谱线，这组振-转光谱线称为 P 支。

当 $\Delta J = 0$，即 $J' = J$ 时，式（1-20）变为

$$\nu_{振-转} = \nu_{振} \qquad （Q支） \qquad (1-22)$$

式中，$\nu_{振-转}$ 与转动量子数 J 无关，这时得到的是纯振动光谱，这个谱带称为 Q 支。

当 $\Delta J = 1$，即 $J' = J+1$ 时，式（1-20）变为

$$\nu_{振-转} = \nu_{振} + 2B(J+1) \qquad （R支） \qquad (1-23)$$

式中，$J = 0,1,2,\cdots$。这时得到一系列间隔为 $2B$ 的谱线，这组振-转光谱线称为 R 支。

图 1-9 所示是线形气体分子振动时，偶极矩变化垂直于基团对称轴的振-转能级和振-转光谱示意图。这时在振-转光谱中同时出现 P 支、Q 支和 R 支。当偶极矩变化平行于基团对称轴时，图 1-9 中将不出现虚线所示的振-转能级跃迁，这时在振-转光谱中只出现 P 支和 R 支，而不出现 Q 支。

CO_2 分子反对称伸缩振动时，偶极矩变化平行于基团对称轴，按照选律，$\Delta J = \pm 1$。所以在振-转吸收光谱中只出现 P 支和 R 支，如图 1-8 所示。

CO_2 分子在弯曲振动时，偶极矩变化垂直于基团对称轴，按照选律，$\Delta J = -1,0,+1$。所以在振-转吸收光谱中同时出现 P 支、Q 支和 R 支，如图 1-10 所示（分辨率为 $0.125\mathrm{cm}^{-1}$）。

SO_2 是弯曲形分子。前面已经提到，每个非直线型气体分子都可以围绕通过分子重心的三个轴转动（x、y、z 轴）。如图 1-11 所示，SO_2 分子可以围绕 x、y、z 三个轴转动。围绕 y 轴转动时，偶极矩没有变化，没有转动光谱；围绕 x 和 z 轴转动时，偶极矩变化，有转动光谱。在绕 x 轴和 z 轴旋转时，转动惯量不相同，应该产生两套转动频率。但是，实验测得气体 SO_2 的振-转光谱基本上是等间距的，这可能是由于 SO_2 分子基本上可以看成是谐振子，而

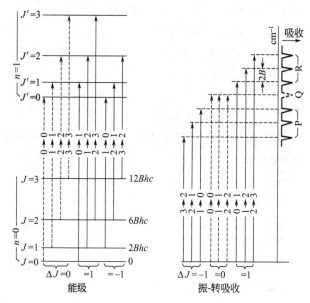

图 1-9　线形气体分子的振-转能级和振-转光谱示意图

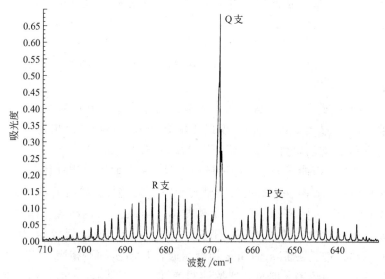

图 1-10　CO_2 分子弯曲振动的振-转光谱

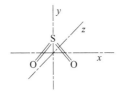

图 1-11　SO_2 分子的转动示意图

且在绕 x 轴和 z 轴旋转时，转动惯量差别不是很大，仪器不能将两套振-转谱带分别开来。

　　SO_2 的反对称和对称伸缩振动频率分别位于 $1360 cm^{-1}$ 和 $1151 cm^{-1}$，变角振动频率位于 $602 cm^{-1}$。反对称伸缩振动时，偶极矩变化垂直于基团对称轴，所以，SO_2 的反对称伸缩振-转光谱出现 P 支、Q 支和 R 支；SO_2 的对称伸缩振动和变角振动时，偶极矩变化平行于基团对称轴，所以，SO_2 的对称振-转光谱和变角振-转光谱只出现 P 支和 R 支。

　　气体水分子 H_2O 和 SO_2 一样，也是弯曲形分子。H—O—H 变角振动时，偶极矩变化平行于基团对称轴，按照选律，$\Delta J = \pm 1$。所以在振-转吸收光谱中只出现 P 支和 R 支，图 1-12 所示是大气中水蒸气在变角振动光谱区间的振-转光谱（分辨率为 $4 cm^{-1}$）。从图中可以看出，P 支和 R 支分布在 $1595 cm^{-1}$ 两侧，虽然在 $1595 cm^{-1}$ 处不出现 H_2O 的纯变角振动谱带，但还是将气体水分子的变角振动谱带位置指定在 $1595 cm^{-1}$。

　　大气中水蒸气的振-转光谱谱带之间不是等间距的，这可能是由于水分子不是谐振子，非谐振性大的缘故。再加上，水分子转动时，两种不同的转动惯量产生两套振-转谱带，这两套振-转谱带叠加在一起形成不等间距的振-转光谱。

　　随着分子缔合度的增大，或随着分子间作用力的增大，或随着分子中原子数目的增多，分子的转动惯量逐渐增大，分子的转动能级间距越来越小，在测得的光谱中将看不到转动的精细结构，而看到的只是宽谱带。在液体和固体的红外光谱中，分子的转动受到限制，看不到振-转光谱的 P 支和 R 支，而只能观察到宽的谱带。

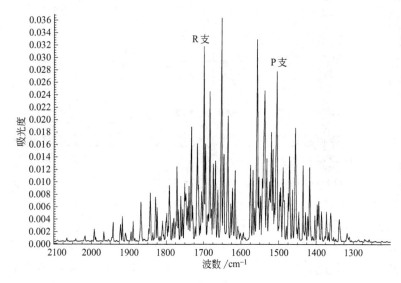

图 1-12　大气中水蒸气在变角振动光谱区间的振-转光谱

如前所述，按照麦克斯韦-波尔兹曼分布定律，绝大多数的振动能级跃迁都是从电子基态中的 $n=0$ 向 $n=1$ 能级跃迁。也就是说，在常温下，绝大多数分子的振动能级处在最低的能级态。然而，对于转动能级，情况就不相同了。从图 1-8 和图 1-10 可以看出，在常温下，大多数分子的转动能级处在中间能级态，随着转动能级态的降低或升高，分子的数目越来越少。

1.6　振动模式

分子中不同的基团具有不同的振动模式，相同的基团（双原子除外）具有几种不同的振动模式。在中红外区，基团的振动模式分为两大类，即伸缩振动和弯曲振动。

伸缩振动是指基团中的原子在振动时沿着价键方向来回地运动。弯曲振动是指基团中的原子在振动时运动方向垂直于价键方向。

1.6.1 伸缩振动

伸缩振动（stretching vibration）时，基团中的原子沿着价键的方向来回运动，所以伸缩振动时，键角不发生变化。除了双原子的伸缩振动外，三原子以上还有对称伸缩振动和反对称（不对称）伸缩振动。

1.6.1.1 双原子的伸缩振动

双原子分子 X_2 的伸缩振动是拉曼活性的而不是红外活性的，如 O_2、N_2、H_2、Cl_2 等。但分子中的 X—X 基团，如 C—C、C＝C、O—O、N≡N 等基团，在伸缩振动时，如果偶极矩不发生变化，是拉曼活性的；如果偶极矩发生变化则是红外活性的。分子中的 X—Y 基团的伸缩振动肯定是红外活性的。

$$CH_3—\overset{\overset{\displaystyle O}{\|}}{C}—CH_3 \qquad CH_2\!\!=\!\!\overset{\overset{\displaystyle CH_3}{|}}{C}—COOH$$

丙酮 C＝O 伸缩　　　　　甲基丙烯酸 C＝C 伸缩

振动 1716cm⁻¹　　　　　振动 1637cm⁻¹

1.6.1.2 对称伸缩振动

线形三原子基团 X—Y—X（如 CO_2）的对称伸缩振动（symmetric stretching vibration）、平面形四原子基团 XY_3（如 CO_3^{2-}、NO_3^- 等）的对称伸缩振动和四面体形五原子基团 XY_4（如 SO_4^{2-}、PO_4^{3-} 等）的对称伸缩振动，都是拉曼活性的而不是红外活性的。弯曲形三原子基团 XY_2（如 H_2O、CH_2、NH_2 等）和角锥形四原子基团 XY_3（如 CH_3、NH_3 等）的对称伸缩振动都是红外活性的。

呼吸振动（breathing vibration）是对称伸缩振动的一个特例，这是一种完全对称的伸缩振动，通常出现在环状化合物中，如苯、环己烷、四氢呋喃等。环骨架上都是 C 原子时，呼吸振动是拉曼活性的。环己烷的呼吸振动拉曼位移出现在 802cm⁻¹。环骨架上有杂原子时，呼吸振动既是拉曼活性又是红外活性，如四氢呋喃的呼吸振动拉曼和红外谱带都很强，分别出现在 914cm⁻¹ 和 911cm⁻¹。

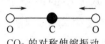

CO₂ 的对称伸缩振动

1388cm⁻¹（拉曼活性）

亚甲基—CH₂—的对称伸缩

振动 2853cm⁻¹±5cm⁻¹

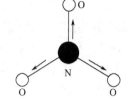

硝酸钠中的 NO₃⁻ 的对称伸缩振动

1071cm⁻¹（拉曼活性）

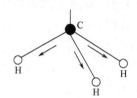

甲基—CH₃的对称伸缩振动

2872 cm⁻¹±5cm⁻¹

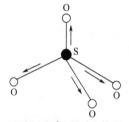

硫酸根 SO₄²⁻ 的对称伸缩

振动 983cm⁻¹（拉曼活性）

苯环的呼吸振动

（拉曼活性）

1.6.1.3 反对称伸缩振动

各种基团的反对称伸缩振动（asymmetric stretching vibration）都是红外活性的，如线形 CO₂、弯曲形 H₂O、—CH₂—、—NH₂、—NO₂，角锥形 NH₃、—NH₃⁺、—CH₃，平面形 NO₃⁻、BO₃⁻、CO₃²⁻，四面体形 NH₄⁺、SO₄²⁺、PO₄³⁺ 等基团的反对称伸缩振动都是红外活性的。

线形三原子基团反对称伸缩振动

弯曲形三原子基团反对称伸缩振动

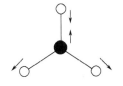
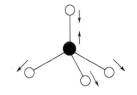

平面形四原子基团反对称伸缩振动　　四面体形五原子基团反对称伸缩振动

1.6.2 弯曲振动

弯曲振动（bending vibration）时，基团的原子运动方向与价键方向垂直。弯曲振动又细分为变角振动、对称变角振动、反对称（不对称）变角振动、面内弯曲振动、面外弯曲振动、面为摇摆振动、面外摇摆振动和卷曲振动。除了摇摆振动外，其余振动键角都发生变化。

1.6.2.1 变角振动

变角振动（deformation vibration）也叫变形振动，或弯曲振动。线形三原子基团的变角振动称弯曲振动，如 CO_2 的弯曲振动。弯曲形三原子基团的变角振动也叫剪式振动（scissor vibration），如 H_2O、—CH_2—、—NH_2 等的变角振动。

线形三原子基团的弯曲振动　弯曲形三原子基团的剪式振动

1.6.2.2 对称变角振动

对称变角振动（symmetric deformation vibration）也叫对称弯曲振动，或叫对称变形振动。由四原子 XY_3 组成的基团有两种构形，即角锥形和平面形。角锥形基团有对称变角振动模式，如—CH_3、NH_3、—NH_3^+ 等，而平面形基团没有对称变角振动模式。由五原子 XY_4 组成的四面体基团有对称变角振动模式，如 NH_4^+、SiO_4^{2-}、SO_4^{2-}、PO_4^{3-} 等。

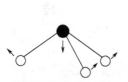 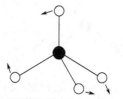

角锥形基团对称变角振动　　　　四面体基团对称变角振动

1.6.2.3 反对称（不对称）变角振动

反对称变角振动（asymmetric deformation vibration）也叫不对称变角振动，或叫反对称弯曲振动，或叫反对称变形振动。同样的，由四原子 XY_3 组成的角锥形基团有反对称变角振动，而平面形基团没有反对称变角振动。由五原子 XY_4 组成的四面体基团有不对称变角振动。

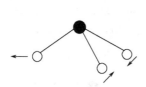 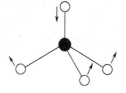

角锥形基团反对称变角振动　　　　四面体基团不对称变角振动

1.6.2.4 面内弯曲振动

面内弯曲振动（in-plane bending vibration）也叫面内变形振动（in-plane deformation vibration）或面内变角振动。—COH 面内弯曲振动是指 O—H 在 COH 组成的平面内左右摇摆。苯环上的 C—H 面内弯曲振动也是指 C—H 在苯环平面内左右摇摆。但这种摇摆振动不属于面内摇摆振动。由四原子 XY_3 组成的平面形基团有面内弯曲振动，如 NO_3^-、CO_3^{2-}、BO_3^- 等基团的面内弯曲振动。

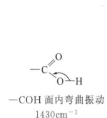

—COH 面内弯曲振动
1430cm⁻¹

苯环上的 C—H 面内弯曲
振动 1036cm⁻¹

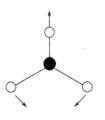

四原子 XY₃ 平面形基团
面内弯曲振动

1.6.2.5 面外弯曲振动

面外弯曲振动（out-of-plane bending vibration）也叫面外变形振动（out-of-plane deformation vibration）或面外变角振动。—COH面外弯曲振动是指 O—H 键离开 COH 平面上下摇摆。苯环上的 C—H 面外弯曲振动也是指 C—H 键在苯环平面上下摇摆。但这种摇摆振动不属于面外摇摆振动。由四原子 XY₃ 组成的平面形基团有面外弯曲振动，如 NO_3^-、CO_3^{2-}、BO_3^- 等基团的面外弯曲振动是指中心原子在平面上下摆动。

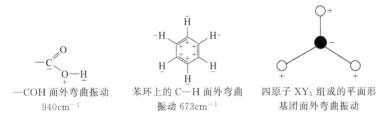

—COH 面外弯曲振动
940cm⁻¹

苯环上的 C—H 面外弯曲
振动 673cm⁻¹

四原子 XY₃ 组成的平面形
基团面外弯曲振动

1.6.2.6 面内摇摆振动

面内摇摆振动（rocking vibration）是指基团作为一个整体在分子的对称平面内，像钟摆一样左右摇摆，如—CH₂—、—CH₃的面内摇摆振动。面内摇摆振动时，基团的键角不发生变化。

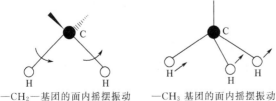

—CH₂—基团的面内摇摆振动
730～720cm⁻¹

—CH₃ 基团的面内摇摆振动
1050～920cm⁻¹

1.6.2.7 面外摇摆振动

面外摇摆振动（wagging vibration）是指基团作为一个整体在分子的对称平面内上下摇摆。面外摇摆振动时，基团的键角也不发生变化。如—CH_2—、=CH_2的面外摇摆振动。结晶态长链脂肪酸及其盐的—CH_2—面外摇摆振动在$1300 \sim 1200 cm^{-1}$区间出现几个小峰，峰的个数与CH_2的数目有关。

—CH_2—的面外摇摆振动
$1300 \sim 1200 cm^{-1}$

$RRC=CH_2$分子中=CH_2的面外摇摆振动 $890cm^{-1} \pm 5cm^{-1}$

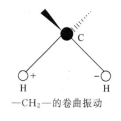

—CH_2—的卷曲振动

1.6.2.8 卷曲振动

卷曲振动（twisting vibration）是指三原子基团的两个化学键在三原子组成的平面内一上一下地扭动，所以卷曲振动也叫扭曲振动。卷曲振动时两个化学键的键角发生变化。如—CH_2—的卷曲振动。结晶态长链脂肪酸—CH_2—的卷曲振动位于$1300cm^{-1}$左右。

1.7 振动频率、基团频率和指纹频率

1.7.1 振动频率

上一节讨论振动模式时提到，三原子和三原子以上基团有多种振动模式。有些振动模式是红外活性的，在红外光谱中出现吸收谱带。有些振动模式是拉曼活性的，在拉曼光谱中出现吸收谱带，有些振动模式既是红外活性又是拉曼活性的，在红外光谱和拉曼光谱中都出现吸收谱带。每一种振动模式，不管是红外活性还是拉曼活性，都存在一个振动频率。但是，在一个分子中如果存在多个相同

基团，它们的振动模式虽然相同，但它们的振动频率不一定相同。例如，月桂酸分子中有 10 个—CH_2—基团，与—COOH 基团相连的—CH_2—变角振动频率为 $1410cm^{-1}$，而其余 9 个—CH_2—变角振动频率为 $1464cm^{-1}$。不同分子中相同基团的振动频率也会有差别。

1.7.2　基团频率

在中红外区，不同分子中相同基团的某种振动模式，如果振动频率基本相同，总是出现在某一范围较窄的频率区间，有相当强的红外吸收强度，且与其他振动频率分得开，这种振动频率称为基团频率。基团频率分为红外光谱的基团频率和拉曼光谱的基团频率。本书讨论的是红外光谱的基团频率。

当一种基团有多种振动模式时，它们的振动频率不一定都是基团频率。例如 NO_3^- 有 4 种振动模式，只有反对称伸缩振动频率和面外弯曲振动频率是基团频率，而对称伸缩振动频率和面内弯曲振动频率吸收强度非常弱，不符合基团频率的定义，所以不是基团频率。

基团频率受分子中其余部分影响较小，具有特征性，可用于鉴定该基团的存在。因此，基团频率可用于结构分析。大多数基团频率出现在 $4000\sim1330cm^{-1}$ 区间。

1.7.3　指纹频率

$1330\sim400cm^{-1}$ 区间称为指纹区。指纹区出现的频率有基团频率和指纹频率。基团频率吸收强度较高，容易鉴别。指纹频率吸收强度弱，指认很困难。指纹频率不是某个基团的振动频率，而是整个分子或分子的一部分振动产生的。分子结构的微小变化会引起指纹频率的变化。指纹频率没有特征性，但对特定分子是特征的，因此，指纹频率可用于整个分子的表征。但是，不能企图将全部指纹频率进行指认。

1.8 倍频峰

前面在讨论双原子分子的伸缩振动时，把两个原子核之间的振动看成质量为 μ 的单个质点的运动，并把这个质点看作是一个谐振子。将式（1-15）和式（1-17）合并，得到谐振子总能量的另一个公式：

$$E_{振}=hc\nu\left(n+\frac{1}{2}\right) \tag{1-24}$$

式中，ν 是谐振子的基频振动频率，cm^{-1}。根据谐振子选择定则，$\Delta n=\pm1$。也就是说，谐振子只能在相邻的两个振动能级之间跃迁，而且各个振动能级之间的间隔都是相等的，都等于 $hc\nu$。

但是，实际分子不可能是一个谐振子。量子力学证明，非谐振子的选择定则不再局限于 $\Delta n=\pm1$。Δn 可以等于其他整数，即 $\Delta n=\pm1,\pm2,\pm3,\cdots$。也就是说，对于非谐振子，可以从振动能级 $n=0$ 向 $n=2$ 或 $n=3$ 或向更高的振动能级跃迁。非谐振子的这种振动跃迁称为倍频振动。倍频振动在谐振子中是禁阻的。

倍频振动频率称为倍频峰（overtone）。倍频峰又分为一级倍频峰、二级倍频峰等。当非谐振子从 $n=0$ 向 $n=2$ 振动能级跃迁时所吸收光的频率称为一级倍频峰，从 $n=0$ 向 $n=3$ 振动能级跃迁时所吸收光的频率称为二级倍频峰。

由于绝大多数非谐振子都是从 $n=0$ 向 $n=1$ 振动能级跃迁，只有极少数非谐振子从 $n=0$ 向 $n=2$ 振动能级跃迁，从 $n=0$ 向 $n=3$ 振动能级跃迁的非谐振子数目就更少了。所以，非谐振子的基频振动谱带的吸光度最强，一级倍频谱带很弱，二级倍频谱带就更弱了。

图 1-13 所示是丙酮的红外光谱，丙酮的 C＝O 伸缩振动吸收峰 $1716cm^{-1}$ 的一级倍频峰出现在 $3412cm^{-1}$。从图中可以看出，羰基 C＝O 的一级倍频峰 $3412cm^{-1}$ 的吸光度比基频振动吸收峰 $1716cm^{-1}$ 的吸光度小 1～2 个数量级。

从图 1-13 的数据可知，一级倍频峰的波数并非正好等于基频

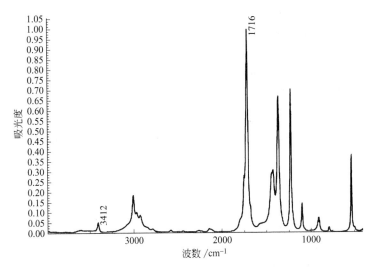

图 1-13　丙酮的红外光谱

峰波数的两倍。实际上，一级倍频总是小于基频的两倍。这是因为非谐振子振动能级是不等距的，其能级间隔随着振动量子数 n 的增加而慢慢减小。

　　非谐振子的能量公式应对谐振子的能量公式（1-24）进行修正，非谐振子的总能量为

$$E_{振}=hc\nu\left(n+\frac{1}{2}\right)-hc\nu x\left(n+\frac{1}{2}\right)^2+\cdots \qquad (1\text{-}25)$$

　　式中，x 称为非谐性常数，x 是很小的正数，约为 0.01。为简化起见，非谐振子的总能量只取前两项。非谐振子的总能量比谐振子总能量约少 $hc\nu x\left(n+\frac{1}{2}\right)^2$。

　　当非谐振子从振动量子数 $n=0$ 向 $n=1$ 跃迁时，其基频振动频率为

$$\nu_{非}=\frac{\Delta E}{hc}=\nu-2\nu x \qquad (1\text{-}26)$$

　　式中，ν 是谐振子的基频振动频率。由式（1-26）可见，非谐振子的基频振动比谐振子的基频振动频率低 $2\nu x$。

当非谐振子从振动量子数 $n=0$ 向 $n=2$ 跃迁时，出现一级倍频峰，其一级倍频峰频率为

$$\nu_{非倍} = 2\nu - 6\nu x \tag{1-27}$$

比较式（1-26）和式（1-27）可知，非谐振子一级倍频峰的频率比非谐振子基频振动频率的两倍少 $2\nu x$。

在中红外区，倍频峰的重要性远不及基频振动峰。但在近红外区，可以观察到倍频峰，而观察不到基频峰。由于倍频峰的吸光度远远低于基频峰的吸光度，为了使倍频峰的吸光度足够高，测量光谱时必须加大样品的厚度或浓度。表 1-5 列出一些基团的基频、一级倍频和二级倍频吸收峰的位置。

表 1-5　一些基团的基频、一级倍频和二级倍频吸收峰的位置

振动模式	基频/cm^{-1}	一级倍频/cm^{-1}	二级倍频/cm^{-1}
$\nu_{as\,CH_2}$	2926	5700	8700
ν_{NH}	3350	6600	10000
ν_{OH}	3650	7000	10500

从表 1-5 可以看出，一级倍频吸收峰大约在基频吸收峰位置的二倍处；二级倍频吸收峰大约在基频吸收峰位置的三倍处。

1.9　合（组）频峰

合频峰（combination tone）也叫组频峰，合频峰又分为和频峰和差频峰。和频峰由两个基频相加得到，它出现在两个基频之和附近。例如，两个基频分别为 $X\,cm^{-1}$ 和 $Y\,cm^{-1}$，它们的和频峰出现在 $(X+Y)\,cm^{-1}$ 附近。差频峰则是两个基频之差 $(X-Y)$ cm^{-1}。在红外光谱中，和频峰与差频峰相比较，和频峰显得更重要。和频峰出现在中红外区和近红外区，而差频峰出现在远红外区。

和频振动在谐振子中是禁阻的。在非谐振子中才会出现和频振

动。由于和频峰只在非谐振子中出现，所以和频峰的频率一定小于两个基频之和。

产生和频的原因是，一个光子同时激发两种基频跃迁。

在红外光谱中，和频峰是弱峰。在中红外区，和频峰不如基频峰那么重要。但是，当样品的厚度非常厚时，在光谱中会出现许多和频峰。

在水的中红外和近红外光谱中，出现两个和频峰：

$3420cm^{-1}$（OH 伸缩振动）＋$1640cm^{-1}$（H_2O 变角振动）＝$5060cm^{-1}$（和频峰）

$1640cm^{-1}$（H_2O 变角振动）＋$550cm^{-1}$（H_2O 摆动振动）＝$2070cm^{-1}$（和频峰）

图 1-14 所示是碳酸钙的红外和拉曼光谱。在红外光谱中（光谱 A），$1433cm^{-1}$是CO_3^{2-} 反对称伸缩振动吸收峰。CO_3^{2-} 对称伸缩振动是拉曼活性的，而红外却是非活性的，所以在拉曼光谱中（光谱 B）CO_3^{2-} 对称伸缩振动是一个强峰（$1089cm^{-1}$），在红外光谱中不出现吸收峰。从光谱 A 可以看到，在$2511cm^{-1}$出现一个

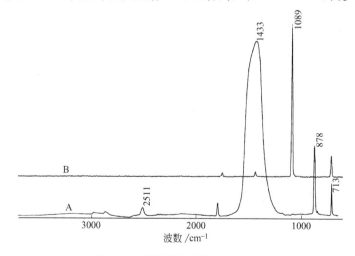

图 1-14　碳酸钙的红外和拉曼光谱

A—红外光谱；B—拉曼光谱

弱的吸收峰，这个吸收峰实际上是 CO_3^{2-} 的反对称伸缩振动（1433cm^{-1}）和对称伸缩振动（拉曼活性 1089cm^{-1}）的和频峰。

一般来说，在红外光谱中，两个强的基频振动吸收峰的加和，容易观察到和频峰，一个非常强的基频振动吸收峰与一个弱的基频振动吸收峰的加和，有时也能观察到和频峰。但是，两个弱的基频振动吸收峰的加和，是不是一定观察不到和频峰呢？不是的。

红外光谱和拉曼光谱都属于振动光谱，红外活性的振动和拉曼活性的振动可以加和。红外光谱中的强吸收峰和拉曼光谱中的强吸收峰加和后在红外光谱中会出现和频峰（如图 1-14A 中的 2511cm^{-1} 吸收峰）。拉曼光谱中的两个强吸收峰的加和，在拉曼光谱和红外光谱中都会出现和频峰。例如在硝酸钾的拉曼光谱中，NO_3^- 的对称振动出现强吸收峰（1050cm^{-1}），面内弯曲振动出现弱吸收峰（716cm^{-1}）。在红外光谱中不出现这两个吸收峰，但在红外光谱中出现一个中等强度的和频峰（1763cm^{-1}），这个峰是 1050cm^{-1} 和 716cm^{-1} 吸收峰的加和。

1.10 振动耦合

当分子中两个基团共用一个原子时，如果这两个基团的基频振动频率相同或相近，就会发生相互作用，使原来的两个基团基频振动频率距离加大，形成两个独立的吸收峰，这种现象称为振动耦合（vibration coupling）。耦合效应越强，耦合产生的两个振动频率的距离越大。振动耦合形成的两个吸收峰，它们都包含两种振动成分，但有主次之分。耦合程度越强，主次差别越大。红外活性的振动也可以与拉曼活性的振动发生耦合作用。

振动耦合现象在红外光谱中很常见。振动耦合主要存在下列几种方式。

1.10.1 伸缩振动之间的耦合

当一个基团存在两种或两种以上振动模式时，如果其中两种振动频率相同或相近时，这两种振动频率会发生耦合作用，产生两个独立的振动频率，其中一个高于原来的频率，另一个低于原来的频率。 如—CH_2—、—CH_3、—NH_2、—NH_3^+、 NH_4^+、—NO_2、NO_3^-、—SO_2、SO_4^{2-}、—C—O—C—、—CO_2^-、CO_3^{2-}、H_2O、CO_2 等基团的振动耦合作用生成两个频率，分别为对称和反对称伸缩振动频率。在这些基团中，CO_2 的振动耦合最强烈。

CO_2 是直线形分子，由两个双键共享中间 C 原子，有两个 C＝O 伸缩振动。这两个 C＝O 伸缩振动频率完全相同，因此发生强烈耦合，产生两个振动频率，分别位于 $2349cm^{-1}$ 和 $1340cm^{-1}$。前者主要是 O＝C＝O 的反对称伸缩振动，是红外活性的，后者主要是 O＝C＝O 的对称伸缩振动，是拉曼活性的。CO_2 耦合作用生成的两个频率之间的距离高达 $1009cm^{-1}$。CO_2 的振动耦合作用如图 1-15 所示。

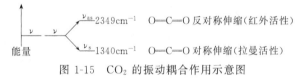

图 1-15　CO_2 的振动耦合作用示意图

从 CO_2 的两个振动耦合频率可以计算出，单个 C＝O 伸缩振动频率应该为 $1340+(2349-1340)/2=1845cm^{-1}$。醛、酮等含羰基化合物的 C＝O 伸缩振动频率低于 $1800cm^{-1}$，是因为羰基的 C 原子上连接了其他基团。

伸缩振动耦合现象除了在同一基团的两种振动频率之间出现之外，当两个相同基团之间相隔一个原子时，这两个基团的伸缩振动也会发生耦合作用。如乙酸酐的两个 C＝O 基团之间共用一个 O 原子，这两个 C＝O 基团的伸缩振动发生耦合作用后分裂成两个谱带（$1827\ cm^{-1}$ 和 $1755cm^{-1}$），从红外和拉曼光谱可以知道，高波数谱带（$1827\ cm^{-1}$）对应于两个 C＝O 的对称振动耦合，低波数谱带（$1755cm^{-1}$）对应于两个 C＝O 的不对称振动耦合。由于乙酸酐的两个 C＝O 中间隔着一个 O 原子，所以乙酸酐的两个 C＝O 伸缩振动的耦合作用比 O＝C＝O 的耦合作用差得多。

在 X＝Y＝Z 基团的连双键化合物中，虽然 X＝Y 和 Y＝Z 的伸缩振动频率相差很大，这两种伸缩振动频率也会发生强烈耦合。一个典型例子是异硫氰酸酯 R—N＝C＝S。其中 C＝N 伸缩振动频率与 C＝C 伸缩振动频率差不多，应在 1650cm^{-1} 左右，而 C＝S 伸缩振动频率在 1200～1020cm^{-1}，二者相差 约 500cm^{-1}。但二者伸缩振动仍然发生强烈耦合。如异硫氰酸 甲酯（CH$_3$—N＝C＝S）在 2205cm^{-1} 和 2115cm^{-1} 出现两个分裂 的强吸收谱带，在 1088cm^{-1} 出现一个弱吸收谱带。和 C＝O＝C 类似，可以认为 2205cm^{-1} 和 2115cm^{-1} 强吸收峰主要是 N＝C＝S 反对称伸缩振动，1088cm^{-1} 吸收峰主要是 N＝C＝S 对称伸缩 振动。

1.10.2 弯曲振动之间的耦合

当两个或三个 CH$_3$ 接在同一个碳原子上时，CH$_3$ 的对称弯曲 振动之间发生耦合作用，使 CH$_3$ 的对称弯曲振动分裂成两个谱带。 异丙基、偕二甲基和叔丁基在 1385～1365cm^{-1} 区间产生两个吸收 带，就是由于 CH$_3$ 对称弯曲振动之间的耦合引起的。

1.11 费米共振

当分子中的一个基团有两种或两种以上振动模式时，一种振动 模式的倍频或合频与另一种振动模式的基频相近时，就会发生费米 共振（fermi resonance），使两个谱带的距离增大。费米共振还会 使基频振动强度降低，而原来很弱的倍频或合频振动强度明显增 大。这种现象称为费米共振。

红外活性的振动也可以与拉曼活性的振动发生费米共振。如 CO$_2$ 的对称伸缩振动是拉曼活性的，这个基频振动（1340cm^{-1}） 与 CO$_2$ 的弯曲振动（669cm^{-1}）的一级倍频（1338cm^{-1}）相近，所以发生费米共振，使两个谱带的距离增大（1388 cm^{-1} 和 1286cm^{-1}），如图 1-16 所示。这两种振动都是拉曼活性的。

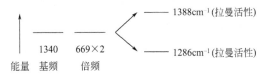

图 1-16　CO_2 对称伸缩振动与弯曲振动的倍频发生费米共振作用示意图

比较图 1-15 和图 1-16 可以看出，费米共振作用也是一种振动耦合作用，只不过费米共振是在基频与倍频或合频之间发生耦合作用。

醛类化合物中的醛基—CHO 的 CH 伸缩振动频率和 CH 面内弯曲振动的倍频相近，因而发生费米共振。如苯甲醛光谱中出现的两个吸收谱带 2820cm^{-1} 和 2738cm^{-1} 是费米共振作用的结果。

1.12　诱导效应

前面已经提到，两个原子之间的伸缩振动频率与折合质量的平方根成反比，与力常数的平方根成正比。当折合质量不变时，力常数越大，振动频率越高。力常数与两个原子之间的电子云密度分布有关。电子云的密度分布不是固定不变的，它会受到邻近取代基或周围环境的影响。

当两个原子之间的电子云密度分布发生移动时，引起力常数的变化，从而引起振动频率的变化，这种效应称为诱导效应。

诱导效应引起的振动频率位移方向取决于电子云密度移动的方向。当两个原子之间的电子云密度向两个原子中间移动时，振动力常数增加，振动频率向高频移动；当两个原子之间的电子云密度偏离中心位置，向某个原子方向移动时，振动力常数减小，振动频率向低频移动。

当电负性大的原子或基团，或吸电子基团与某个原子相连接时，电子云密度向吸电子的原子或基团的方向移动。当推电子基团与某个原子相连接时，电子云密度离开推电子基团。

相连原子的电负性越大，诱导效应越显著。F、Cl、Br、O、N 原子的电负性比较大，当这些原子与其他原子相连接时会产生诱导效应。

表 1-6 列出一些羰基化合物中诱导效应对羰基伸缩振动频率的影响。箭头所指的方向是电子云密度移动的方向。酮的羰基上氧原子的电负性比碳原子的电负性大，所以氧原子周围电子云密度比碳原子高。当羰基碳原子连接电负性大的 Cl 原子时，羰基上电子云密度从氧原子向两个原子中间移动，使羰基的振动力常数增加，因而羰基伸缩振动频率向高频方向移动。Cl 原子数目越多，诱导效应越显著，羰基伸缩振动频率向高频方向移动越多。

表 1-6　诱导效应对羰基伸缩振动频率的影响

化合物	结构式	$\nu_{C=O}$/cm^{-1}	化合物	结构式	$\nu_{C=O}$/cm^{-1}
丙酮	$CH_3-\overset{O}{\underset{\|}{C}}-CH_3$	1716	3-戊酮	$CH_3-CH_2-\overset{O}{\underset{\|}{C}}-CH_2-CH_3$	1716
乙醛	$CH_3-\overset{O}{\underset{\|}{C}}-H$	1727	丙醛	$CH_3-CH_2-\overset{O}{\underset{\|}{C}}-H$	1747
氯乙酰	$CH_3-\overset{O}{\underset{\|}{C}}-Cl$	1806	丙酰氯	$CH_3-CH_2-\overset{O}{\underset{\|}{C}}-Cl$	1791
氯乙酰氯	$Cl-CH_2-\overset{O}{\underset{\|}{C}}-Cl$	1812	3-氯丙酰氯	$Cl-CH_2-CH_2-\overset{O}{\underset{\|}{C}}-Cl$	1794

比较乙醛、氯乙酰和氯乙酰氯的羰基伸缩振动频率，可以看出，诱导效应对相邻的化学键影响最显著，中间隔着一个化学键时，仍有诱导效应。再比较丙酰氯和 3-氯丙酰氯的羰基伸缩振动频率，可以看出，中间隔着两个化学键时，虽然仍有诱导效应，但已经非常弱了。

丙酮、乙醛、饱和脂肪酸酯和羧酸羰基伸缩振动频率的差异（见表 1-7）也可以用诱导效应来解析：甲基是推电子基团，使羰基上的电子云密度向氧原子方向移动，所以丙酮羰基比乙醛羰基伸缩振动频率低；由于酯羰基的碳原子上连接电负性大的氧原子，使羰基上电子云密度从氧原子向两个原子中间移动，导致双键特性增强，这种诱导效应导致 $C=O$ 伸缩振动频率升高，因而酯羰基伸缩振动频率比醛羰基高，位于 $1735cm^{-1}$ 左右。游离羧酸的羰基伸缩振动频率位于 $1760cm^{-1}$，但二聚羧酸羰基的伸缩振动频率却位于 $1700cm^{-1}$ 左右，这是由于二聚羧酸羰基受氢键的影响（环境的影响），羰基上电子云密度更加靠近氧原子，削弱了双键特性，这种诱导效应导致 $C=O$ 伸缩振动频率降低。

表 1-7　诱导效应对丙酮、乙醛、酯和羧酸羰基伸缩振动频率的影响

化合物	结构式	$\nu_{C=O}/cm^{-1}$
丙酮	$CH_3—CO—CH_3$	1716
乙醛	$CH_3—CHO$	1727
饱和脂肪酸酯	$R—COO—R$	1735
游离羧酸	$R—COOH$	1760
二聚羧酸	$(R—COOH)_2$	1710

诱导效应对 CH_2 的变角振动频率也会产生影响。聚乙烯—$(CH_2)_n$—的 CH_2 变角振动频率位于 $1465cm^{-1}$，但聚氯乙烯—$(CH_2CHCl)_n$—的 CH_2 变角振动频率却位于 $1429cm^{-1}$。长链羧酸的 CH_2 变角振动频率位于 $1460cm^{-1}$，但长链羧酸中与羧基相连的 CH_2 的变角振动频率却位于 $1410cm^{-1}$。这是由于诱导效应使 C—H 键的电子云密度向碳原子方向移动，使 C—H 键级降低，导

致 CH_2 的变角振动频率向低频移动。

在红外光谱中，诱导效应普遍存在。许多基团频率的位移可以用诱导效应得到合理解析。

1.13 共轭效应

许多有机化合物分子中存在着共轭体系，电子云可以在整个共轭体系中运动。共轭体系使原子间的化学键键级发生变化，即力常数发生了变化，使红外谱带发生位移。共轭体系导致红外谱带发生位移的现象称为共轭效应。共轭效应分为 π-π 共轭效应、p-π 共轭效应和超共轭效应。

1.13.1 π-π 共轭效应

在 π-π 共轭体系中，参与共轭的所有原子共享所有的 π 电子，π 电子云在整个共轭体系中运动。共轭的结果使双键略有伸长，单键略有缩短。共轭使双键特性减弱，力常数减小，伸缩振动频率向低波数位移；单键力常数增大，伸缩振动频率向高波数位移，而且吸收谱带强度增加。π-π 共轭体系越大，π-π 共轭效应越显著（见表 1-8）。

表 1-8　共轭效应对 C═O、苯环骨架振动和 C—C 伸缩振动频率的影响

化合物	结构式	$\nu_{C=O}/cm^{-1}$	苯环骨架振动/cm^{-1}	ν_{C-C}/cm^{-1}
丙酮	$CH_3—C—CH_3$ (O 双键)	1716		1222
苯乙酮	(苯环)—C—CH_3 (O 双键)	1685	1599,1583	1266(与苯环相连)
二苯甲酮	(苯环)—C—(苯环) (O 双键)	1652	1595,1577	1280(与苯环相连)

从表 1-8 可以看出，随着共轭体系的增大，羰基伸缩振动频率和苯环骨架振动频率向低波数方向移动，与苯环相连的 C—C 伸缩振动频率向高波数方向移动。

1.13.2　p-π 共轭效应

如果与双键相连的原子的 p 轨道上有未成键的孤对电子，且 p 轨道与 π 轨道平行，则出现 p-π 共轭体系。p-π 共轭使原来双键上的电子云密度降低，双键特性减弱，力常数减小，伸缩振动频率向低波数位移。相反，p-π 共轭使原来单键上的电子云密度增加，伸缩振动频率向高波数位移。

甲醇的 C—O 伸缩振动频率位于 $1029cm^{-1}$。苯酚分子中的氧原子 p 轨道上的孤对电子与苯环 π 电子共轭后，C—O 单键上的电子云密度增加，伸缩振动频率向高波数移至 $1237cm^{-1}$。在羧酸分子中，与羰基相连的氧原子 p 轨道上的孤对电子与羰基上的 π 电子共轭后，C—O 伸缩振动频率向高波数移至 $1300cm^{-1}$ 左右。

当有机分子体系中同时存在共轭效应和诱导效应时，双键伸缩振动频率升高或降低取决于哪种效应占主导地位。当羰基的碳原子上连接电负性强的原子，如 Cl、O、N 时，Cl 原子的 p 轨道上有未成键的孤对电子，可以与羰基上的 π 电子形成 p-π 共轭体系。O 和 N 原子虽然以 sp^3 杂化轨道成键，但 O 和 N 原子上的孤对电子对占据的 sp^3 杂化轨道比正常的 sp^3 杂化轨道有更多的 p 轨道性质，所以，O 和 N 原子上的孤对电子也可以与羰基上的 π 电子形成 p-π 共轭体系。p-π 共轭程度决定于具有孤对电子的原子极化的难易。p-π 共轭效应使羰基伸缩振动频率降低。但是，由于这些原子是吸电子基团，诱导效应又使羰基伸缩振动频率升高。在这个体系中共轭效应和诱导效应起着相反的作用，至于羰基的伸缩振动频率升高还是降低，取决于哪种效应作用强。表 1-9 列出几种化合物的羰基伸缩振动频率。

表 1-9   几种羰基化合物的羰基伸缩振动频率

化合物	结构式	$\nu_{C=O}/cm^{-1}$	诱导效应和共轭效应比较
丙酮	$CH_3-\overset{\overset{\textstyle O}{\|\|}}{C}-CH_3$	1716	
乙酰胺	$CH_3-\overset{\overset{\textstyle O}{\|\|}}{C}-NH_2$	1684	共轭效应强于诱导效应
乙酸乙酯	$CH_3-\overset{\overset{\textstyle O}{\|\|}}{C}-O-C_2H_5$	1743	诱导效应强于共轭效应
氯乙酰	$CH_3-\overset{\overset{\textstyle O}{\|\|}}{C}-Cl$	1806	诱导效应占主导地位

表 1-9 中的羰基化合物乙酰胺、乙酸乙酯和氯乙酰的 N、O 和 Cl 原子，其中 N 原子的电负性最小，诱导效应最小。p-π 共轭效应和诱导效应相比较，共轭效应占优势。所以乙酰胺的羰基伸缩振动频率比丙酮的还要低。O 原子的电负性比 N 原子的电负性大，诱导效应比 p-π 共轭效应强。所以乙酸乙酯的羰基伸缩振动频率比丙酮的高。而 Cl 原子的电负性最强，诱导效应占主导地位，所以氯乙酰的羰基伸缩振动频率向高频方向移动最多。

1.13.3   超共轭效应

超共轭又称 σ-π 共轭或 σ-p 共轭。当 C—Hσ 键和 π 键或C—Hσ键和 p 轨道处于平行位置时，会产生电子离域现象，这种电子离域现象称为超共轭效应。

烷基—CH₃可以绕 C—C 单键自由旋转，当 C—H 键与 π 轨道或与 p 轨道处于平行位置时，C—Hσ 键与 π 轨道或与 p 轨道会部分重叠，产生电子离域现象。电子离域的结果使 C—H 键上的电子云密度增加，C—H 键键级增强，C—H 伸缩振动频率向高频移动。与 π 轨道相连的 C 原子上 C—H 键越多，超共轭效应越大。与 π 轨道相连基团超共轭效应的大小顺序为：—CH₃＞—CH₂R＞—CHR₂。电子离域的结果还会使 CH₃—C 键键级增强，C—C 键伸缩振动频率向高频移动。

例如在丙酮分子中，碳碳单键可以自由旋转。当 C—H 键和 C＝O 双键 π 轨道处在同一个平面内时，出现 σ-π 超共轭现象。超共轭的结果，使 C—H 键上电子云密度增加，表现为丙酮的 CH₃ 反对称和对称伸缩振动频率（$3004cm^{-1}$ 和 $2924cm^{-1}$）比烷烃 CH₃ 的反对称和对称伸缩振动频率（$2960cm^{-1}$ 和 $2875cm^{-1}$）高。丙酮的 C—C 伸缩振动向高频移至 $1222cm^{-1}$，且吸收强度增强。二氯甲烷分子中两个 C—H 键和两个 Cl 原子 p 轨道都能形成 σ—p 超共轭效应，使 CH₂ 反对称和对称伸缩振动频率提高到 $3054cm^{-1}$ 和 $2987cm^{-1}$。

1.14 氢键效应

在许多有机、无机和聚合物分子中，存在—OH、—COOH、—NH—和—NH₂ 基团，有些有机化合物是盐酸盐（·HCl），有些化合物分子式中含有结晶水（·xH_2O）。在这些化合物中存在着分子间氢键或分子内氢键。氢键的存在使红外光谱发生变化的现象称为氢键效应。

氢键效应使 O—H 和 N—H 的伸缩振动频率发生明显变化。氢键越强，O—H 和 N—H 的伸缩振动谱带变得越宽，谱带向低频位移得越多，还会出现多个谱带。在醇类、酚类、羧酸类、胺类、酰胺类、氨基酸类、多肽类和酸式无机盐类等化合物中都存在着氢键。其中羧酸类、氨基酸类和酸式无机盐类的氢键非常强（见图 1-17）。

在羧酸类分子中，通过羧基—COOH 生成分子间氢键，形成羧酸二聚体，使 O—H 伸缩振动谱带向低频位移，而且变得很宽。图 1-17A 是辛酸的红外光谱，在 $3400cm^{-1}$ 左右没有出现强的 O—H 伸缩振动吸收，而在 $3300\sim2300cm^{-1}$ 区间出现宽的吸收谱带。在 $3000\sim2840cm^{-1}$ 区间出现的强峰是 CH₂ 和 CH₃ 的对称和反对称伸缩振动谱带，这些谱带的基线被宽且强的 O—H 伸缩振

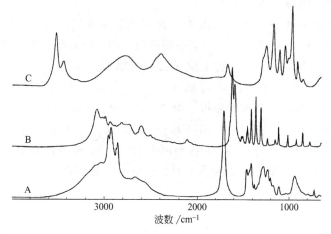

图 1-17 辛酸（A）、丙氨酸（B）和磷酸二氢钠（C）的红外光谱

动谱带抬得很高。

在氨基酸类化合物中，存在碱性基团—NH$_2$ 和酸性基团
—COOH，可以发生弱酸弱碱中和反应生成的—NH$_3^+$ 基团。
—NH$_3^+$ 基团与 COO$^-$ 基团之间生成强氢键。由于生成强氢键，使
NH$_3^+$ 的对称和反对称伸缩振动谱带向低频位移，而且变得很宽。
图 1-17B 是丙氨酸的红外光谱，在 3300cm^{-1} 左右没有出现 NH$_2$
的对称和反对称伸缩振动吸收峰，而在 3100～2100cm^{-1} 区间出现
许多弥撒的 NH$_3^+$ 吸收谱带。

在酸式无机盐，如磷酸二氢钠分子中，分子间生成很强的
P—O⋯H—O—P 氢键，使 O—H 伸缩振动谱带变宽，并向低频位
移。在 3200～2000cm^{-1} 区间出现两个很宽的吸收谱带是生成氢键
后的 O—H 伸缩振动谱带（见图 1-17C）。

1.15 稀释剂效应

当液体样品或固体样品溶于有机溶剂中时，样品分子和溶剂分
子之间会发生相互作用，导致样品分子的红外振动频率发生变化。

如果溶剂是非极性溶剂，且样品分子中不存在极性基团，样品的红外光谱基本上不受影响。但如果溶剂是极性溶剂，且样品分子中含有极性基团，那么，样品的光谱肯定会发生变化。溶剂的极性越强，光谱的变化越大。所以，在报告红外光谱时，必须说明测定光谱时所使用的溶剂。

固体样品采用压片法测定红外光谱时，通常采用卤化物作为稀释剂。卤化物分子的极性很强，肯定会影响样品分子中极性基团的振动频率，使极性基团的振动频率发生位移，而且还会使谱带变形。

稀释剂对光谱的影响是不可避免的，所以制备红外样品时，要尽量避免使用稀释剂。关于红外样品的制备方法在第5章红外光谱样品制备和测试技术中将作详细介绍。

第2章

傅里叶变换红外光谱学

单色光干涉图和基本方程

　　红外光谱仪中所使用的红外光源发出的红外光是连续的，从远红外到中红外到近红外区间，是由无数个无限窄的单色光组成的。当红外光源发出的红外光通过迈克尔逊干涉仪时，每一种单色光都发生干涉，产生干涉光。红外光源的干涉图就是由这些无数个无限窄的单色干涉光组成的。也可以说，红外干涉图是由多色光的干涉光组成的。

　　为了更好地理解在迈克尔逊干涉仪中多色光的干涉情况，首先考虑单色光的干涉情况。如果一个单色光源在理想状态下能发出一束无限窄的理想的准直光，即单色光，假设单色光的波长为 λ（单位：cm），波数为 ν（单位：cm^{-1}，即波长的倒数）。波长 λ 和波数 ν 的关系为

$$\nu = \frac{1}{\lambda} \tag{2-1}$$

　　假定分束器是一个不吸收光的薄膜，它的反射率和透射率各为 50%。当单色光照射到干涉仪中的分束器后，50% 的光反射到固定镜，又从固定镜反射回到分束器，另外 50% 的光透射过分束器到达动镜，又从动镜反射回到分束器。这两束光从离开分束器到重新回到分束器，所走过的距离的差值叫作光程差。如图 2-1 所示，光程差值为 $2(OM-OF)$，用符号 δ 表示光程差

$$\delta = 2(OM - OF) \tag{2-2}$$

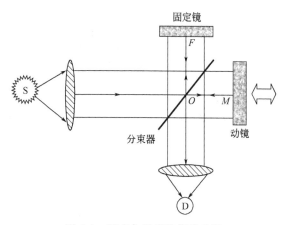

图 2-1　迈克尔逊干涉仪示意图

　　当固定镜和动镜到分束器的距离相等时，称此时的光程差为零光程差（$\delta=0$）。在零光程差时，从固定镜和动镜反射回到分束器上的两束光，它们的相位完全相同，这两束光相加后并没有发生干涉，相加后光的强度等于这两束光的强度之和。如图 2-2(a) 所示。如果从固定镜反射回来的光全部透射过分束器，从动镜反射回来的光也全部在分束器上反射，那么，检测器检测到的光强就等于单色光源发出的光强。

　　当动镜移动 1/4 波长时，此时的光程差 $\delta=\lambda/2$，从固定镜和动镜反射回到分束器上的两束光，它们的相位相差正好等于半波长，也就是说，它们的相位相差 180°，此时这两束光的相位正好相反。这两束光发生干涉，两束光相加后相互抵消，光强正好等于零。如图 2-2（b）所示。这时检测器检测到的信号为零。

　　当动镜沿同一方向再移动 1/4 波长时，此时的光程差 $\delta=\lambda$，从固定镜和动镜反射回到分束器上的两束光，它们的相位相差正好等于一个波长，它们的相位完全相同。这种情况与零光程差时完全一样。如图 2-2（c）所示。

　　如果动镜以匀速移动，检测器检测到的信号强度呈余弦波

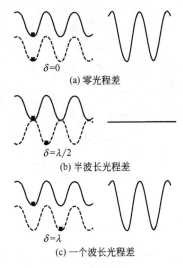

$\delta=0$

(a) 零光程差

$\delta=\lambda/2$

(b) 半波长光程差

$\delta=\lambda$

(c) 一个波长光程差

图 2-2　来自固定镜（实线）和动镜
（虚线）的单色光在不同光程差时的
相位示意图和检测器检测到的光强示意图

变化，也就是说，单色光的干涉图是一个余弦波。每当光程差等于单色光波长的整数倍时，到达检测器的信号最强。所以，对于单色光来说，从干涉图上是无法确定哪一点是对应于零光程差的。

由于动镜以匀速移动，检测器检测到的干涉光的强度是光程差的函数，以符号 $I'(\delta)$ 表示，当光程差 $\delta=n\lambda$（n 是一个整数）时，干涉光的光强等于单色光光源的光强。当光程差 δ 等于其他值时，检测器检测到的干涉光的光强 $I'(\delta)$ 由下式给出：

$$I'(\delta)=0.5I(\nu)\left[1+\cos\left(2\pi\frac{\delta}{\lambda}\right)\right] \qquad (2-3)$$

$$=0.5I(\nu)[1+\cos(2\pi\nu\delta)] \qquad (2-4)$$

式中，$I(\nu)$ 表示波数为 ν 的单色光光源的光强。从式（2-3）可以看出，当光程差 δ 等于波长的整数倍时，

$$\cos\left(2\pi\frac{\delta}{\lambda}\right)=1$$

$$I'(\delta)=I(\nu)$$

式中，光的强度 $I'(\delta)$ 由两部分组成：一部分是常数项 $0.5I(\nu)$，另一部分是余弦调制项 $0.5I(\nu)\cos(2\pi\nu\delta)$。在光谱测量中，只有余弦调制项的贡献是主要的。干涉图就是由余弦调制项产生的。单色光通过理想的干涉仪得到的干涉图 $I(\delta)$ 由下面的方程给出：

$$I(\delta)=0.5I(\nu)\ \cos(2\pi\nu\delta) \qquad (2\text{-}5)$$

从式（2-5）可以看出，干涉图 $I(\delta)$ 与单色光的光强 $I(\nu)$ 成正比。实际上，干涉图不只是与单色光的光强有关，还有几个因素会影响检测器检测到的信号强度。

第一，不可能找到一种理想的分束器，它的反射率和透射率正好都是 50%。而且，对于同一种介质，不同波长的光反射率也不相同。因此，方程式（2-5）中的 $I(\nu)$ 应乘以一个与波数有关的因子。

第二，绝大多数的红外检测器并不是对所有的波数都能均匀地响应。

第三，红外仪器中的许多放大器的响应也与频率有关。因为放大器中通常都有滤波电路，除了红外信号以外，还会有其他信号到达检测器，滤波电路的设计就是将红外信号以外的信号去除掉。正是这些滤波器使放大器的响应与频率有关。

总之，检测器检测到的干涉图强度不仅正比于光源的强度，而且正比于分束器的效率、检测器的响应和放大器的特性。以上三个因素对某一特定仪器的影响会保持不变，是一个常量。因此，方程式（2-5）应该乘以一个与波数有关的因子 $H(\nu)$。方程式（2-5）变成

$$I(\delta)=0.5H(\nu)I(\nu)\cos(2\pi\nu\delta) \qquad (2\text{-}6)$$

设 $0.5H(\nu)I(\nu)$ 等于 $B(\nu)$。式（2-6）变成

$$I(\delta)=B(\nu)\cos(2\pi\nu\delta) \qquad (2\text{-}7)$$

这就是干涉图最简单的方程。也就是波数为 ν 的单色光的干涉图方程。参数 $B(\nu)$ 代表经仪器特性修正后的波数为 ν 的单色光光

源强度。

数学上，$I(\delta)$ 被称为 $B(\nu)$ 的 cosine 傅里叶变换。光谱要从干涉图 $I(\delta)$ 的 cosine 傅里叶逆变换计算得到。这就是傅里叶变换光谱名称的来源。

单色光的干涉图是余弦波，所以对单色光干涉图进行傅里叶变换是非常简单的操作，因为余弦波的振幅和波长（或频率）都可以直接测量。

2.2 二色光干涉图和基本方程

前一节已经提到，单色光的干涉图是一条余弦波，余弦波的波长等于单色光的波长。二色光的干涉图是由两个单色光的干涉图叠加的结果，也就是由两个不同波长的余弦波叠加而成。

假设两条无限窄的单色光的波数分别为 ν_1 和 ν_2，它们的光强相同，如图 2-3（a）所示。这两条单色光的波长分别为 λ_1 和 λ_2，假设 $10\lambda_1 = 9\lambda_2$，如图 2-4 所示。图 2-4（a）中的实线代表波长为

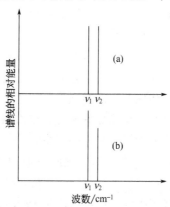

图 2-3　二色光光源发出的两条

无限窄的单色光光谱

（a）强度相等的两条无限窄的谱线；

（b）强度不相等的两条无限窄的谱线

λ_1 的单色光的干涉图，虚线代表波长为 λ_2 的单色光的干涉图。当
这两条干涉图相加时，就得到二色光的干涉图，如图 2-4（b）
所示。

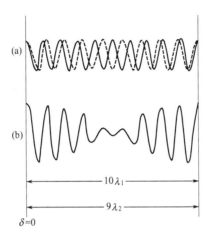

图 2-4　强度相等的二色光干涉图示意图

（a）两条单色谱线干涉图；

（b）两条单色谱线干涉图叠加的结果

在光程差等于零（$\delta=0$）时，由于这两条单色光的强度相等，
干涉图的强度等于余弦波振幅的两倍，当光程差等于 $5\lambda_1$ 时，正好
是波长为 λ_1 的波峰和波长为 λ_2 的波谷，这两个余弦波的相位正好
相反，相加的结果，干涉图的强度等于零。当光程差等于 $10\lambda_1$ 时，
这两个余弦波的相位正好相同，此时干涉图的强度又等于余弦波振
幅的两倍。当光程差继续增加时，干涉图又重复这个单元，如图
2-5（a）所示。

假如两个单色光的强度不相同，如图 2-3（b）所示。它们的干
涉图示于图 2-5（b）中。图 2-5（a）和图 2-5（b）形状很相似，但是
请注意，在图 2-5（b）中，在两个余弦波相位正好相反的地方（点
M 处），干涉图的强度不等于零。

图 2-5（a）和图 2-5（b）中的干涉图都具有对称性，因此，在

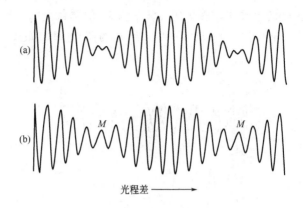

图 2-5　距离相等的强度相等和强度不相等
的二色光干涉图示意图

(a) 强度相等的二色光干涉图示意图；

(b) 强度不相等的二色光干涉图示意图

二色光干涉图中，单从干涉图也无法确定零光程差的位置。

二色光干涉图的方程和单色光干涉图的方程相同［方程式(2-7)］，干涉图的强度等于两个单色光干涉图强度的叠加。干涉图的强度与两个单色光的波数和强度有关，与光程差有关。

2.3　多色光和连续光源的干涉图及基本方程

在 2.1 节中已经提到，单色光干涉图的傅里叶变换是非常简单的，但是，如果一个光源发射的是几条不连续的谱线，或发射的是连续的辐射，得到的干涉图就要复杂得多，就要用计算机对干涉图进行傅里叶变换。

当一个光源发出的辐射是几条线性的单色光时，测得的干涉图是这几条单色光干涉图的加和。

图 2-6 是简单的连续光源发出的辐射，谱线 B 的宽度是谱线 A 的两倍。谱线 A 和谱线 B 的干涉图分别示于图 2-7（a）和图 2-7（b）中。

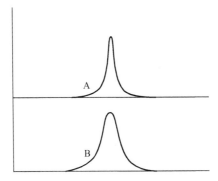

图 2-6　简单的连续光源的辐射示意图

(谱线 B 的宽度是谱线 A 的两倍)

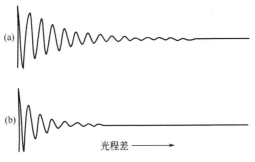

光程差 ——➤

图 2-7　简单的连续光源干涉图

(a) 和 (b) 分别是图2-6中光源 A 和光源 B 的干涉图

从图 2-7(a) 和图 2-7(b) 可以看出，在零光程差时，干涉信号最强。随着光程差的增加，干涉图强度呈指数衰减。因为谱线 B 的宽度是谱线 A 的两倍，所以谱线 B 对应的干涉图衰减速度比谱线 A 对应的干涉图衰减速度快一倍。

当光源是一个连续光源时，干涉图变得更加复杂，图 2-8 是一个连续光源的干涉图。它实际上是一台傅里叶变换红外光谱仪中红外光源的干涉图。

对于连续光源，干涉图用积分的形式表示，也就是对单色光干涉图方程（2-7）进行积分

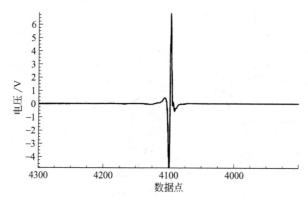

图 2-8　中红外光源干涉图

$$I(\delta) = \int_{-\infty}^{+\infty} B(\nu)\cos(2\pi\nu\delta)\mathrm{d}\nu \qquad (2\text{-}8)$$

$I(\delta)$ 表示光程差为 δ 这一点时，检测器检测到的信号强度。这个信号是从 $-\infty \to +\infty$ 对所有波数 ν（不同波长的光）进行积分得到的，即所有不同波长的光强度的加和。因为 δ 是连续变化的，因而得到一张完整的干涉图。

式（2-8）得到的只是干涉图，为了得到红外光谱图，要对式（2-8）进行傅里叶逆变换：

$$B(\nu) = \int_{-\infty}^{+\infty} I(\delta)\cos(2\pi\nu\delta)\mathrm{d}\delta \qquad (2\text{-}9)$$

式（2-8）和式（2-9）是 cosine 傅里叶变换对，是傅里叶变换光谱学的基本方程。

请注意，$I(\delta)$ 是一个偶函数，因此，方程（2-9）可以重新写成

$$B(\nu) = 2\int_{0}^{+\infty} I(\delta)\cos(2\pi\nu\delta)\mathrm{d}\delta \qquad (2\text{-}10)$$

方程（2-10）表明，在理论上，人们可以测量一张从 $0 \sim +\infty$ cm^{-1}，而且分辨率无限高的光谱。从方程（2-8）可以看出，为了得到这样一张干涉图，干涉仪的动镜必须扫描无限长的距离，也就是 δ 要在 $0 \sim +\infty$ 之间变化。这样，红外仪器的干涉仪要做成无限

长。显然，这是不可能的。

从方程（2-8）也可以看出，如果用数字计算机进行傅里叶变换，干涉图必须数字化，而且必须在无限小的光程差间隔中采集数据。显然，这也是不可能的。

实际上，商用红外光谱仪干涉仪中的动镜扫描的距离是有限的，而且数据采集的间隔也是有限的。

2.4 干涉图数据的采集

2.4.1 干涉图数据点间隔

2.3 节中的傅里叶变换光谱学基本方程（2-8）表明，在干涉仪动镜从 $-\infty$ 到 $+\infty$ 移动的过程中，每增加无限小的光程差都要采集数据，才能得到方程（2-8）干涉图。对方程（2-8）干涉图的所有数据按照式（2-9）进行傅里叶逆变换，才能得到一张 $-\infty \sim +\infty \mathrm{cm}^{-1}$ 完整的红外光谱。显然，这是绝对不可能的。

采集无数个数据要耗尽计算机的存储空间。即使这无数个数据能够采集，实施傅里叶变换也需要无限长时间。因此，只能在干涉仪动镜移动过程中，在一定的长度范围内，在距离相等的位置采集数据，由这些数据点组成干涉图。然后对这个干涉图进行傅里叶逆变换，得到一定范围内的红外光谱图。

这里所说的距离相等，指的是光程差相等，在相等的光程差间隔位置采集数据点，而不能在动镜连续移动的情况下，在相等时间间隔采集数据点。因为动镜移动速度的微小变化都会改变数据点采集的位置，因而影响计算得到的光谱。

在实验中，数据的采集是用 He-Ne 激光器控制的。在干涉仪动镜移动过程中，He-Ne 激光光束和红外光光束一起通过分束器，有一个独立的检测器检测从分束器出来的激光干涉信号。He-Ne 激光的光谱带宽非常窄，有非常好的相干性。He-Ne 激光干涉图在动镜移动过程中是一个不断伸延的余弦波，波长为 $0.6329\mu\mathrm{m}$。干涉图数据信号的采集是用激光干涉信号触发的。

在测量中红外和远红外光谱时，每经过一个 He-Ne 激光干涉图余弦波采集一个数据点。数据点间隔的光程差 Δx 为 $0.6329\mu m$，即动镜每移动 $0.31645\mu m$ 采集一个数据点。如图 2-9(a) 所示。

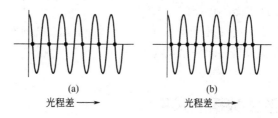

图 2-9 数据点采集示意图

（a）测量中红外和远红外光谱时，每经过一个
He-Ne 激光干涉图余弦波采集一个数据点；
（b）在测量近红外光谱时，每经过半个 He-Ne 激光
干涉图余弦波采集一个数据点

在测量近红外光谱时，每经过半个 He-Ne 激光干涉图余弦波采集一个数据点，即在余弦波的每个零值处采集数据。数据点间隔的光程差 Δx 为 $0.31645\mu m$，即动镜每移动 $0.158225\mu m$ 采集一个数据点。如图 2-9(b) 所示。近红外光谱的测试，数据点之间的间隔只有中红外和远红外的 $1/2$。

为什么在采集数据时采用 He-Ne 激光干涉信号余弦波作为触发信号？为什么测试近红外光谱时采集数据点之间的光程差只有中红外和远红外光谱的 $1/2$？因为采样间隔与测得的光谱范围有关。本节开头已经提到，干涉图采样间隔无限小（无限小的光程差）时，能得到 $-\infty \sim +\infty cm^{-1}$ 光谱。也就是说，采样间隔越小，测得的光谱区间越大。

干涉图采样间隔 Δx 必须符合下列式子：

$$\Delta x \leqslant \frac{1}{2\nu_{max}} \qquad (2-11)$$

式中，ν_{max} 为所测光谱区间的最高波数。如果干涉图采样间隔 Δx 大于 $1/(2\nu_{max})$，从干涉图计算得到的光谱会出现叠加而发生

畸变。那么，干涉图采样间隔 Δx 是不是越小越好呢？不是的。Δx 远小于 $1/(2\nu_{max})$ 是不必要的，因为这意味着进行傅里叶变换计算的数据点数量增多，计算时间增长。

现在计算一下中红外和远红外光谱区间的干涉图采样间隔。中红外光谱范围为 $4000 \sim 400 \text{cm}^{-1}$，最高波数为 4000cm^{-1}。根据式 (2-11) 得

$$\Delta x \leqslant \frac{1}{2 \times 4000 \text{cm}^{-1}} = 1.25 \mu \text{m}$$

即在中红外区，干涉图采样间隔 Δx 必须小于或等于 $1.25 \mu \text{m}$。实际的采样间隔 Δx 为 $0.6329 \mu \text{m}$，符合采样条件。如果采样间隔为两个 He-Ne 激光干涉信号余弦波，则采样间隔就大于 $1.25 \mu \text{m}$。不符合干涉图采样条件。

如果远红外区光谱范围为 $650 \sim 30 \text{cm}^{-1}$，根据计算，$\Delta x \leqslant 7.7 \mu \text{m}$。有些红外光谱仪的远红外采样间隔是可选的，间隔可以比中红外长一倍。如果不选，仪器将按中红外的采样间隔采集数据。

至于近红外区，如果最高波数 ν_{max} 为 12000cm^{-1}，由式 (2-11) 计算得到 $\Delta x \leqslant 0.417 \mu \text{m}$。如果也和中红外的采样间隔相同（$\Delta x$ 为 $0.6329 \mu \text{m}$），就不符合干涉图采样间隔的条件。因此必须缩短干涉图采样间隔，实际的采样间隔为 $0.3164 \mu \text{m}$。

干涉图数据的采集是如何实施的？数据采集的方式有好几种，根据不同的分辨率或不同的需要，仪器会自动选用不同的采集方式。有些红外仪器也可以人为设定不同的采集方式。

2.4.2　单向采集数据

干涉仪动镜前进时，采集数据；动镜返回时，不采集数据，这种采集方式叫做干涉图单向采集数据方式。

在单向采集数据方式中又分为单边采集数据和双边采集数据。所谓单边采集数据是指在干涉图零光程差的一侧采集数据，双边采集数据是指在干涉图零光程差的两侧都采集数据。

2.4.2.1　单边采集数据

在用高分辨率采集数据时，采用单边采集数据方式。因为在高分辨率采集数据时，采集的数据点多，动镜移动的距离长，需要的时间多。

方程（2-10）中的 $I(\delta)$ 是一个偶函数，在理想状态下，零光程差两侧对应的数据点是相同的，因此，只需要对零光程差一侧的数据点进行傅里叶变换。那么，在单边采集数据方法中，是不是从零光程差这一点开始采集数据点呢？不是的。

在零光程差的另一侧也要采集一些数据点。不同的傅里叶变换红外光谱仪在零光程差的另一侧采集的数据点数目可能不同。有些仪器在零光程差另一侧采集 1024 个数据点。这 1024 个数据点不参与所得光谱的傅里叶变换，它的作用在本章 2.6 节中将加以说明。单边采集数据的背景干涉图如图 2-10(a) 所示。

2.4.2.2　双边采集数据

在用低分辨率采集数据时，采用双边采集数据方式。双边采集数据是在零光程差两侧都采集数据，而且两侧采集的数据点数目相同。也就是说，动镜在零光程差两侧移动的距离相等。方程（2-10）中的 $I(\delta)$ 是一个偶函数，零光程差两侧对应的数据点是相同的，为什么还要采用双边采集数据方式呢？这是因为商用红外光谱仪的干涉仪并非在理想状态下工作，零光程差两侧对应的数据点不是完全相同的。双边采集的数据经傅里叶变换后可以加和平均。这样，用双边采集数据方式得到的光谱信噪比（信噪比的定义在本章 2.8 节中将加以说明）比单边采集数据得到的光谱信噪比高。在低分辨率采集数据时，采集的数据点少，动镜移动的距离短，需要的时间少。所以，用双边采集数据方式采集数据不需要增加很多时间，却能得到较高的信噪比。双边采集数据的背景干涉图如图 2-10(b) 所示。

2.4.3　双向采集数据

双向采集数据是动镜前进和返回时都采集数据。在快速扫描

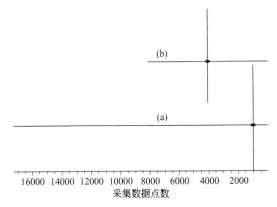

图 2-10　单边和双边采集数据背景干涉图

（a）单边采集数据背景干涉图；（b）双边采集数据背景干涉图

（rapid scan）模式中采用双向采集数据方式。当体系中样品的成分变化速度非常快时，采用快速扫描模式采集数据，动镜前进和返回时得到的样品干涉图是不相同的。有些仪器双向采集数据采用的是单边采集数据方式，这样可以得到两张不同的光谱。而有些仪器双向采集数据采用的是双边采集数据方式，这样可以得到四张不同的光谱。

2.4.4　动镜的移动速度

干涉仪的动镜是按一定的速度移动的。移动的速度取决于所使用的检测器。检测器响应的速度快，动镜的移动速度就可以加快（如 MCT/A 检测器）。检测器响应的速度慢，动镜的移动速度就应减慢（如 DTGS 检测器）。

在单向采集数据时，动镜按设定的速度前进。采集数据结束后，动镜会快速返回。快速返回时不采集数据，这样可以节省扫描时间。在单向采集数据时，动镜前进和返回时所用的时间是不相同的。

在双向采集数据时，动镜前进和返回都要采集数据，所以，动镜前进和返回所用的时间相同。

2.5 切趾(变迹)函数

已经多次提到傅里叶变换光谱学的基本方程 (2-8) 适合的条件是，干涉仪的动镜必须扫描无限长的距离，而且必须在无限小的光程差间隔中采集数据，才能够得到分辨率无限高、测量区间 $-\infty \sim +\infty$ cm^{-1} 的一张光谱。从 2.4 节可以知道，商用红外光谱仪采集数据的间隔不是无限小，而且数据点的采集是有限的。由于干涉图的最大光程差受到限制，即被截止。所以傅里叶变换光谱学的基本方程 (2-9) 必须乘以一个函数，这个函数称为截止函数（或截取函数），以 $D(\delta)$ 表示。方程 (2-9) 变成

$$B_{\mathrm{m}}(\nu) = \int_{-\infty}^{+\infty} I(\delta)D(\delta)\cos(2\pi\nu\delta)\mathrm{d}\delta \qquad (2\text{-}12)$$

在数学上，函数 $I(\delta)$ 和函数 $D(\delta)$ 乘积的傅里叶变换等于这两个函数分别进行傅里叶变换的卷积。无限长光程差测量的 $I(\delta)$ 的傅里叶变换是个理想的光谱，以 $B(\nu)$ 表示。设截止函数 $D(\delta)$ 的傅里叶变换为 $f(\nu)$。数学上，$B(\nu)$ 和 $f(\nu)$ 的卷积用下式表示：

$$B_{\mathrm{m}}(\nu) = B(\nu) * f(\nu) \qquad (2\text{-}13)$$

式中，符号"$*$"表示卷积。计算这两个函数的卷积，就可以得到实际测量的光谱。

现在来讨论单色光通过干涉仪后得到的干涉图被截止的情况。

单色光是无限窄的调制光，它的干涉图是纯的余弦波，如图 2-11(a) 所示。它的傅里叶变换结果是一条单色谱线，频率为 ν_1，如图 2-11(b) 所示。

因为动镜只移动一定的距离，所以干涉图就变成有限的余弦波（即干涉图被截止），如图 2-11(e) 所示。如果截止函数是矩形函数（boxcar function），如图 2-11(c) 所示，它的傅里叶变换结果如图 2-11(d) 所示。图 2-11(b) 和图 2-11(d) 卷积得到输出光谱，如图 2-11(f) 所示。

从图 2-11(f) 可以看出，干涉图用矩形函数截取后得到的光谱

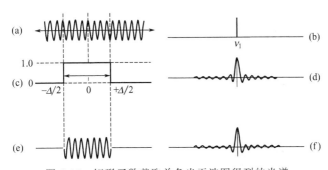

图 2-11　矩形函数截取单色光干涉图得到的光谱

（a）单色光干涉图；（b）单色谱线；（c）矩形函数；
（d）矩形函数经傅里叶变换后的函数图形；（e）被截取的
干涉图；（f）两个函数卷积得到的输出光谱

不是理想的线性光谱，虽然光谱主峰中心位于单色谱线频率 ν_1 处，但是谱带却变宽了许多，而且在主峰的两侧出现了旁瓣振荡。这种旁瓣振荡很像逐渐衰减的余弦波，有正值，也有负值。

主峰两侧的旁瓣像两只脚的"脚趾"，它们的出现往往会掩盖波数 ν_1 两侧的弱光谱信号。因此，必须采取措施抑制这种旁瓣。抑制旁瓣的手段叫"切趾"（apodization）。apodization 一词来自拉丁文，意为"cutting off the feet"。

切趾就是将主峰两侧的"脚趾"切除掉。要实现这一点，就要用一个切趾函数（apodization function）代替矩形函数截取干涉图。切趾函数有二十多种，如 Happ-Genzel、triangular、Norton-Beer、Blackman-Harris、Trapezoidal、cosine、goussion 等。

从图 2-11(c) 可以看出，用矩形函数作为截止函数时，在截止处，干涉图函数值突然降为零，这导致干涉图在该处出现严重的不连续性。用切趾函数代替矩形函数，目的是为了缓和这种不连续性。一般来说，这个切趾函数在 $X=0$ 处有极大值1，随着 X 的增大而减小，并且在 $X=\pm\Delta/2$ 处取值为0。

当用三角形切趾函数（triangular function）代替矩形函数截取干涉图时，图 2-11 变成图 2-12。

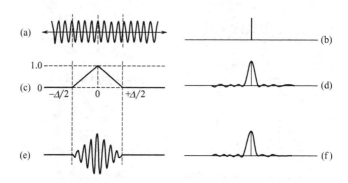

图 2-12　三角形切趾函数截取单色光干涉图得到的光谱
(a) 单色光干涉图；(b) 单色谱线；(c) 三角形切趾函数；
(d) 三角形切趾函数经傅里叶变换后的函数图形；(e) 被截取的干涉图；
(f) 两个函数卷积得到的输出光谱

比较图 2-11 和图 2-12，可以看出：①图 2-12 的输出光谱主峰两侧的旁瓣基本消失，剩余的旁瓣未出现负峰；②图 2-12 的输出光谱谱带的宽度加大，谱带半高宽加大的结果使光谱的分辨率降低。对于一张红外光谱，谱带加宽而导致光谱分辨率降低一些是可以容忍的，但是，谱带两侧出现旁瓣而干扰微弱红外信号的测定是红外光谱学家不能容忍的。这就是一定要使用切趾函数的原因。

虽然切趾函数有很多种，但是，商用傅里叶变换红外光谱仪中使用的只有几种，而且，各个仪器厂家使用的切趾函数也不尽相同。

使用切趾函数后，"脚趾"虽然被切除掉了，但是，光谱的分辨率却降低了。对于同一个样品的同一个干涉图，使用不同的切趾函数进行傅里叶变换，得到的光谱有些不同，分辨率也有差别，但是差别非常小。所以在大多数情况下，不管使用哪一种切趾函数，得到的光谱都相当相似。

每台傅里叶变换红外仪器通常都设置几种切趾函数可供选择，仪器使用者可以根据不同的需要选择不同的切趾函数。在高分辨率光谱的测试或要求进行光谱定量分析时，推荐使用 Norton-Beer

Weak 切趾函数。在高分辨率红外仪器分辨率检定时，只能采用矩形函数，而不能采用其他切趾函数进行傅里叶变换。在实际红外光谱测定时，则不能采用矩形函数。

2.6 相位校正

前面反复强调，傅里叶变换光谱学的基本方程（2-8）所代表的是理想状态下的干涉图。实际上是不存在理想状态的。在2.5节中，已经在方程（2-9）中乘以一个截取函数 $D(\delta)$。在这一节中，还要在相位角（$2\pi\nu\delta$）这一项中增加额外一项，才能得到实际测量的干涉图。

在相位角这一项中增加一个校正因子，是对相位误差进行校正。干涉图相位误差是多种因素引起的，有干涉图数据点采集引起的误差，还有光学、电子元器件等的设计引起的误差。这些因素使方程（2-8）的 cosine 项产生变化。

2.6.1 干涉图数据点采集漂移引起相位误差

傅里叶变换光谱学的基本方程（2-8）所代表的干涉图是一个对称的干涉图，对称中心位于光程差 $\delta=0$ 处。也就是说，在对称中心两侧，干涉图是完全相同的。在高分辨率光谱测量时，为了节省测量时间，人们通常采用单边采集干涉图的办法。而为了节省傅里叶变换计算时间，采用下式进行计算：

$$B(\nu)=2\int_0^L I(\delta)D(\delta)\cos(2\pi\nu\delta)\mathrm{d}\delta \qquad (2\text{-}14)$$

式中，L 为最大光程差。式（2-14）要求从光程差 $\delta=0$ 这一点开始进行积分变换。这就要求精确地找到光程差 $\delta=0$ 这一原点，在这一点上采集到数据。但是，实际上不可能正好在光程差 $\delta=0$ 这个位置上采集到数据点，而往往在距离零光程差 ε 处采集到进行傅里叶变换的第一个数据点。这样采集得到的干涉图相对于希望进行傅里叶变换的干涉图整体漂移了 ε 光程差，即

$$\delta \rightarrow \delta + \varepsilon \tag{2-15}$$

式中，ε 是 cosine 项的校正因子。这样，傅里叶变换光谱学的基本方程（2-8）就变成

$$I(\delta) = \int_{-\infty}^{+\infty} B(\nu)\cos 2\pi\nu(\delta + \varepsilon)\mathrm{d}\nu \tag{2-16}$$

2.6.2 干涉图的余弦分量相位滞后引起相位误差

为了消除干涉图中的高频噪声，电路中增加了电子滤波器。这样会使干涉图的每个余弦分量相位滞后 θ。在多数情况下，θ 随波数 ν 变化，即

$$\delta \rightarrow \delta - \theta_\nu \tag{2-17}$$

式中，θ_ν 是 cosine 项的校正因子。这样，方程（2-8）就变成

$$I(\delta) = \int_{-\infty}^{+\infty} B(\nu)\cos 2\pi\nu(\delta - \theta_\nu)\mathrm{d}\nu \tag{2-18}$$

在数学上，任意的余弦波 $\cos(\alpha \pm \beta)$ 都可以分解为

$$\cos(\alpha + \beta) = \cos\alpha\cos\beta - \sin\alpha\sin\beta$$

$$\cos(\alpha - \beta) = \cos\alpha\cos\beta + \sin\alpha\sin\beta$$

这样，在测得的干涉图中除了 cosine 分量外，还多出了 sine 分量。多出来的 sine 成分会加到 cosine 波干涉图中。而被截取的 sine 波干涉图 [图 2-13(a)] 经 cosine 傅里叶变换得到的谱线 [图 2-13(b)] 与被截取的 cosine 波干涉图经 cosine 傅里叶变换得到的谱线相比有很大的差别 [见图 2-11(e) 和(f)]。因此有必要从测得的干涉图中除掉 sine 成分。从光谱中除掉 sine 成分造成影响的过程叫做相位校正（phase correction）。

由于相位误差导致所测得的干涉图不是对称干涉图。对于不对称干涉图必须进行复数傅里叶变换，即同时进行余弦变换和正弦变换。经复数傅里叶变换后得到的光谱为

$$B(\nu) = \mathrm{Re}(\nu)\cos\theta_\nu + \mathrm{Im}(\nu)\sin\theta_\nu \tag{2-19}$$

式中，$\mathrm{Re}(\nu)$ 和 $\mathrm{Im}(\nu)$ 分别代表复数傅里叶变换的实部和虚部。从实部和虚部可以计算相位误差 θ_ν。相位误差 θ_ν 的计算公式

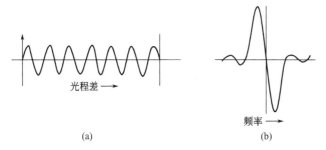

光程差 ——▶

(a)

频率 ——▶

(b)

图 2-13　sine 波干涉图（a）和被截取的 sine 波干涉图经
　　　　 cosine 傅里叶变换后得到的结果（b）

如下：

$$\theta_\nu = \arctan \frac{\mathrm{Im}(\nu)}{\mathrm{Re}(\nu)} \qquad (2\text{-}20)$$

　　相位校正的方法有好几种。Mertz 相位校正法被许多红外仪器
厂家所推荐。当采用 Mertz 方法进行相位校正时，在零光程差的一
侧采集很短的干涉图数据（$-\Delta_1$），在零光程差的另一侧采集分辨
率所要求的干涉图数据（$+\Delta_2$）。然后从零光程的两侧选取很短的
双边干涉图，如从双边干涉图中取 128、256、512 个或 1024 个数
据点进行复数傅里叶变换，就可以从式（2-20）计算出相位误差
θ_ν。相位误差 θ_ν 计算出来后，就可以用于整个干涉图的相位校正。
这就是为什么在单边采集高分辨率光谱干涉图数据时，必须在零光
程差的另一侧采集 1024 个数据点的缘故。

　　测量 1cm^{-1} 分辨率光谱时，采用的是单边采集数据的方式。
在零光程差的一侧采集 1024 个数据点（包括零光程差数据点），在
零光程差的另一侧采集 16384 个数据点（包括零光程差数据点）。
从零光程差两侧 1024 个数据点的复数傅里叶变换计算出相位误差，
用于 16384 个数据点干涉图的傅里叶变换。图 2-14 所示为单边采
集数据干涉图 Mertz 相位校正法和所采用的切趾函数。

　　由此可知，为了得到一张红外光谱，需要对测得的干涉图进行
两次傅里叶变换。第一次，从零光程的两侧选取很短的双边干涉图
进行复数傅里叶变换，计算出相位误差 θ_ν；第二次，对相位校正

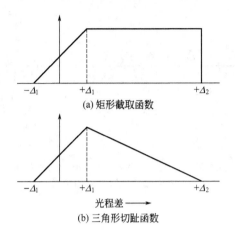

(a) 矩形截取函数

光程差——

(b) 三角形切趾函数

图 2-14　Mertz 相位校正法和所采用的切趾函数示意图

后的干涉图进行傅里叶变换。

2.7　红外光谱仪器的分辨率

2.7.1　分辨率的定义

　　红外光谱的分辨率（resolution）用波数 cm^{-1} 表示，即分辨率的单位是 cm^{-1}。

　　分辨率是指分辨两条相邻谱线的能力。如果两条相邻谱线的强度和半高宽相等，它们合成后的谱线有一个 20% 左右的下凹，就说这两条谱线已经分开了。如图 2-15 所示。

　　图 2-15 的图形虽然很直观，但是它并没有给出分辨率的确切定义。对于两条强度和半高宽相等的谱线，怎样才能使这两条谱线合成后下凹 20%？仪器的哪些因素会影响下凹的深度？仪器的分辨率是由哪些因素决定的？

　　红外光谱仪的分辨率是由干涉仪动镜移动的距离决定的。确切来说，是由光程差计算得来的。也就是说，测量光谱时，如果光程差知道了，那么这张光谱的分辨率也就知道了。

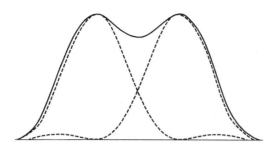

图 2-15　两条相邻谱线分开示意图

现有一个宽谱带，里面包含着两个窄谱带（强度不一定相同），这个宽谱带是由这两个窄谱带合成的。现假设这两个窄谱带是强度相等的单色谱线，其波数分别为 $\nu_1(\mathrm{cm}^{-1})$ 和 $\nu_2(\mathrm{cm}^{-1})$，波长分别为 λ_1 和 λ_2。ν_1 和 ν_2 相距 $\Delta\nu$，即 $\Delta\nu=\nu_1-\nu_2$。

$\Delta\nu=\nu_1-\nu_2$ 称为分辨率。假设 $\Delta\nu=0.1\nu_1=1/(10\lambda_1)$。这两条单色谱线的干涉图如图 2-4（b）所示。

当光程差为 $0.5(\Delta\nu)^{-1}$ 时，即 $5\lambda_1$ 时，这两个单色谱线干涉图的余弦波相位正好相反；当光程差为 $(\Delta\nu)^{-1}$ 时，即 $10\lambda_1$ 时，这两个单色谱线干涉图的余弦波相位正好相同。从零光程差开始，当光程差增加到两个单色谱线干涉图的余弦波第一次相位相同为止，可以说，这两条谱线正好分开。也就是说，从零光程差开始，当光程差增加到这两个单色谱线干涉图相差一个余弦波时，则认为它们可以分辨开。这个光程差称为分开两条谱线的最大光程差 L。

数学上，最大光程差 L 和分辨率有什么关系？现假设，在最大光程差 L 内有两条谱线，ν_1 有 m 个余弦波，波长为 λ_1；ν_2 有 $m+1$ 个余弦波，波长为 λ_2。对于第一条谱线，有：

$$L=m\lambda_1=m/\nu_1 \tag{2-21}$$

对于第二条谱线，有：

$$L=(m+1)\lambda_2=(m+1)/\nu_2=(m+1)/(\nu_1+\Delta\nu) \tag{2-22}$$

由式（2-21）和式（2-22）消去 m 后得：

$$\Delta\nu=\frac{1}{L} \tag{2-23}$$

即分辨率 $\Delta\nu$ 等于最大光程差 L 的倒数。

虽然分辨率的这种计算非常简单，也很直观，但是这样计算出来的分辨率只是近似的正确。这种不确切性是由多种因素引起的，在此不详细讨论。

现举一个例子说明分辨率与最大光程差的关系。假设一个宽谱带中包含的两个窄谱带 A 和 B 的波数分别为 794cm^{-1} 和 792cm^{-1}，要分开谱线 A 和 B 需要的最大光程差是多少？

谱带 A 和 B 的波数相差 2cm^{-1}，即 $\Delta\nu = \nu_1 - \nu_2 = 2\text{cm}^{-1}$，也就是说，要分开这两个窄谱带，光谱的分辨率要达到 2cm^{-1}。根据式（2-23），最大光程差 L 为

$$L = \frac{1}{\Delta\nu} = \frac{1}{2\text{cm}^{-1}} = 0.5\text{cm}$$

下面举个实际光谱例子说明分辨率不同时谱线分开的情况。图 2-16 所示的是一个宽谱带中包含两个谱带，这两个谱带相距 10cm^{-1}。当采用 8cm^{-1} 分辨率测定样品光谱时（谱带 A），根据上面的讨论，应能将这两个谱带分开。从实际测得的光谱看，可以说，这两个谱带基本上已经分开了。当采用 4cm^{-1} 分辨率测定样品的光谱时，这两个谱带已经分得很开了（谱带 B）。当采用

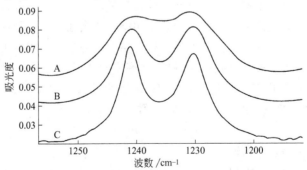

图 2-16　不同分辨率时两个谱带分开的情况

A—光谱的分辨率为 8cm^{-1}；B—光谱的分辨率为 4cm^{-1}；

C—光谱的分辨率为 1cm^{-1}

$1cm^{-1}$分辨率测定样品的光谱时，可以将这两个谱带分得更开，两个谱带之间下凹得更深（谱带 C）。

一台傅里叶变换红外光谱仪的最高分辨率在数字上等于多少？这取决于这台仪器的动镜移动的最长有效距离是多少。所谓动镜移动的最长有效距离是指，从零光程差到采集最高分辨率所需要的最后一个数据点动镜移动的距离。最长有效距离（单位：cm）两倍的倒数就是这台仪器的最高分辨率。也就是最大光程差 L 的倒数就是这台仪器的最高分辨率。例如，一台仪器动镜移动的最长有效距离为 4cm，那么，这台仪器的最高分辨率为 $0.125cm^{-1}$。分辨率的数字越小，分辨率越高。仪器的分辨率越高，仪器的性能越好，仪器的价格越贵。

每台傅里叶变换红外仪器都有确定的最高分辨率，但是测量光谱时很少使用最高分辨率。采集红外光谱数据之前，根据需要设定好分辨率。对于一般的红外光谱测定，通常选用 $4cm^{-1}$ 分辨率，也可以根据需要选用不同档次的分辨率。每台仪器可选的分辨率档次是有限的。分辨率 cm^{-1} 的档次有：64、32、16、8、6、4、2、1、0.5、0.25、0.125、0.0625、……。也有一些仪器分辨率可由仪器使用者在一定范围内任意设定。

2.7.2　分辨率的测定方法

红外仪器有高、中、低档次之分，还有专用型红外仪器。高档仪器属于研究级仪器，中档仪器属于分析级仪器，低档仪器属于普通型仪器，通常用于教学或厂矿企业的在线分析测试。

研究级红外光谱仪最高分辨率应该在 $0.125cm^{-1}$ 以上。对于研究级的仪器，测量最高分辨率通常采用 CO 气体法。

将 10cm 长的红外气体池抽真空，然后引入 CO 气体，CO 气体压力为 $400\sim650Pa$（$3\sim5mmHg$），将气体池密封好。气体压力不能太高，气体压力高会使谱带强度增高和谱带变宽，会使测得的分辨率偏低。将气体池放在仪器的样品室中，测量 CO 气体的吸收光谱。参数设定时，分辨率选项选仪器的最高分辨率。切趾函数

（apodization）或称变迹函数选项选矩形函数（boxcar）。红外光阑不能太大，应设定在最小位置，如果是连续可变光阑，应设定在尽量小的位置，如果光阑太大，会使测得的分辨率偏低。光谱测量范围设定为 $2300\sim2000cm^{-1}$。

图 2-17（a）所示为 $0.125cm^{-1}$ 分辨率的 CO 气体红外吸收光谱。在 $2300\sim2000cm^{-1}$ 范围内挑选一个吸收峰，例如 $2107.424cm^{-1}$，测量 $2107.424cm^{-1}$ 吸收峰的半高宽，即为实际测得的分辨率 ［见图 2-17（b）］。实测分辨率为 $0.075cm^{-1}$。

实际测得的分辨率和选定的最高分辨率不可能一致。对于新购买的仪器，实际测得的分辨率应该高于选定的最高分辨率。对于研究级红外光谱仪，使用一段时间后，如过了几年，或十年八年，测得的分辨率与新仪器相比不应该有明显的变化，如果测得的分辨率比仪器额定的最高分辨率下降很多，说明这种型号的仪器在设计上存在问题。

对于分析级红外光谱仪和普通型红外光谱仪最高分辨率的测定，可以采用水蒸气红外吸收峰半高宽测定法。此方法适用于最高分辨率低于 $0.5cm^{-1}$ 的测定。

测定时，分辨率选项选该仪器的最高分辨率。在空光路的情况下采集背景的单光束光谱，然后打开光学台的样品室，往样品室中吹入一口气，使样品室中的水蒸气浓度增加，关闭样品室，采集样品光谱，即可得到水蒸气的吸收光谱。

图 2-18（a）所示为分辨率 $0.5cm^{-1}$ 时水蒸气在 $2000\sim1300cm^{-1}$ 的红外吸收光谱。在 $2000\sim1300cm^{-1}$ 挑选水汽的一个吸收峰，如 $1436.70cm^{-1}$，测量这个吸收峰的半高宽即得到分辨率 ［见图 2-18（b）］。实测分辨率为 $0.464cm^{-1}$。

在用 CO 和水蒸气测量红外仪器的最高分辨率时，吸收峰的挑选是至关重要的。吸收峰的挑选原则是：①这个吸收峰必须是独立的吸收峰；②将这个吸收峰放大，数据点必须位于吸收峰的尖端上；③这个吸收峰必须是对称的。

以上两种分辨率的测定法使用的都是吸收峰半高宽测定法。在

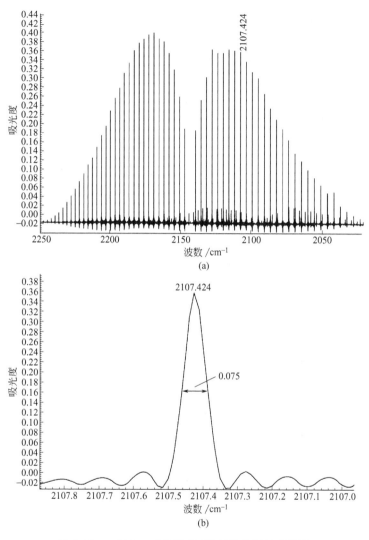

图 2-17 0.125cm^{-1}分辨率 CO 气体的红外光谱图

（CO 气体压力为 400～650Pa，切趾函数选矩形函数）

（a）CO 气体在 2250～2020cm^{-1}范围内红外吸收光谱；

（b）2107.424cm^{-1}吸收峰的半高宽

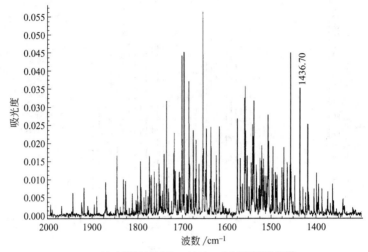

(a) 水蒸气在 2000 ～ 1300cm^{-1} 的红外吸收光谱

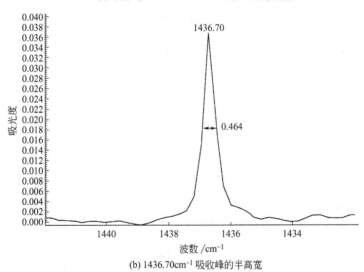

(b) 1436.70cm^{-1} 吸收峰的半高宽

图 2-18　水蒸气红外吸收峰半高宽的测定（分辨率选 0.5cm^{-1}）

2.7.1 节中提到分辨率是指分辨两条相邻谱线的能力，那么，为什么不找一个包含两个子峰（两个窄谱带）的吸收谱带，测定它们的分开情况呢？寻找适合于分辨率测定的吸收谱带不是一件容易的事情。即使找到了这样的谱带，测定的结果只能说明分辨率达到了何种程度，而得不到分辨率的具体数据。

2.8 噪声和信噪比

噪声和信噪比（signal-to-noise ratio）是两个不同的概念，红外光谱仪的噪声和信噪比与红外光谱的噪声和信噪比的概念也不相同。

2.8.1 红外光谱仪的噪声和信噪比

仪器的噪声是仪器本身固有的，仪器的噪声越小，仪器的性能越好。高档仪器的噪声比低档仪器的噪声小得多。采用什么方式表示仪器的噪声呢？在中红外波段，不同区间仪器的噪声水平是有差别的。中红外的高频端比低频端噪声小，中间波段噪声最小。测量仪器的噪声通常选用 $2600\sim2500\mathrm{cm}^{-1}$ 或 $2200\sim2100\mathrm{cm}^{-1}$ 区间，因为这两个区间不受空气中水汽和二氧化碳光谱的影响。

仪器的噪声有两种表示方法：透射率表示法和吸光度表示法。

透射率表示法是在样品室中不放样品，分别用相同的扫描次数扫描背景和样品，得透射率光谱。在 100% 基线上截取 $2600\sim2500\mathrm{cm}^{-1}$ 区间或 $2200\sim2100\mathrm{cm}^{-1}$ 区间，将基线纵坐标满刻度放大，测量峰-峰值 N。N 的数值越小，仪器的噪声越小。因为仪器噪声是随机的，应多测几次（通常测 6 次），取峰-峰值的平均值作为仪器噪声的指标。

吸光度表示法是在样品室中不放样品，分别用相同的扫描次数扫描背景和样品，得吸光度光谱。在 0 基线上截取 $2600\sim2500\mathrm{cm}^{-1}$ 区间或 $2200\sim2100\mathrm{cm}^{-1}$ 区间，将基线纵坐标满刻度放大，测量峰-峰值 N。多测几次，取峰-峰值的平均值作为仪器噪声的指标。

仪器噪声指标是衡量红外仪器性能好坏的一个重要指标。也可以采用仪器信噪比来表示红外仪器性能的好坏。现在人们习惯上都采用仪器信噪比的指标来评价红外仪器的性能。

仪器信噪比是用 100 除以透射率表示法测得的噪声峰-峰值 N，即得仪器的信噪比 SNR，即

$$SNR=100/N \qquad (2-24)$$

式（2-24）的物理意义是，100 是透射率光谱的信号，N 是透射率光谱的噪声，二者相比后得到仪器的信噪比。事实上，在采用透射率法测定仪器的噪声时，样品室中根本就没有放入样品。在这里只是假设，在测得的透射率光谱中有一个谱带透射率为 0，即 100％吸收。仪器的信噪比越高，仪器的性能越好。

2.8.2　红外光谱的噪声和信噪比

用傅里叶变换红外光谱仪测量光谱时，检测器在接收样品光谱信息的同时也接收了噪声信号。仪器的噪声信号是随机的，有正有负，是起伏变化的。起伏变化的噪声信号会加到样品的光谱信号中，使输出的光谱既包含样品的信号也包含噪声信号。

检测器接收到的噪声包括检测器本身的噪声，此外还包含红外光源强度微小变化引起的噪声、杂散光引起的噪声、外界振动干扰引起的噪声、干涉仪动镜移动引起的噪声、电子线路引起的噪声等。

红外光谱的噪声是指在样品的红外光谱中，在没有吸收谱带的基线上的噪声水平。由此可见，红外光谱的噪声和仪器的噪声在数值上是相等的。

在测量样品的红外光谱时，如果测得的样品光谱吸光度很高，比如吸光度达到 1，在计算机输出的红外光谱中就基本上看不到噪声［如图 2-19(a) 所示］。但是，如果样品的吸光度很低，那么，在计算机输出的红外光谱中，在光谱基线上，就能明显地看到起伏变化的噪声［如图 2-19(b) 所示］。如果噪声水平与吸收峰强度接近，就很难分清楚哪些是噪声，哪些是样品的吸收峰。一般来说，吸收峰的强度应是噪声平均强度的三倍以上才认为是吸收峰。图

2-19(a) 所示的光谱看不到噪声并不等于没有噪声，如果将光谱基线纵坐标放大，就能看到明显的噪声。图 2-19(c) 是将图 2-19(a) 中没有吸收峰的区间（2100～1850cm^{-1}）基线纵坐标放大后得到的结果，这些起伏变化的折线就是光谱的噪声。

红外光谱信噪比是指实测红外光谱吸收峰强度与基线噪声的比值。对于吸光度光谱，光谱信噪比 SNR 为

$$SNR = \frac{A}{N}$$

式中，A 是光谱中最强吸收峰的吸光度值；N 是基线噪声。

傅里叶变换红外光谱技术发展到了今天，红外仪器的噪声已经相当低了。对于普通的红外测试，基线上的噪声基本上观察不到，如图 2-19(a) 所示光谱的信噪比已经相当高了。但是，使用某些红外附件，如用水平 ATR（多次反射 ATR）附件、单次反射 ATR 附件、掠角反射附件等，测定红外光谱时，光谱的吸光度非常低。用透射法测定含长链碳氢单分子膜和用红外显微镜测试不透光的样品，如轮胎橡胶、碳纳米管等时，测得的光谱吸光度也非常低。图 2-19(b) 所示为一种经修饰后的碳纳米管的显微红外光谱，信噪比非常低，基线上的噪声非常明显。

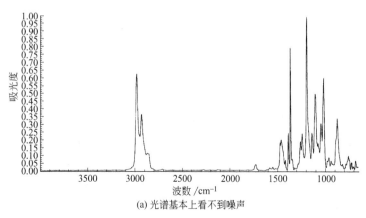

(a) 光谱基本上看不到噪声

图 2-19

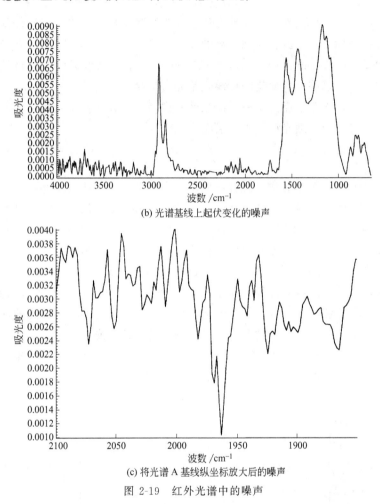

(b) 光谱基线上起伏变化的噪声

(c) 将光谱 A 基线纵坐标放大后的噪声

图 2-19　红外光谱中的噪声

2.8.3　影响红外光谱信噪比的因素

噪声和信噪比是判断一台红外仪器性能好坏的一项非常重要的技术指标。因此，各个仪器厂商在销售红外仪器时都报出各种型号仪器的信噪比。那么，不同的仪器厂商所给出的信噪比有没有可比性？如果信噪比是在相同条件下测定的，就有可比性。如果信噪比测定的条件不相同，就没有可比性。各个仪器厂商所生产的红外仪器，在采集红外数据时，参数的设定是不完全相同的。那么，哪些参数会影响信噪比呢？

影响光谱信噪比的因素有：测量时间 t、分辨率 $\Delta\nu$、红外光通量 E、干涉仪动镜扫描速度、所使用的检测器、切趾函数等。

信噪比与测量时间 t 的平方根成正比（与扫描次数 n 的平方根成正比），与分辨率 $\Delta\nu$ 成正比，与光通量 E 成正比。即

$$SNR \propto t^{1/2}\Delta\nu E \tag{2-25}$$

2.8.3.1 信噪比与测量时间 t 的平方根成正比（与扫描次数 n 的平方根成正比）

式（2-25）中的测量时间 t 指的是，干涉仪动镜扫描时采集数据点的时间。动镜移动但不采集数据的时间不计算在内。根据动镜的扫描速度和每次扫描采集的数据点数，可以计算出每次扫描采集数据的时间。

如果分辨率设定为 $\Delta\nu=4\mathrm{cm}^{-1}$，干涉图单向双边采集数据点，动镜扫描速度为 0.6329cm/s（10kHz），采集的数据点数为 8192 个，每次扫描采集数据的时间为 8192/10000＝0.8192（s）。测量时间 $t=1\mathrm{min}$ 时，扫描次数 $n=60/0.8192=73$ 次。也就是说，在以上条件下，测定仪器的信噪比时，背景和样品分别扫描 73 次。

不同厂商生产的红外仪器，设定的扫描速度是不相同的。因此，在测定仪器的信噪比时，应该根据扫描速度计算出在确定的测量时间内的扫描次数 n。

由于信噪比正比于测量时间 t 的平方根，而测量时间又正比于扫描次数，因此，信噪比正比于扫描次数 n 的平方根，即

$$SNR \propto \sqrt{n} \tag{2-26}$$

从式（2-26）可以看出，扫描次数越多，光谱的信噪比越高。为了提高吸收光谱的信噪比，在其他测试条件不变的情况下，可以采用增加扫描次数的办法。图 2-20 所示是同一个样品的吸收光谱，最强吸收峰的吸光度只有 0.005。光谱 A 和光谱 B 的分辨率都是

4cm^{-1}，光谱 A 扫描 16 次，光谱 B 扫描 256 次。从式（2-26）可知，光谱 B 的信噪比比光谱 A 的信噪比提高了 4 倍。光谱 B 扫描的时间是光谱 A 的 16 倍。对于光谱信号非常弱的光谱，通过增加扫描次数来提高光谱的信噪比是很难奏效的，提高光谱信噪比的最好办法是降低光谱的分辨率。

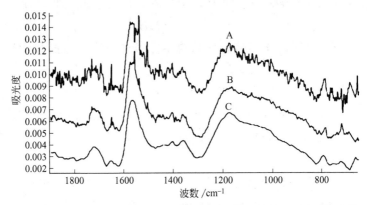

图 2-20　同一个样品采用不同分辨率和不同扫描次数测得的吸收光谱

A—4cm^{-1}分辨率时，扫描次数 16 次；B—4cm^{-1}分辨率时，扫描次数 256 次；

C—16cm^{-1}分辨率时，扫描次数 64 次

2.8.3.2　信噪比与分辨率 Δv 成正比

从式（2-25）可以看出，信噪比正比于分辨率 Δν，在测量时间 t、光通量 E 和干涉仪动镜的扫描速度等其他条件保持不变的情况下，分辨率越低（分辨率数值越大），光谱的信噪比越高。

如果低分辨率为 16cm^{-1}，高分辨率为 4cm^{-1}，那么 Δν = 12cm^{-1}。在其他测试条件不变的情况下，从式（2-25）可知，光谱的信噪比 SNR 提高了 12 倍。为了保证测试时间 t 相同，如果分辨率为 4cm^{-1}时扫描 16 次，分辨率为 16cm^{-1}时应扫描 64 次。图 2-20 中的光谱 C 分辨率为 16cm^{-1}，光谱 A 分辨率为 4cm^{-1}，光谱 C 和光谱 A 的测试时间相同，光谱 C 比光谱 A 的信噪比提高了 12 倍，在光谱 C 中基本上看不到噪声。

图 2-20 中的光谱 B 是不改变光谱的分辨率，通过增加扫描次

数的办法来提高光谱的信噪比，光谱 B 的信噪比比光谱 A 的信噪比提高了 4 倍，光谱 B 的扫描时间是光谱 A 的 16 倍，而光谱 C 的扫描时间与光谱 A 的扫描时间相同，光谱 C 的分辨率降低至 $16cm^{-1}$，信噪比却提高了 12 倍。比较光谱 C 和光谱 B 可以看出，降低光谱的分辨率比增加扫描次数对提高光谱的信噪比更加明显。

人们经常担心，测定光谱时，分辨率降低会影响谱带的分辨能力，使某些重叠的谱带分不开。这种担心有一定的道理。但是，在光谱吸光度非常低、信噪比非常差的情况下，牺牲一些分辨率，使测得的光谱信噪比大大地提高是值得的。

2.8.3.3 信噪比与光通量成正比

从式（2-25）可以看出，信噪比 SNR 与光通量 E 成正比。光通量指的是红外光进入样品室的光通量。

从红外光源发出的红外光，在进入干涉仪之前先经过一个光阑。光阑有固定孔径光阑和可变孔径光阑两种，可变孔径光阑又分为连续可变光阑和非连续可变光阑两种。非连续可变光阑通常有三种固定孔径的光阑供选择。连续可变光阑由步进电机控制光阑直径的大小。光阑直径越小，通过光阑的光通量越小。光阑全打开时，通过的光通量最大。这里值得一提的是，通过光阑的红外光通量不是均匀分布的，光阑的中心能量最高，偏离中心越远，能量越低。所以，光阑孔径面积成倍增加时，通过光阑的光通量并非成倍增加。测量高分辨率光谱时，光阑的孔径要小；测量低分辨率光谱时，光阑的孔径要尽量大些。

因为低档的傅里叶变换红外光谱仪不能测量高分辨率光谱，所以低档的红外仪器通常使用固定孔径光阑。高档红外光谱仪使用可变孔径光阑。

式（2-25）表明，信噪比与分辨率 $\Delta\nu$ 和光通量都成正比。测量高分辨率光谱时，光阑的孔径要选择较小的数值（由低分辨率测试转为高分辨率测试时，有些仪器会自动设定较小的数值），分辨率数字变小，光阑的孔径也变小，这会使光谱的噪声大大地增加。为了得到信噪比高的光谱，必须增加扫描时间，即增加扫描次数。

2.8.3.4 动镜扫描速度对信噪比的影响

傅里叶变换红外光谱仪动镜的扫描速度是可以改变的，使用不同类型的检测器可以选用不同的扫描速度。不同的红外仪器生产厂家，使用同一类型的检测器时，所选用的动镜扫描速度也不完全相同。例如，使用的都是 DTGS 检测器，有的厂家选用 0.6329cm/s（10kHz），也有的厂家选用 0.31655cm/s（5kHz），有的厂家选用更慢的扫描速度。

在式（2-25）中，并没有涉及动镜的扫描速度，实际上，扫描速度对信噪比的影响已经归到测量时间 t 这个影响因素里了。扫描速度越慢，用的时间越多。在相同的时间里，扫描速度慢一倍，扫描次数应该减少一半。

2.8.3.5 检测器对光谱信噪比的影响

检测器噪声是各种噪声中最主要的和不可避免的。检测器噪声的大小与检测器的种类有关，与检测器的检测元器件有关。傅里叶变换红外光谱仪中红外区使用的检测器有两类：一类是 MCT 检测器，另一类是 DTGS 检测器。液氮冷却的 MCT（汞镉锑）类型检测器的噪声比常温使用的 DTGS（氘代硫酸三甘肽）的噪声低。不同厂家生产的同一类型检测器，其噪声水平也不完全相同。噪声水平是检验检测器质量的一个重要指标。一台高性能的红外光谱仪应该选择噪声低的检测器。由于检测器的噪声是各种噪声中最主要的和不可避免的，所以红外光谱仪在设计时应使其他各种噪声的总和小于检测器的噪声，这样才能最大限度地降低检测器接收到的噪声。

液氮冷却的 MCT/A 检测器的灵敏度比 DTGS 的灵敏度高得多，所以 MCT 检测器的噪声比 DTGS 的噪声低得多。这两种检测器信噪比的比较示于图 2-21 中。这两张光谱的分辨率都是 $4cm^{-1}$，所用的光阑孔径相同。光谱 A 和 B 分别为 MCT/A 和 DTGS 检测器所测得光谱 100% 线的噪声，光谱 A 和 B 的 100% 线放大倍数相同。由于 MCT 检测器的灵敏度比 DTGS 检测器的灵敏度高，使用 MCT 检测器的扫描速度比使用 DTGS 检测器的扫描速度快。用 MCT/A 检测器测定光谱时，干涉仪动镜的扫描速度为

1.8988cm/s，DTGS 为 0.4747cm/s。为了保证采集数据所用的时间相同，用 MCT/A 检测器时，扫描 64 次，用 DTGS 检测器时，扫描 16 次。从图 2-21 可以看出，用 MCT/A 检测器测定光谱的噪声比用 DTGS 检测器测定光谱的噪声低得多。用 MCT/A 检测器测定光谱的信噪比，比用 DTGS 检测器测定光谱的信噪比高两个数量级左右。

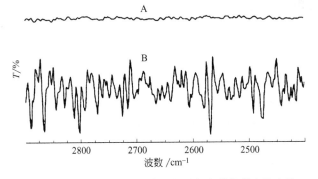

图 2-21　MCT 和 DTGS 检测器测定光谱信噪比的比较
A—MCT/A；B—DTGS/KBr

　　在式（2-25）中，信噪比没有包含检测器因素，使用不同类型的检测器为什么噪声会产生如此大的差别？原因在于：①MCT 检测器和 DTGS 检测器的检测元器件不同，汞镉锑比氘代硫酸三甘肽的检测灵敏度高得多；②使用 MCT/A 检测器时，扫描速度比使用 DTGS 检测器扫描速度快 4 倍，信噪比提高了 2 倍。由此可见，MCT 检测器的噪声比 DTGS 检测器的噪声低两个数量级，主要是由于检测灵敏度不同造成的。

2.8.3.6　切趾函数对信噪比的影响

　　在以上所得出的结论中，假设使用的切趾函数是相同的。然而，必须指出，切趾函数不仅会影响光谱的分辨率（在 2.5 节中已经讨论过），而且会影响光谱的信噪比。对低分辨率光谱，干涉图乘以不同的切趾函数所得光谱的噪声有些差别，但是这种差别不是特别显著。使用 boxcar 截取函数乘以干涉图所得光谱的噪声，比使用其他切趾函数的噪声大得多。一般来说，使用 boxcar 截取函数所得光谱的噪声是 triangular 切趾函数噪声的 1.7 倍。

第3章

傅里叶变换红外光谱仪

20 世纪 70 年代，我国开始从国外引进傅里叶变换红外光谱仪。进入 80 年代，我国开始大批量引进 FTIR 光谱仪。80 年代中后期，北京瑞利分析仪器公司（北京第二光学仪器厂）引进美国 Analect 公司的 FTIR 技术，开始生产 FTIR 光谱仪。天津港东科技发展股份有限公司在几年前也已经能够生产傅里叶变换红外光谱仪。到目前为止，我国 FTIR 光谱仪的保有量已经在 4000 台以上。FTIR 光谱仪遍布我国高等院校、科研机构、厂矿企业和各个分析测试部门。FTIR 光谱仪在教学、科研和分析测试中发挥着非常重要的作用。

40 多年来，傅里叶变换红外光谱技术发展速度非常迅速，FTIR 光谱仪的更新换代很快。世界上各个生产 FTIR 光谱仪的公司，每 3~5 年就推出新型号 FTIR 光谱仪。本章不具体介绍各个仪器公司生产的各种型号 FTIR 光谱仪的结构和性能指标，只对 FTIR 光谱仪的基本结构和工作原理进行描述。

3.1 中红外光谱仪

3.1.1 红外光学台

FTIR 光谱仪由三部分组成：红外光学台（光学系统）、计算机和打印机。

红外光学台是红外光谱仪的最主要部分。平时所说的红外光谱仪主要是指红外光学台。计算机和打印机是红外光谱仪的辅助设备。红外光谱仪的各项性能指标由红外光学台决定。

红外光学台由红外光源、光阑、干涉仪、样品室、检测器以及各种红外反射镜、氦氖激光器、控制电路板和电源组成。红外光学台的体积越来越小，光学台内反射镜越来越少，红外光路越来越短。红外光学台的这种设计有利于提高红外光谱仪的性能指标。

中红外光学台的样品室体积应尽量大。应能安装各种小的红外附件，如各种衰减全反射（ATR）附件、漫反射附件、镜反射附件、光声附件等。现在有些红外仪器公司将各种小的红外附件制作成智能附件。智能附件安装在样品室后，红外光学台能够识别安装的是哪种附件，红外软件能够自动地调用附件所使用的测试参数。

有些中红外光谱仪的光学台可以抽真空，这种光谱仪称为真空型红外光谱仪。真空型红外光谱仪需要有抽真空的外部设备，即真空系统。真空型红外光谱仪在测试样品时，虽然能有效地防止水汽和二氧化碳对红外光谱的干扰，但使用起来很麻烦，而且不能用于液体样品的测试。

非真空型中红外光谱仪的光学台要求有较好的密封效果。为了防止光学台中各种零部件受潮，许多非真空型 FTIR 光谱仪光学台，除了样品室外，都采用密封型。密封型光学台中都存放有变色干燥剂，指示光学台中的湿度。失效的干燥剂通过再生可以重新使用。非密封型光学台通常都有吹扫系统，可以用干燥空气或氮气吹扫光学台，以避免水汽对红外光谱的影响，并能保护光学台中各种零部件免于受潮。

中、高档中红外光谱仪的光学台通常都有两个以上外接红外光源输出或发射光源输入口（即接口）。可以连接红外显微镜附件和 FT-Raman 附件；可以和气相色谱仪接口、热重分析仪接口等连接，进行气红联机检测和热重红外联机检测等；可以和发射光谱附件连接，将发射光源引进红外光学台，研究物体的发射红外光谱。

红外光学台中的光源、光阑、干涉仪、激光器、检测器、集成电路板等所使用的电源电压都是低电压，基本上都在 ±17V 以内。这些低压电源由光谱仪配套电源变压器提供。

图 3-1 所示是中红外光谱仪的光学系统示意图。红外光源发出的红外光经椭圆反射镜 M_1 收集和反射，反射光通过光阑后到达准直镜 M_2，从准直镜反射出来的平行反射光射向干涉仪，从干涉仪出来的平行干涉光经准直镜 M_3 反射后射向样品室，透过样品的红外光经聚光镜 M_4 聚焦后到达检测器。下面分别讨论组成光学系统的各个零部件的结构和性能。

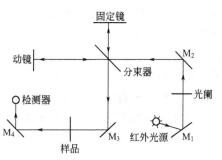

图 3-1　中红外光谱仪的光学系统示意图

3.1.2　红外光源

虽然傅里叶变换红外光谱技术发展非常迅速，但多年来红外光源技术发展缓慢。近 20 年来，虽然红外光源所用的材料有些改进，但仍然不能大幅度提高光源的能量。光源是 FTIR 光谱仪的关键部件之一，红外辐射能量的高低直接影响检测的灵敏度。理想的红外光源是能够测试整个红外波段，即能够测试远红外、中红外和近红外光谱。但目前要测试整个红外波段至少需要更换三种光源，即中红外光源、远红外光源和近红外光源。红外光谱中用得最多的是中红外波段，目前中红外波段使用的光源基本上能满足测试要求。中红外光源的种类和适用范围列于表 3-1 中。

表 3-1　中红外光源的种类和适用范围

光源种类	适用范围/cm^{-1}	光源种类	适用范围/cm^{-1}
水冷却碳硅棒光源	7800～50	水冷却陶瓷光源	7800～50
EVER-GLO 光源	9600～20	空气冷却陶瓷光源	9600～50

从表 3-1 可以看出，目前使用的中红外光源基本上可以分为两类：碳硅棒光源和陶瓷光源。不管是碳硅棒光源还是陶瓷光源，都能够覆盖整个中红外波段。光源又分为水冷却和空气冷却两类。使用水冷却光源时，需要用水循环系统，这给仪器的使用带来诸多不便。冷却系统一旦漏水，不仅会影响红外测试工作，还可能造成光学台损坏。所以，现在许多 FITR 光谱仪都采用空气冷却光源。

水冷却碳硅棒光源能量高，功率大，热辐射强。热辐射会影响干涉仪的稳定性。为了减少热量对干涉仪的影响，一方面须用循环水冷却光源外套，以便带走多余的热量；另一方面还可以采用热挡板技术，遮挡热辐射对干涉仪的影响。碳硅棒光源的形状通常是两头粗、中间细，有效部位在中间，面积很小。碳硅棒光源质地很脆，为了延长光源的使用寿命，将光源的中间部分加工成螺线管形，在光源加热和冷却时不至于因应力过大造成断裂。目前分辨率非常高的 FTIR 光谱仪仍然使用水冷却碳硅棒光源。

EVER-GLO 光源是一种改进型碳硅棒光源。它的发光面积非常小，只有 20mm^2 左右，但红外辐射很强，而热辐射很弱，因此不需要用水冷却。不但不需要冷却，相反，还需要保温。EVER-GLO 光源的使用寿命达十年以上，是一种使用寿命很长的红外光源。

陶瓷光源分为水冷却和空气冷却两种。早期的陶瓷光源为水冷却光源，现在使用的陶瓷光源基本上都改为空气冷却光源。

为了进一步提高红外光源的使用寿命，现在有的仪器公司将光源的能量设置为三挡。仪器不工作时，将光源的能量设置为最低挡；仪器工作时，将光源的能量设置为中挡；在使用红外附件时，由于到达检测器的光通量很低，可将光源的能量设置为最高挡。这样有利于提高红外光谱的信噪比。

不管是碳硅棒光源还是陶瓷光源，红外辐射能量最高的区间都在中红外区的中间部分。在中红外区的高频端和低频端，红外辐射能量较弱，低频端比高频端更弱。

低档中红外光谱仪光学台中只安装一个光源，即中红外光源。中、高档 FTIR 光谱仪通常都有双光源系统，即在光学台中安装了两个光源：其中一个是中红外光源，另一个是远红外光源或近红外光源。

中红外光源位置是固定不动的，另一个位置可安装远红外光源或近红外光源。从表 3-1 可以看出，中红外光源在远红外区低频端可以测到 50cm^{-1}。因为 50cm^{-1} 以下的远红外区主要是气体分子的转动光谱区，基本上不出现分子的振动谱带。所以在双光源系统中，除了安装中红外光源外，另一个位置通常安装近红外光源。

双光源系统中，两个光源之间的切换由计算机控制。当调用不同区间的测试参数时，红外软件会自动选择光源位置。

3.1.3 光阑

红外光源发出的红外光经椭圆反射镜反射后，先经过光阑，再到达准直镜。光阑的作用是控制光通量的大小。加大光阑孔径，光通量增大，有利于提高检测灵敏度。缩小光阑孔径，光通量减少，检测灵敏度降低。

中红外光谱仪光阑孔径的设置分为两种：一种是连续可变光阑；另一种是固定孔径光阑。

连续可变光阑就像照相机的光圈一样，它的孔径可以连续变化，孔径的大小采用数字表示，如有些中红外光谱仪光阑的孔径用 0～150 表示。孔径的大小可通过红外软件人为设定，数字 0 表示光阑孔径最小，150 表示光阑全打开。采用这种光阑，如果检测器是 DTGS 或 MCT/A，不需要在红外光路中插入光通量衰减器。

固定孔径光阑是在一块可转动的圆板上打几个一定直径的圆

孔，根据所测定光谱的分辨率，通过红外软件选择其中一个圆孔。测定低分辨率光谱时，选择直径最大的圆孔，测定高分辨率光谱时，选择直径最小的圆孔。采用固定孔径光阑，有时需要在光路中插入光通量衰减器。

使用 DTGS 检测器测试中红外光谱时，光阑孔径通常选择适中位置。空光路时，只要到达检测器的能量不溢出，光阑孔径可尽量设定大些，这样有利于提高光谱的信噪比。如果到达检测器的能量溢出，必须缩小光阑。在缩小光阑后，如果能量还溢出，就必须在光路中插入光通量衰减器，否则将得不到正确的红外光谱。

在样品室中使用红外附件测试样品时，如测定 ATR、漫反射、光声光谱时，应将光阑孔径设置在最大位置，即将光阑全打开，尽量获取最大的光通量。使用中红外光源测试远红外光谱时，由于远红外区红外辐射能量很弱，也应将光阑孔径设置在最大位置。

使用 MCT/A 检测器测试中红外光谱时，由于 MCT/A 检测器灵敏度非常高，应将光阑孔径调得很小，以防止到达检测器的能量溢出。使用固定孔径光阑时，即使孔径设定在最小位置，到达检测器的能量还可能溢出，这时应在光路中插入光通量衰减器，以减少到达 MCT/A 检测器的能量。

测试近红外光谱时，如果使用卤钨灯光源，应将光阑缩小一些，因为卤钨灯光强很强。

在测定高分辨率红外光谱时，仪器会提请将光阑缩小，或仪器会自动地将光阑缩小，以便获取高分辨率光谱。

3.1.4 干涉仪

干涉仪是 FTIR 光谱仪光学系统中的核心部分。FTIR 光谱仪的最高分辨率和其他性能指标主要由干涉仪决定。目前，FTIR 光谱仪使用的干涉仪分为好几种，但不管使用哪一种类型的干涉仪，其内部的基本组成是相同的，即各种干涉仪的内部都包含有动镜、定镜和分束器这三个部件。

3.1.4.1 干涉仪的种类

目前 FTIR 光谱仪使用的干涉仪分为：空气轴承干涉仪，机械轴承干涉仪，磁浮干涉仪，双动镜机械转动式干涉仪，双角镜耦合、动镜扭摆式干涉仪，角镜型迈克尔逊干涉仪，角镜型楔状分束器干涉仪，皮带移动式干涉仪，悬挂扭摆式干涉仪等。下面简要介绍几种干涉仪的基本结构和工作原理。

（1）空气轴承干涉仪　空气轴承干涉仪是经典迈克尔逊（Michelson）干涉仪，它可以方便而精确地改变和控制两相干光束间的光程差。迈克尔逊干涉仪由分束器、定镜、动镜及动镜驱动机构几部分组成。定镜和动镜表面都是镀铝或镀金的平面镜。定镜背部有三个微调螺丝，用以调整定镜位置，以便使定镜平面和动镜平面保持严格的垂直状态。动镜固定在空气轴承支架上。当有一定压力的纯净气体通入空气轴承时，轴承处于悬浮状态。在电磁驱动下，动镜在空气轴承上做无摩擦的平稳移动，并能在移动过程中与定镜保持垂直。

分束器的作用是将光线分成两束。以 45°入射角射向分束器的光束，其中一部分光束透过分束器射向动镜，另一部分光束在分束器表面反射，射向定镜。射向动镜和定镜的光束再反射回来，在分束器界面上透射和反射，组成一束干涉光。

中红外光谱仪中使用的空气轴承干涉仪，在动镜移动过程中要求动镜和定镜严格垂直，才能保证从分束器透射和反射的两束光完全重合，形成干涉光。但在实际工作中，由于环境的振动干扰和动镜移动过程中的微小倾斜，以及环境温度的变化，都会使两个镜面不完全垂直。因此，在干涉仪的设计中，采用了动态准直措施，以确保在动镜移动过程中两个镜面完全垂直，确保从分束器透射和反射出来的两束光完全重合。

图 3-2 所示是 FTIR 光谱仪中使用的空气轴承干涉仪光路示意图。实际上，干涉仪中的定镜并非固定不动，在固定镜的背后安装有压电元件或电磁线圈。在图 3-2 中，He-Ne 激光光束被红外光路中的一面小的平面反射镜反射到分束器，从分束器射出来的激光干

涉信号被红外光路中的三个非常小的光电二极管接收，将接收到的信号经过数字信号处理器（digital signal processor，DSP）处理，转换成三个激光干涉图。在动镜移动过程中，当三个激光干涉图相位不相同时，数字信号处理器将信息反馈给固定镜背后的压电元件或电磁线圈，实时对固定镜的倾角进行微调，即对固定镜进行实时动态调整。这种动态调整采用调频方式，速度达到每秒十几万次，固定镜的位置精度小于 0.5nm。实时动态调整的干涉仪使 FTIR 测试具有非常出色的重复性和长期稳定性。

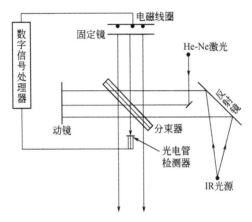

图 3-2　FTIR 光谱仪中使用的空气
轴承干涉仪光路示意图

图 3-3 所示是 FTIR 光谱仪中使用的另外一种空气轴承干涉仪光路示意图。图 3-3 和图 3-2 的不同之处是，图 3-3 中的干涉仪动镜和定镜不是互相垂直的；红外光和激光不是以 45°入射角射向分束器。图 3-3 中的两个反射镜的中间有一个小圆孔，让 He-Ne 激光光束通过。

在图 3-2 和图 3-3 中，红外光路和激光光路同轴，激光光路占据红外光路的中间位置，激光反射镜和激光检测器挡住一部分红外光束，降低了红外光的能量。因为红外光束的中间位置能量最高，为了提高红外光束的能量，有些干涉仪将激光光束移开中间位置。

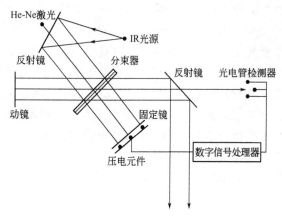

图 3-3　FTIR 光谱仪中使用的另外一种
空气轴承干涉仪光路示意图

　　FTIR 光谱仪中的空气轴承干涉仪，只有通入空气轴承中的气体达到一定压力时，干涉仪才能工作。如果通入的气体压力不足以使空气轴承悬浮起来，或停止通入气体时，空气轴承会自动地处于静止状态，以免因移动损坏空气轴承。应该注意，通入空气轴承中的气体压力也不能过高，否则，容易损坏空气轴承。

　　(2) 机械轴承干涉仪　FTIR 光谱仪使用的机械轴承干涉仪和空气轴承干涉仪的结构基本相同。所不同的是，机械轴承干涉仪中动镜移动时，不需要一定压力的气体通入轴承，即干涉仪工作时，不需要气体。这样，FTIR 光谱仪即可以在没有气源的条件下工作，给红外测试带来很大方便。

　　机械轴承干涉仪使用高润滑耐磨材料。动镜在电磁驱动下，在几乎无摩擦力的状态下在机械轴承上移动。由于采用了动态调整技术，使干涉仪达到高度稳定性，确保红外数据的重复性。

　　机械轴承干涉仪在不采集红外数据时，会自动地处于睡眠状态（sleeping mode）。红外数据采集结束后，过了一段时间，如果不再采集数据，干涉仪的动镜就会停止移动。一旦重新采集数据，干涉仪的动镜马上就会移动。这样有利于延长机械轴承干涉仪的使用寿命。实践证明，FTIR 光谱仪的机械轴承干涉仪使用寿命可达十年以上。

使用空气轴承干涉仪或使用机械轴承干涉仪的 FTIR 光谱仪，光谱的最高分辨率可以优于 $0.1cm^{-1}$，但最高也达不到 $0.01cm^{-1}$。分辨率高于 $0.1cm^{-1}$ 以后，动镜在轴承上移动距离过长，机械加工精度要求极高，很难满足要求。为了获得更高分辨率的光谱，必须采用皮带移动式干涉仪。

（3）双动镜机械转动式干涉仪　有些 FTIR 光谱仪使用双动镜机械转动式干涉仪，其光路图如图 3-4 所示。转动基体上固定着四面平面镜，相当于两面动镜。转动基体绕轴来回转动。两个定镜和分束器不放在转动基体上。当转动基体来回转动时，从两个定镜反射回到分束器上的两束光产生光程差，形成干涉光。

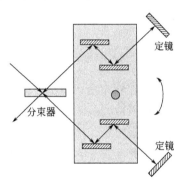

图 3-4　双动镜机械转动式
干涉仪光路原理图

双动镜机械转动式干涉仪能从根本上消除空气轴承或机械轴承干涉仪无法避免的动镜倾斜的影响。所以，采用双动镜机械转动式干涉仪的 FTIR 光谱仪，没有对干涉仪定镜进行动态调整的系统。

由于双动镜机械转动式干涉仪转动基体的转动角度受到一定限制，从两个定镜反射回到分束器的两束光的光程差比较短。所以采用这种干涉仪的 FTIR 光谱仪的分辨率比较低，最高分辨率达不到 $0.1cm^{-1}$。

（4）双角镜耦合、动镜扭摆式干涉仪　FTIR 光谱仪使用的双角镜耦合、动镜扭摆式干涉仪的光学原理图和装配图如图 3-5 所示。干涉仪中有两块定镜和两块动镜，定镜和动镜均采用镀金立体角镜。动镜固定在扭摆式基体上，当基体绕轴扭摆时，从分束器透射和反射的两束光产生光程差，因而得到干涉光。

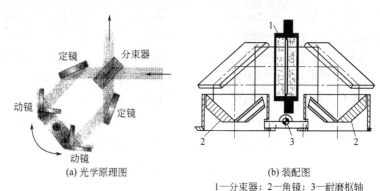

(a) 光学原理图　　　　　　　　(b) 装配图

1—分束器；2—角镜；3—耐磨枢轴

图 3-5　双角镜耦合、动镜扭摆式干涉仪的光学原理图和装配图

采用经典干涉仪测试红外光谱，动镜移动收集数据时，难免出现一定程度的摆动，导致入射光线不垂直镜面，使反射光线与入射光线不平行，从而影响光谱质量。环境温度变化和外界机械振动也会对反射镜产生干扰。为此经典干涉仪工作时必须进行动态调整，才能保证动镜移动过程中始终与定镜保持垂直，才能得到良好的光谱。

双角镜耦合、动镜扭摆式干涉仪中的反光镜，采用的不是平面镜，而是立体角镜。采用立体角镜的干涉仪，即使在动镜摆动时，立体角镜沿轴方向发生较小的偏移，仍然保证入射光线和出射光线绝对平行，如图 3-6 所示。所以采用立体角镜的干涉仪，仪器的抗干扰能力增强。干涉仪工作时不需要进行动态调整。

目前使用双角镜耦合、动镜扭摆式干涉仪的 FTIR 光谱仪，由于光程差受到一定的限制，光谱的分辨率不可能太高。在现在的设计技术条件下，光谱的最高分辨率很难达到 $0.1 cm^{-1}$。

（5）角镜型迈克尔逊干涉仪　　FTIR 光谱仪使用的角镜型迈克

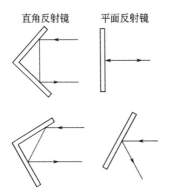

图 3-6　直角镜和平面镜倾斜
对入射光的影响

尔逊干涉仪的光路原理图如图 3-7 所示。它是迈克尔逊干涉仪的一种变形。角镜型迈克尔逊干涉仪和传统的迈克尔逊干涉仪不同的是，角镜型迈克尔逊干涉仪的固定镜和动镜采用的都是角镜，而传统的迈克尔逊干涉仪的固定镜和动镜采用的都是平面镜。

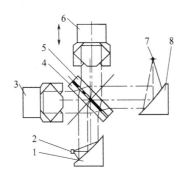

图 3-7　角镜型迈克尔逊
干涉仪的光路原理图

1—聚焦镜；2—检测器；3—固定镜；

4—分束器；5—补偿片；6—动镜；

7—光源；8—准直镜

前面多次提到，传统迈克尔逊干涉仪的动镜在移动过程中难免发生微小的倾斜，为了保证从动镜和定镜反射回来的红外光束透过分束器后，能够得到很好的干涉光，必须对定镜进行动态准直。由于角镜型迈克尔逊干涉仪的动镜和固定镜采用了角镜，所以能保证射向角镜的入射光和从角镜反射出来的反射光绝对平行。因此，采用角镜型迈克尔逊干涉仪的 FTIR 光谱仪，没有对固定镜进行动态调整的系统。

由于角镜比平面镜重，角镜型迈克尔逊干涉仪的动镜在机械轴承上移动的距离不能太长，因而光谱的分辨率也受到一定的限制。采用角镜型迈克尔逊干涉仪的光谱仪，光谱的分辨率只能达到 $0.5cm^{-1}$ 左右。

3.1.4.2　分束器的种类

分束器也称作分光片。分束器是干涉仪中的重要部件。光束不管是以 45°角，还是以其他角度入射分束器表面，应该有 50% 光通过分束器，50% 光在分束器表面反射，将一束光分裂为两束光。这是理想的分束器。

中红外光谱仪中使用的分束器是基质镀膜分束器。基质镀膜分束器是在透红外光的基片上蒸镀上一层极薄的薄膜。基片材料是KBr 或 CsI，在基片上蒸镀上 $1\mu m$ 厚的 Ge 薄膜。$1\mu m$ 厚的薄膜产生的干涉条纹能覆盖 $5000cm^{-1}$ 范围。

图 3-8 所示是一种基质镀膜分束器示意图，基质通常为圆形。如果干涉仪的 He-Ne 激光光束从圆形红外光束的中心通过，基片的中心蒸镀上 ZnSe 薄膜，基片的其余部分蒸镀上 Ge 薄膜。一片不蒸镀任何材料的基片作为补偿片，两块基片之间用垫片垫好。通常将基片安装在金属框架上，通过调整分束器框架上面的螺丝，将分束器调整到最佳状态。分束器的调整由工厂或维修工程师进行，用户不能自行调整，否则容易损坏分束器。

使用图 3-8 所示的分束器时，激光光路占据红外光路的中间位置，降低了红外光的能量。为了提高红外光束的能量，有些分束器将 ZnSe 薄膜镀在分束器的边缘。

中红外光谱仪使用的分束器有四种：普通的 KBr/Ge 分束器、

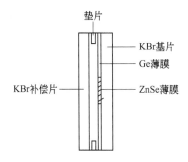

图 3-8　基质镀膜分束器示意图

CsI/Ge 分束器、宽带 KBr 分束器和 Si 分束器。

（1）KBr/Ge 分束器　KBr/Ge 分束器适用范围为 7000～375cm^{-1}。不同仪器公司提供的 KBr/Ge 分束器适用范围大体相同。高频端最高的可测到 8000cm^{-1}，低频端最低的可测到 350cm^{-1}。KBr/Ge 分束器容易吸潮，因此存放 KBr/Ge 分束器的地方要保持干燥。

（2）CsI/Ge 分束器　CsI/Ge 分束器适用范围为 4500～240cm^{-1}。不同仪器公司提供的 CsI/Ge 分束器适用范围也大体相同。高频端最高的可测到 6500cm^{-1}，低频端最低的可测到 200cm^{-1}。使用 CsI/Ge 分束器可以测定中红外和部分远红外区的光谱。CsI/Ge 分束器比 KBr/Ge 分束器更容易吸潮。

（3）宽带 KBr 分束器　有些红外仪器公司能提供宽带 KBr 分束器，宽带 KBr 分束器的适用范围为 11000～370cm^{-1}。使用这种分束器测定一次，可以得到中红外和近红外区的光谱。图 3-9 所示是一种宽带 KBr 分束器和 KBr/Ge 分束器单光束光谱图。从图中可以看到，KBr/Ge 分束器在 7500cm^{-1} 左右和在 9000cm^{-1} 以上区间能量很低。

（4）Si 分束器　有些红外仪器公司能提供 Si 分束器，Si 分束器的基质材料是 Si 片。Si 分束器的测试范围为 6000～200cm^{-1}，但在 600cm^{-1} 左右红外光通量很低。

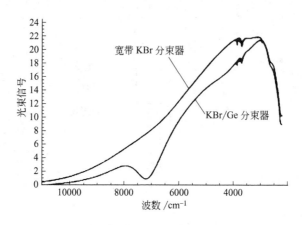

图 3-9 宽带 KBr 分束器和 KBr/Ge 分束器单光束
光谱图的比较

3.1.5　检测器

检测器的作用是检测红外干涉光通过红外样品后的能量。因此对使用的检测器有四点要求：具有高的检测灵敏度、具有低的噪声、具有快的响应速度和具有较宽的测量范围。

FTIR 光谱仪使用的检测器种类很多，但目前还没有一种检测器能够检测整个红外波段。测定不同波段的红外光谱需要使用不同类型的检测器。

目前中红外光谱仪使用的检测器可以分为两类：一类是 DTGS 检测器，另一类是 MCT 检测器。

3.1.5.1　DTGS 检测器

DTGS 检测器是由氘代硫酸三苷肽 [$(NH_2CH_2COOH)_3$ · H_2SO_4 中的 H 被 D 取代] 晶体制成的。将 DTGS 晶体切成几十微米厚的薄片。薄片越薄，检测器的灵敏度越高，但加工越困难。制成薄片后，要在薄片两面引出两个电极通至检测器的前置放大器。DTGS 晶体在红外干涉光的照射下产生的极微弱信号，经前置放大器放大并进行模数转换后，送给计算机进行傅里叶变换。图 3-10所示是 DTGS 检测器结构示意图。还有一种 DLATGS 检测器也属于 DTGS 检测器类型。LA 是 L-丙氨酸（L-alanine）的缩写。

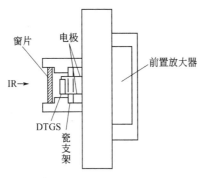

窗片　电极

前置放大器

IR→

DTGS

瓷支架

图 3-10　DTGS 检测器结构示意图

DTGS 晶体很怕潮湿，因此必须用窗片将 DTGS 晶体密封好。根据密封材料的种类，DTGS 检测器又分为：DTGS/KBr 检测器、DTGS/CsI 检测器、DTGS/金刚石检测器和 DTGS/Polyethylene 检测器。其中 DTGS/KBr 检测器用于中红外检测，DTGS/CsI 和 DTGS/金刚石检测器可以用于中红外，也可以用于远红外检测，DTGS/Polyethylene 检测器用于远红外检测。

（1）DTGS/KBr 检测器　DTGS/KBr 检测器的密封窗材料为 KBr 晶片。DTGS/KBr 检测器采用 KBr 晶片密封窗口时，检测器的低频端只能测到 $400cm^{-1}$。如果密封窗口所用的 KBr 晶片非常薄或改用 KBr 涂层，低频端可以测到 $375cm^{-1}$ 或 $350cm^{-1}$。DTGS/KBr 检测器和 KBr/Ge 分束器配套使用。DTGS/KBr 检测器和 KBr/Ge 分束器一样，容易吸潮。因此红外光学台应密封好，常年保持干燥。DTGS/KBr 检测器是测定中红外光谱最常用的检测器，通常作为中红外光谱仪的标准配置。

（2）DTGS/CsI 检测器　DTGS/CsI 检测器的密封窗材料为 CsI 晶片。采用 DTGS/CsI 检测器时，低频端可以测到 $200cm^{-1}$。同一台中红外光谱仪，检测器采用 DTGS/CsI 时，分束器也必须采用 CsI/Ge 分束器，低频端才能测到 $200cm^{-1}$，二者缺一不可。

（3）DTGS/金刚石检测器　DTGS/金刚石检测器的密封窗材

料为金刚石片，窗片直径为 2mm。可用于中红外和远红外光谱的测试，远红外低频端可以测试到 $80cm^{-1}$。

DTGS 检测器比 MCT 检测器灵敏度低得多，噪声也大得多，响应速度也没有 MCT 检测器的响应速度快，但它的检测范围比 MCT 检测器宽，而且可以在室温下工作。

3.1.5.2 MCT 检测器

MCT（mercury cadmium tellurium）检测器是由宽频带的半导体碲化镉和半金属化合物碲化汞混合制成的。改变混合物成分的比例，可以获得测量范围不同、检测灵敏度不同的各种 MCT 检测器。目前测量中红外光谱使用的 MCT 检测器有三种：MCT/A、MCT/B 和 MCT/C。

（1）MCT/A 检测器　MCT/A 检测器为窄带检测器。测量范围为 $10000\sim650cm^{-1}$。Nicolet 仪器公司提供的 MCT/A 检测器低频端可以测到 $580cm^{-1}$。MCT/A 检测器是 MCT 类型检测器中灵敏度最高、噪声最小、响应速度最快的一种检测器。适用于快速扫描、步进扫描、色红联机、红外显微镜等光谱的检测。使用其他红外附件时，通常也要用到 MCT/A 检测器。因为它的检测灵敏度高和噪声小，即使信号很弱，也可以得到信噪比很高的光谱。

（2）MCT/B 和 MCT/C 检测器　MCT/B 检测器为宽带检测器，测量范围为 $10000\sim400cm^{-1}$。MCT/C 检测器为中带检测器，测量范围为 $10000\sim580cm^{-1}$。MCT/B 和 MCT/C 检测器的检测灵敏度都比 MCT/A 低。

MCT 类型检测器的检测范围比 DTGS 窄，但它的响应速度比 DTGS 快得多，使用 MCT/A 检测器采集数据，动镜的移动速度比使用 DTGS 检测器快好几倍。MCT/A 检测灵敏度大约是 DTGS 的几十倍，所以使用 MCT/A 检测器时，光阑的孔径应缩小，以防能量溢出。MCT 检测器需要在液氮温度下工作。MCT 检测器使用大的不锈钢杜瓦瓶时，能保存液氮 $18\sim24h$，每天只需要灌一次液氮。使用小的不锈钢杜瓦瓶时，液氮能保持 8h 左右。

低档中红外光谱仪光学台中只安装一个检测器，通常是 DTGS

检测器。中、高档 FTIR 光谱仪通常都是双检测器系统，即在光学台中可以安装两个检测器。通常安装一个中红外使用的 DTGS 检测器，另一个检测器位置可以安装 MCT 检测器，或远红外、近红外使用的检测器。在双检测器系统中，两个检测器之间的切换由计算机控制。

3.2 近红外光谱仪和近红外光谱

3.2.1 仪器配置

人们习惯上将红外光谱区间划分为三个区，即近红外区（12800~4000cm^{-1}）、中红外区（4000~400cm^{-1}）和远红外区（400~10cm^{-1}）。当然这三个区间也没有严格的界线。这是由于不同的红外光谱仪所使用的光学元器件不同，使红外光谱测量区间不完全相同。目前各个红外仪器厂家生产的中、高档傅里叶变换红外光谱仪都可以从中红外区扩展到近红外区。在中红外光谱仪的基础上配备近红外专用的分束器、检测器和光源，就可以进行近红外光谱的测定。此外，还有独立的近红外光谱仪和与中红外光谱仪连接的近红外模块。

3.2.1.1 分束器

测量近红外光谱所用的分束器和测量中红外光谱所用的分束器不相同。测量近红外光谱通常使用 CaF$_2$ 分束器。不同红外仪器公司的 CaF$_2$ 分束器的测量范围不完全相同。高频端最高的可以测到 14500cm^{-1}，最低的也能测到 11000cm^{-1}；低频端都可以测到 4000cm^{-1} 以下，通常可达到 2200cm^{-1}。在 9000cm^{-1} 以上的高频端，通过 CaF$_2$ 分束器的光通量比较低，因此在这个区间信噪比不是很高。不过在 9000cm^{-1} 以上的高频区，基本上观测不到红外样品的倍频吸收谱带，因此不会影响近红外光谱的测定。

在近红外区使用的还有宽带中红外分束器和石英分束器。宽带中红外分束器比普通中红外分束器测量的范围更宽，普通中红外 KBr/Ge 分束器高频端只能测到 7000cm^{-1} 左右，有些仪器公司的宽带中红外分束器高频端可以测到 $11000cm^{-1}$。有些仪器公司的石英分束器测量范围为 $25000\sim2800cm^{-1}$。石英分束器测量的范围比 CaF_2 分束器宽，但价格比 CaF_2 分束器贵得多。前面已经提到，在 $9000cm^{-1}$ 以上的近红外区，基本上观测不到红外样品的倍频吸收谱带，因此，测量近红外区的红外光谱采用 CaF_2 分束器已经足够了。

3.2.1.2 检测器

从中红外光谱测试转到近红外光谱测试时，除了更换分束器外，还需要更换检测器。如果在双检测器位置上已经装好近红外检测器，通过调用近红外测试参数，红外光路就能自动地转向近红外检测器。

测试近红外光谱通常使用 PbSe 检测器。PbSe 检测器的适用范围为 $11000\sim2000cm^{-1}$，PbSe 检测器可以在常温下工作。除了 PbSe 检测器外，还可以使用 Ge、InSb、InGaAs 等检测器，这些检测器的检测灵敏度更高些。Ge 和 InSb 检测器需要在液氮温度下工作。此外，还可以使用 MCT/A 检测器检测近红外光谱。

3.2.1.3 光源

测试近红外光谱需要使用近红外光源，如果使用中红外光源，高波数端只能测到 $7000cm^{-1}$。近红外光源使用的是卤钨灯（tungsten-halogen）或石英卤素灯（quartz-halogen），石英卤素灯发出的主要是白光，所以也叫白光光源。卤钨灯在近红外区的辐射能量比中红外光源高，测试时要将光阑的孔径关小一些，减少到达检测器的光通量，以防止信号溢出。卤钨灯的测试范围为 $25000\sim2000cm^{-1}$。对于双光源配置的仪器，当调用近红外测试参数时，卤钨灯光源会自动接通电源，而中红外光源会自动熄灭。

图 3-11 所示是不同分束器、不同检测器和不同光源配置时，近红外区（$11000\sim4000cm^{-1}$）共同坐标时空气背景单光束光谱图，从图中可以看出，采用 CaF_2 分束器、PbSe 检测器和白光光源时近红外光通量最高，采用 KBr/Ge 分束器、DTGS 检测器和中红外光源时近红外光通量最低。

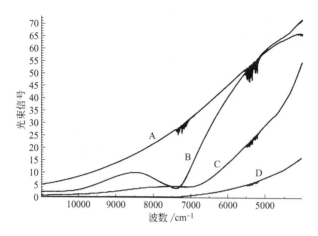

图 3-11　不同分束器、不同检测器和不同光源配置时，近红外
区（11000～4000cm^{-1}）共同坐标时空气背景单光束光谱图
A—CaF$_2$ 分束器、PbSe 检测器和白光光源；B—KBr/Ge 分束器、PbSe
检测器和白光光源；C—KBr/Ge 分束器、PbSe 检测器和中红外光源；
D—KBr/Ge 分束器、DTGS 检测器和中红外光源

3.2.2　近红外光谱的特点

　　近红外光谱是介于可见光区和中红外区之间的光谱。其波长范围为 0.78～2.5μm，对应的波数范围为 12800～4000cm^{-1}。中红外区出现的吸收谱带主要是分子基频振动吸收谱带和指纹谱带，而近红外区出现的吸收谱带基本上都是分子倍频振动和合频振动吸收谱带。对于谐振子，倍频振动和合频振动都是禁阻的。实际分子都是非谐振子，非谐振子可以出现倍频振动和合频振动。当非谐振子从振动量子数 $n=0$ 向 $n=1$ 跃迁时，出现基频振动；从 $n=0$ 向 $n=2$、$n=3$ 或更高能级跃迁时，出现倍频振动。从 $n=0$ 向 $n=2$ 能级跃迁时，出现一级倍频；从 $n=0$ 向 $n=3$ 能级跃迁时，出现二级倍频，依此类推。当一个光子同时激发两个基频跃迁时，出现合频振动。分子吸收红外光发生基频振动的概率远远高于倍频振动和合频振动的概率，一级倍频出现的概率又比二级倍频出现的概率

高得多。所以在近红外区，一级倍频谱带的摩尔吸光系数一般比中红外区基频谱带的摩尔吸光系数小 1～2 个数量级；二级倍频谱带的摩尔吸光系数又比一级倍频谱带的摩尔吸光系数小 1 个数量级左右。在近红外区，合频振动谱带强度往往比倍频振动强度高得多。

图 3-12 所示是液膜厚度为 $200\mu m$ 的水在 $11000\sim4000cm^{-1}$ 区间的近红外光谱。图中位于 $6889cm^{-1}$ 的吸收峰是水伸缩振动（$3450cm^{-1}$）的一级倍频峰，这个谱峰的宽度达 $1000cm^{-1}$ 左右。水伸缩振动的二级倍频峰应该在 $10330cm^{-1}$ 左右，但是图中在 $10330cm^{-1}$ 左右却观察不到任何吸收峰，说明水分子伸缩振动的二级倍频摩尔吸光系数远远小于一级倍频摩尔吸光系数。在中红外区，液膜厚度为 $2\sim3\mu m$ 的水，其伸缩振动吸收峰的吸光度已达到 1 左右。在图 3-12 中，水的液膜厚度为 $200\mu m$ 时，其伸缩振动的一级倍频吸收峰的吸光度只有 0.2 吸光单位。说明水分子的伸缩振动一级倍频摩尔吸光系数比基频摩尔吸光系数至少小 2 个数量级。图 3-12 中的 $5181cm^{-1}$ 吸收峰应归属于水分子伸缩振动和弯曲振动的合频峰，显然这个合频峰的吸光度比一级倍频峰吸光度大得多。

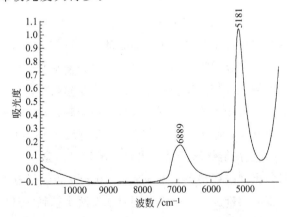

图 3-12　液膜厚度为 $200\mu m$ 的水在
$11000\sim4000cm^{-1}$ 区间的近红外光谱

图 3-13 所示是液膜厚度为 $500\mu m$ 的苯在 $11000\sim4000cm^{-1}$ 区间的近红外光谱。图中 $5983cm^{-1}$ 左右和 $8788cm^{-1}$ 左右两组吸收峰分别是苯分子中 ═CH 伸缩振动（$3036cm^{-1}$）的一级和二级倍频峰。$4600cm^{-1}$ 附近一组峰为苯分子中 ═CH 伸缩振动和苯环骨架振动的合频峰。$4056cm^{-1}$ 吸收峰归属于苯分子中 ═CH 伸缩振动和面内弯曲振动（$1036cm^{-1}$）的合频峰。

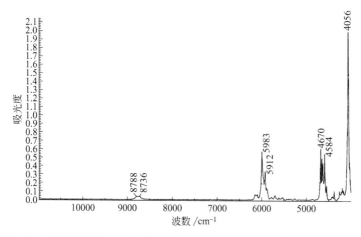

图 3-13　液膜厚度为 $500\mu m$ 的苯在 $11000\sim4000cm^{-1}$ 区间的近红外光谱

从图 3-12 和图 3-13 的谱带分析可以得到以下结论：近红外区一级倍频峰和合频峰比中红外区基频峰吸光度小 $1\sim2$ 个数量级，二级倍频峰又比一级倍频峰吸光度小一个数量级左右；近红外区谱带宽度比中红外区谱带宽度宽得多；许多不同形式组合的合频峰使近红外区谱带严重重叠。

3.2.3　近红外光谱测试技术

近红外光谱测试技术分为透射光谱技术和反射光谱技术两类。

3.2.3.1　透射光谱测试技术

透射光谱法用于近红外光谱测试时，适合于测试透明的真溶液。测试透明的真溶液得到的近红外光谱，其谱带的吸光度符合比耳定律，即谱带的吸光度与光程长成正比，与样品中组分浓度成正比。当测试混浊液或悬浮液光谱时，由于光的散射，其谱带的吸光度不符合比耳定律，因此不能用于光谱的定量分析。有些近红外光谱仪可以对牛奶的成分进行定量分析，但必须配备高灵敏度的检测器和特殊的定量分析软件。

测试近红外液体样品所用的液池窗片材料种类很多。许多在中红外区不透光的窗片材料在近红外区却有很好的透光性。凡是中红外区能使用的窗片材料（将在 5.2.1 节中讨论）在近红外区都可以使用，此外，玻璃、石英、氟化钙、蓝宝石等硬度较大的材料也可以用做近红外液池窗片。

由于近红外区倍频振动和合频振动吸收峰的强度比中红外区基频振动吸收峰强度小 1～2 个数量级，所以测试液体样品的近红外光谱时，液膜厚度应比测试中红外光谱时液膜厚度厚 1～2 个数量级。测试液体样品的中红外光谱时，有机液体的液膜厚度约 5～10μm，所以测试有机液体的近红外光谱时，液膜厚度应在 500μm左右（见图 3-13 苯的近红外光谱），这时应使用聚四氟乙烯垫片或铅垫片。如果需要测试有机溶剂中溶质的近红外光谱，当溶质的含量只有 5% 左右时，液池的厚度需要 1cm 左右，这时可使用紫外分光光度计所使用的石英液池。

由于近红外测试所用的液池厚度很厚，所以近红外液池所用的垫片厚度可以用千分尺测量。正是由于液池厚度很厚，液池厚度测量的微小误差不会影响光谱定量分析结果。

溴化钾在近红外区是透光的，那么测定固体粉末样品的近红外光谱能否像测定中红外光谱那样采用溴化钾压片法呢？答案是否定的。虽然这种方法原则上是可行的，但实际测定却不能得到好的光谱。原因有两个：一是因为近红外光的波长比中红外光的波长短得多，平均约短一个数量级。在中红外区，样品和溴化钾粉末研磨得不够细时，都容易出现光散射现象，使测得的光谱基线倾斜（将在 5.1.1 节中讨论）。采用玛瑙研钵研磨样品，要想测定的近红外光谱基线不倾斜，就必须将样品和溴化钾粉末的粒度减小一个数量级，即粒度达到 $1\mu m$ 以下，显然这是非常困难的。二是因为测试近红外光谱时，固体粉末样品的用量应比测试中红外光谱时样品的用量多 $1\sim 2$ 个数量级，也就是说，测试近红外光谱时固体粉末的用量应达到几十毫克。这么多样品与溴化钾粉末一起研磨，压出来的锭片往往是不透明的，测试时近红外光散射很严重，光谱的基线倾斜得很厉害。因此，近红外区固体粉末样品不能采用溴化钾压片法测定透射光谱。即使采用溴化钾压片法有时能得到透射光谱，但这样测定的近红外光谱也不能用于光谱的定量分析。

那么固体粉末样品的近红外光谱应如何测试呢？固体粉末样品的近红外光谱应采用反射光谱法测试。

3.2.3.2 反射光谱测试技术

固体粉末样品的近红外光谱通常采用漫反射光谱法。漫反射光谱法在现代近红外光谱各种分析技术中占有特别重要的地位。漫反射光谱分析方法不需要对固体粉末样品进行处理，可以直接测试粒状、块状、片状等样品的光谱，因此可迅速分析大量样品。

漫反射光谱技术将在 4.5 节中做详细叙述。

近红外漫反射光谱法在农产品品质的分析中得到广泛的应用。利用漫反射附件可以分析农产品中的蛋白质、脂肪、水分、氨基酸等的含量。小麦、大麦、高粱、玉米、小米、大米、大豆以及各种淀粉等农产品都属于多糖类化合物，对于这类化合物采用溴化钾研磨压片法，是不可能将样品粒度研磨至 $1\mu m$ 以下的。因此不能采用溴化钾压片法而只能采用漫反射光谱法测试。

农产品不是一种纯净物。农产品中含有蛋白质、脂肪、水分、氨基酸等各种物质，在近红外漫反射光谱中，这些物质的吸收峰严重重叠。要想分析这些物质在样品中的含量，必须配备一套合适的软件，否则不能对样品中的这些化合物进行定量分析。使用近红外光谱仪进行定量分析，关键是要在所用的仪器上建立分析模型（建模）。一旦建好模，测试样品时计算机会自动给出分析结果。所谓建模就是用定量分析软件测试一系列标准样品的近红外光谱，因此，需要配备一系列标准样品。而且每一类样品都需要建模，都需要有一系列标准样品。样品中的组分越多，组分的浓度范围越大，需要测试的标准样品个数越多。

复杂的多组分定量分析方法有经典最小二乘法（classical least squares，CLS）、偏最小二乘法（partial least squares，PLS）、主成分回归法（principal component regression，PCR）、逐步回归分析法（stepwise regression analysis，SRA）等方法。这些分析方法现在都有现成的软件，可以向红外仪器公司购买。当然有编程能力的话也可以自己编写。

除了利用漫反射附件测试技术测试固体样品的近红外漫反射光谱外，有些红外仪器公司还生产专用的傅里叶变换近红外光谱仪，例如 Nicolet 仪器公司的 Antaris FT-Near Infrared Multiplexer System，Bruker 仪器公司的 MPA 近红外光谱仪，Digilab 仪器公司的 FTS3000NX 近红外光谱仪。这些近红外光谱仪主要是利用漫反射测试技术测试固体样品的近红外漫反射光谱。不过这些近红外光谱仪不是采用普通的漫反射附件测试样品，而是采用漫反射内置积分球采样模块收集固体样品的漫反射光。普通的漫反射附件收集的近红外漫反射光能量不到 50%，而漫反射内置积分球采样模块收集的近红外漫反射光能量超过 95%，因而能大大地提高测量灵敏度和重复性。

由于采用了漫反射内置积分球采样模块，使漫反射测试变得非常简单。装在玻璃瓶里的固体粉末样品可以直接测试。赛默飞世尔仪器公司的 Antaris MX 傅里叶近红外过程分析仪（图 3-14），不仅配置了漫反射内置积分球采样模块，还配置了药片分析模块、透射采样模块和近红外光纤采样模块，可以测试片剂、胶囊、固体、液体、膏状、粉末等各种形态样品的近红外光谱。在一台仪器上连接多个光纤探头接口，可以手动或自动采集不同采样点的近红外光谱数据。近红外光纤采样模块提供的光纤长度达到 50m，可以测试远离仪器不同地方，如生产线、反应釜、库房里样品的近红外光谱。近红外光纤模块的漫反射探头可以直接或间接地分析包装袋里面固体样品的漫反射近红外光谱。

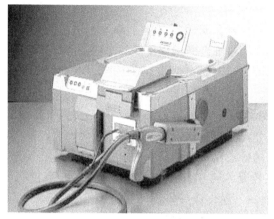

图 3-14　赛默飞世尔仪器公司的 Antaris MX 傅里叶近红外过程分析仪

　　2012 年赛默飞世尔仪器公司推出一款新型傅里叶变换红外光谱仪，型号为 Nicolet iS50。在这台仪器的左侧可以连接积分球和光纤一体化的近红外模块，如图 3-15 所示。这个模块适用于各种原材料快速、无损检测。

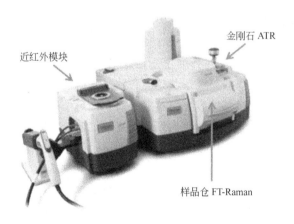

近红外模块

金刚石 ATR

样品仓 FT-Raman

图 3-15　Nicolet iS50 傅里叶变换红外光谱仪

3.3 远红外光谱仪和远红外光谱

3.3.1 仪器配置

各个红外仪器公司现在基本上都不生产专用的远红外光谱仪了。在中、高档中红外光谱仪的基础上配备远红外专用的分束器和检测器，就可以进行远红外光谱的测定。有的仪器还配备远红外光源。

3.3.1.1 分束器

从中红外光谱测试转换为远红外光谱测试时，需要将测试中红外光谱使用的分束器从干涉仪中取出来，换上远红外分束器。因为中红外分束器是在透中红外光的溴化钾晶体材料上蒸镀上极薄的Ge膜制作成的。溴化钾晶体在远红外区是不透光的。即便是在碘化铯晶体材料上蒸镀上Ge膜，这样的中红外分束器低频端也只能测到$200cm^{-1}$。因为碘化铯晶体在$200cm^{-1}$以下的远红外区间是不透光的。

测量中红外光谱时，只需要一块分束器。目前还没有一种分束器能够覆盖整个远红外区（$400\sim10cm^{-1}$）。远红外分束器分为两类：一类是自支撑分束器，即聚酯薄膜分束器（mylar film）。金属丝网分束器（metal mesh）属于聚酯薄膜分束器，聚酯薄膜粘贴在金属丝网上。另一类是基质镀膜分束器，也称固体基质分束器（solid substrate），这种分束器是在硅基质上镀上一层能透远红外光的薄膜。有的仪器公司远红外配备的是固体基质分束器，有的仪器公司配备的是聚酯薄膜分束器。

（1）聚酯薄膜分束器 当红外光束通过聚酯薄膜分束器时，红外光束会发生干涉。由于光的干涉而产生干涉条纹，在干涉条纹的波谷附近，红外辐射透过很少，使得波谷点附近区间的远红外光谱无法测定。干涉条纹的宽度和干涉条纹在远红外区出现的位置与分束器所用的聚酯薄膜厚度有关。薄膜越薄，干涉条纹的宽度越宽，测量的远红外范围越大，透过的远红外光能量越高，光谱的信噪比越高。图 3-16 所示是两种不同厚度聚酯薄膜分束器的干涉条纹，也就是这两种分束器在远红外区的能量分布。

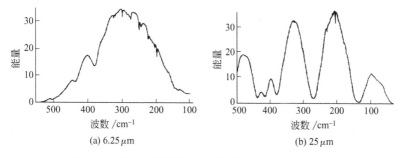

图 3-16　两种不同厚度聚酯薄膜分束器的干涉条纹

　　为了测量整个远红外区的光谱，需要使用一组不同厚度的聚酯薄膜分束器。它们的厚度和测量的波数区间如表 3-2 所示。

表 3-2　不同厚度的聚酯薄膜分束器测量的波数范围

聚酯薄膜厚度/μm	覆盖的频率范围/cm^{-1}	聚酯薄膜厚度/μm	覆盖的频率范围/cm^{-1}
6.25	500～100	50	90～25
12.5	240～70	100	40～10
25	135～40	125	30～4

　　从表 3-2 中的数据可以看出，要想测定 500～10cm^{-1} 的远红外光谱，至少要更换三块分束器，即使用 6.25、25μm 和 100μm 厚的分束器。这给远红外光谱的测量带来极大的麻烦。

　　绝大多数固体和液体化合物的远红外光谱谱带都出现在 100cm^{-1} 以上。少数化合物在 100～50cm^{-1} 区间出现吸收谱带。有些气体分子的纯转动吸收谱带出现在更低的波数区间。因此，如果只测试固体或液体化合物的远红外光谱，而不测试气体的远红外光谱，使用 6.25μm 厚的聚酯薄膜分束器基本上能满足远红外光谱测试要求。

　　分束器使用的聚酯膜非常薄，因此需要将聚酯膜固定在分束器的框架上。由于分束器上的聚酯薄膜非常薄，因此使用聚酯薄膜分束器测试远红外光谱时容易产生鼓膜效应。任何微小的振动都会使干涉图发生漂移。所以测量远红外光谱时，如果使用气体吹扫光学台，应注意气体流量不能太大。干涉仪动镜的移动速度应该降低一些，这样能有效地减小鼓膜效应。

(2) 金属丝网分束器　金属丝网分束器所用的聚酯薄膜厚度小于 $6.25\mu m$。由于薄膜太薄，不能自支撑，只好将它固定在非常细的金属丝网上。在放大镜下能看到金属丝网的网格。由于使用了金属丝网，挡住了一部分远红外光，使通过分束器的远红外光能量大大地降低。实验证明，通过金属丝网分束器的远红外光能量只有 $6.25\mu m$ 厚聚酯薄膜分束器能量的二分之一。由于金属丝网分束器使用的聚酯薄膜比 $6.25\mu m$ 还要薄，因此它产生的干涉条纹覆盖的频率范围更宽。用金属丝网分束器能测量 $650\sim50cm^{-1}$ 区间的远红外光谱。

(3) 固体基质分束器　固体基质远红外分束器可以测量 $650\sim50cm^{-1}$ 区间的远红外光谱。透过这种分束器的远红外光能量远远高于金属丝网分束器。固体基质远红外分束器不存在鼓膜效应。固体基质分束器的光通量大，测试范围宽，又不存在鼓膜效应，目前是一种比较理想的远红外分束器。使用固体基质远红外分束器完全能满足固体和液体样品远红外光谱的测试。

3.3.1.2　检测器

从中红外光谱测量转换到远红外光谱测量时，除了更换分束器外，还必须更换检测器。目前测量远红外光谱使用的远红外检测器是 DTGS/聚乙烯检测器，即检测器敏感元件的材料是 DTGS 晶体，检测器的窗口材料为聚乙烯。远红外检测器的敏感元件和中红外检测器的敏感元件相同，都是用氘代硫酸三甘肽晶体制作。所不同的是，中红外检测器的窗口材料为溴化钾，因为溴化钾能透中红外光，而远红外检测器的窗口材料为聚乙烯，因为聚乙烯对远红外光基本上没有吸收。

赛默飞世尔仪器公司提供的 DTGS/金刚石检测器也可以用于测试远红外光谱。DTGS/金刚石检测器的敏感元件材料也是 DTGS 晶体，窗片材料为金刚石。这种检测器的低频端可以检测

到 $80cm^{-1}$。

DTGS/聚乙烯检测器虽然可以检测整个远红外波段的信号，但它的最佳工作区间是 $650\sim50cm^{-1}$。$50\sim10cm^{-1}$ 区间灵敏度非常低，噪声非常大。如果需要经常测试 $50\sim10cm^{-1}$ 区间的远红外光谱或太赫兹光谱，最好配置热辐射检测器（bolometer 辐射热测量计），这种检测器对热辐射非常敏感，检测范围从 $1000\sim2cm^{-1}$。检测器基本单元是一个超高灵敏的热敏电阻，将该热敏电阻冷却到液氦温度从而减小背景热噪声。任何热辐射照射到检测器上都会导致检测器温度上升，从而引起热敏电阻阻值发生改变，需要通过放大电路将电压放大后测量其变化。这种检测器工作时需要液氦冷却，这给测试带来极大的麻烦。

能测定中红外和远红外光谱的傅里叶变换红外光谱仪都设计成双检测器位置。在靠近仪器里面的检测器位置上安装中红外 DTGS/KBr 检测器，这个检测器是固定不动的。在靠近仪器外面的检测器位置上可以安装远红外检测器，或安装其他类型的检测器。

对于销钉定位型的仪器，只需将远红外检测器对准销钉放置，插好夹线板，即可测试，不需要对检测器的位置进行调整。对于非销钉定位型的仪器，换上远红外检测器后，需要调整检测器的位置，使远红外干涉图的能量达到最高。

从中红外光谱测量转换到远红外光谱测量时，从计算机调用远红外光谱的测试参数，计算机就能自动地将红外光路从中红外检测器转到远红外检测器。

3.3.1.3　光源

测量 $650\sim50cm^{-1}$ 区间的远红外光谱可以使用中红外光源。中红外光源在 $50\sim10cm^{-1}$ 区间的能量非常低，因此，如果需要测试 $50\sim10cm^{-1}$ 区间的光谱，必须使用高压汞弧灯光源。前面已经多次指出，固体和液体的远红外光谱谱带主要集中在 $650\sim50cm^{-1}$，$50cm^{-1}$ 以下几乎没有吸收谱带。因此，如果只测量 $650\sim50cm^{-1}$ 区间的光谱，没有必要配备高压汞弧灯光源。

现在的傅里叶变换红外光谱仪，绝大多数仪器的中红外光源都是空气冷却光源，而高压汞弧灯光源是水冷光源。

高压汞弧灯光源除了发射所需要的远红外辐射外，还发射出极强的紫外光和可见光。所以在使用高压汞弧灯光源测量远红外光谱时，在光路中必须插入合适的黑色聚乙烯滤光片，以滤除紫外光和可见光对测量的干扰，同时起到保护样品免受光照射发生变化和起到保护检测器免受损坏的作用。

3.3.2 远红外光谱样品制备技术

3.3.2.1 固体样品的制样技术

测试固体样品的远红外光谱可采用的方法有：石蜡油研磨法、碘化色粉末压片法、聚乙烯粉末压片法和 ATR 测试法。

测试固体样品远红外光谱最常用的制样方法是石蜡油研磨法。石蜡油（nujol）又叫矿物油（mineral oil），也叫液体石蜡。石蜡油在远红外区没有吸收谱带，所以可以用石蜡油作为固体样品的稀释剂。

石蜡油可以直接从国外购买，也可以通过红外仪器公司购买。国内生产的液体石蜡也可以用于远红外光谱测试。

有机化合物在远红外区的光谱谱带强度比中红外区要弱得多，总的吸光度大概比中红外区低一个数量级。无机化合物，除了氧化物，在远红外区的吸收谱带也很弱。所以测量远红外区的光谱，样品用量比测量中红外区要多一些。

采用石蜡油研磨法测量固体样品的远红外光谱时，往玛瑙研钵中加入几毫克样品，样品不必称量。石蜡油加入半滴即可，可用玛瑙锤子在装石蜡油的小滴瓶尖端沾下半滴。石蜡油和固体样品的用量要匹配，应能把固体样品研磨成糨糊状。如果固体样品加得太多，可再添加一些石蜡油，直至研磨成糨糊状。如果石蜡油加多了，应添加些固体样品。

用硬质塑料片将研磨好的糊状物从玛瑙研钵中刮下，涂在一片1mm厚的高密度聚乙烯窗片上。应将糊状物涂抹均匀，涂的面积

约 $1cm^2$。将涂好糊状物样品的聚乙烯窗片夹在磁性样品夹上，插入红外光学台样品室中的样品架上测试。

1mm 厚的高密度聚乙烯窗片在远红外区基本上是透光的，只在 $470cm^{-1}$ 附近有宽而弱的吸收峰。这种窗片可以通过红外仪器公司从国外购买，也可以用聚乙烯粉料加热熔融压制。用聚乙烯粉料压制好的薄片，只要在远红外区没有强吸收就可以用作远红外窗片。如果有高密度聚乙烯棒材，可机加工切片制作远红外窗片。

用石蜡油和固体样品研磨可防止样品吸潮，因石蜡油能将固体样品保护起来。但是在夏天，当空气的湿度很大时，极易吸潮的固体样品还是无法用石蜡油研磨。这种样品虽然有石蜡油保护，在研磨过程中仍然会吸水，严重时变成液体，无法将固体样品研磨成糨糊状。这种样品只好放在干燥的手套箱中研磨，或改在冬天空气湿度小的时候测试。

有极少数的固体样品与石蜡油研磨时，不能研磨成糨糊状。这时可采用其他方法制样。

测试固体样品的远红外光谱，除了采用石蜡油研磨法以外，还可以采用碘化铯粉末压片法或聚乙烯粉末压片法。

碘化铯晶体粉末与固体样品研磨压片制样法和中红外溴化钾研磨压片制样法基本相同。溴化钾压片制样时，一般用 1mg 左右固体样品。由于在远红外区光源的辐射能量较低，远红外区谱带的摩尔吸光系数一般比中红外区小一个数量级，所以固体样品的用量要比中红外区用量多得多。样品用量在 $3\sim30mg$，碘化铯用量在 $70\sim100mg$。碘化铯用量应尽量少，只要能压成薄片即可，因碘化铯在远红外区的低频端有吸收谱带。用碘化铯压片制样，在低频端只能测到 $120cm^{-1}$ 左右。

无机物或配位化合物通常都含有阴离子和金属阳离子，采用碘化铯压片法制样可能会发生离子交换或使谱带变形，此时可采用聚乙烯粉末压片法。

聚乙烯粉末压片法存在两个缺点。第一个缺点是，固体样品和聚乙烯粉末在玛瑙研钵中研磨时容易产生静电，使聚乙烯粉末和样品到处飞扬，不容易将带静电的样品转移到压片模具中。为了不产生静电，可先将固体样品放入玛瑙研钵中研磨，然后放入适量的聚乙烯粉末，用不锈钢小扁铲将研磨好的样品与聚乙烯粉末充分混合。这样混合好的样品不带静电，很容易转移到模具中压片。第二个缺点是，聚乙烯粉末有韧性，不容易研磨碎，因而无法压出透明的薄片。光谱测量时，光散射很严重，得到的光谱基线倾斜很厉害。要想测得的光谱基线很平，就应寻找粒度小于 $20\mu m$ 的聚乙烯粉末制样。

采用衰减全反射（ATR）附件测试固体样品的远红外光谱非常方便，将待测试的少许固体样品放置在 ATR 晶体上面，转动并拧紧压力杆即可测试。图 3-15 所示的红外仪器配置了 ATR 附件，ATR 附件装配在红外光学台的右侧，它不占用样品仓，不影响其他测试。这个 ATR 附件既可以测试中红外光谱，又可以测试远红外光谱。这个 ATR 附件的晶体材料是金刚石，金刚石在远红外区是透光的，可以测试 $80cm^{-1}$ 以上的远红外光谱。测试远红外光谱时，调用远红外检测器和分束器。这台仪器的分束器可以自动切换、自动准直。

3.3.2.2　液体样品的测试方法

液体样品远红外光谱的测试与中红外一样，测试时将液体样品装在可拆式液池中。可拆式液池选用 1mm 厚的高密度聚乙烯作为窗片材料，窗片之间垫加聚四氟乙烯垫片或其他聚合物垫片。1mm 厚的高密度聚乙烯窗片容易变形，用变形后的聚乙烯窗片液池测试液体的远红外光谱时，液膜的厚度与垫片的厚度会相差很大。选用更厚的聚乙烯窗片又会使透射率降低。

不掺杂的 1mm 厚高纯单晶硅片可以作为远红外液池的窗片材料。单晶硅在整个远红外区是透光的，没有任何吸收峰。但用单晶硅片作为液池窗片材料时，看不到液池中的液体分布情况。用碘化铯晶片作为远红外液池的窗片材料，可以测试 $200cm^{-1}$ 以上的光谱。但碘化铯晶片价格昂贵，且易溶于水，不能用来测定含水的液体样品。

3.3.3 影响远红外光谱测试的因素

3.3.3.1 水汽对远红外光谱测试的影响

　　水汽在远红外区有很多吸收峰,这些吸收峰都是水汽分子的转动吸收谱带。水汽分子的转动吸收谱带的数目、形状和峰位随测量的分辨率不同而不相同。分辨率越高,吸收谱带数目越多、越窄;分辨率越低,吸收谱带数目越少、越宽。图 3-17 所示是在 $650\sim50cm^{-1}$ 区间,采用 $4cm^{-1}$ 和 $8cm^{-1}$ 分辨率测得的光学台中水汽的吸收光谱。

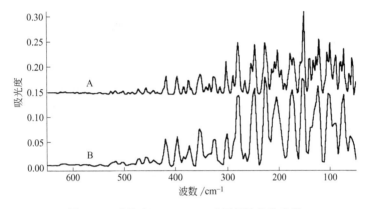

图 3-17　水汽在 $650\sim50cm^{-1}$ 区间的吸收光谱

A—$4cm^{-1}$ 分辨率;B—$8cm^{-1}$ 分辨率

　　当样品的远红外光谱吸收峰很弱而水汽的吸收峰又较强时,就很难分辨出哪些峰是样品的吸收峰,哪些峰是水汽的吸收峰。因此在测量远红外光谱时,要尽量使水汽的吸收峰强度降到最低。

　　傅里叶变换红外光谱仪分为真空型和非真空型两类。当用真空型光谱仪测量远红外光谱时,能彻底地消除光学台中水汽对远红外测量的影响。当用非真空型光谱仪测量远红外光谱时,在空气湿度大的情况下,最好用干燥空气或经过干燥的普通氮气吹扫光学台。潮湿的空气经无油空气压缩机压缩后能除去一部分水汽,但空气必须经过硅胶或分子筛干燥后再进入光学台。普氮气体钢瓶是用水试压的,钢瓶中总会残留少量水,因此普通氮气中也含有水汽。普通氮气也必须经过硅胶或分子筛干燥后再用来吹扫光学台。冬天在北方，如果室内空气相对湿度低于 30%，可以不用干燥气体吹扫光学台。

消除水汽对远红外光谱测量影响的最好办法是采用样品穿梭器附件。测试时，将样品插在样品穿梭器上，通过计算机控制样品穿梭器上的小电机使样品前后穿梭。测量样品的单光束光谱时，样品自动进入红外光路；测量背景的单光束光谱时，样品自动离开红外光路。这样可以避免因取出或放入样品而打开样品室盖子，破坏光学台中水汽含量的平衡。

在没有样品穿梭器和没有干燥气体吹扫光学台的情况下，用非真空型光谱仪仍然可以测试远红外光谱。测试时，往样品室中放入样品和从样品室中取出样品的动作要快，并且在打开样品室盖子时要屏住呼吸，避免呼出的水汽进入样品室。对于非密闭型光学台，每次取出和放入样品之前，应将样品室两侧红外光路进、出口关紧，收集光谱数据前再将红外光路打开。这样做有利于光学台中水汽含量的恒定。

为了消除水汽对远红外光谱的影响，在采集样品的单光束光谱后，应马上采集背景的单光束光谱，反之亦然。这样的样品和背景单光束光谱相比后才能抵消掉水汽的吸收峰。

3.3.3.2　数据采集参数对远红外光谱测量的影响

影响远红外光谱测量的主要参数包括：扫描次数、分辨率、扫描速度和光阑。

在远红外区，尤其是在低频端远红外区，光源的能量很低，所以光谱噪声很大。减少远红外光谱噪声的有效办法是增加扫描次数。增加扫描次数可提高光谱的信噪比。对于非真空型仪器来说，并非扫描次数越多越好。扫描次数越多，虽然信噪比越高，但水汽的影响也就越大。这是因为光学台中的水汽含量会随时间变化。扫描次数越多，所需时间越长，扫描样品和扫描背景光谱时水汽不能抵消掉，在测得的光谱中会出现水汽的吸收峰。根据实践，样品和背景各扫描 100 次左右，所得到的远红外光谱噪声较低，水汽的影响也较小。

远红外光谱的信噪比与测试所用的分辨率有关，水汽对光谱的影响与分辨率也有直接关系。分辨率越高，信噪比越低，水汽的影响越严重。远红外光谱的常规测试，用 $4cm^{-1}$ 分辨率是足够的。远红外区吸收峰较少，一般都分辨得很清楚。当光谱的吸光度较低时，如果光谱的噪声大，水汽的影响严重，可将测试的分辨率降低到 $8cm^{-1}$。用 $8cm^{-1}$ 和 $4cm^{-1}$ 分辨率测得的远红外光谱基本相同，但用 $8cm^{-1}$ 分辨率测得的远红外光谱可大大地减少水汽的影响。如果样品量很少，测得的光谱吸光度非常低，也可以采用 $16cm^{-1}$ 分辨率测试。

测量远红外光谱时，如果使用的是聚酯薄膜分束器，扫描速度应比中红外扫描速度慢一挡。降低扫描速度有两个好处：一是降低动镜的移动速度能降低聚酯薄膜分束器的鼓膜效应，减少分束器带来的噪声；二是慢速扫描可使干涉图强度增大，有利于提高光谱的信噪比。但是扫描速度太慢，测试所需时间太长，背景值会发生变化，在光谱中会引入水汽吸收峰。如果使用的是固体基质分束器，因不存在鼓膜效应，扫描速度可以和测试中红外的扫描速度相同。

光阑应开到最大。因光源的远红外辐射能量很弱，光阑开小了，通过的光通量减少，微弱的远红外能量没有得到充分利用，会降低光谱的信噪比。当然，光阑开大了会影响光谱的分辨率，但只要不是测量高分辨率远红外光谱，而是测量 $4cm^{-1}$ 或 $8cm^{-1}$ 分辨率光谱，光阑就可以设在最大值。

3.3.4 远红外光谱的应用

远红外光谱的应用比中红外光谱的应用要少得多。现在已有许多中红外光谱谱库，如 Sadtler 谱库收集的光谱就有 15 万张以上，其中主要部分是中红外光谱。红外仪器的计算机中如果有红外谱库，可以对测得的未知物光谱进行谱库检索。到目前为止，各个红外仪器公司尚未提供远红外光谱谱库。北京大学化学学院红外光谱实验室建立了一个约 1000 张的固体化学试剂远红外光谱谱库，可供查找和检索用。

远红外光谱谱带的指认比中红外光谱难得多。中红外各种基团振动频率的指认在教科书或参考资料中基本上都能找到，但远红外光谱谱带的指认为数很少。在远红外区，能观察到的吸收谱带大致分为以下几类：重原子之间的伸缩振动和弯曲振动；晶格振动；分子间氢键振动；气体或液体分子的扭转振动；环状分子的环变形（环折叠）振动；气体分子的纯转动。在这些振动吸收中，应用得最多的是重原子之间的伸缩振动和弯曲振动。在此仅讨论这类振动吸收情况。

3.3.4.1　金属氧化物的远红外光谱

在金属氧化物中，由于金属原子的质量大，金属原子与氧原子之间的伸缩振动谱带位于远红外区。在金属氧化物的中红外光谱中，在高频端没有吸收谱带，有些金属氧化物在低频端会出现吸收谱带。金属氧化物红外光谱谱带有三个特点：①金属原子与氧原子之间的伸缩振动谱带很宽；②在宽谱带上出现多个吸收峰；③宽谱带跨越中红外和远红外区间。

图 3-18 所示是几种金属氧化物的红外光谱。从图中可以看出，这些氧化物的红外谱带都非常宽。最宽的 TiO_2 的谱带宽度达 $800cm^{-1}$（$1000\sim200cm^{-1}$），最窄的 Y_2O_3 的谱带宽度也达 $400cm^{-1}$（$650\sim250cm^{-1}$），而且在所有宽谱带上都出现多个吸收峰。出现这种现象是由于在金属氧化物中不存在单个分子，所有的金属原子和氧原子彼此相连，生成复杂的网络结构。对这些谱带只能笼统地归属于金属原子与氧原子之间的伸缩振动。如果没有简正坐标分析或分子力学计算数据，也没有拉曼光谱数据，很难将宽谱带上的各个吸收峰进行归属。

由于金属氧化物的谱带跨越中红外区和远红外区，所以要想得到金属氧化物的红外谱带必须同时测定中红外光谱和远红外光谱。如用红外显微镜测定样品的显微红外光谱，波数范围为 $4000\sim650cm^{-1}$，再用固体基质分束器测定样品的远红外光谱，波数范围为 $650\sim50cm^{-1}$。然后在红外窗口上将这两张光谱连接起来，即

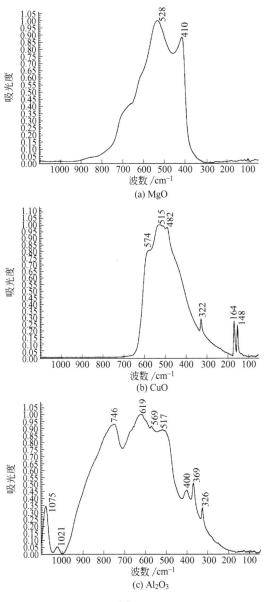

(a) MgO

(b) CuO

(c) Al$_2$O$_3$

图 3-18

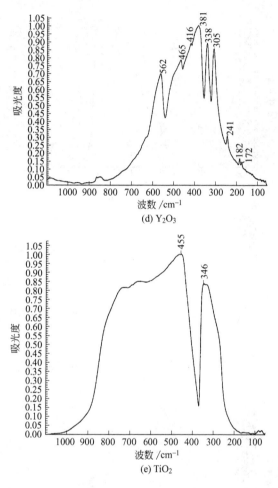

图 3-18　几种金属氧化物的红外光谱

可得到一张跨越中红外和远红外区间的光谱（见图 3-18）。或用溴化钾压片法测定样品的中红外光谱，波数范围为 $4000 \sim 500 cm^{-1}$，再用 $6.25 \mu m$ 厚的聚酯薄膜分束器测定样品的远红外光谱，波数范围为 $500 \sim 100 cm^{-1}$。然后将两张光谱连接起来。在有些仪器公司的红外软件中带有能自动地将测试得到的中红外和远红外光谱连接起来的小软件。

3.3.4.2 金属卤化物和金属硫化物的远红外光谱

金属卤化物和金属硫化物在中红外区都没有吸收谱带，所以金属卤化物和金属硫化物可以作为中红外样品制备的稀释剂或窗片材料。测试中红外光谱时，如果样品用量很多仍没有吸收谱带，这种样品很可能是卤化物或硫化物。含结晶水的金属卤化物或金属硫化物在中红外区会出现水的振动吸收峰。

金属卤化物和金属硫化物的红外谱带出现在远红外区。含结晶水的金属卤化物或金属硫化物在远红外区的光谱比较复杂（见图3-19和图3-20），而不含结晶水的金属卤化物或金属硫化物在远红外区的光谱很简单（见图3-21和图3-22）。从图3-21中的光谱可以看出，对于金属卤化物，当金属原子相同时，随着卤素原子量的增大，振动频率逐渐降低；卤素原子相同时，同族金属原子从上到下，振动频率逐渐降低。

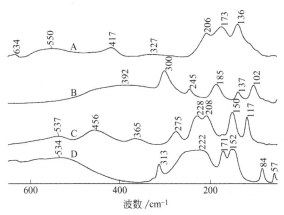

图3-19　含结晶水的金属卤化物的远红外光谱

A—MgCl$_2$·6H$_2$O；B—CuCl$_2$·2H$_2$O；

C—CoCl$_2$·6H$_2$O；D—AlCl$_3$·6H$_2$O

3.3.4.3 无机含氧酸盐的远红外光谱

在无机含氧酸盐中，金属离子与酸根中的氧原子之间的金属-

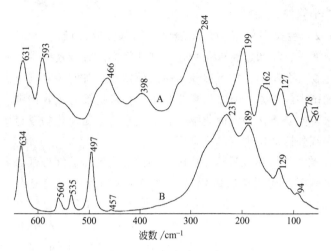

图 3-20　含结晶水的金属硫化物的远红外光谱

A—CuS·H₂O；B—Na₂S·9H₂O

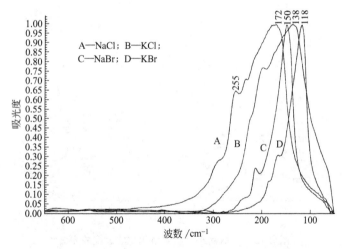

图 3-21　不含结晶水的金属卤化物的远红外光谱

氧配位键的振动吸收出现在远红外区。此外，酸根阴离子本身在远红外区也有振动吸收谱带。图 3-23 所示是氯酸钠、氯酸钾、高氯酸钠和高氯酸钾的远红外光谱。从图中可以看出，低于 $300cm^{-1}$

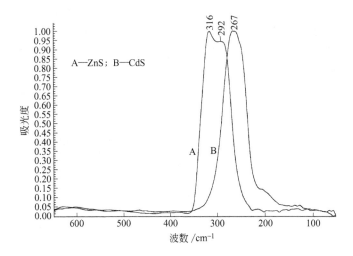

图 3-22　不含结晶水的金属硫化物的远红外光谱

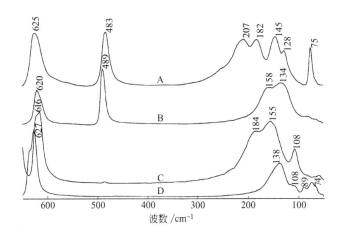

图 3-23　氯酸钠（A）、氯酸钾（B）、高氯酸钠
（C）和高氯酸钾（D）的远红外光谱

的吸收谱带属于金属-氧配位键的振动吸收；高于 400cm^{-1} 的吸收谱带属于酸根阴离子本身的振动吸收谱带。表 3-3 列出各种无机含氧酸根阴离子在远红外区的吸收频率。这些含氧酸根的吸收频率会

随金属离子不同而有些差别。表中所列的 MO_4 型酸根阴离子都是正四面体构型,所列的吸收频率都是 MO_4 的不对称变角振动频率,它们的对称变角振动属于拉曼活性而非红外活性。表中所列的 MO_3 型酸根阴离子都是角锥形构型($^{10}BO_3^{3-}$ 除外),频率高的属于 MO_3 的对称变角振动,频率低的属于 MO_3 的不对称变角振动。这种对称和不对称振动频率倒挂现象是很少见的。

表 3-3　各种无机含氧酸根阴离子在远红外区的吸收频率

离子	吸收频率/cm^{-1}	离子	吸收频率/cm^{-1}
ClO_2^-	400	TeO_3^{2-}	364,326
ClO_3^-	614,489	PO_4^{3-}	567
ClO_4^-	625	AsO_4^{3-}	463
BrO_2^-	400	SiO_4^{4-}	527
BrO_3^-	428,361	$^{10}BO_3^{3-}$	606
BrO_4^-	410	TiO_4^{4-}	371
IO_3^-	348,306	ZrO_4^{4-}	387
IO_4^-	325	HfO_4^{4-}	379
SO_3^{2-}	620,469	CrO_4^{2-}	378
SO_4^{2-}	611	$Cr_2O_7^{2-}$	565,554,220
SeO_3^{2-}	432,374	MnO_4^{2-}	332
SeO_4^{2-}	432	MnO_4^-	386

3.3.4.4　配位化合物的远红外光谱

配位化合物通常分为无机配位化合物和有机配位化合物。

在无机配位化合物中,配体是无机物。无机配体有：NH_3、CN^-、SCN^-、H_2O、OH^-、CO、卤素、各种无机含氧酸根等。当这些配体与金属离子或金属原子配位生成配合物时,金属与配位原子之间的配位键伸缩振动和弯曲振动吸收出现在远红外区。前面提到的金属卤化物和金属硫化物以及无机含氧酸盐实际上也是无机配位化合物。含结晶水的金属卤化物或金属硫化物在远红外区的光谱比不含结晶水的金属卤化物或金属硫化物的光谱复杂,是因为结晶水参与配位，在远红外区多出了金属与氧配位键的振动吸收。

在有机配位化合物中，配体是有机物。配位原子是有机物分子中含有孤对电子的 O、N、S 原子。在有机配位化合物中，除了有机配体外，有时无机配体也会参与配位，如水分子、卤素离子和含氧酸根阴离子在许多有机配位化合物中都参与配位。

在有机配位化合物中，如果没有无机配体参与配位，这样的有机配位化合物和有机配体在中红外区的光谱差别很小。因此，单从中红外光谱很难判断是否生成了配合物。当然如果有无机配体，如 H_2O 或含氧酸根参与配位，在有机配合物中会出现 H_2O 或含氧酸根吸收峰。对于没有无机配体参与配位的有机配合物，要想确定生成了配合物，最好是测定样品的远红外光谱。如果在远红外区出现金属离子与 O、N、S 原子之间配位键的伸缩振动谱带，就可以说明确实生成了配合物。

在远红外区，除了金属与配位原子之间的伸缩振动和弯曲振动外，配体本身也可能有吸收。因此，为了指认远红外区金属离子与 O、N、S 原子之间的振动谱带，必须同时测定配合物和配体的远红外光谱。通过比较才能确认配合物中配位键的振动谱带。

当有机配合物中的金属离子同时与多种原子配位，或同时与不同配体的同种原子配位时，准确指认不同配位键的振动谱带是有困难的。如果金属离子同时与 O 和 N 原子配位，原则上，O 原子比 N 原子的配位键伸缩振动谱带频率低，这是因为 O 原子比 N 原子重。但是如果 O 原子与金属离子之间的配位键键长比 N 原子的配位键键长短得多，以上原则可能正好相反。所以既要考虑原子质量，又要考虑配位键键长。当金属离子与相同配体、相同配位原子配位时，如果出现配位键键长不相同，在远红外区会出现多个吸收谱带。

表 3-4 列出某些有机配位化合物的远红外吸收频率。从表 3-4 可以看出：①在有些配合物中，同时存在有机和无机配体，也存在只有有机配体的配合物；②金属离子同时参与多种原子配位；③参与同种原子配位时，出现多个吸收谱带；④配体在远红外区也有吸

收谱带。

表 3-4　某些有机配位化合物的远红外吸收频率

配 合 物	吸收谱带及指认/cm^{-1}
$Co(py)_2Cl_2$	$253(\nu Co-py)$
$Ni(py)_2I_2$	$240(\nu Ni-py)$
$[Co(bipy)_3]^{2+}$	$266(\nu Co-N),228(\nu Co-N)$
$[Ni(bipy)_3]^{2+}$	$282(\nu Ni-N),258(\nu Ni-N)$
$[Co(phen)](ClO_4)_2$	$378(\nu Co-N),370(\nu Co-N)$
$[Fe(phen)_2](NCS)_2$	$252(\nu Fe-NCS),222[\nu Fe-N(phen)]$
$[Cu(gly)_2]\cdot H_2O$	$439(\nu Cu-N),360(\nu Cu-O)$
$[Ni(gly)_2]\cdot H_2O$	$439(\nu Ni-N),290(\nu Ni-O)$
$K_2[Pt(ox)_2]\cdot 3H_2O$	$405(\nu MO+环变形),370(\delta OCO+\nu CC),328(\pi)$
$Fe(acac)_2$	$559,548(环变形),433(\nu MO+\nu CCH_3),415,408(环变形),298(\nu MO)$

注：py—吡啶；bipy—2,2-联吡啶；phen—邻菲罗啉；gly—甘氨酸根；ox—草酸根；acac—乙酰丙酮基。

在有机配位化合物中，金属离子除了与配体分子中的 O、N、S 原子配位外，还可以与烯烃、炔烃生成 π-配位化合物。与某些环状有机化合物，如二茂铁、苯等也可以形成 π-配位化合物。这些配位化合物的 π-配位键的振动谱带也出现在远红外区。

3.4　红外仪器的安装、保养和维护

3.4.1　红外仪器的安装和验收

3.4.1.1　仪器安装对电源的要求

傅里叶变换红外光谱仪使用的都是单相电源，电压 220V。单相电源连接的是火线和零线。但红外仪器还要求连接地线，也就是说，应该有三条电线与红外仪器电源相连接。零线和地线是两条不同概念的线路。与仪器电源连接的零线上有电流存在，而地线上不应该出现电流，只有出现漏电现象时，地线上才有电流。

实验室的总电源是三相电，在总电源配电箱里，除了三条火线外，还有一条零线，此外还应该有一条地线，即五线制。如果只有三条火线和一条零线，即四线制，应视为不规范的配电。早期盖的建筑物，实行的是四线制，没有地线。用电线与配电箱的金属外壳相连接或与电线的金属套管相连接作为地线，这样的地线是不规范的地线。当仪器出现漏电现象时，这种地线不能起到保护仪器的作用。

如果总电源实行的是四线制而不是五线制，那么在装修红外仪器实验室时，应安装独立的地线。地线要求接地良好，地线电阻最好能在 1Ω 以下。

红外仪器电源除了应连接良好的地线外，在配电线路上还应安装漏电保护装置。一旦出现漏电现象，电路会自动切断。

有时供电线路会突然断电，有时突然断电后马上又来电。这种现象对仪器电路会造成损坏，严重时会烧毁仪器。为了防止突然断电后又马上来电对仪器造成的不利影响，可在供电线路上安装磁力启动器。有了磁力启动器，断电后必须按启动按钮才会有电。

此外，最好给红外仪器配备稳压电源，以防止外电路电压波动较大时对仪器造成损坏。如果只有红外主机和计算机，配备 1kW 的稳压电源就足够了。除了红外主机，如果还有红外显微镜或拉曼附件，应配备 2kW 的稳压器。色红联用附件和热重红外联用应配备功率更大的稳压电源。

3.4.1.2 仪器安装对环境的要求

安放红外光谱仪的仪器间和操作间应安装空调，仪器间的温度应控制在 $17\sim27℃$。仪器光学台内如果有电源变压器，会产生热量，光源和电路板也是发热元器件，所以仪器内部的温度比仪器间的温度要高出好几度。如果仪器间温度太高，仪器不能正常工作。冬天仪器间温度太低时，仪器也不能正常工作。

仪器间和操作间的相对湿度最好维持在 50% 左右。室内的湿度是很难控制的，一般的实验室没有控制湿度的条件。在我国北方，冬天室内相对湿度会下降到 20% 左右，夏天会上升到 90% 左右。在南方，全年室内相对湿度通常都会高于 50%。仪器间安装空调机后，夏天在制冷模式下能除去室内的一部分水汽，但很难将室内相对湿度降到 50% 左右，要想降低室内的相对湿度，应将空调机置于除湿模式。夏天湿度太高时，应在仪器间安装一部除湿机，$30\sim40m^2$ 的仪器间安装的除湿机功率应不低于 1kW。湿度太低容易产生静电；湿度太高，仪器的零部件容易损坏。

仪器间最好安装双层窗、双层门。双层窗能有效地防止室外的灰尘进入室内。平时仪器间的窗户应该关严，若需要通风，也应尽快将窗户关上。有条件的实验室应将过滤后的空气送入室内。在北方，春天沙尘暴较多，空气中的沙尘颗粒浓度大，应关好门窗，注意防尘。

地面不宜铺地毯。若要铺地毯就应铺防静电的地毯。普通化纤地毯在冬天相对湿度低时容易产生静电。静电也有可能损坏仪器。

红外仪器间应与化学实验室分开。因为化学实验过程产生的气体和从试剂瓶中挥发出来的气体会腐蚀仪器的零部件，使仪器的寿命缩短。分束器上透 He-Ne 激光的半透膜镀层和 MCT 检测器的窗口材料都是 ZnSe。ZnSe 对卤化物气体非常敏感，因此要防止卤化物气体进入光学台。

安放红外仪器的实验台或实验桌应结实、牢靠，台面或桌面的厚度不能太薄，以防止因仪器长期放置产生变形弯曲。当红外仪器主机与红外显微镜附件、拉曼光谱附件、色红接口附件、热重红外接口附件等连接时，要求台面或桌面的厚度更厚些，以防止因台面或桌面弯曲而导致光路偏离原来的方向，使到达检测器的信号减弱，或使检测器检测不到信号，影响仪器的正常工作。

仪器的后面应留一定的空间，距离墙壁应有 0.5m 以上，给仪器的维修工程师留有足够的工作空间。

3.4.1.3　仪器安装后的验收

新购置的红外光谱仪安装调试完毕后，红外光谱仪的管理和维护人员应与仪器公司的安装工程师一起对仪器主机和各种仪器附件进行验收。验收合格后，双方在验收报告上签字。如果指标未达到要求，应要求供货方更换零配件、附件、直至主机。

红外仪器主机验收的主要内容有：仪器的最高分辨率、仪器的信噪比、仪器的稳定性、波数的准确性和重复性。

（1）仪器的最高分辨率　仪器的最高分辨率是红外仪器的最重要指标。不同档次的仪器分辨率是不相同的。仪器的档次分为：高级研究型、研究型、分析型和普通型。仪器的分辨率不同，验收方法也不相同。最高分辨率为 $0.1cm^{-1}$ 左右的仪器，验收时应该采用 10cm 长的 CO 气体池，分辨率低于 $0.5cm^{-1}$ 的仪器，可以采用测量水汽光谱吸收峰半高宽的方法。测量分辨率的具体方法请参见 2.7.2 节分辨率的测定方法。

（2）仪器的信噪比　红外仪器的信噪比是衡量一台仪器性能好坏的一项非常重要的技术指标。但是信噪比的测量方法目前没有统一的、公认的标准，因此，各个红外仪器公司所给定的仪器信噪比没有可比性。每个红外仪器公司都有信噪比的测量方法，因此，信噪比指标的验收只能按照仪器公司的验收方法进行验收。

测量仪器的信噪比实际上是测量仪器的噪声水平，也就是测量仪器基线上的噪声。基线噪声有两种表示方法：透射率光谱 100%基线的峰-峰值；吸光度光谱 0 基线的峰-峰值。具体的测量方法请参见 2.8.1 节红外光谱仪的噪声和信噪比。

（3）仪器的稳定性　红外仪器是否稳定也是衡量一台仪器性能好坏的一项非常重要的技术指标。仪器的稳定性好，测定的数据才能重复。仪器稳定性的检验标准是测量基线的重复性和基线的倾斜程度。

仪器稳定后，用 $4cm^{-1}$ 分辨率测定 100%线，每隔 10min 测定一次，共测定 6 次，将 6 次测定得到的 100%线用共同坐标画在同一张图上。图 3-24 所示是某台最高分辨率为 $0.1cm^{-1}$ 的红外仪器 6 次测定得到的 100%线。从图 3-24 可以看出，6 次测定得到的 100%线基本重复，而且基线很平、很直，基线的倾斜程度很小。说明在所测定的 50min 内，仪器的重复性和稳定性很好。

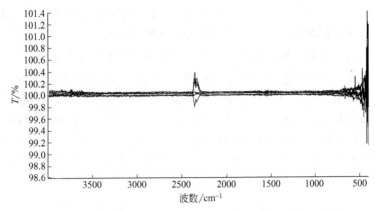

图 3-24 某台最高分辨率为 0.1cm^{-1} 的红外仪器基线重复性
和基线倾斜程度的测定

（4）波数的准确性和重复性

（a）波数的准确性 傅里叶变换红外光谱仪的波数是非常准确的，通常不需要用聚苯乙烯薄膜对波数进行校正。为了检定仪器波数的准确性，可用标准聚苯乙烯薄膜光谱的吸收峰波数进行核对。在标注吸收峰峰位之前，应对测得的标准聚苯乙烯薄膜光谱进行频率归一化。频率归一化的作用是将光谱中数据点的位置改变到标准位置。所谓标准位置是指，用 He-Ne 参考激光频率为 15798.0cm^{-1} 的傅里叶变换红外光谱仪测得的光谱数据点的位置。对于不同的仪器，He-Ne 激光频率可能不完全相同，会偏离 15798.0cm^{-1}。如果在光谱的数据采集信息中已标明 He-Ne 激光频率为 15798.0cm^{-1}，就没有必要对测得的标准聚苯乙烯薄膜光谱进行频率归一化处理。

在购买红外光谱仪时，红外仪器公司通常会提供标准聚苯乙烯薄膜。美国的红外仪器公司所提供的标准聚苯乙烯薄膜，应溯源到美国 NIST（the National Institute of Standards and Testing）标准。表 3-5 列出四个 NIST 标准聚苯乙烯薄膜样品（厚度 38.1μm）用 4cm^{-1} 分辨率测得的 9 个吸收峰峰位的平均值。

表 3-5　四个 NIST 标准聚苯乙烯薄膜吸收峰峰位平均值

峰位编号	吸收峰峰位 平均值/cm^{-1}	峰位编号	吸收峰峰位 平均值/cm^{-1}	峰位编号	吸收峰峰位 平均值/cm^{-1}
1	3081.87	4	2849.28	7	1028.41
2	3059.71	5	1942.64	8	906.62
3	3025.64	6	1601.15	9	539.63

在用标准聚苯乙烯薄膜检定仪器波数的准确性时，吸收峰峰位与表 3-5 中的平均值相比，允许有 $\pm 0.3 cm^{-1}$ 偏差。

（b）波数的重复性　检定仪器波数的重复性时，设定 $4 cm^{-1}$ 分辨率，测定标准聚苯乙烯薄膜的吸收光谱，每隔 10min 测定一次，共测定 6 次。表 3-6 中的数据是某台最高分辨率为 $0.1 cm^{-1}$ 红外光谱仪测定 6 次得到的标准聚苯乙烯薄膜吸收峰峰位。图 3-25 所示是 6 次测定得到的标准聚苯乙烯薄膜红外光谱图（共同坐标）。从表 3-6 可以看出，6 次测定标准聚苯乙烯薄膜 9 个吸收峰峰位完全一致，重复性非常好。比较表 3-6 和表 3-5 数据可知，除第 9 个吸收峰峰位与 NIST 标准聚苯乙烯薄膜吸收峰峰位平均值相比偏差 $0.26 cm^{-1}$ 以外，其余 8 个吸收峰峰位偏差均为 $\pm 0.1 cm^{-1}$ 左右。说明所检定的仪器波数的准确性非常好。

表 3-6　6 次测定得到的标准聚苯乙烯薄膜吸收峰峰位　单位：cm^{-1}

峰位编号	第 1 次	第 2 次	第 3 次	第 4 次	第 5 次	第 6 次
1	3081.79	3081.79	3081.79	3081.79	3081.79	3081.79
2	3059.67	3059.68	3059.68	3059.68	3059.67	3059.67
3	3025.70	3025.69	3025.70	3025.70	3025.69	3025.69
4	2849.46	2849.46	2849.46	2849.47	2849.46	2849.46
5	1942.67	1942.67	1942.67	1942.66	1942.66	1942.66
6	1601.10	1601.10	1601.10	1601.10	1601.10	1601.10
7	1028.36	1028.36	1028.36	1028.36	1028.36	1028.36
8	906.53	906.53	906.53	906.53	906.53	906.53
9	539.89	539.88	539.89	539.88	539.88	539.89

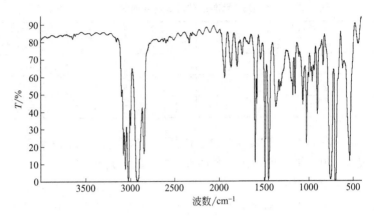

图 3-25 6 次测定得到的标准聚苯乙烯薄膜红外光谱图

3.4.2 红外光谱仪的保养和维护

　　傅里叶变换红外光谱技术发展速度非常迅速，每个仪器公司一般 3～5 年就推出一款新型号的仪器，因此作为一个实验室不可能经常更新仪器。一台红外仪器如果管理和维护工作做得好，一般能正常使用 10 年以上。如果能精心保养和精心维护仪器，用上 15 年、20 年也是有可能的。实践证明，只要使用得当，傅里叶变换红外光谱仪用上十几年，仪器的分辨率和信噪比没有发现明显的下降。因此，保养和维护好仪器是延长仪器使用寿命的重要环节。

　　红外光谱仪是一种可以连续工作的仪器。在国外，红外光谱仪在周末和节假日通常都不关机，只有在通知停电时才关机。现在的红外光谱仪，干涉仪如果是机械轴承干涉仪，在软件设计上都包含有睡眠模式（sleeping mode），即在仪器停止采集光谱数据后，过了一定的时间，干涉仪的动镜会自动地停止移动。这样可以延长干涉仪的使用寿命。

　　红外光谱仪开机后很快就能稳定，光源通电后 15min 能量就能达到最高值，开机后 30min 即可以测试样品。为了延长仪器的寿命，下午下班后最好关机，将供电电源全部断掉，这样能够确保仪器的安全。红外仪器的电源变压器、红外光源、He-Ne 聚光器以及线路板都是有寿命的，所以仪器不使用时，最好处于关机状态。

在夏天，空气湿度太大，对仪器非常不利。如果仪器天天使用，即使空气湿度大，对仪器也不会造成影响。在夏天，如果仪器长期不使用，仪器很容易损坏。因此在夏天，即使不使用仪器，每个星期至少应给仪器通电几个小时，赶掉仪器内部各部件的潮气。有些红外光谱仪除了样品仓外，其余部分为密闭体系，并安装干燥剂除湿。要经常观察干燥剂的颜色，及时处理和更换失效的干燥剂。如果仪器不是密闭体系，最好在样品仓中放置一大袋布装硅胶，并经常将硅胶袋放入120℃烘箱中烘烤。硅胶烘烤后，在放入样品仓之前应冷却至室温。

在红外光谱仪的零部件中，分束器是最容易损坏的，其次是DTGS检测器。中红外分束器基质是溴化钾晶片，DTGS/KBr检测器窗口材料也是溴化钾晶体。所以中红外分束器和DTGS/KBr检测器最怕潮气。因此，一定要保证光学台中的干燥剂处于有效状态。在南方，当空气的湿度很大时，为了保护分束器不至于受潮，当仪器不工作时，有的红外仪器管理员喜欢将分束器从光学台中取出，保存在干燥器里，使用时，再将分束器装回去。这样做虽然能使分束器免于受潮，但另一方面，经常从干涉仪中取出分束器，反而容易损坏分束器。因为取出和装入分束器，难免发生碰撞。碰撞会使分束器表面出现裂痕，一旦出现微小的裂痕，通过分束器的光通量会急剧下降，仪器的测量灵敏度会大大地降低。所以最好的办法是不要取出分束器，而保持光学台中的气氛干燥。

如果所使用的红外光谱仪既能测试中红外，又能测试远红外或近红外，这样的仪器在内部结构上保留有存放分束器的位置，不要将分束器取出存放在干燥器里。更换分束器时，应轻拿轻放，并将更换下来的分束器放置在存放分束器的位置上，这样能保证分束器的温度与仪器内部的温度一致，更换分束器后能马上进行测试。

光学台中有双检测器位置时，中红外DTGS/KBr检测器一般是固定不动的。如果有多种检测器，如MCT/A、DTGS/Polyethylene、PbSe 等，除了光学台中安放两个检测器外，多余的检测器应保存在大的干燥器里，这样既能使检测器保持干净，又能防潮。MCT/A 检测器使用几年后，真空度可能会降低。灌满液氮后的 MCT/A 检测器，如果液氮保存时间少于规定值，应将检测器重新抽真空。抽真空需要有特殊的接口，真空度达到 5×10^{-4} Torr（约 6.67×10^{-2} Pa）即可。更换 MCT/A 检测器时应轻拿轻放，以免碰撞、震裂检测器窗口。往 MCT/A 检测器中加液氮时应避免液氮溢出，液氮溅在检测器窗口上会使 ZnSe 晶体出现裂痕。

光学台中的平面反射镜和聚焦用的抛物镜，如果上面附有灰尘，只能用洗耳球或氮气将灰尘吹掉，吹不掉的灰尘不能用有机溶剂冲洗，更不能用镜头纸擦掉。否则会降低镜面的反射率。

对红外显微镜要注意防尘。红外显微镜不使用时，应罩上防尘罩。红外显微镜样品台下方的聚光器的开口是朝上的，灰尘落在聚光器镜面上会降低聚光器的反射率。因此不使用红外显微镜时，应在载物台上放置一张纸，以防止灰尘落在聚光器镜面上。在用显微镜测试样品时，应注意，不要让样品或杂物掉进聚光器镜面上。红外显微镜使用一段时间后（半年左右），最好用干燥 N_2 气或洗耳球吹掉聚光器上面的灰尘和样品细微颗粒，以确保聚光器的反射率。

如果干涉仪使用的是空气轴承，推动空气轴承的气体必须是干燥的、无尘的、无油的。可以使用普氮或专供红外仪器使用的空气压缩机提供的压缩空气。如果由实验室压缩空气系统提供压缩空气，所使用的压缩机必须是无油空压机。压缩空气进入空气轴承之前，必须经过干燥和过滤，否则会沾污空气轴承，使空气轴承不能正常工作。吹扫光学台用的气体，也应干燥、无油、无尘。

远距离搬动红外光谱仪时，应将干涉仪中的动镜固定住，以免搬动时因剧烈振动损坏轴承。

使用水冷型红外光源时，为了节约水资源，应使用循环冷却水泵供水。循环水泵需用去离子水或蒸馏水，并在水中加入防冻剂和去生物剂。应定期检查供水软管和接口，防止因水管长期使用而老化，造成跑水事故。

3.4.3 红外光谱仪常见故障的处理

傅里叶变换红外光谱仪不能正常工作时，仪器的管理和维护人员或分析测试工作者应该检查仪器不能正常工作的原因。如果是仪器的硬件损坏，最好是请仪器公司的维修工程师来处理。如果不是硬件的问题，可以自行处理。常见故障、故障产生的原因和处理方法见表 3-7。

表 3-7　傅里叶变换红外光谱仪常见故障、故障产生的原因和处理方法

常见故障	故障产生的原因	处 理 方 法
干涉仪不扫描，不出现干涉图	计算机与红外仪器通信失败	检查计算机与仪器的连接线是否连接好。重新启动计算机和光学台
	更换分束器后没有固定好或没有到位	将分束器重新固定
	红外仪器电源输出电压不正常	检查仪器面板上指示灯和各种输出电压是否正常
	分束器已损坏	请仪器公司维修工程师检查，更换分束器
	控制电路板元件损坏	请仪器公司维修工程师检查
	空气轴承干涉仪未通气或气体压力不够高	通气并调节气体压力
	外光路转换后，穿梭镜未移动到位	光路反复切换，重试
	室温太低或太高	用空调机调节室温
	He-Ne 激光器不亮或能量太低	检查激光器是否正常
	软件出现问题	重新安装红外软件
干涉图能量太低	分束器出现裂缝	请仪器公司维修工程师检查，更换分束器
	光阑孔径太小	增大光阑孔径
	光路没有准直好	自动准直或动态准直
	光路中有衰减器或有样品	取下光路衰减器或样品
	检测器损坏或 MCT 检测器无液氮	请仪器公司维修工程师检查，更换检测器或添加液氮
	红外光源能量太低	更换红外光源
	各种红外反射镜太脏	请仪器公司维修工程师清洗
	非智能红外附件位置未调节好	调整红外附件位置

常见故障	故障产生的原因	处理方法
干涉图能量溢出	光阑孔径太大	缩小光阑孔径
	增益太大或灵敏度太高	减小增益或降低灵敏度
	动镜移动速度太慢	重新设定动镜移动速度
	使用高灵敏度检测器时未插入红外光衰减器	插入红外光衰减器
干涉图不稳定	控制电路板元件损坏或疲劳	请仪器公司维修工程师检查
	水冷光源未通冷却水	通冷却水
	液氮冷却检测器真空度降低,窗口有冷凝水	MCT 检测器重新抽真空
	远红外干涉图不稳定或漂移是由于打开样品室盖子后气流不稳定造成的	待干涉图稳定后才能采集数据
空气背景单光束光谱有杂峰	光学台中有污染气体	吹扫光学台
	使用红外附件时,附件被污染	清洗红外附件
	反射镜、分束器或检测器上有污染物	请仪器公司维修工程师检查
空光路检测时基线漂移	开机时间不够长,仪器尚未稳定	开机 1h 后重新检测
	高灵敏度检测器(如 MCT/A 等)冷却时间不够长	等稳定后再测试

3.4.4 红外光谱仪档案资料的建立和保管

对于新购置的红外光谱仪,在仪器公司安装工程师到来之前,用户千万不要将包装箱打开。用户应与安装工程师一起打开包装箱,按装箱清单目录,逐一清点货物。仔细检查仪器的外观,是否出现搬运和运输过程造成的硬伤。

红外光谱仪的管理与维护人员应参与仪器安装调试的全过程。应按照订货指标逐一进行验收。对于验收测试结果,如分辨率、信噪比、干涉图能量等数据,应予存盘,并打印存档。对定购的红外附件也应进行测试验收,并将测试结果打印保存。

分析测试工作要有详细的记录,如测试日期、送样人、样品文件名、样品名称、测试条件等都应记录在测试记录本上。当测试的样品数达到一定数量时，应将光谱数据刻录在光盘上作为备份，或将光谱数据转移到移动硬盘上，以防计算机遭病毒攻击时，或计算机出现故障不能启动时丢失光谱数据。有关的红外软件如果复制有效，应将红外软件复制在新的光盘上，留有备份。

除了分析测试要有详细的记录外，还应对红外仪器的工作状态做详细的记录。每次改变测试条件，如更换分束器、更换检测器、更换红外光源、更换红外附件、由中红外转换到近红外或远红外，都应将调试后的仪器最佳工作状态记录下来。也就是说，应建立健全调机测试记录档案。调机记录内容包括：分束器种类、检测器种类、光源种类、分辨率、光阑孔径、动镜移动速度、测试范围、增益或灵敏度、干涉图的最大值和最小值等。如果使用红外附件测试样品，在调用红外附件测试参数之后（智能红外附件会自动调出测试参数），将上述有关数据记录备案。这样做的目的，是在以后使用相同的红外附件时，或在相同的测试条件下，检查仪器的工作状态是否和以前记录的相同，是否达到最佳工作状态。

新购置的红外光谱仪在使用一段时间之后，例如使用了两三年，应该进行自检。以后每两三年应自检一次，不管仪器是否参与计量认证或计量认可，都应对仪器的性能进行检测。自检的内容包括：仪器的信噪比、最高分辨率、标准聚苯乙烯薄膜光谱数据的重复性和数据的精度、100％线的倾斜度等。只有定期对仪器的各项性能指标进行检测，才能把握仪器性能的好坏，才能保证出具的分析测试数据的可靠性。

建立和保管好红外光谱仪的技术档案资料，是仪器的管理与维护人员和分析测试工作者应尽的职责。

第4章

傅里叶变换红外光谱仪附件

随着傅里叶变换红外光谱技术的不断发展，红外附件也在不断地发展，不断地更新换代。新的、先进的红外附件的出现，使红外附件的功能不断地扩大，性能不断地提高，使红外光谱技术得到更加广泛的应用。

世界上有许多专门生产红外附件的厂商，设计制造出各种各样的红外附件。红外附件的种类繁多，在现阶段，红外附件有：红外显微镜附件，拉曼光谱附件，衰减全反射附件（水平 ATR、可变角 ATR、单次反射 ATR、圆形池 ATR），漫反射附件，镜面反射附件（固定角反射、可变角反射、掠角反射），变温光谱附件，偏振红外附件，光声光谱附件，高压红外光谱附件，红外光纤附件（中红外光纤、近红外光纤），色红联用模块，热重红外联用模块，发射光谱附件，时间分辨光谱附件，聚合物制膜附件，聚合物拉伸附件，聚光器附件，样品穿梭器附件，样品振荡器附件，红外气体池附件等。

本章将介绍部分红外光谱仪附件的原理和使用技术。

4.1 红外显微镜

布鲁克仪器公司 1982 年生产出世界上第一台红外显微镜以来，傅里叶变换显微红外光谱技术发展非常迅速，红外显微镜在短短的三十多年间已经更新换代好几次。现在使用红外显微镜的用户越来越多，显微红外光谱技术日益受到广大用户的欢迎。

任何固体样品都可以用显微红外方法测试，液体样品用显微红外方法测试也非常方便。采用显微红外方法测试样品时，不需要添加任何稀释剂，因此不会出现稀释剂效应。也就是说，采用显微红外方法测得的光谱能完全反映样品光谱的本质，它不像溶液光谱或卤化物压片法测得的光谱那样会受到稀释剂的影响。

红外显微镜测试的灵敏度很高。主光学台透射红外的有效光斑直径为 10mm 左右。红外显微镜的红外光束经红外物镜聚焦后，照射在样品上的有效红外光斑直径为 $100\sim200\mu m$，红外光斑的中间红外光的能量最高。在微小的区间内，光通量大，因此可以测试微量样品的光谱。样品的用量可以少到纳克级，几个纳克的样品用显微红外测试也可以得到高质量的光谱。因此，显微红外在化学、生物学、医学、材料科学、矿物学、法庭科学等领域得到广泛的应用。

4.1.1 红外显微镜的种类、原理和结构

红外显微镜更新换代很快，现在世界上许多红外仪器制造商都能提供不同档次的红外显微镜。红外显微镜已从非同轴光路系统显微镜发展到同轴光路显微镜，即红外光路与可见光光路同轴。有的红外仪器公司利用二向色性的 TruView 技术，可以在采集数据过程中观测被测区间，且观测及采集数据时不必转换。当前，除了普通的红外显微镜外，又出现了 Mapping 显微镜，即自动逐点扫描成像显微镜。此外还出现了更高级的 Imaging 显微镜，即自动面扫描或线扫描成像显微镜。面扫描成像显微镜连接的傅里叶变换红外光谱仪要求具有步进扫描功能，而线扫描成像显微镜不要求红外光谱仪具有步进扫描功能。扫描同样面积样品的成像红外光谱，线扫描成像显微镜比面扫描成像显微镜所用时间长一些，但比逐点扫描成像显微镜所用时间大大减少。

普通的红外显微镜一次只能测试一张光谱。在高档显微镜的基础上，安装上自动逐点扫描成像的硬件和控制硬件的软件，就可以

组成 Mapping 显微镜。普通显微镜和 Mapping 显微镜都采用 MCT/A 检测器。Imaging 显微镜光谱的采集使用的是面扫描或线扫描方法，面扫描采用的是焦平面阵列检测器，线扫描采用的是线阵列检测器。Mapping 显微镜和线扫描显微镜都可以当普通红外显微镜使用。

传统的红外显微镜作为红外主光学台的一个附件，安装在主光学台的左侧或右侧。红外光路通过光学台中的镜子穿梭器将红外干涉光从光学台中转向左侧或右侧，进入红外显微镜。图 4-1 所示是一款传统的红外显微镜。图中右侧是红外主光学台，左侧是红外显微镜。

图 4-1　传统的红外显微镜

2008 年美国赛默飞世尔（Thermo-Fisher）仪器公司推出一款全新的独立红外显微镜，如图 4-2 所示。2011 年德国布鲁克（Bruker）仪器公司也开发出类似的红外显微镜，如图 4-3 所示。独立红外显微镜的设计理念和传统的红外显微镜不同，它不需要红外主光学台，干涉仪、红外光源和检测器都安装在显微镜里面，大大地提高了显微红外光谱的信噪比。如赛默飞世尔仪器公司生产的 iN10 型独立红外显微镜采用 $4cm^{-1}$ 分辨率扫描一次就能得到高质量的光谱图，如图 4-4 所示。仪器的信噪比和传统红外显微镜相比提高了 1～2 个数量级。这款红外显微镜里面可安装三种检测器：

图 4-2　赛默飞世尔仪器公司生产的 iN10 独立红外显微镜

图 4-3　布鲁克仪器公司生产的 LUMOS 独立红外显微镜

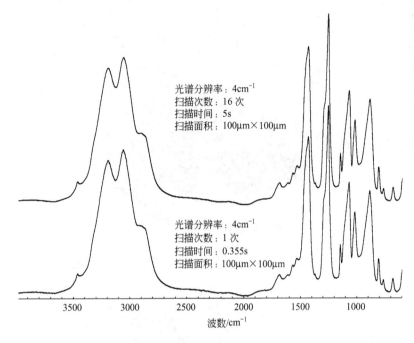

图 4-4　采用 iN10 红外显微镜对同一个样品、相同位置、
不同扫描次数测试得到的光谱
扫描 16 次（上）；扫描 1 次（下）

DTGS/KBr 检测器、MCT/A 检测器和用于线扫描的线阵列检测器。该仪器除了可以独立使用外，还有扩展功能，右侧可以连接普通的红外光学台模块，用于 KBr 片的测试和各种红外附件的测试。

2005 年，美国 PIKE 公司生产出一款能安装在红外仪器样品仓中的红外显微镜附件，如图 4-5 所示。这款红外显微镜体积小，重量只有 11.4kg。这种红外显微镜的各项指标比传统红外显微镜和独立红外显微镜要差一些。

不同红外仪器公司销售的红外显微镜的构造和光路系统是不相同的，同一红外仪器公司不同型号的红外显微镜的结构和光路系统也是不相同的。但是，不管哪一种型号的红外显微镜，其基本结构大体相同。主要由：白炽灯光源、滤光片、光阑、红外物镜、聚光

图 4-5 PIKE 公司生产的 μMAX™
红外显微镜附件

器、玻璃目镜和摄像系统、样品台、光路补偿器和检测器等部件
组成。

4.1.1.1 白炽灯光源

红外显微镜通常有两个白炽灯光源。白炽灯光源提供可见光照
明，通过目镜或摄像系统可以看清楚样品台上的待测样品。上面的
白炽灯在测试透射和反射显微红外光谱时使用，下面的白炽灯在测
试透射显微红外光谱时使用。这两个白炽灯的光强分别由调节旋钮
控制。白炽灯的功率比较大，使用时打开光源，不使用时要及时关
闭。长期打开白炽灯光源容易减少灯泡寿命。

现在生产的新型号红外显微镜照明光源采用发光二极管。发光
二极管的亮度可以调节。发光二极管的使用寿命比白炽灯长。

有的红外显微镜可选用荧光灯光源。荧光灯照明对测试矿物样
品光谱非常有用，因为矿物样品中的不同组分在荧光灯下会显示不
同的颜色，在显微镜下容易找到希望测试的样品区间。

4.1.1.2 滤光片

红外显微镜上通常安装两个不同颜色的滤光片。它们的作用是将白炽灯发出的白光，通过滤光片后变成不同颜色的光。上下两个滤光片的颜色不相同，照在样品上具有不同的颜色，以区别上光源和下光源，有利于待测样品的聚焦。

4.1.1.3 光阑

光阑的作用是产生一个红外光斑。照射在待测样品上红外光斑的大小由光阑控制。当光阑孔径一定时，落在红外光斑内的样品对红外光谱有贡献，红外光斑以外的样品对光谱没有影响。

有的红外显微镜只有一个光阑，只有一个光阑的显微镜称为单光阑显微镜。有的红外显微镜装配有两个光阑，有两个光阑的显微镜称为双光阑显微镜。

只有一个光阑的显微镜，光阑通常安装在聚光器的下方。也有的安装在红外物镜的上方。当有两个光阑时，红外物镜上方和聚光器下方各安装一个。

光阑分为固定孔径光阑、手动可变光阑和计算机控制可变光阑。

固定孔径光阑通常为圆形。如果采用 15 倍物镜，光阑孔径为 1.5mm 时，光斑孔径为 $100\mu m$；如果采用 32 倍物镜，光阑孔径为 3.2mm 时，光斑孔径为 $100\mu m$。

手动可变光阑是矩形光阑，由四个刀口组成，每个刀开的移动由一个旋钮控制，旋转旋钮可改变光阑的大小和形状。使用时，千万注意，不要将相对的两个刀口碰在一起，否则，会损坏刀口，使聚焦时模糊不清。有的红外显微镜只配备手动可变光阑，有的既配备手动可变光阑又配备固定孔径光阑。两种光阑都配备时，它们可以互换使用。

计算机控制可变光阑通常是四边形光阑。光阑的大小、形状和旋转角度可以用鼠标控制，也可以通过键盘输入数字改变光阑的大小、形状和旋转角度。

如果样品的形状为细长条，如测试细纤维的显微红外光谱，或样品的面积很小，或需要测试样品中的某个小区域的红外光谱，这时应该使用可变光阑。现在的问题是，红外显微镜能测试的最小面积是多大？

众所周知，现在的拉曼显微镜测试的最小面积直径可以达到 $1\mu m$，那么，红外显微镜测试的最小面积直径是否也可以达到 $1\mu m$ 呢？答案是否定的。这是因为通过光阑的拉曼和红外光源的波长不相同。传统拉曼氩离子聚光器的激发激光波长为 488.0nm 和 514.5nm。傅里叶变换拉曼 YAG 聚光器的激发激光波长为 1064nm。这些拉曼激发激光波长都小于或等于 $1\mu m$，所以，拉曼显微镜测试的最小面积直径可以达到 $1\mu m$。显微红外光谱测试的范围为 $4000\sim650cm^{-1}$，相应的光源波长为 $2.5\sim15.4\mu m$，所以，红外显微镜测试的最小面积直径约 $5\mu m$。但并不是说，测试所得到的红外光谱只包含直径 $5\mu m$ 光斑内样品的信息，由于衍射效应，直径 $5\mu m$ 光斑以外样品的信息也会叠加到测试所得的光谱中。如果光斑以外没有样品，则不会影响测试结果。显微镜测试的最小面积由光的衍射效应决定。

当采用四边形可变光阑测试细长条样品的红外光谱时，红外光会发生衍射。图 4-6 所示是不同宽度的单缝单色光衍射图形。从图 (a)～图(d) 对应缝宽从大到小（如图上方的图形所示）。从图 4-6 可以看出，衍射光斑是一系列明暗相间的结构，衍射光斑方向与狭缝垂直，而且，当狭缝越来越窄时，衍射光斑越来越向左右两侧水平方向伸展。最后当狭缝很窄时，中央亮点已延伸为一条水平细带[见图 4-6(d)]，这时衍射已向散射过渡。

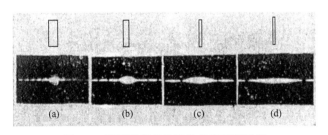

图 4-6　不同宽度的单缝单色光衍射图形

光的衍射效应是否明显，除了狭缝的宽度 d 外，还与光的波长 λ 和观测的距离等因素有关。狭缝宽度 d 的数量级大体可划分如下：

d 在 $10^3\lambda$ 以上时，衍射效应不明显；

d 处于 $(10^3\sim10)\lambda$ 之间时，衍射效应明显；

d 约为 λ 时，向散射过渡。

光阑从狭缝变成矩形孔时，衍射图形会发生变化。图 4-7 所示是由狭缝到矩形孔，最后到圆孔的衍射图形。

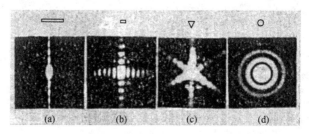

图 4-7　由狭缝到矩形孔，最后到圆孔的衍射图形

单色光的圆孔衍射光强分布如图 4-8 所示。从图中可以看出，在 x 轴原点 O 位置光强最强，对应光斑的中间。在 $\pm\pi$、$\pm2\pi$ 和 $\pm3\pi$ 位置，光强等于零，对应于暗条纹的中间。

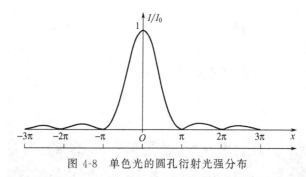

图 4-8　单色光的圆孔衍射光强分布

单缝单色光衍射光强等于零的位置（零点位置）可按衍射公式计算：

$$d\,\sin\theta = k\lambda \qquad (k=\pm1,\pm2,\cdots) \qquad (4\text{-}1)$$

式中，d 为缝宽；λ 为单色光波长；θ 为衍射角半角宽度，也称衍射发散角，单位以弧度表示。在式（4-1）中，当 $k=1$ 时，在平行光正入射条件下，得到单缝零级衍射的发散角 θ：

$$\sin\theta=\lambda/d \qquad (4\text{-}2)$$

当 θ 不是很大时，$\sin\theta\approx\theta$，式（4-2）变成：

$$\theta\approx\lambda/d \qquad (4\text{-}3)$$

圆孔衍射的发散角 θ 为

$$\theta\approx1.22\lambda/d \qquad (4\text{-}4)$$

当红外显微镜四边形光阑狭缝很小时，红外光会发生衍射。如果使用的红外物镜为 $15\times$，红外光斑宽度一定时，根据式（4-3）可以计算出不同波长的红外光零级衍射发散角。表 4-1 列出不同红外光斑宽度、对应的光阑狭缝宽度和不同波长的红外光零级衍射发散角的数据。

表 4-1　红外光斑宽度不同时不同波长的红外光零级衍射发散角的数据

红外光斑宽度/μm	光阑狭缝宽度/μm	$4000cm^{-1}(\lambda=2.5)$ 时发散角(θ)/(°)	$1000cm^{-1}(\lambda=10)$ 时发散角(θ)/(°)	$650cm^{-1}(\lambda=15.4)$ 时发散角(θ)/(°)
1	15	30	向散射过渡	向散射过渡
5	75	6	24	36
10	150	3	12	18
20	300	1.5	6	9

从表 4-1 中的数据可以看出，红外光斑 $1\mu m$ 时，低频端的红外光已向散射过渡。红外光斑狭缝 $5\mu m$ 时，低频端的红外光零级衍射发散角很大，也就是说，此时衍射效应非常明显。当红外光斑为 $10\mu m$ 和 $20\mu m$ 时，红外光的衍射效应仍然明显。

如果使用圆孔可变光阑，当孔径与四边形可变光阑的狭缝宽度相等时，比较式（4-3）和式（4-4）可知，红外光的衍射效应更加明显。

红外显微镜如果只配置一个光阑，当光阑的宽度在 $8\sim20\mu m$ 时，红外光的衍射效应会使与红外光斑相邻的样品也被检测，使测得的光谱受到污染。

为了消除衍射效应对光谱的污染，可以采用双光阑配置。当光阑孔径很小时，红外光通过上光阑照射到样品上会发生衍射，衍射后的红外光斑实际上比用可见光照明的目测光斑要大（可见光比红外光衍射的孔径要小得多，所以在红外显微镜中看不到可见光的衍射）。当下光阑的孔径和上光阑的孔径相同，且上光阑和下光阑在样品上的光斑重叠时，衍射效应对光谱的污染就能完全消除。

Nicolet 仪器公司在 Continuμm 显微镜中采用折返式光阑系统（reflex apertured system），虽然只配置一个光阑，却起着双光阑的作用，而且比双光阑更好使用。Continuμm 显微镜透射和反射光路系统如图 4-9 所示。从图中可以看出，红外光束通过光阑，经过镜面反射，光束透过样品［见图 4-9(a)］或从样品表面反射［见图 4-9(b)］后，又通过同一个光阑到达检测器，这样，可以使衍射光减到最小。因此，能有效地消除红外光衍射对光谱的污染。使所得到的光谱只包含所感兴趣的区间的样品信息，而不受样品区间周围介质的影响。

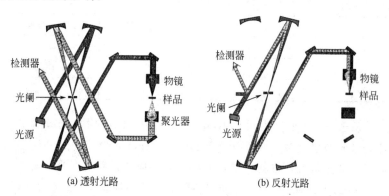

(a) 透射光路　　　　　　　　(b) 反射光路

图 4-9　Continuμm 红外显微镜透射和反射光路系统示意图

采用双光阑显微镜测试样品时，如果使用的红外物镜为 $15\times$，照射在样品上的光斑直径达到 $100\mu m$ 时，$650cm^{-1}$ 发散角只有 $1.8°$，中红外区基本上不出现衍射现象。测试样品时就没有必要采用双光阑了，这时只需使用一个光阑。因为使用单光阑测试容易找到感兴趣的样品区间。使用单光阑时，通常使用下光阑。将需要测试的样品区间调节在红外光斑的中间，调节聚焦旋钮，将样品表面聚焦清楚，再将下光阑聚焦清楚，即可测试。

4.1.1.4　红外物镜和聚光器

红外物镜安装在换镜转盘上，它在光阑和样品台之间，聚光器安装在样品台和下光阑之间。

红外物镜的倍数通常分为三种：10×、15×和32×。倍数越高，价格越贵。红外物镜既能将通过光阑的光束聚焦在待测样品上，又能将样品的图像通过红外物镜和目镜放大，使目测者看清楚待测样品的图像。红外物镜的另一个作用是，用反射模式测试显微红外反射光谱时，红外物镜将反射和部分散射光线收集，并将收集到的光线汇集，射向检测器。聚光器的作用是将通过样品后的发散光束汇集，射向检测器。聚光器只在测试透射光谱时使用，测试反射光谱时不使用。

红外物镜和聚光器采用的是 Cassegrain 式设计，光路在Cassegrain物镜和聚光器内反射而不是透射（如图 4-9 所示），所以也叫内反射式物镜和聚光器。这种设计对红外显微镜来说是必不可少的，因为如果使用玻璃透镜，将会吸收绝大部分的中红外辐射；如果使用溴化钾透镜，容易吸潮受损，而且会因不同波长的红外光通过溴化钾透镜时折射率不同而无法聚焦。

红外物镜的位置是固定的，上光阑在样品表面上的聚焦通过升降样品台来实现。聚光器的位置是可调的，上光阑聚焦好后，再聚焦下光阑。上光阑和下光阑在样品上的聚焦通过旋钮调节，或在计算机屏幕上用鼠标调节。

4.1.1.5　玻璃目镜和摄像系统

样品台上样品的图像可以通过目镜用眼睛观察，也可以通过摄像系统将样品图像传送到计算机和显示器。有的红外显微镜没有目镜，只有摄像系统。

目镜有单筒、双筒和三筒可供选择。放大倍数有 4×、10×、20×、40×等可供选择。有目镜的红外显微镜的放大倍数等于物镜的倍数乘以目镜的倍数。例如，红外物镜的倍数为 15×，目镜的倍数为 10×，显微镜的放大倍数为 150 倍。红外显微镜的放大倍数越高，越有利于聚焦微小区间样品。但倍数越高，价格越昂贵。

　　单筒目镜用于摄像，不能用眼睛观察，只能通过显示器观察样品的图像。现在虽然有高性能的、高分辨率的彩色 CCD 摄像系统，但是，用显示器观察总不如用肉眼观察清楚，因为显示器的分辨率不如眼睛视网膜的分辨率高，显示器对颜色的分辨也不如眼睛分辨清楚。然而，摄像机拍摄的样品图像可以存储在计算机里，可以画图、拷贝或粘贴到文档里，为打印测试报告提供清晰的照片。双筒目镜只能用于眼睛观察。三筒目镜既可摄像，又可用眼睛观察，是一种理想的选择。

4.1.1.6　样品台和窗片材料

　　红外显微镜的样品台也称载物台。待测样品放置在红外显微镜的样品台上，样品的位置可以在 X、Y 和 Z 三个方向上调节。普通红外显微镜需要手动调节旋钮改变样品的位置才能将样品聚焦。有些红外显微镜，样品位置的改变可以通过计算机控制电动电机驱动样品台来实现，从而达到自动聚焦的目的。

　　样品台上有安放金属滑板的凹槽。滑板形状如图 4-10 所示。滑板上有一个聚焦针孔，中间有一个镀金的用于测试反射红外光谱时测试背景光谱的反射镜，此外，还有一个放置红外窗片的圆孔。

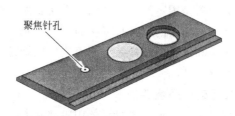

图 4-10　金属滑板实物图

　　样品台上还应有一个放置金刚石池的凹槽。金刚石池分为两种：一种是人造金刚石池，另一种是天然金刚石池。前者价格较便宜，后者价格较贵。金刚石池不是消耗品。购买红外显微镜必须同时购买金刚石池，这样才能充分发挥红外显微镜的作用。

显微红外所用的天然金刚石池如图 4-11 所示。金刚石窗片由
天然金刚石ⅡA型制作，金刚石池配
备两片窗片，每片金刚石窗片厚度为
1mm。金刚石池用于透射显微红外测
试，可以覆盖全波段。金刚石池可将
微小样品压成几微米厚的薄片。有了
金刚石池，无论什么样的固体样品都
能测试。只有用金刚石池测试样品才
能得到高质量的显微红外光谱。

4.1.1.7 光路补偿器

有些红外显微镜配备有光路补偿
器，有些红外显微镜没有配备光路补
偿器。光路补偿器分为上光路补偿器
和下光路补偿器。上光路补偿器通常

图 4-11　透射显微红外测试
用的天然金刚石池实物图

与物镜装配在一起，下光路补偿器通常与聚光器装配在一起。配备
光路补偿器的物镜称为光路补偿物镜。光路补偿物镜又分为固定厚
度补偿物镜和可变厚度补偿物镜。补偿器的作用是对红外光路进行
补偿。当红外光以一定角度从一种介质进入另一种介质时，会发生
折射。折射会使光线弯曲，焦点位移，如图 4-12 所示。图中阴影
部分是红外窗片。测试显微透射红外光谱时，样品通常放在红外透
光材料，如金刚石、KBr、NaCl 或 BaF_2 窗片的上面，这时，需要
对下光路进行补偿。如果将样品夹在两片窗片之间，不仅要对下光
路进行补偿，还需对上光路进行补偿。补偿器上标有刻度和数字，
如图 4-13 所示。补偿时，转动补偿器，使补偿器上的数字与窗片
厚度一致。

如果配备有光路补偿器，样品用白光目视聚焦后，在采集光谱
时，红外光也就聚焦好了，不需重新聚焦，就能使红外光通量
最大。

如果没有光路补偿器，聚焦时，在待测样品表面，光阑的边界

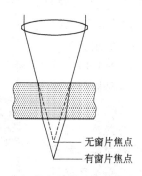

无窗片焦点
有窗片焦点

图 4-12　红外光折射后焦点位移示意图

上光路补偿器

下光路补偿器

图 4-13　某台红外显微镜的上光路补偿器和下光路补偿器

会模糊不清，得不到清晰的光阑图像，也就不能准确地找到样品的测试位置。此外，在采集光谱时，还会使光通量降低。为了将光通量调高，在目视聚焦后，在采集光谱之前还需一边看着干涉图变化，一边重新聚焦。

　　各个红外仪器公司现在销售的新型号红外显微镜都没有光路补偿器。对样品进行上聚焦时，将样品台上下移动，使样品表面清晰。下聚焦采用自动聚焦，用鼠标点击下聚焦图标，聚光器就会自动地移动到最佳位置，使检测器检测得到的信号最强。

4.1.1.8 检测器

普通红外显微镜通常只配置一个 MCT/A 检测器，现在有些红外显微镜可以装配两个或三个检测器，这两个检测器可以通过计算机自动选择。普通红外显微镜使用的检测器分为三种：高信噪比窄带 MCT/A 检测器，测定范围为 $10000 \sim 650 \text{cm}^{-1}$；带宽中等的 MCT/C 检测器，测定范围为 $10000 \sim 580 \text{cm}^{-1}$；低信噪比宽带 MCT/B 检测器，测定范围为 $10000 \sim 400 \text{cm}^{-1}$。

Thermo-Fisher 仪器公司的 iN10 型红外显微镜可以安装三个检测器：一个是 DTGS/KBr 检测器，测定范围为 $7000 \sim 450 \text{cm}^{-1}$，灵敏度低，测试时应加大光阑面积，并降低光谱的分辨率；另一个是 MCT/A 检测器，测定范围为 $10000 \sim 600 \text{cm}^{-1}$；还有一个是线阵列 MCT 检测器。

面扫描红外显微镜在采集面扫描成像光谱时，使用焦平面 MCT 阵列检测器（focal plane MCT array detector，MCT FPA）。焦平面阵列检测器分为 MCT FPA 中红外和 InSb FPA 近红外检测器，检测范围分别为 $5000 \sim 900 \text{cm}^{-1}$ 和 $11000 \sim 1800 \text{cm}^{-1}$。

有些焦平面 MCT 阵列检测器检测元件面积为 $4 \text{mm} \times 4 \text{mm}$，上面排列着 64×64 个检测单元，每个检测单元之间间隔 $1.5 \mu\text{m}$。也有 256×256、320×256 和 640×512 个检测单元的焦平面 MCT 阵列检测器。来自样品的红外光（透射或反射）聚焦在二维 MCT 阵列检测器上，工作原理如图 4-14 所示。焦平面 MCT 阵列检测器工作时需要液氮冷却。

焦平面 MCT 阵列检测器检测单元容易损坏，当检测单元数目损坏到一定数目后，检测器即报废。所以焦平面 MCT 阵列检测器的寿命比较短，比普通 MCT 检测器的寿命短得多。

有些线扫描红外显微镜可以安装两个检测器，在采集面成像光谱时，使用的是线阵列 MCT 检测器。在当作普通红外显微镜使用时，使用的是普通的 MCT/A 检测器。线阵列 MCT 检测器类似于普通 MCT 检测器，使用寿命远远长于焦平面 MCT 阵列检测器。线阵列 MCT 检测器工作时需要液氮冷却。

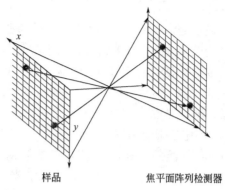

样品　　　　　　　　焦平面阵列检测器

图 4-14　焦平面 MCT 阵列检测器工作原理

MCT/A 检测器的检测元件面积很小，只有 $0.1mm \times 0.1mm$ 或 $0.2mm \times 0.2mm$ 或 $0.25mm \times 0.25mm$。检测元件面积越小，越能有效地减少等效噪声功率。MCT/A 检测器工作时需要液氮冷却。MCT/A 检测器具有高的灵敏度，能检测微小样品的红外光谱。

4.1.2　红外显微镜附件

红外显微镜上可以安装某些红外附件。这样，能进一步扩展红外显微镜的功能，充分发挥红外显微镜的作用。红外显微镜的附件有：单次反射 ATR 附件、红外偏振器附件和变温红外附件等。

4.1.2.1　单次反射 ATR 附件

单次反射 ATR 附件有内置式和插入式。内置式单次反射 ATR 附件安装在物镜里面，使用时移入红外光路。这种 ATR 附件探头不易清洗，也无法确认是否清洗干净。插入式 ATR 附件使用时插入物镜下方插槽中。图 4-15 所示是一款插入式 ATR 附件，ATR 材料是 Ge 晶体，测试样品的最小面积直径为 $3\mu m$。每测试一次样品都应该将 ATR 附件取下来将探头清洗干净。

红外显微镜所用的 ATR 附件可以对样品进行无损检测，适用于测试电路板上的污染物，适用于测试微小区间内样品的光谱。所

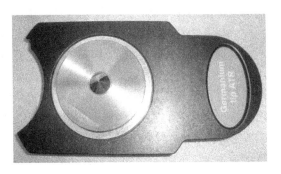

图 4-15　红外显微镜所用的一款插入式 ATR 附件

测样品面积的大小不是由 ATR 探头面积的大小决定（ATR 探头直径一般都大于或等于 $100\mu m$），而是由所设定的光阑直径的大小决定。对于 Ge 晶体 ATR 附件，所测面积约为光阑面积的 16％。也就是说，要想测试面积为 $4\mu m \times 4\mu m$ 的样品，光阑应设定为 $10\mu m \times 10\mu m$，要想测试面积为 $100\mu m \times 100\mu m$ 的样品，光阑应设定为 $250\mu m \times 250\mu m$。由此可见，并非 ATR 探头面积越小越好，探头面积小，探头容易损坏。

用 ATR 附件测试的样品有软、有硬，测试柔软的样品时，ATR 对样品的压力应该小一些；测试较硬的样品时，ATR 对样品的压力应该大一些。有些公司的红外显微镜在使用 ATR 附件时，可以在允许的压力范围内自行设定 ATR 对样品的压力，这样，可以根据所测试样品的软硬程度选用合适的压力进行测试。压力越大，ATR 探头与样品的接触越好，得到的光谱信噪比越高，但必须注意保护好 ATR 探头。

4.1.2.2　红外偏振器附件

Nicolet 仪器公司将平行光引入 Continuμm 红外显微镜的设计中，因此，可以在光路中加入红外偏振器。因为是平行光，所以加入偏振器后不会产生像差。在对样品进行聚焦后，在红外物镜上方插入红外偏振器，就可以测试样品的偏振红外光谱。在红外显微镜中安装红外偏振器，对于测试微小晶体的红外二色性是非常有用的，因为各向异性的大晶体是很难制备、很难得到的。

对于其他型号的红外显微镜，红外偏振器只能安装在物镜的下方。测试时，先对样品进行上、下聚焦，然后插入偏振器，因偏振器插在物镜下方，插入偏振器后，焦点会下移，这时看不到可见光光阑，需一边看着单光束光谱，一边下移样品台，使单光束的能量最高，然后调整聚光器位置。这样测试可以得到偏振光谱，但存在不确定性，因为看不见光阑，所测试的样品区间会有些变化。

4.1.2.3　变温红外附件

红外显微镜载物台上下、前后和左右移动的距离非常有限，红外显微镜变温红外附件要放置在载物台上，附件的尺寸受到限制。附件的长度和宽度要小，厚度要薄。否则，附件放在载物台上无法对样品进行聚焦。

图 4-16 所示是 Linkam Scientific Instrument 公司生产的一套变温光谱附件（FTIR 600 Temperature Controlled IR Stage）。其中附件（A）可以安放在红外显微镜的载物台上。附件（B）是温度控制系统，附件（C）是液氮冷却泵。这套附件可以用来测试样品的低温光谱，也可以测试样品的高温光谱。测试低温光谱时，样品温度理论上可以冷却到 $-196℃$，实际上可以冷却到 $-160℃$。高温光谱可以测试到 $600℃$。冷却或加热速度以及保温时间由温度控制系统控制。低温需要液氮冷却，高温需要循环水冷却，以免因热

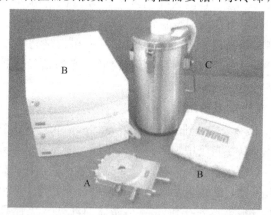

图 4-16　Linkam Scientific Instrument 公司生产的变温光谱附件

辐射损坏红外显微镜。

4.1.3　红外显微镜的使用技术

如果有一台能测透射光谱的红外显微镜，又配备了天然金刚石池，就可以测试任何固体或液体的显微红外光谱。对于像纸张、木头、树叶、花粉管、泥土、矿石、包裹体、出土文物、塑料、橡胶、轮胎、纤维、丝织品、牙齿、骨头、金刚砂这类样品，也能用显微红外测试，而且能得到很好的光谱。

如果没有配备天然金刚石池，微量液体可以用 CaF_2、BaF_2、KBr、ZnSe 等窗片测试。测试固体样品时，需要将样品压平。用 CaF_2、BaF_2、KBr、ZnSe 等窗片压平固体样品容易损坏和污染窗片。如果不将固体样品压平，红外光会散射，而且会因颗粒粗而出现全吸收现象。

显微红外光谱真实。显微红外测试时不需要添加任何稀释剂，光谱不受稀释剂的影响。而用溴化钾压片法测试光谱，在光谱中会出现水的吸收峰，还会使谱带发生位移和变形。

4.1.3.1　固体样品透射显微红外光谱的测试

（1）粉末样品的测试　将一片金刚石片放在金刚石池样品架上，用针头蘸微量固体粉末置于金刚石片中间，样品越少越好，盖上另一片金刚石片。用拇指按住金刚石片，用力旋转上面一片金刚石片，将样品压平，最好压成透明薄片。取下上面的金刚石片，在放大镜或体相显微镜下观察金刚石片表面的样品，如果样品全部布满金刚石表面，应用针头剔除边缘样品，留下金刚石片中间的样品，用于测试样品的单光束光谱。测试背景的单光束光谱时，光阑应尽量靠近金刚石片中间位置，尽量靠近样品，光阑内最好没有样品，若有极少量样品不会影响测试结果。

测试时，金刚石池样品架上只保留一片金刚石片。将金刚石样品架放在显微镜的样品台上，如果有下光路补偿器，调节下光路补偿至刻度 1（因为金刚石片厚度为 1mm）。如果有上光阑，将红外光斑孔径调至 $100\mu m$ 左右。分辨率设定为 $4cm^{-1}$，扫描 16 次或

64 次。调节上聚焦旋钮，对样品表面进行聚焦。水平移动样品台，使样品透明部位对准红外光斑，而且要尽量使红外光斑内布满样品。如果有下光阑，将下光阑光斑对准上光阑光斑，调节下聚焦旋钮，使下光阑边缘清楚。用计算机对下面的聚光器进行聚焦的红外显微镜，往往没有下光阑，这时用计算机对下面的聚光器进行聚焦，能使检测器检测到的能量最大。

采集样品的单光束光谱后，将红外光斑移开样品，对准没有样品的金刚石表面，采集背景的单光束光谱，即可得到样品的红外光谱。测得的光谱最强峰吸光度应在 0.3～1.4 之间。样品不能太厚，样品要挤压得很薄。样品太厚时，吸光度太强，光谱容易变形。如果吸收很强，应用针头剔除部分样品重新测试。这样，才能保证光谱的质量。

测试粉末样品的显微红外光谱时，样品的用量很少。如果照射在样品上的红外光斑直径为 $100\mu m$，样品厚度为 $10\mu m$ 时，样品的量只有几十纳克。如果样品是纯净物，几十纳克样品的光谱能代表整个粉末样品的光谱。但是，如果粉末样品不是纯净物而是混合物，那么，取样就显得非常重要。取不同的颗粒测试就可能得到不同的光谱，或选择不同的样品区间测试时，会得到不同的红外光谱。这既是显微红外的缺点，又是优点。在剖析固体未知混合物的组成时，可以通过普通光学显微镜，挑选代表不同组分的微粒，直接测定混合物中每一组分的光谱，对测得的光谱进行谱库检索，就能确定出各组分的名称和结构，从而知道混合物的组成。

（2）块状样品和薄膜样品的测试　块状样品和薄膜样品用手术刀片或刮胡刀片取样，最好在放大镜或体相光学显微镜下取样。用刀片刮下或切下微量样品，转移至金刚石片上。测试方法和粉末样品的测试方法相同。

（3）橡胶类弹性体样品的测试　橡胶类弹性体用刀片切下微量样品，置于金刚石片上，盖上另一片金刚石片，拧上带螺纹的盖子。拧紧盖子，将弹性体样品压平。测试时，不要将盖子拧下，将上下光阑补偿都设定为 1，对样品进行上、下聚焦。其他测试条件和粉末样品的测试条件相同。

（4）极微量样品的测试　当样品的量极其微小，只有几纳克时，或样品的大小只有十几、二十微米时，要使用可变光阑测试。用光阑将样品全部包围住，测试样品的单光束光谱。设定采集参数时，应降低光谱的分辨率，如选用 $8cm^{-1}$ 或 $16cm^{-1}$ 分辨率，扫描次数增加到 128 次。当样品薄膜厚度只有几十纳米到几百纳米时，光阑孔径可以设置为 $100\sim200\mu m$，分辨率设定为 $16cm^{-1}$。如果一味追求高的分辨率，用 $4cm^{-1}$ 分辨率测试，得到的光谱信噪比会非常差。

4.1.3.2　液体样品显微红外光谱的测试

测试液体的显微透射光谱时，将一片金刚石片放在金刚石池样品架上，用针头蘸微量液体涂在一片金刚石片上，不要将整个金刚石面涂满。将金刚石样品架放在显微镜的样品台上，调节下光阑补偿至刻度 1（因为金刚石片厚度为 1mm）。红外光斑孔径调至 $100\mu m$ 左右。分辨率设定为 $4cm^{-1}$，扫描 64 次。测试液体的单光束光谱，移动光斑到没有液体的金刚石表面上，测试背景的单光束光谱，即可将金刚石对红外光的吸收扣除掉，得到液体的显微红外光谱。

如果所测液体是易挥发性的，用针头蘸微量液体涂在一片金刚石片上后，尽快将另一片金刚石片盖上，以防液体挥发。没有必要拧上带螺纹的盖子。测试之前，将上光阑补偿也调至刻度 1。当盖上另一片金刚石片后，涂在金刚石片上的液体可能会布满整个金刚石表面，这时，测完样品的单光束光谱后，要将液体擦洗掉，测试两片金刚石片的单光束光谱，就能将两片金刚石片对红外光的吸收扣除掉。

如果是水溶液样品，用滴管或针筒滴一两滴溶液于载玻片上，于 40℃ 烘箱中烘干，或自然晾干。然后用手术刀片或刮胡刀片将干燥后的微量固体残渣转移至金刚石片上，按固体样品显微红外方法测试。

4.1.3.3 反射显微红外光谱的测试

红外显微镜一般都具有透射和反射两种测试模式，透射和反射测试模式之间能互相转换。但也有一些红外显微镜只能测试反射红外光谱。

反射显微红外光谱收集的是样品的反射光和部分散射光，这两部分光的强度比透射光的强度要低得多，而且反射光中有一部分是镜面反射光，镜面反射光不负载样品的结构信息。从图 4-9 的反射模式光路图可以看出，这两部分光中大约只有 50% 的光能收集到，因此反射显微红外光谱的信噪比要比透射显微红外光谱的信噪比低得多。所以，如果能采用透射模式测试的样品最好不要采用反射模式测试。

但是也有一些样品是不透红外光的，如金属表面的镀层、煤块表面成分的分析等，只好采用反射光谱法。

测试显微反射红外光谱时，不需要制样。将样品放在显微镜的样品台上，对样品表面聚焦后即可测定样品的单光束光谱。背景的单光束光谱用镀金镜面测定。

测试反射显微红外光谱时，光谱的纵坐标最终格式应设定为反射率 $R(\%)$。可以将测得的反射率光谱转换成吸光度光谱或透射率光谱。也可以将光谱纵坐标最终格式设定为 $\lg(1/R)$，这种设定所显示的光谱和将反射率光谱转换成吸光度光谱完全相同。

在测试反射显微红外光谱时，如果反射表面不平整，红外光会发生散射，测定得到的反射率光谱形状像一阶导数光谱，这时应该将反射率光谱进行 K-K 转换。经 K-K 转换后的光谱与正常的光谱形状是相同的。图 4-17 所示是用反射显微红外测试煤炭切片表面磨光后得到的反射红外光谱，图（a）是 K-K 转换前的光谱，图（b）是 K-K 转换后的光谱。

有些红外显微镜采用反射模式测试反射显微红外光谱时，有时会出现干涉条纹。当出现干涉条纹时，将测试样品的单光束光谱时的光阑开到最大，能有效地避免干涉条纹的出现。红外显微镜物镜

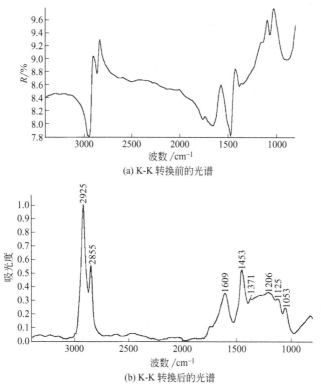

(a) K-K 转换前的光谱

(b) K-K 转换后的光谱

图 4-17　K-K 转换前后的光谱

的放大倍数越大，越不容易出现干涉条纹。

4.1.3.4　面扫描样品的制备和测试

　　透射法和反射法都可以用于面扫描样品的测试。面扫描的样品表面不同区域组分不同，才能得到不同的面扫描成像光谱。如果成分相同，面扫描测试没有任何意义。适合面扫描测试的样品，如生物组织、岩片中的包裹体等。

　　测试生物组织的面扫描样品，厚度最好为 $5\sim10\mu m$。将样品用液氮冷冻后，用超薄切片机切片，也可用石蜡或环氧树脂包埋后超薄切片。将切好的薄片铺在 BaF_2 或 KBr 晶片上或铺在透中红外光的硅片表面上测试透射光谱，或将切好的薄片铺在镀金的载玻片上测试反射光谱。

4.1.3.5 显微红外光谱的数据处理

前面已经提到，测试固体样品的透射显微红外光谱时，一定要将样品挤压得很平，而且最好将光斑聚焦在样品的透明部位。这样测得的光谱容易产生干涉条纹。当样品光谱中出现干涉条纹时，可以用基线校正的办法（见 6.1 节）将干涉条纹消除掉。

水汽和二氧化碳对显微红外光谱的干扰是难以避免的。因为红外显微镜的光路系统是开放体系，载物台需要上下移动，无法对显微镜进行全封闭。大气中的水汽和二氧化碳对显微红外光谱的干扰比在主光学台中测试光谱严重得多。如果使用干燥气体吹扫光学台和显微镜光路系统，水汽的影响会大大地减少。减少水汽影响的有效办法，是每次采集样品光谱后，都要采集背景光谱。至于二氧化碳对显微红外光谱的影响，可以采用生成直线的办法（见 6.4 节）将二氧化碳的吸收谱带去掉。

测试固体样品的显微红外光谱时，样品用量越少越容易被挤压透明。但有些样品硬度较大，不容易将样品挤压透明。测试时发生光散射，使光谱基线倾斜。基线倾斜时可对基线进行校正。

4.2 傅里叶变换拉曼光谱附件

4.2.1 傅里叶变换拉曼附件的结构

傅里叶变换拉曼（简称 FT-Raman）附件是 20 世纪 80 年代末、90 年代初发展起来的。FT-Raman 附件连接在红外主光学台的一侧，构成一台 FTIR/FT-Raman 光谱仪。拥有一台 FTIR/FT-Raman 光谱仪就可以进行完整的分子振动光谱研究。

图 4-18 所示是一台 FTIR/FT-Raman 光谱仪内部结构图和拉曼光路图。图 4-18 的右半部分是 FT-Raman 附件，也叫 FT-Raman 模块，左半部分是傅里叶变换红外光谱仪的主光学台。

FT-Raman 模块中的激光器光源为 Nd：YVO$_4$，是近红外光源，波长为 1064nm，波数为 9393.6cm^{-1}。从激光器发射出来的

干涉仪 He-Ne 激光 分束器 激发激光

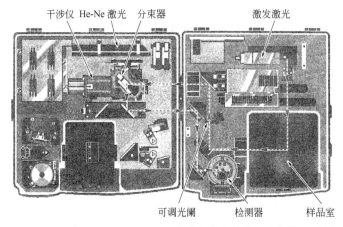

可调光阑 检测器 样品室

图 4-18 一台 FTIR/FT-Raman 光谱仪内部结构图和拉曼光路图

激光照射到拉曼样品室中的样品，产生的拉曼散射光和瑞利散射光经聚焦后被传送至红外光学台中的干涉仪，经干涉仪调制后被光路穿梭器再传送至 FT-Raman 模块中的检测器，最后信息被送往计算机进行处理，即得到拉曼光谱。

FTIR 光谱仪和 FT-Raman 模块共用一个干涉仪。红外光路和拉曼光路的切换由计算机控制。测试中红外光谱时，干涉仪中的分束器采用 KBr/Ge 分束器。测试拉曼光谱时，需要换成 CaF_2 分束器。如果采用中红外宽带分束器，测试 FTIR 和 FT-Raman 光谱就可以共用一个分束器。

FTIR 和 FT-Raman 使用的检测器是不相同的。FT-Raman 可以采用高灵敏度的 Ge 检测器。Ge 检测器需要液氮冷却才能工作。也可以采用砷镓铟（InGaAs）检测器。InGaAs 检测器可以在室温下工作，但 InGaAs 检测器不如 Ge 检测器的灵敏度高。对于常规测试，InGaAs 检测器是完全可以满足要求的。有些 FT-Raman 模块有双检测器配置，可以同时安装 Ge 检测器和 InGaAs 检测器。

以上介绍的 FT-Raman 附件是连接在红外主光学台一侧的 FT-Raman 模块。2012 年赛默飞世尔公司推出一款样品仓 FT-Raman 附件，如图 3-15 所示。在 Nicolet iS50 傅里叶变换红外光谱仪的主样品仓中安装 FT-Raman 附件即可测试 FT-Raman 光谱，它适合于测试溶液、粉末、片剂、胶囊等样品的光谱。

4.2.2　拉曼光谱和红外光谱的区别

红外光谱和拉曼光谱都属于分子振动光谱，都是研究分子结构的有力手段。红外光谱测定的是样品的透射光谱。当红外光穿过样品时，样品分子中的基团吸收红外光产生振动，使偶极矩发生变化，得到红外吸收光谱。拉曼光谱测定的是样品的发射光谱。当单色激光照射在样品上时，分子的极化率发生变化，产生拉曼散射，检测器检测到的是拉曼散射光。

单色激光照射样品后，产生瑞利散射和拉曼散射，如图 4-19 所示。瑞利散射是激光的弹性散射，不负载样品的任何信息。拉曼散射又分为斯托克斯（Stokes）散射和反斯托克斯（Antistokes）散射，拉曼散射负载有样品的信息。

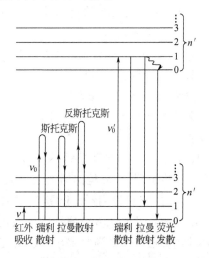

图 4-19　红外光谱和拉曼光谱能级示意图

ν—红外谱带波数；ν_0—FT-Raman 激发激光波数；ν_0'—可见激发激光波数

当激光照射到样品上时，激光光子与样品分子发生相互作用，样品分子吸收激光光子，从电子基态中的某一振动能级（如 $n=0$ 或 $n=1$）激发到某一能态，随即，绝大部分分子又回到原来的振动能级，同时发出与激光光子能量相同的光子。这就是瑞利散射。少部分分子回到比原来的振动能级高的振动能级上，这就是 Stokes 散射。只有极少数分子回到比原来的振动能级低的振动能级上，这就是 Antistokes 散射。最为有用的是 Stokes 散射。

拉曼散射光强只有瑞利散射光强的百万分之一。由于瑞利散射不负载样品的任何信息，因此必须将瑞利散射光滤除掉，否则会影响拉曼散射光的检测。通常采用光学滤光器（Notch filter）将瑞利散射光滤除掉，使检测器检测到的只是拉曼散射光。

对于分子中的同一个基团，它的红外光谱吸收峰的位置和拉曼光谱峰的位置是相同的。在红外光谱图中，横坐标的单位可以用波数（cm^{-1}）表示。在拉曼光谱图中，虽然横坐标的单位也是用波数（cm^{-1}）表示，但表示的是拉曼位移。拉曼检测器检测到的是拉曼散射光，当用不同波长的激光激发样品时，拉曼检测器检测到的拉曼散射光的波长是不相同的。虽然使用的激光波长不同，但对于同一个基团，拉曼位移是相同的。拉曼位移用下式表示：

$$拉曼位移＝激发激光波数－拉曼散射光波数 \qquad (4\text{-}5)$$

从式（4-5）和图 4-19 可知，斯托克斯散射的拉曼位移波数是正值，反斯托克斯散射拉曼位移波数是负值。在拉曼光谱图中，斯托克斯和反斯托克斯拉曼位移谱带的位置在 $0cm^{-1}$ 两侧是完全对称的。

既然分子中同一个基团的红外光谱吸收峰的位置和拉曼光谱峰的位置是相同的，为什么还要测定拉曼光谱？因为红外光谱和拉曼光谱的选律是不相同的，红外光谱和拉曼光谱是互补的。

有些基团振动时偶极矩变化非常大，红外吸收峰很强，是红外活性的，如 C＝O 的伸缩振动。有些基团振动时偶极矩没有发生变化，不出现红外吸收峰，是红外非活性的，如对称取代的 C＝C 伸缩振动，这种振动拉曼峰非常强，是拉曼活性的。

当一个基团存在几种振动模式时，偶极矩变化大的振动，红外吸收峰强；偶极矩变化小的振动，红外吸收峰弱。拉曼光谱与之相反，偶极矩变化大的振动，拉曼峰弱；偶极矩变化小的振动，拉曼峰强；偶极矩没有变化的振动，拉曼峰最强。如 SO_4^{2-} 是正四面体构型，有四种振动模式：对称伸缩振动、反对称伸缩振动、对称变角振动和不对称变角振动。其中只有反对称伸缩振动（1120cm^{-1}）和不对称变角振动（617cm^{-1}）是红外活性的，红外吸收峰很强，如图 4-20A 所示；对称伸缩振动（986cm^{-1}）和对称变角振动（455cm^{-1}）偶极矩没有变化，是拉曼活性的，所以红外吸收峰非常弱，而拉曼吸收峰很强，如图 4-20B 所示。这就是红外光谱和拉曼光谱的互补性。

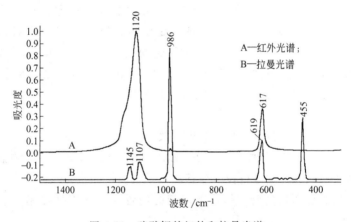

图 4-20　硫酸钾的红外和拉曼光谱

4.2.3　FT-Raman 光谱的热效应和荧光效应

任何样品（金属除外）都有红外吸收谱带。红外谱带可能出现在中红外区，也可能出现在远红外区，有些样品在中红外区和远红外区都有红外谱带。采用常规的红外测试方法或采用特殊的红外测试技术，总能得到样品的红外光谱。同样的，任何样品（金属除外）都有拉曼谱带。但是，并不是所有样品都能得到拉曼光谱。根据统计，大约只有 70％的样品可以得到拉曼光谱，30％左右的样品不出现拉曼谱带。不出现拉曼谱带并不等于没有拉曼谱带。不能得到样品的拉曼光谱有两个原因：热效应和荧光效应。

4.2.3.1 FT-Raman 光谱的热效应

FT-Raman 附件的激发激光使用的是近红外光源。近红外光源比传统拉曼光谱仪使用的可见光激发光源更容易产生热效应。这是 FT-Raman 的一个缺点。黑色样品或带有颜色的样品，测定拉曼光谱时容易产生热效应，不容易得到拉曼光谱。

图 4-21 是蓝绿色甲醇铜的 FT-Raman 光谱图。图中位于 $3200 cm^{-1}$ 左右的谱带是热效应产生的谱带，而不是样品的拉曼谱带。在测试 FT-Raman 光谱时，只要出现热效应现象，就几乎得不到样品的拉曼谱带。当热效应不是很强时，能得到很弱的拉曼谱带。

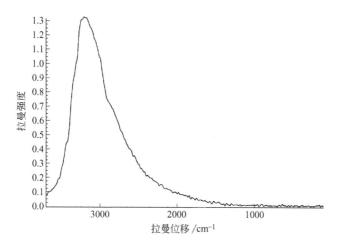

图 4-21 蓝绿色甲醇铜的 FT-Raman 光谱

实验表明，绝大多数含有 Cu 元素的样品，哪怕含有极微量的 Cu，测定拉曼光谱时，都出现热效应。

然而，并非所有黑色样品或带有颜色的样品都出现热效应。C_{60} 和 C_{70} 是非常黑的样品，用 FT-Raman 测试可以得到高质量的拉曼光谱。碳纳米管也是黑色样品，用 FT-Raman 测试，绝大多数情况下都出现热效应，得不到拉曼光谱，但偶尔却可以得到很好的拉曼光谱。

黑色样品或带有颜色的样品容易出现热效应，那么，没有颜色的样品是不是就不出现热效应呢？不是的。极少数的白色样品也出现热效应，如白色 SnO_2 的 FT-Raman 光谱也出现热效应。

到目前为止，出现热效应的机理还不十分清楚。对于浅颜色的样品，激发激光照射后，只要出现热效应，就可以看到，在激光照射的样品部位，样品会变黑，就是说，样品被"烧"了。但对于白色样品，出现热效应时，样品并没有被"烧"黑。为了避免热效应，可以降低激发激光功率。降低功率后，如果仍然产生热效应，可以采用拉曼附件，如样品旋转附件，或低温冷却附件。如果采用拉曼附件仍然不能避免热效应，那就难以得到拉曼光谱了。

4.2.3.2　FT-Raman 光谱的荧光效应

荧光效应机理比较清楚。当激发激光光子的能量比较高，如采用可见激发激光照射样品，或样品的电子能级间隔比较小时，激光光子与样品分子相互作用，容易将分子从电子基态振动能级 $n=0$ 激发到电子激发态振动能级 $n'=1$，并经非辐射过程衰变到电子激发态振动能级 $n'=0$，然后再回到电子基态 $n=0$，从而发射出荧光，如图 4-19 所示。由于荧光光强比拉曼散射强度大好几个数量级，荧光背景将拉曼谱带全部淹没。

传统拉曼光谱仪使用可见激光作为激发光源，因为光源波长短、光子能量高，容易产生荧光效应。FT-Raman 附件使用的光源波长比可见光氩离子激发光源波长长一倍，光子能量只有氩离子激光光源的 1/2 左右。因此 FT-Raman 能有效地抑止荧光效应。这是 FT-Raman 的一个优点。但是当样品分子的电子能级间隔与 FT-Raman 激发光源光子能量相近时，也会出现荧光效应。

含有芳环的样品、含有稀土元素的样品，有时含有微量杂质的样品，测定拉曼光谱时容易产生荧光效应，不容易得到拉曼光谱。

图 4-22 是某样品的 FT-Raman 光谱。这是典型的荧光效应，不是样品的拉曼谱带。图 4-23 所示是聚对氨基苯腈在 DMF 溶液中的 FT-Raman 光谱。光谱 A 是纯 DMF 的拉曼光谱，光谱 B 是聚对氨基苯腈浓度为 0.0001mol/L 时的拉曼光谱，光谱 C 是聚对氨基苯腈浓度为 0.01mol/L 时的拉曼光谱。从图中可以看出，光谱 B 的所有谱带都是 DMF 溶剂的拉曼谱带，没有出现聚对氨基苯腈的拉曼谱带。当浓度增加到 0.01mol/L 时，出现了严重的荧光效应。由于荧光光强比 DMF 溶液的拉曼散射强度大好几个数量级，将 DMF 溶剂的拉曼谱带全部掩盖住了。由此可见，荧光效应对拉曼光谱测试的影响是多么严重。

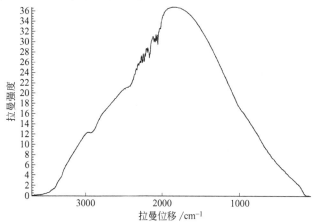

图 4-22　典型的荧光效应

4.2.4　FT-Raman 光谱的波数校正

众所周知，FTIR 光谱波数非常准确，只要光谱仪的 He-Ne 激光波长准确，不需要进行波数校正。为了使标出的 FT-Raman 光谱峰位准确，需要对 FT-Raman 光谱进行波数校正。为什么要进行波数校正？如何进行波数校正？

FT-Raman 模块使用的 Nd：YVO_4 激光光源，波长为 1064nm，波数为 9393.6cm^{-1}。这是理论值。在测试 FT-Raman

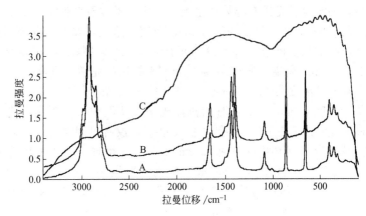

图 4-23 聚对氨基苯腈在 DMF 溶液中的 FT-Raman 光谱

A—纯 DMF 的拉曼光谱；B—聚合物浓度为 0.0001mol/L 时的拉曼光谱；

C—聚合物浓度为 0.01mol/L 时的拉曼光谱

光谱时，如果光谱的最终格式设定为拉曼位移（Raman shift），式（4-5）变成下式：

$$拉曼位移＝9393.6－拉曼散射光波数 \qquad (4-6)$$

计算机会自动地按照式（4-6）计算拉曼位移，即得到的拉曼光谱是按照激发激光波数 9393.6cm^{-1} 计算得来的。但是，实际测定样品时，激光波长可能会发生变化。所以需要对测得的拉曼光谱进行波数校正。

如何确定所用的激光波长是否发生了变化？准确的波长数值是多少？4.2.2 节曾提到，一个样品对应的 Stokes 线和 Antistokes 线的拉曼位移在 0cm^{-1} 两侧是完全对称的。因此，只要测试硫黄的拉曼光谱，找出对应的 Stokes 线和 Antistokes 线的峰位，就可以知道所用的激光波长是否发生了变化和变化了多少。图 4-24 所示是某次测得的硫黄的拉曼光谱（请注意：横坐标不是拉曼位移）。图中 8918.3cm^{-1} 和 9861.7cm^{-1} 谱带分别为对应的 Stokes 线和 Antistokes 线。这两条谱线的拉曼位移计算如下：

$$Stokes 线拉曼位移＝9393.6－8918.3＝475.3cm^{-1}$$

$$Antistokes 线拉曼位移＝9393.6－9861.7＝－468.1cm^{-1}$$

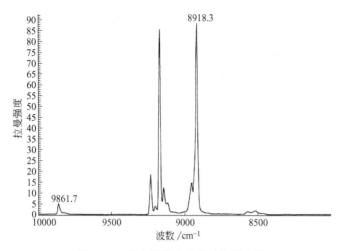

图 4-24 某次测得的硫黄的拉曼光谱

从上面的计算结果可知，Stokes 线拉曼位移和 Antistokes 线拉曼位移不对称，说明激光光源波长已经发生了变化。变化后的波数计算如下：

$$(8918.3+9861.7)/2=9390.0 \text{cm}^{-1}$$

Nd：YVO_4 激光光源波长理论值为 1064nm，波数为 9393.6cm^{-1}。实测波数为 9390.0cm^{-1}，差值为 3.6cm^{-1}。因此有必要对测得的拉曼光谱进行波数校正。这时，拉曼位移应按下式计算：

$$拉曼位移 = 9390.0 - 拉曼散射光波数 \qquad (4-7)$$

前面已经提到，如果测得的拉曼光谱横坐标是拉曼位移/cm^{-1}，这样的光谱是按照式（4-6）计算得到的。对测得的拉曼光谱进行波数校正应按照式（4-7）计算。有些仪器公司的拉曼附件在进行波数校正时，用 Raman 菜单中的 Unshift 命令将得到的光谱转换成拉曼光谱［横坐标为波数（cm^{-1}），如图 4-24 所示］，然后再用 Raman 菜单中的 Customer shift 命令将拉曼光谱转换成横坐标为拉曼位移（cm^{-1}）的光谱。在转换成横坐标为拉曼位移（cm^{-1}）的光谱时用 9390.0 代替 9393.6。在这个例子中，对波数校正前和波数校正后的拉曼光谱标峰时，谱带的峰位相差 $3.6cm^{-1}$。

4.2.5 FT-Raman 光谱的应用

拉曼光谱和红外光谱一样，都能提供分子振动频率的信息。有机物的红外光谱和拉曼光谱信息都很丰富，但绝大多数的无机物，尤其是氧化物的红外吸收谱带都位于中红外的低频区和远红外区，而且红外吸收谱带都很宽，位于 $1000\sim200cm^{-1}$。催化剂、玻璃材料和陶瓷材料大多是氧化物的复合材料，红外光谱法很难得到完整的光谱。水溶液样品的测试，红外光谱无能为力。对于含水样品，如生物组织、肿瘤活体组织等，采用 FT-Raman 光谱测试，可以得到许多有用的信息。

FT-Raman 光谱测量的区间比中红外要宽一些。FT-Raman 测定的范围为 $3700\sim100cm^{-1}$。在这个区间要得到红外光谱，需要分别测定中红外和远红外光谱。

无机化合物，尤其是氧化物的红外谱带通常都很宽，而拉曼光谱谱带却非常尖锐。图 4-25 所示是二氧化钛的红外和拉曼光谱。从图 4-25 可以看出，二氧化钛的红外吸收峰非常宽，覆盖的区间为 $1000\sim200cm^{-1}$。而 FT-Raman 光谱在这个区间却出现几个非常尖锐的谱带。氧化铈在远红外区出现一个很宽的吸收谱带，而在

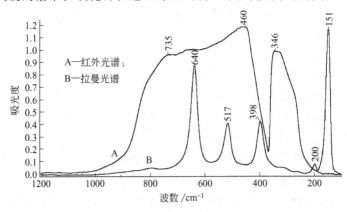

图 4-25 二氧化钛的红外和拉曼光谱

这个区间只出现一个尖锐的拉曼吸收峰（见图4-26）。

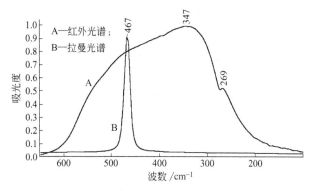

图 4-26　氧化铈的红外和拉曼光谱

不同晶型的氧化物，用红外光谱法很难分辨。而拉曼光谱往往能提供晶型的信息。

4.3 气红联用（GC/FTIR）附件

气相色谱是一种高效、快速的分离技术，可以在很短的时间内分离几十种甚至上百种组分的混合物。根据色谱图可以知道混合物中含有多少种组分，但是要对每个被分离组分进行定性鉴定是非常困难的。利用气相色谱的分离技术，再利用红外光谱对每个被分离组分进行测定，然后进行谱库检索，就能对混合物进行定性剖析。这就是气红联用（GC/FTIR）技术。

4.3.1 气红联用接口

气红联用需要有气红联用附件，即气红联用接口。它将红外光谱仪和气相色谱仪连接起来，组成一个整体，对从气相色谱仪色谱柱出口出来的气体进行红外光谱测定。GC/FTIR联用系统由气相色谱仪、气红联用接口和FTIR光谱仪三部分组成。其中气红联用接口是联用系统的关键部分。

图 4-27 所示是气红接口和气相色谱仪连接示意图。红外光经
FTIR 光谱仪中的干涉仪调制后，从光谱仪侧面出口进入气红接
口，由抛物面反射镜 M_1 将红外平行光聚焦，经 KBr 窗口进入镀
金光管，从光管另一端射出的红外光由椭球面反射镜 M_2 聚焦到红
外检测器（MCT/A）上被检测。光管的一端与 GC 色谱柱出口相
连接，光管的另一端可以连接色谱仪氢火焰离子化检测器（FID）
或直接放空。在这样的系统中，可以实时地用 FTIR 光谱仪记录
气相色谱仪流出组分的红外光谱信息，从而对混合物组分进行
分析。

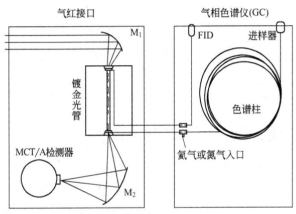

图 4-27　气红接口和气相色谱仪连接示意图

气红接口的核心部分是镀金光管。有些气红接口光管的直径为
1mm，长度为 150mm，光管体积只有 120μL 左右。光管的体积和
光管的尺寸与联机效果密切相关，光管尺寸的设计是经过优化的。
光管的两端用 KBr 窗片密封，因此，气红接口应保持干燥，防止
KBr 窗口受潮。

光管和色谱柱之间的连接管线称为传输管线。光管和传输线都
有独立的加热外套，加热温度在 GC/IR 软件窗口设定。在进行气
红联机操作时，为了确保色谱馏分始终处于蒸气状态，传输线和
光管必须保持在足够高的温度，但是温度也不应过高。高温会降

低光管的光通量，光管的寿命也会缩短。光管和传输线设定的温度应高于 GC 设定的最高炉温 $10 \sim 20℃$，但一般最高不要超过 $300℃$。

在混合物注入 GC 进样器之前，应将光管和传输线预热 40min，使系统达到稳定。在所有色谱峰出完之后，不应立即关闭 GC 和载气，最好保持载气继续吹扫 30min，以防止传输线和光管污染。

4.3.2　样品的测定和分析

当混合物组分比较简单，比如只有 $2 \sim 3$ 种组分，且各组分含量都比较高时，采用红外光谱法是可以进行剖析的。这种混合物的剖析方法将在第 8 章中讨论。但是，当混合物组分非常复杂，或混合物中有些组分含量非常低时，采用红外光谱法进行分析或剖析，确定混合物的组分和含量是非常困难的，可以说是根本不可能的。因为混合物中各组分的谱带叠加在一起，很难用谱库检索得到正确的结果。而利用 GC/FTIR 联机技术，将混合物中各组分分离，得到各个组分的红外光谱，再进行谱库检索，就可以得到正确的结果。

待测混合物从 GC 进样器注入，进入 GC 色谱柱。色谱柱分为涂壁空心石英毛细管色谱柱和填充柱色谱柱。毛细管色谱柱内径小于 1mm，有 0.17、0.25、0.32、0.53mm 内径色谱柱。毛细管色谱柱的柱效高，可用于复杂组分的分离。毛细管色谱柱进样量为 $1\mu m$ 左右。进样量过大会造成色谱柱超负荷。填充柱内径 $2 \sim 3mm$。填充柱的柱效低，可用于简单组分的分离。从色谱柱出口出来的馏分在进入光管之前，可加入氦气或氮气将馏分稀释。0.25mm 色谱柱，稀释气流量为 $0.5 \sim 0.7mL/min$；0.32mm 色谱柱，稀释气流量为 $0.3 \sim 0.5mL/min$。从光管出来的气体可经 GC 的 FID 检测器检测，得到色谱图。

在采集 GC/IR 光谱数据之前，应根据样品的性质设定采集参数，如采集数据的总时间、每张光谱的扫描次数、光谱的分辨率、光管和传输线的温度等。在数据的采集过程中，红外窗口会实时显示重建色谱图和红外光谱图。

色谱图重建有多种方法，到目前为止最普遍使用的是 Gram-Schmidt 重建法。Gram-Schmidt 重建法是从干涉图数据直接取得与光管中馏分浓度相关的信息作为色谱响应值。GC/IR 光谱数据采集结束并存盘后，可以用其他重建法重建色谱图，如选择不同的光谱区间重建色谱图，以这个区间出现吸收峰的信息作为色谱响应值，这就是 Chemigram 重建法。

从重建色谱图和对应的红外光谱图中，可以知道混合物中的组分数。从 GC/IR 光谱瀑布图或三维图，也大致能知道混合物中的

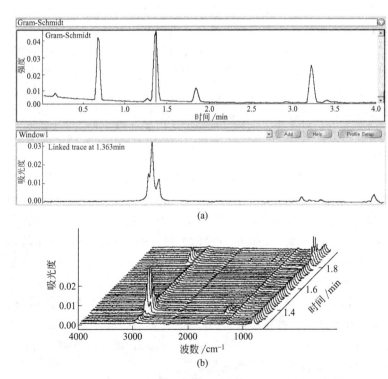

图 4-28 某样品的 GC/IR 重建色谱图和某一时间对应的红外
光谱图（a）及某一时间段对应的 GC/IR 光谱瀑布图（b）

组分数。图 4-28(a) 所示是某样品的重建色谱图和某一时间对应的红外光谱。图 4-28(a) 的上半部分是采用 Gram-Schmidt 法重建的色谱图，下半部分是在 1.36min 时对应的光谱。从重建色谱图可以看出，样品中至少包含 6 种组分。图 4-28(b) 所示是 1.22～1.94min 时间段对应的 GC/IR 光谱瀑布图。在这个时间段有三个组分被检测出来。

复杂混合物样品通过 GC/IR 联机检测分析，可以得到色谱图和各色谱峰对应的红外光谱。对于未完全分离的混合色谱峰，还可以借助吸光度光谱差减技术得到其中的纯组分红外光谱。对红外光谱图进行谱库检索，就可以完成混合物组分的定性分析。

GC/IR 光谱的解析必须配备气相红外光谱谱库。即使非常熟悉凝聚相谱图解析的红外光谱分析工作者，也很难对 GC/IR 光谱进行解析。由于气相中分子间的相互作用远弱于凝聚相，导致气相和凝聚相的红外光谱有显著的差别。

4.4 衰减全反射附件

衰减全反射（attenuated total reflectance，ATR）光谱技术是红外光谱测试技术中一种应用十分广泛的技术，它已经成为傅里叶变换红外光谱分析测试工作者经常使用的一种红外样品测试手段。这种技术在测试过程中不需要对样品进行任何处理，对样品不会造成任何损坏。

衰减全反射附件简称为 ATR 附件。当今红外附件制造商提供的 ATR 附件分为四类：水平 ATR、可变角 ATR、圆形池 ATR 和单次反射 ATR。前三类都属于多次内反射 ATR，最后一类属于一次内反射 ATR。这四类 ATR 附件的工作原理都是相同的。

4.4.1 ATR 附件工作原理

当一束单色光以入射角 α 从一种光学介质射入另一种光学介质

时，光线在两种光学介质的界面将发生反射和折射现象，如图4-29所示。反射角 β 和折射角 γ 的大小分别由反射定律和折射定律确定。

由反射定律得知，反射角 β 等于入射角 α。根据折射定律：

$$\sin\alpha / \sin\gamma = n_2 / n_1 \qquad (4\text{-}8)$$

式中，n_1 为介质1的折射率；n_2 为介质2的折射率。

由式（4-8）可知，若 $n_2 > n_1$，则 $\alpha > \gamma$。即若光从光疏介质进入光密介质时，折射角小于入射角。

当一束单色光以入射角 α 从空气中射向一块透光材料的晶体表面时，其中一部分光会发生反射（反射角 β 等于入射角 α），另一部分光会发生折射，如图 4-29（a）所示。因为空气与晶体材料相比，空气是光疏介质，晶体是光密介质，所以，入射角 α 大于折射角 γ。

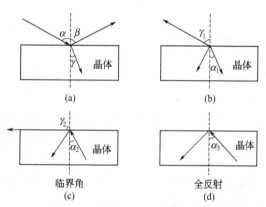

图 4-29　单色光反射、折射和全反射示意图

相反，如果有一束光以入射角 α_1 从晶体里面射向晶体内表面时，其中一部分光会在晶体内发生反射，而另一部分光向空气中折射，如图 4-29（b）所示。因为晶体的折射率大于空气的折射率，所以入射角 α_1 小于折射角 γ_1。随着入射角 α_1 的加大，折射角 γ_1 也随着加大。当入射角 α_1 增加到某一角度 α_2 时，折射角 γ_2 将等

于 90°，即这时折射光将沿着晶体界面传播，如图 4-29(c) 所示。当折射角等于 90°时的入射角称为临界角。根据式 (4-8)，临界角 α_2 的大小由下式确定：

$$\sin\alpha_2 = n_2/n_1 \qquad (4-9)$$

式中，n_1 为晶体的折射率；n_2 为空气的折射率。

衰减全反射附件的晶体材料通常采用 ZnSe 晶体，也可以采用 Ge、Si 晶体或金刚石等作为晶体材料。如果空气的折射率为 1，样品的折射率为 1.5。根据式 (4-9) 计算这几种晶体分别与空气和样品接触时的全反射临界角，并列于表 4-2 中。

表 4-2　不同晶体分别与空气和样品接触时的全反射临界角

晶体材料	折射率(n)	全反射临界角 (空气折射率=1 时)/(°)	全反射临界角 (样品折射率=1.5 时)/(°)
Ge	4.0	14	22
Si	3.4	17	26
ZnSe	2.43	24	38
金刚石	2.42	24	38

从表 4-2 中的数据可以看出，晶体的折射率越小，全反射临界角越大。当采用 ZnSe 或金刚石作为衰减全反射的晶体材料时，入射角必须大于 38°。

实际上，不仅反射角和折射角与入射角有关，而且反射光和折射光的强度也与入射角有关。随着入射角的逐渐增大，反射光越来越强，折射光越来越弱。当折射角等于 90°时，折射光的光强已经等于零。入射光全部被反射，称此种现象为全反射。

当入射角 α_3 大于 α_2 时，如图 4-29(d) 所示，即入射角大于临界角时，入射光全部被反射。ATR 附件就是利用这种光的全反射原理工作的。

图 4-30 所示是水平 ATR 附件光路示意图。待测样品置于晶体材料上方，红外光束在晶体内发生多次衰减全反射后到达检测器。

当入射角大于临界角时，红外光束在晶体内发生全反射。实验

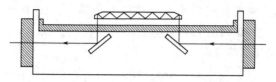

图 4-30　水平 ATR 附件光路示意图

观测和理论计算均证实，此时反射光强等于入射光强，即光强全反射确实成立。所以，全反射时，红外光束并未穿越晶体表面进入待测样品。既然红外光束没有穿过晶体表面，那么红外光是怎样与待测样品发生作用的呢？红外光在晶体内表面发生全反射时，一方面反射光强等于入射光强，另一方面在晶体外表面附近产生驻波，称为隐失波（evanescent wave），如图 4-31 所示。当样品与晶体外表面接触时，在每个反射点隐失波都穿入样品。从隐失波衰减的能量

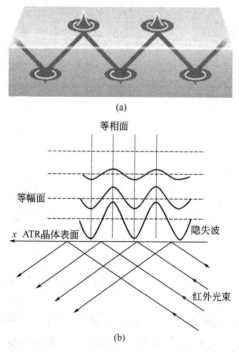

图 4-31　隐失波图像（a）及隐失波的等幅面和等相面（b）

可以得到吸收信息。隐失波振幅随空间急剧衰减而消失，这种衰减随离开晶体界面距离的增大按指数规律衰减。当隐失波振幅衰减到原来振幅的 1/e 时的距离称为穿透深度。

穿透深度取决于入射光的波长、晶体的折射率、样品的折射率和光线在晶体界面的入射角。穿透深度 D 由下式计算：

$$D = \frac{\lambda}{2\pi n_1 [\sin^2 \alpha - (n_s/n_1)^2]^{1/2}} \qquad (4\text{-}10)$$

式中，λ 为入射光的波长；n_1 为晶体的折射率；n_s 为样品的折射率；α 为入射角。

由式（4-10）计算样品的穿透深度时，样品与晶体的接触是一种理想的接触。空气与晶体的接触以及液体与晶体的接触都属于理想的接触。当粉末样品、块状样品或薄膜样品与晶体表面接触不好时，红外光穿透样品的深度比计算值要小得多。

表 4-3 所列数据是根据式（4-10），计算不同波长、不同入射角、晶体材料和样品的折射率不相同时样品的穿透深度。

表 4-3　不同波长、不同入射角、晶体材料和样品
的折射率不相同时样品的穿透深度

波数(λ)/cm^{-1}	入射角(α)/(°)	晶体折射率(n_1)	样品折射率(n_s)	穿透深度(D)/μm
1000	45	ZnSe 2.43	1.3	1.4
1000	45	ZnSe 2.43	1.5	1.9
1000	60	ZnSe 2.43	1.5	1.1
3000	45	ZnSe 2.43	1.5	0.48
1000	45	Ge 4.00	1.5	0.66

从表 4-3 中的数据可以看出：

① 样品折射率越高，穿透深度越深；

② 入射角 α 越大，穿透深度越浅；

③ 入射光波数越高，穿透深度越浅；

④ 晶体材料折射率越大，穿透深度越浅。

有机物折射率一般在 1.0～1.5。如果有机物折射率取 1.25，

采用 ZnSe 作为晶体材料，入射角为 45°，那么，穿透深度 D 约 0.1λ。在 $4000\sim650cm^{-1}$ 区间，穿透深度为 $0.3\sim2.0\mu m$。

由此可见，采用 ATR 附件测得的中红外光谱，在高频端和低频端的穿透深度相差近一个数量级。因此，低频端吸收峰的峰强远远高于高频端的峰强。为了与普通透射红外光谱进行比较，需要对 ATR 附件测得的光谱进行校正。这种校正可以在红外窗口中进行，利用菜单 ATR 校正命令来完成。光谱校正可以在测试后再对光谱进行 ATR 校正，也可以在测试光谱之前，在设置光谱采集参数时选择 ATR 校正选项。对于带自动附件识别功能的红外仪器，在样品仓中安装 ATR 附件时，仪器能自动调用光谱采集参数，在调用的参数中已包含了 ATR 校正参数。ATR 校正前和校正后光谱的比较示于图 4-32 中，图（a）是用水平 ATR 附件（晶体材料为 ZnSe）测得的无水乙醇的 ATR 光谱（ATR 校正前），图（b）是 ATR 校正后的光谱，图（c）是用液膜透射法测得的光谱。从图 4-32 可以看出，在 ATR 校正后的光谱中，乙醇 O—H 伸缩振动吸收峰和 $3000\sim2800cm^{-1}$ 的 C—H 伸缩振动吸收峰的强度比校正前强了许多。校正后的光谱和用液膜透射法测得的光谱各个吸收峰的相对强度很接近。

4.4.2　水平 ATR（HATR）附件

水平 ATR 是指 ATR 附件的晶体材料是水平放置的。ATR 晶体侧面呈倒梯形，横断面为长方形。不同的水平 ATR 附件，晶体材料的长度和厚度可能是不相同的，因此红外光在 ATR 晶体内的反射次数是不相同的。不过，一般说来，只要不是微型 ATR，反射次数不会少于 10 次。

水平 ATR 的晶体材料应具有良好的化学稳定性和高的机械强度，标准配置通常采用 ZnSe 晶体，入射角为 45°。这种晶体适合于绝大多数样品的测试。测试水溶液时，溶液的 pH 为中性左右。

也可采用 Ge，KRS-5 等晶体作为 ATR 的晶体材料。Ge 晶体的折射率很高，适合于测定高折射率的样品，如填充碳的聚合物。

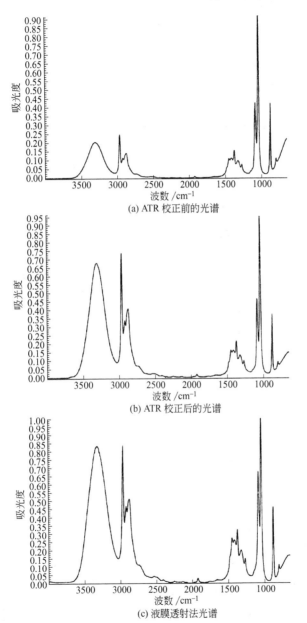

(a) ATR 校正前的光谱

(b) ATR 校正后的光谱

(c) 液膜透射法光谱

图 4-32　无水乙醇 ATR 校正前、校正后和液膜透射法光谱的比较

Ge 晶体的测量区间较窄，低频端只能测到 $750cm^{-1}$，但 Ge 晶体能抗酸和碱的腐蚀。

水平 ATR 晶体的安装和拆卸操作简单，当晶体被污染时，可将晶体拆下清洗。ATR 晶体虽然具有较高的机械强度，但在清洗时，最好使用镜头纸或柔软的面巾纸。千万注意，不能将晶体表面磨出刻纹。表面的任何刻纹都会影响光的反射率，因而影响光谱的信噪比。

水平 ATR 附件中 ATR 晶体样品架分为槽形和平板形两种。

槽形样品架中的 ATR 晶体固定在凹槽内，适用于液体、粉末或胶状样品的测定。槽形样品架通常配备一个盖子，在测定挥发性液体时，盖上盖子以防止溶剂挥发。

在测定液体样品时，液体最好充满整个凹槽，将 ATR 表面全部盖住。这样才能起到多次衰减全反射的作用，使光谱的吸光度增强。在进行定量分析时，尤其应该将 ATR 晶体表面全部盖满。但是在样品量少时，滴一两滴液体在 ATR 晶体表面，也可以得到很好的光谱。这时，红外光在液体和晶体界面的反射可能只有一两次。

平板形样品架适用于测定薄膜样品。平板样品架上通常配备有压力装置，以保证压力的重复性，而且保证样品和晶体之间均匀接触。

用平板形样品架测定聚合物薄膜时，没有必要将薄膜铺满整个 ATR 晶体表面。因为薄膜面积越大，压力装置施加在薄膜上的压强越小，薄膜与 ATR 晶体接触越不紧密，光谱的信噪比就越差。硬质聚合物薄膜，或载玻片或硅片表面上的薄膜很难与 ATR 晶体表面接触好，所以用 ATR 附件测试这种薄膜样品，光谱的信噪比会非常差。

利用 ATR 附件可以测试有机有序组装膜（LB 膜）的红外光谱。如果用其他功能材料拉制 LB 膜，然后用 ATR 附件测试光谱，很难得到好的光谱。因为 ATR 晶体很难与 LB 膜接触好。最好是将 ATR 附件上的晶体材料卸下，直接在 ATR 晶体表面上拉制 LB

膜。这样，不仅 LB 膜与晶体处于理想接触状态，而且红外光在有 LB 膜的两个表面反射，光谱的吸光度可以大大地增加。

4.4.3 单次反射 ATR 附件

前面提到的水平 ATR 附件用来测试柔软的样品容易得到高质量的光谱，如测试液体样品、浆状样品、胶状样品、柔软的聚合物等。但是对于粉末样品、块状样品、纤维、硬的聚合物膜、玻璃或金属表面上的薄膜、微量液体等样品，用水平 ATR 附件测试，很难得到满意的光谱。这是因为水平 ATR 附件无法将这类样品与 ATR 晶体紧密接触。

使用单次反射 ATR 附件测试时，样品与 ATR 晶体的接触面积很小，通过施加压力，可以使样品与晶体紧密接触。虽然红外光在 ATR 晶体内只有一次有效反射，但仍然能得到高质量的光谱。

单次反射 ATR 附件的种类很多。ATR 的晶体材料分为：金刚石、Ge、ZnSe、Si、KRS-5、AMTIR，前三种晶体用得最多。有的单次反射 ATR 附件的晶体材料可以互换。

金刚石 ATR 附件有两种：一种是 ZnSe 晶体作基底，与样品接触的晶体是金刚石，这种金刚石 ATR 附件低波数只能测试到 $650 \mathrm{cm}^{-1}$；另一种金刚石 ATR 附件的内反射晶体全部是金刚石，这种金刚石 ATR 附件低波数可以测试到 $80 \mathrm{cm}^{-1}$。如图 3-15 所示，装配在光学台右侧的金刚石 ATR 附件既可以用来测试样品的中红外光谱，又可以用来测试固体和液体的远红外光谱。

采用 IIA 型金刚石作为晶体材料时，可以测试坚硬的样品，晶体不容易损坏。在单次反射 ATR 附件的晶体上方安装了压力杆，测试固体样品时，样品与晶体之间形成"点对点"接触，这种"点对点"接触对于测试刚性的、坚硬的、不易弯曲的、难于测试的样品是很理想的。压力杆下端与样品接触的面积直径为 2mm。压力杆上有力矩旋钮，不管样品的大小和形状如何，都能保证每次施加的压力都是相同的，因此可用于定量分析。由于使用的是力矩旋钮，不至于将 ATR 晶体压坏。

单次反射 ATR 附件晶体表面通常为球面形，其光路图如图4-33所示。单次反射 ATR 附件可用于测试固体样品，也可用于测试液体样品。测试固体样品时，红外光在 ATR 晶体内的有效反射只有一次。测试液体样品时，有效反射有多次。

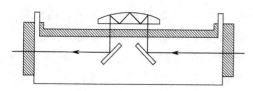

图 4-33　单次反射 ATR 附件光路示意图

有些单次反射 ATR 附件晶体表面为平面，属于单次反射水平 ATR 附件。有些单次反射 ATR 附件的压力杆下端与样品接触的面积直径小于 $250\mu m$，压力杆上端安装有 $50\times$ 目镜，可以选择微小区间进行测试。有的单次反射 ATR 附件甚至带有一体化的照相装置，可以将测试的微小区间的图像传送到计算机，图像可以与光谱一起输出。

4.5　漫反射附件

漫反射红外光谱法（DR 或 DRIFT）在 20 世纪 60 年代已经发展成为光谱学中的一个分支。最初，它主要用于测量染料、颜料等在可见和紫外区的光谱，后来随着傅里叶变换红外光谱仪的发展，漫反射红外光谱法才迅速发展起来。漫反射红外光谱的测量需要配备漫反射附件，将漫反射附件安装在光谱仪的样品室中才能测量漫反射光谱。1978 年 Fuller 和 Griffiths 设计出具有高信噪比的漫反射附件，至今已经出现各种各样的适合各种红外仪器使用的漫反射附件。

4.5.1　漫反射附件的工作原理

漫反射附件主要用于测量细颗粒和粉末状样品的漫反射光谱，

是一种比较常用的红外样品分析测试方法。图 4-34 所示是一种漫反射附件光路图，将粉末状样品装在漫反射附件的样品杯中，红外光束从右侧照射到漫反射附件的平面镜 M_1 上，反射到椭圆球面镜 A，椭圆球面镜 A 将光束聚焦后射到样品杯中粉末状样品表面。从样品表面射出来的漫反射光，经椭圆球面镜 B 收集并聚焦后，射向左侧平面镜 M_2 上，再沿着原光路入射方向射向检测器。

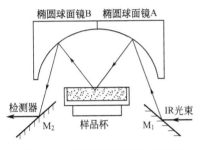

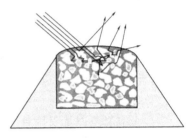

图 4-34　漫反射附件光路示意图

图 4-35　漫反射实验中红外光束与样品相互作用示意图

　　当一束红外光聚焦到粉末样品表层上时，红外光与样品作用有两种方式：一部分光在样品颗粒表面反射，这种反射和可见光从镜面反射一样，这种现象称为镜面反射。由于镜面反射光束没有进入样品颗粒内部，未与样品发生作用，所以这部分镜面反射光不负载样品的任何信息。另一部分光会射入样品颗粒内部，经过透射或折射或在颗粒内表面反射后，从样品颗粒内部射出。这样，光束在样品不同颗粒内部经过多次的透射、折射和反射后，从粉末样品表面各个方向射出来，组成漫反射光，如图 4-35 所示。这部分漫反射光与样品分子发生了相互作用，因此负载了样品的结构和组成信息，可以用于光谱分析。

4.5.2　漫反射附件的种类

　　早期的漫反射附件结构比较复杂，现在的漫反射附件越来越简单。有些漫反射附件一次只能测试一个样品，有些漫反射附件一次最多可以放置 24 个样品，由软件控制样品的测试。有些红外仪器配置的漫反射附件具有智能化，装上附件后，仪器能自动识别，自动调出测试参数并自动准直。

漫反射附件种类很多，可以根据不同的测试需要选购不同类型的漫反射附件。漫反射附件大致分为四类。

① 常温常压漫反射附件。用于常规的漫反射光谱测试。

② 高温高压漫反射附件。这种漫反射附件在常压下温度可以从室温升到 900℃，在 20MPa（1500psi）压力下可以从室温升到 400℃。

③ 高温真空漫反射附件。这种漫反射附件温度变化范围也可以从室温升到 900℃，压力可以从常压降到 1.3×10^{-3} Pa（1×10^{-5} Torr）。

④ 低温真空漫反射附件。这种漫反射附件使用液氮作为冷却剂，温度可以降到 -150℃。

后面三种漫反射附件适用于原位测试、催化剂的研究、脱水动力学研究和固体相转变的光谱测定。

4.5.3　漫反射附件的使用技术

利用漫反射附件测试红外光谱不需要对样品进行特别处理，有些粉末状样品可以直接测试，不能直接测试的固体样品可以和漫反射介质（如 KBr）混合研磨，将固体样品均匀地分散在漫反射介质中测试。样品的浓度可以从 0.1% 到纯样品之间变化。

前面已经提到，当红外光照射到漫反射样品杯中的样品表面时，产生两种光：镜面反射光和漫反射光。因为漫反射光包含样品信息，所以应该增加漫反射光成分。镜面反射光不负载样品信息，所以应该尽量减少镜面反射光成分。镜面反射光到达检测器对测试是一种干扰，当镜面反射光成分多时，还会引起光谱畸变，在测得的光谱中出现倒峰，形状像一阶导数光谱，这种谱带称为 Restrahlen 谱带。

镜面反射光的强度与样品的浓度、样品的粒度以及样品的折射率有关。浓度越大，镜面反射越严重。高浓度还会使谱带变宽，还会出现全吸收现象。对于强吸收的物质，即使在较低的浓度下，在测得的光谱中还可能出现全吸收带。所以对于强吸收物质，测试时浓度应尽量低，以降低对红外光的吸收。样品的颗粒越大，越容易产生镜面反射。漫反射样品的粒度应在 $2\sim5\mu m$，粒度越小，镜面反射成分越少，漫反射成分越多，测量的灵敏度越高。样品的折射率越高，镜面反射越多，谱带变得越宽。

用肉眼无法确定粉末样品的吸收特性和折射率，所以最好先以 KBr 粉末为背景测试纯样品的漫反射光谱，如果光谱出现畸变现象，或出现全吸收谱带，可将样品与 KBr 粉末混合研磨，重新测试。

利用漫反射附件可以测试中红外的漫反射光谱，也可以测试近红外和远红外的漫反射光谱。

在测试中红外的漫反射光谱时，通常用溴化钾或氯化钾粉末作为样品的稀释剂。将粉末样品和稀释剂混合研磨均匀，装在漫反射附件的样品杯中，测试样品的单光束光谱，背景的单光束光谱要用稀释剂粉末测试。

有些漫反射附件的灵敏度很高，可以使用 SiC 取样器采集样品。用 SiC 金刚砂纸摩擦塑料、涂层、油漆、颜料表面，或摩擦块状或片状样品表面，用漫反射附件直接测试附有此固体样品粉末的 SiC 金刚砂纸，用新的 SiC 金刚砂纸作为背景，无需使用稀释剂。

在测试近红外和远红外的漫反射光谱时，由于谱带的强度较弱，通常不需要添加稀释剂，直接将固体样品研磨成粉末测试。

测试近红外的漫反射光谱时，若需要用稀释剂，一般采用硫酸钡粉末或溴化钾粉末。背景的单光束光谱要用硫酸钡粉末或溴化钾粉末测试。图 4-36 所示是饺子粉不添加任何稀释剂测得的近红外漫反射光谱。

测试远红外的漫反射光谱时，若需要添加稀释剂，通常选用碘化铯或聚乙烯粉末。选用碘化铯粉末作为稀释剂时，低频端只能测到 $150cm^{-1}$，因碘化铯粉末在 $150cm^{-1}$ 以下有强吸收。要想观测

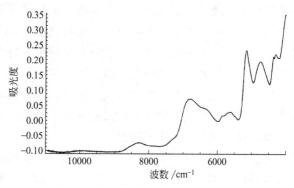

图 4-36　饺子粉不添加任何稀释剂测得的近红外漫反射光谱

$150cm^{-1}$以下样品的吸收谱带，必须用聚乙烯粉末作稀释剂和背景。

　　漫反射光谱附件主要用于粉末样品的测试，液体样品也可以用漫反射附件测试。对于液体样品，可先在漫反射附件样品杯中装入非吸光性的粉末，将液体样品滴在粉末表面就可以进行测试。也可以将固体溶于易挥发溶剂中，滴在粉末表面，待溶剂挥发后测试漫反射光谱。

　　漫反射附件样品杯中的粉末应该疏松，不应该将粉末压实。粉末样品装满样品杯后，用不锈钢小扁铲将粉末表面刮平即可。如果将同样量的粉末样品压成直径与样品杯大小相同的透明圆片，分别测试透明圆片和粉末样品的漫反射光谱，可以发现，粉末样品的漫反射光谱吸光度比透明圆片高得多。

　　样品杯的深度为 $2\sim3mm$。红外光照射到粉末样品表面时，光线的穿透深度约 $1mm$。如果在样品杯中溴化钾粉末表面铺上一层薄薄的粉末样品，这时测得的漫反射光谱谱带的强度比采用混合法测得的强度高好几倍。这是因为表层粉末样品起主导作用。

　　漫反射光谱测量的是粉末样品的相对漫反射率，简称为漫反射率（$R/\%$），漫反射率（$R/\%$）定义为

$$R=\frac{I}{I_0}\times100\%\qquad(4\text{-}11)$$

式中，I 为粉末样品散射光强；I_0 为背景散射光强。用漫反射率（$R/\%$）表示漫反射光谱时，光谱的形状与透射率光谱形状相同。

漫反射光谱也可以用 $\lg(1/R)$ 表示。$\lg(1/R)$ 表示漫反射吸光度，漫反射吸光度光谱的形状和透射光谱的吸光度光谱形状相同。定义漫反射吸光度 A 为

$$A = \lg \frac{1}{R} \tag{4-12}$$

漫反射光谱谱带强度的重复性较差。这是因为每次往样品杯中装样品时，条件不可能完全相同，导致散射系数发生了变化。对确定波长的入射光，散射系数与粉末层的粒度、密度和平整度有关。

漫反射光谱的吸光度与样品的组分含量（浓度）不符合朗伯-比耳定律，也就是说，样品浓度与光谱强度不成线性关系。不成线性关系的原因是由于存在镜面反射光。要使样品浓度与光谱强度成线性关系，必须减少或消除镜面反射光，将样品与漫反射介质 KBr 粉末一起研磨，样品的浓度越低、颗粒研磨得越细、样品与 KBr 研磨得越均匀，在测得的漫反射光谱中，谱带的强度与浓度越成线性关系。

若将中红外漫反射光谱用于定量分析，应满足下列条件：

① 高质量的漫反射光谱；

② 样品应与 KBr 粉末混合研磨；

③ 样品的浓度约为 1%，即样品与 KBr 质量比为 $1:99$；

④ 样品厚度至少为 3mm，样品表面应该平整。

除了满足以上条件以外，还应将漫反射率转换为 K-M 函数 $F(R)$。将漫反射率转换为 K-M 函数能够减少或消除任何与波长有关的镜面反射效应。K-M 函数 $F(R)$ 定义为

$$F(R) = \frac{(1-R)^2}{2R} = \frac{K}{S} \tag{4-13}$$

式中，R 为漫反射率；K 为吸收系数；S 为散射系数。当样品的浓度不高时，吸收系数 K 与样品浓度 c 成正比：

$$K = Ac \qquad (4\text{-}14)$$

式中，A 为摩尔吸光系数。将式（4-14）代入式（4-13），得：

$$F(R) = K/S = Ac/S = (A/S)c = Bc \qquad (4\text{-}15)$$

式（4-15）表明，若散射系数 S 保持不变，K-M 函数 $F(R)$ 与样品浓度成正比。即经转换后得到的 K-M 函数 $F(R)$ 与样品组分浓度 c 的关系符合朗伯-比耳定律。总之，漫反射光谱用于定量分析时，由于散射系数实际上常有较大的变化，所以定量分析结果会出现较大的误差。

采用溴化钾压片法和漫反射法测得的光谱具有可比性，用这两种方法测得的光谱基本相同。图 4-37 所示是同一样品用溴化钾压片法（光谱 A）和漫反射法（光谱 B）测得的光谱。从图中可以看出，两张光谱主要吸收峰的强度和形状基本相同。

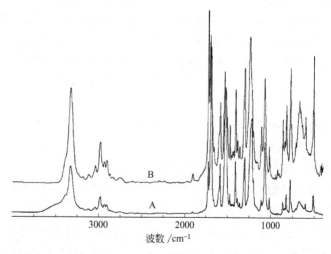

波数 /cm^{-1}

图 4-37　同一样品用溴化钾压片法（光谱 A）和漫反射法
（光谱 B）测得的光谱

利用漫反射光谱法能对粉末样品进行动态原位测量。例如，用漫反射光谱法可以对粉末催化剂表面发生的化学过程进行研究。在研究氧化物吸附剂上所吸附的气体时，吸附剂与气体的接触面积要比将吸附剂压成透明圆片与气体的接触面积大得多。反应物扩散入吸附剂，以及产物从吸附剂中逸出的速度也要比压成圆片快得多。在某些漫反射附件的设计中，可以将气体导入样品杯中，整个样品很快就可以达到吸附平衡。利用高温高压漫反射附件，还可以研究不同温度、不同压力下粉末催化剂表面发生的化学过程。由此可见，漫反射技术最终将成为研究粉末催化剂反应机理的一种最简单、最重要的技术。

4.6 镜面反射和掠角反射附件

镜面反射（specular reflectance）附件分为：固定角反射附件、可变角反射附件和掠角反射（grazing angle reflectance）附件。

镜面反射附件适合于测定表面改性的样品、树脂和聚合物薄膜或涂层、油漆、半导体外延层等。掠角反射附件适合于测定金属表面亚微米级薄膜、纳米级薄膜、LB膜、单分子膜等。镜面反射附件提供一种非破坏性的红外光谱测试方法。

4.6.1 镜面反射和掠角反射附件工作原理

4.6.1.1 镜面反射光谱的产生

镜面反射指的是红外光束以某一入射角照射在样品表面上发生的反射，反射角等于入射角。镜面反射入射角的选择取决于所测样品层的厚度。如果样品层的厚度在微米级以上，入射角通常选 $30°$。如果样品层的厚度在纳米级，如单分子层，入射角最好选 $80°$ 或 $85°$。入射角为 $80° \sim 85°$ 的镜面反射通常称为掠角反射。

如果被测样品是一层非常薄的薄膜，它附着在能反射光的金属表面上，当红外光束照射到金属表面上的样品时，光束穿过样品到达金属表面后又反射出来，再次穿过样品到达检测器，如图 4-38 （a）所示。这样测定得到的光谱称为镜面反射光谱。这种光谱类似于透射法测定的光谱。因此，这种镜面反射光谱又称为反射-吸收（reflection-absorption，R-A）光谱。

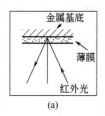 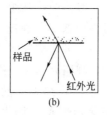 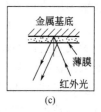

(a)　　　　　　　　　(b)　　　　　　　　　(c)

图 4-38　镜面反射测定的红外光

(a) 反射-吸收光谱；(b) 镜面反射光谱；(c) 反射-吸收光谱与反射光谱的总和

　　如果被测样品是一种比较厚的能吸收红外光的材料，其表面非常光滑平整。当红外光束以某一角度照射到这样的样品表面上时，一部分入射红外光穿入样品，被样品所吸收，这部分红外光不能被检测；另一部分入射红外光被样品表面反射，如图 4-38(b) 所示。这样测定得到的反射光谱也称为镜面反射光谱。

　　如果被测样品既能透射红外光，又能反射红外光，如图 4-38(c) 所示。所测定的光谱是反射-吸收光谱与反射光谱的总和。当样品厚度均匀时，透射光和反射光互相干涉，在测得的光谱中会出现干涉条纹。根据干涉条纹可以计算样品的厚度。半导体外延层的厚度可利用这种方法测定。

　　镜面反射涉及入射光 K 和反射光 K' 的电矢量和光传播方向的空间取向问题。入射光和反射光的线偏振电矢量 E 可以分解为两个正交分量（E_S 和 E_P），如图 4-39 所示。垂直于入射平面的分量 E_S（即平行于镜面的分量）称为 S 偏振光，平行于入射平面的分量 E_P（在入射平面内）称为 P 偏振光。若入射光为 S 偏振光，则反射光只可能是 S 偏振光；同样的，若入射光为 P 偏振光，则反

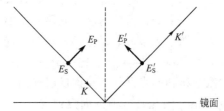

图 4-39　镜面反射的电矢量和光传播方向的空间取向

射光只可能是 P 偏振光。

当偏振光照射在金属镜面上发生反射时，偏振光的相位会发生变化。

垂直于入射平面的 S 偏振光，入射光和反射光电矢量的相位差接近 $180°$（π），而且相位差与入射角无关，如图 4-40(a) 所示。由于相位差接近 $180°$，因此入射光和反射光在反射表面产生相消干涉，加上二者振幅相近，故叠加的电场强度几乎为零。

平行于入射平面的 P 偏振光方向随入射角变化，反射光电矢量的相位随之发生变化。在掠角入射情况下，相位的变化使入射光与反射光电矢量在反射界面产生相长干涉，电场振幅增加近一倍，如图 4-40(b) 所示。因为电场强度与振幅平方成正比，因此在掠角反射情况下，金属表面电场强度约为入射电场强度的 4 倍。

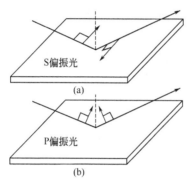

图 4-40　偏振光在反射面上的相位变化

分子中基团振动时，如果偶极矩变化方向平行于红外光的电矢量方向，产生的红外谱带强度会增强。S 偏振光在反射表面的电场强度接近于零，这种偏振光与样品几乎不发生作用。因此 S 偏振光对镜面反射光谱贡献极小，P 偏振光对镜面反射光谱贡献最大。

4.6.1.2　掠角反射光谱与透射光谱的差别

在掠角反射时，反射光谱主要由 P 偏振光贡献。它的电场矢量方向几乎垂直于反射表面，那些振动时偶极矩变化垂直于反射表面的振动模式被激发产生红外吸收谱带，而且其吸收强度比用透射法测得的吸收强度大得多。相反，那些振动时偶极矩变化平行于反射表面的振动模式却未被激发，因此，在掠角反射光谱中吸收谱带强度比用透射法测得的吸收强度弱得多，或根本不出现吸收谱带。由此可以看出，如果反射表面样品分子排列有规则，分子取向有序，那么，掠角反射光谱和透射光谱将会有差别。这种差别能给出整个分子取向的三维信息。如果反射表面样品分子排列无序，则掠角反射光谱和透射光谱相同，只不过掠角反射更灵敏。

4.6.1.3 镜面反射和掠角反射光谱的强度

镜面反射光谱的强度取决于入射光的入射角和偏振状态、样品的厚度、样品的折射率、样品表面的粗糙程度和样品吸收红外光的性质，以及金属衬底反射表面的光学性质。在偏振状态和样品的性质不变的情况下，镜面反射光谱的强度与入射角，以及金属反射表面的光学性质有关。

（1）入射角与光程长的关系　用镜面反射附件测试镜面反射光谱时，入射角通常都大于30°。掠角反射时，入射角最大可达85°。因为红外光要两次穿过样品薄层，所以镜面反射的光程远远大于薄层的实际厚度。设样品薄膜厚度为 d，红外光两次穿过样品薄膜的光程 b 与薄膜厚度 d 及入射角 α 的关系为

$$b = \frac{2d}{\cos\alpha} \tag{4-16}$$

式（4-16）表明，薄膜厚度 d 一定时，入射角 α 越大，$\cos\alpha$ 值越小，红外光穿过样品薄膜的光程 b 越大，光谱的强度越高。若入射角 α 为85°，计算得到 $b = 23d$。即掠角反射的光程是实际薄膜厚度的23倍。与透射光谱相比，掠角反射光谱的灵敏度和信噪比远远高于透射光谱。

（2）光谱强度与反射表面的光学性质的关系　镜面反射光谱的强度与反射光的强度有关。当样品附着在衬底上时，如果衬底是吸收红外光的材料（如载玻片），或能透射红外光的材料（如单晶硅片），当红外光穿透薄膜到达衬底表面时，会发生反射和折射。反

射光中除了样品的信息外，还会出现衬底的信息，因而干扰样品的测定。因为有一部分光发生折射，使反射光的强度降低。因此，最好将样品附着在反射率高的不吸收红外光的衬底上。

金属是不吸收红外光的，非常薄的金属镀层红外光也无法穿透。金属镀层中，金的反射率最高。所以最好采用镀金表面作为样品薄膜的衬底，当然也可采用镀银或镀铝表面作为衬底。可在载玻片或单晶硅片一个表面上镀上金膜，镀层厚度为 $100 \sim 200nm$。

掠角反射通常是测试厚度为纳米级的薄膜，样品光谱信号非常弱，要提高光谱的信噪比，最好是在镀金的表面上测试。

4.6.2 镜面反射附件的种类

本节前面已经提到，镜面反射附件分为固定角反射附件、可变角反射附件和掠角反射附件。固定角镜面反射附件指的是，入射光的入射角是固定不变的。固定角镜面反射附件的入射角通常分为 $10°$、$30°$、$45°$、$70°$、$80°$ 和 $85°$。其中入射角为 $80°$ 或 $85°$ 的固定角镜面反射附件又称为掠角反射附件。可变角镜面反射附件的入射角是可变的，变化范围通常从 $30° \sim 80°$。也有的可变角镜面反射附件入射角的变化范围从 $20° \sim 85°$。当用可变角镜面反射附件测定光谱时，如果入射角设定为 $80°$ 或 $85°$，这时可变角镜面反射附件又成为掠角反射附件。不过，这时所测得的光谱的质量比专门用于掠角反射附件测得的光谱的质量差。

图 4-41 所示是入射角为 $30°$ 的固定角镜面反射附件光路图。图 4-42 所示是一种可变角镜面反射附件光路图，样品放置在 M_4 位

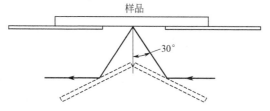

图 4-41 入射角为 $30°$ 的固定角镜面反射附件光路

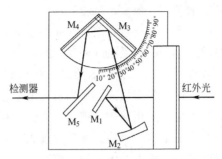

图 4-42　可变角镜面反射附件光路

置。最新式的掠角反射附件带自动附件识别功能，这种掠角反射附件还带内置偏振器。内置偏振器只提供电矢量与入射平面平行的 P 偏振光，而不提供电矢量与入射平面垂直的 S 偏振光。有些红外显微镜上可以安装掠角反射物镜，可以测试微小区间的掠角反射光谱。

4.6.3　镜面反射和掠角反射附件使用技术

使用镜面反射附件测定附着在金属镀层表面上的透明或平整薄膜时，因为测定这样的薄膜得到的光谱与普通透射光谱相同，所以在设定采集参数时，光谱的最终格式可选用 $\lg(1/R)$。R 是反射率，$\lg(1/R)$ 表示的光谱形状与吸光度光谱相同。但是，如果薄膜表面不平整，或测定的只是反射光谱，那么在设定采集参数时，光谱的最终格式应该选用反射率，$R(\%)$。因为这时测得的反射光谱的形状可能像一阶导数光谱（出现正、负峰），对这种光谱应进行 Kramers-Kroning 转换，将反射率光谱转换成吸光度光谱。如图 4-43 所示。

不管是用固定角反射附件，还是用可变角反射附件或掠角反射附件测定光谱时，都要用镀金镜面收集背景的单光束光谱。如果基底上镀层是 Ag 或 Al，就应采用相同的镀层镜面收集背景的单光束光谱。

在测试掠角反射光谱时，由于入射角很大，样品表面上的红外

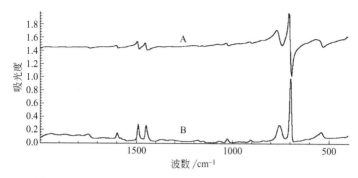

图 4-43　Kramers-Kroning 转换前的镜面反射光谱（A）和
Kramers-Kroning 转换后的镜面反射光谱（B）

光斑是一个拉长的椭圆形。如果入射角为 $80°$，假设经掠角反射附件的球面镜聚焦后的红外光斑直径为 2mm，经过计算可以得到，照射在样品表面上的椭圆形光斑面积为 $21mm \times 2mm$。如果红外光斑直径为 5mm，那么椭圆形光斑的面积达 $29mm \times 5mm$。这就是说，测试掠角反射光谱时，要求样品有足够的长度。如果样品面积太小，红外光没有被充分利用，测得的光谱信号会非常弱，信噪比很难满足要求。

　　在测试掠角反射光谱时，值得特别提出的是，如果样品面积没有足够大，也要保证椭圆形红外光斑全部照射在样品上和镀层镜面上。否则，在测得的光谱中会出现其他本底的杂峰。

　　对于大多数的有机样品，采用透射光谱法测试时，要求样品的厚度在 $5\sim10\mu m$ 左右，即可得到最强吸收峰吸光度在 1 左右。在用掠角反射附件测试单分子层光谱时，假设单分子层的厚度为 1nm，如果入射角为 $85°$，从式（4-16）计算得光程长为 23nm。如果在低吸光度下仍然符合朗伯-比耳定律，这样的单分子层掠角反射光谱的吸光度估计应在 2×10^{-3} 吸光单位。吸光度在这个数量级的反射-吸收光谱，如果采用高信噪比的傅里叶变换红外光谱仪测试，用 $16cm^{-1}$ 分辨率采集数据，完全可以得到满意的光谱。图 4-44所示是单分子层蛋白质的掠角反射光谱，光谱的最大吸收峰的

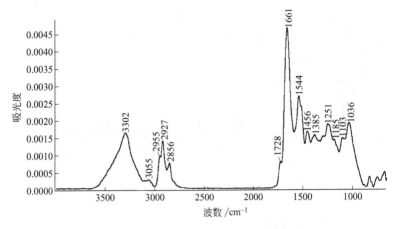

图 4-44　单分子层蛋白质的掠角反射光谱

吸光度为 4.8×10^{-3} 吸光单位。

4.7 变温红外光谱附件

　　在室温或在较高温度下以液态存在的样品，在低温下会变成固态。液体样品和低温下的固体样品的红外光谱之间存在很大的差别。常温下的固体样品与低温下的固体样品的光谱也会有显著的差别。在低温下，由于热弛豫现象受到抑止，红外谱带变得尖锐，使许多在室温下观察不出来或无法分辨的红外谱带，在低温下能够分别得很清楚。

　　室温下以固态存在的样品，在较高的温度下可能会发生相转变，或变成液态。随着温度的升高，样品的红外光谱会发生变化。谱带的峰形、峰宽、峰位和峰高可能会发生变化。原有的谱带可能会消失，还可能出现新的谱带。样品可能会从有序的排列状态转变成无序状态，有氢键的样品体系可能会破坏，样品熔化导致晶格破坏也会引起红外光谱的变化。因此，变温红外光谱已经成为红外光谱学的一个重要组成部分。

4.7.1 变温红外光谱附件的种类

变温红外光谱附件分为低温红外光谱附件和高温红外光谱附件两类。低温红外光谱附件又分为液氦温度（4.2K，$-269℃$）和液氮温度（77K，$-195.8℃$）红外光谱附件。高温红外光谱附件又称为变温红外光谱附件。

4.7.1.1　液氦温度红外光谱附件

低温红外光谱附件中，温度最低的是液氦温度红外光谱附件。这种附件中有一个存储液氦的容器，容器下端连接带有窗口的金属块，待测样品放置在窗口上。由于存在温度梯度，所以样品的温度并非液氦温度。

由于液氦的沸点非常低，为防止空气对流和防止热辐射，减少液氦大量气化，在液氦存储容器与附件外壁之间应有三个夹层，在中间夹层中加入液氦，另外两个夹层抽真空，真空度最好能达到 $10^{-6} \sim 10^{-5}$ Torr（$1.3 \times 10^{-4} \sim 1.3 \times 10^{-3}$ Pa）。因此液氦温度红外光谱附件必须配备高真空泵和高真空测量系统。

液氦温度和室温之间的变温光谱测试是很难实现的。因为一旦液氦挥发完毕，温度就会上升，而温度上升的速率无法控制，也无法在一定的温度下恒温。不能恒温，样品光谱的变化就无法达到平衡，测试出来的光谱就不是该温度下样品的光谱。

4.7.1.2　液氮温度红外光谱附件

液氦温度红外光谱附件可以当作液氮温度红外光谱附件使用，如果实验室已经有液氦温度红外光谱附件，就没有必要购置或加工液氮温度红外光谱附件。液氮温度红外光谱附件的加工制作比液氦温度红外光谱附件要简单得多。图 4-45 所示是一种液氮温度红外光谱附件实物图。它既是一个液氮温度红外光谱附件，又是一个变温红外光谱附件，温度可以升到 250℃。图 4-45 附件（A）可以直接插在红外光谱仪样品仓内的样品架上；附件（B）是程序升温控制器；附件（C）是可拆卸液体池，用于测试液体样品的变温光谱，也可由于测试 KBr 压片样品的变温红外光谱。

测试液氮样品的红外光谱时，液氮装在附件（A）中心圆柱

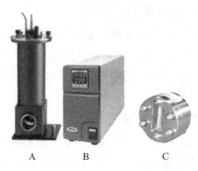

图 4-45　液氮温度红外光谱附件实物

形金属容器里，容器下端连接一个带有窗口的金属块，窗口里可装入附件（C）。附件（A）外壳两侧有安装红外窗片的圆孔，圆周上有加热电热丝，以防止红外窗片因低温出现冷凝水。附件（A）上面有 O 形密封圈。在加液氮之前，附件（A）需要抽真空，真空度达到 10^{-3} Torr 即可。热电偶插在金属块小孔里，测量的温度是金属块的温度而不是样品的真正温度。样品温度的降低通过热传导来实现。金属块的最低温度只能降到 -160℃，因为存在温度梯度，样品的真正温度比金属块的温度还要高一些。这种附件只能测试最低温度样品的光谱，在其他温度下因无法保持恒温（保温），测试出来的光谱就不是该温度下样品的光谱。

　　测试升温光谱时，金属块两侧装有电加热板，供变温红外光谱加热用。升温速度和保温时间由程序升温附件（B）控制。附件（C）可以用于测试液体样品的变温红外光谱，也可以用于测试 KBr 压片样品的变温红外光谱。

　　图 4-16 所示的变温红外光谱附件是用来测试变温显微红外光谱的，其中附件（A）安放在红外显微镜的载物台上面。附件（A）如图 4-46 所示垂直放置后，就可安放在红外光学台的样品仓中，测试样品的变温红外光谱。这个附件由程序升、降温控制器〔附件（B）〕控制，可以测试室温到 -160℃之间不同温度下样品的红外光谱。

图 4-46　Linkam Scientific Instrument 公司生产的
变温光谱附件垂直放置图

4.7.1.3　高温红外光谱附件

高温红外光谱附件温度可以从室温升到几百摄氏度，升温速度可以通过调节电热丝或电热板的电压来实现，最好配备程序升温控制器。这样就可以每隔一定温度测定一张光谱。因为存在温度梯度，达到测定温度后，一定要恒温 10～15min 后才能收集光谱数据。图 4-47(a) 所示是一种高温红外光谱附件实物图，图 4-47(b)是其装配图。这种高温红外光谱附件测试的最高温度可以达到

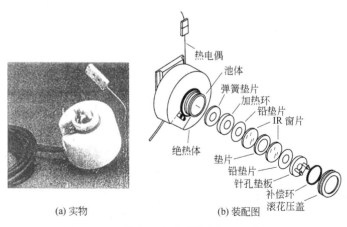

热电偶
池体
弹簧垫片
加热环
铅垫片
IR 窗片
绝热体
垫片
铅垫片
针孔垫板
补偿环
滚花压盖

(a) 实物　　　　　　　　(b) 装配图

图 4-47　一种变温光谱附件实物及其装配图

400℃。图 4-46 变温红外光谱附件测试的最高温度可以达到 600℃，在高温测试时，附件需要循环冷却水冷却。这些高温红外光谱附件可以用于测试溴化钾压片样品的高温光谱，也可以测试液体、糊状物或聚合物薄膜样品的变温红外光谱。

4.7.2　变温红外光谱的应用

变温红外光谱是研究物质相变、分子间相互作用、化学反应等物理和化学过程的有力工具。当物质发生相变后，晶格会受到破坏，分子之间的相互作用和分子的构型会发生变化，使红外光谱发生明显的变化。如果发生化学反应，会生成新的物质，因而光谱也会发生变化。但是，如果温度发生变化时，样品本身并不发生如何变化，所测得的变温光谱也不会发生明显的变化。这时，谱带的强度和宽度可能会有些变化，但不会非常明显。原有的谱带不会消失，新的谱带不会出现。

下面举几个例子说明温度变化对红外光谱的影响。

4.7.2.1　温度变化对长链碳氢化合物光谱的影响

长链饱和碳氢化合物，如长链脂肪酸、长链脂肪醇，或带长链烷烃的分子，它们在固态或在熔点温度以下，分子排列通常是有序的，所有分子的碳链以 Z 字形存在。这时，碳链上 CH_2 的对称和反对称伸缩振动频率分别位于 $2850cm^{-1}$ 和 $2927cm^{-1}$ 左右。随着样品温度的升高，当温度接近样品的熔点时，样品可能会发生预相变，这时碳链上 CH_2 的对称和反对称伸缩振动频率会向高频移动。当样品的温度到达熔点时，分子的碳链就不再以 Z 字形存在，而是出现弯曲或扭曲状态。这时，碳链上 CH_2 的对称和反对称伸缩振动频率分别位于 $2855cm^{-1}$ 和 $2930cm^{-1}$ 左右。

图 4-48 所示是月桂酸和月桂酸钾混合物水溶液 [10%（质量分数）在水中] 在 C—H 伸缩振动区的变温红外光谱。图 4-49 所示是月桂酸和月桂酸钾混合物水溶液和重水溶液的 CH_2 对称伸缩振动频率随温度变化的情况。从图 4-48 和图 4-49 可以看出，当温度低于碳链熔化温度时，CH_2 的对称伸缩振动频率位于

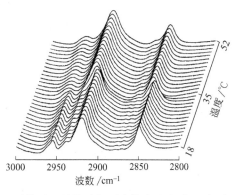

图 4-48　月桂酸和月桂酸钾混合物水溶液［10%（质量分数）
在水中］在C—H伸缩振动区的变温红外光谱

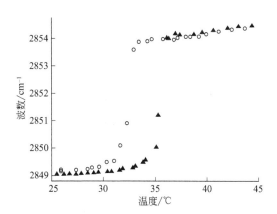

图 4-49　月桂酸和月桂酸钾混合物水溶液（▲）和重水溶液（○）
的 CH_2 对称伸缩振动频率随温度变化的情况

$2849cm^{-1}$。当温度达到碳链熔化温度时，CH_2 对称伸缩振动频率
突然发生变化。碳链熔化后，CH_2 对称伸缩振动频率升高到
$2854cm^{-1}$ 左右。

4.7.2.2　温度变化对氢键体系光谱的影响

对于含有氢键的体系，如果是分子间氢键，当温度逐渐升高
时，由于分子的热运动，氢键的距离会逐渐增大，氢键作用力会逐

渐削弱，氢键最终可能会断裂。所以，当样品的温度逐渐升高，与分子间氢键有关的振动谱带的频率会发生位移，谱带的强度和形状都可能会发生变化。

图 4-50 所示是月桂酸和月桂酸钠酸盐体系的变温红外光谱。月桂酸和月桂酸钠的摩尔比为 1:1。样品用氟油研磨成糊状，夹在两片 BaF_2 窗片之间，装在变温红外附件里，测试样品的变温红外光谱。纯的月桂酸以二聚体形式存在，羧基之间的强氢键使二聚体非常稳定。月桂酸和月桂酸钠之间也形成氢键，这种氢键不如二聚体月桂酸的氢键稳定，当温度升高时，月桂酸和月桂酸钠之间的氢键会逐渐破坏。随着氢键体系的破坏，与 C═O 和 COO⁻ 基团伸缩振动有关的谱带（1800～1500cm⁻¹ 和 1425cm⁻¹）的峰位、峰强和峰形出现很大的变化。

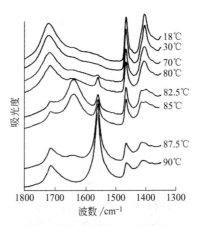

图 4-50　温度变化对月桂酸和月桂酸钠氢键体系光谱的影响

4.7.2.3　温度变化对晶格振动光谱的影响

许多晶体样品在远红外区出现晶格振动谱带，如氨基酸、糖类、脂肪酸等样品在远红外区都出现许多尖锐的谱带。温度升高对晶格振动谱带会产生影响，当温度升高达到样品的熔点时，晶格会完全破坏。这时与晶格振动有关的谱带必然发生很大的变化，晶格振动谱带可能会完全消失。

图 4-51 所示是棕榈酸的变温远红外光谱。棕榈酸样品与碘化铯晶体粉末研磨压片，将压好的片装在变温光谱附件里，测试样品的变温远红外光谱。从图 4-51 可以看出，当温度升高到 60℃ 时，光谱发生很大的变化，与棕榈酸晶体晶格振动有关的谱带全部消失，因为这时棕榈酸已经全部熔化。当样品温度降至棕榈酸的熔化温度以下，熔化的棕榈酸又重新结晶，当温度从 60℃ 降回到 17℃ 时，在棕榈酸的远红外光谱中又重新出现晶格振动谱带。

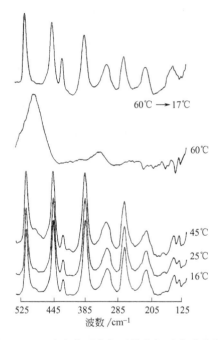

图 4-51　温度变化对棕榈酸晶格振动光谱的影响

4.8　红外偏振器附件

红外光束通过红外偏振器后，可以得到红外偏振光。利用红外偏振光测定各向异性的红外样品，可以得到偏振红外光谱。从偏振红外光谱中计算各个谱带的红外二向色性比，可以得到各种振动基团在空间的取向，从而推断出样品中分子在空间的构象。这就是红外偏振器的主要作用。

4.8.1 偏振光

光是一种电磁波，它在空间的传播具有波动形式，这是由于在空间交变电磁场的运动和变化引起的。电磁场在自由空间的振动方向与光波的传播方向 S 是垂直的，电磁场在与光波传播方向垂直的平面中振动。换言之，在自由空间中，光波是横波，如图 4-52 所示。

在同一平面内振荡着的电场 E 和磁场 H，彼此之间在方向上是时时正交的，而且二者相位是相同的，变化步骤也是一致的。由于磁场对红外光谱不产生如何作用，而电场对分子中

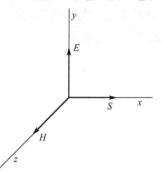

图 4-52 光的横波性
x—光波的传播方向；y—电场振动方向；z—磁场振动方向

基团振动偶极矩的变化会产生影响。所以在此只讨论光波中的电场对红外光谱的影响。

电场是有方向性的。在与光传播方向垂直的平面上，电场有两个振动自由度，可以表现出多种振动图像，这被称作光的偏振结构。电场矢量与光传播方向组成的平面称为偏振面，如果光的振动电矢量始终保持在偏振面内，这种光称为偏振光。如果沿着光传播方向看过去，在同一偏振面内的偏振光的振动电矢量是在同一条直线上，所以又将这种偏振光称为线偏振光。线偏振光可以看作光偏振结构的基本单元，复杂的偏振结构可以看作某些线偏振光的组合。

太阳、钠灯、汞灯、钨灯、红外灯及各种火焰，发出的光波是一种偏振随机波，没有任何偏振性，在垂直于光传播方向的平面内，光波的线偏振结构如图 4-53 所示，这种光称为自然光。自然光是由大量的、不同取向的、彼此无关的、无特殊优越取向的线偏

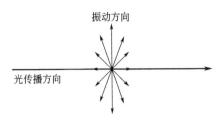

图 4-53　自然光波的线偏振结构

振光的集合。自然光具有轴对称性。

4.8.2　红外偏振器

　　能够产生线偏振光的器件称为偏振器（或起偏器）。自然光中各种取向的线偏振光经偏振器后，都变成一种取向的偏振光，如图4-54 所示。测试偏振红外光谱所需的线偏振红外光，是由红外光源发出的红外光通过红外偏振器得到的。

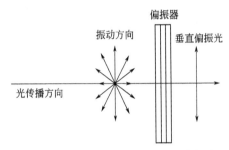

图 4-54　自然光通过偏振器后的偏振光

　　红外偏振器分为两类：一类是电介质偏振器，另一类是线栅偏振器。

　　电介质偏振器又分为透射式偏振器和反射式偏振器。透射式偏振器通常由一组六片呈楔形的氯化银片以扇形方式排开，如图4-55(a)所示。反射式偏振器是由一组真空喷涂高折射率材料如硒膜或硅膜的玻璃片组成，如图 4-55(b) 所示。线栅偏振器其实是一种复制光栅，光栅材料为能透射红外光的硒化锌、硫化锌等晶片，在晶片表面每毫米镀上 1200 条互相平行的金线或铝线。照射在栅状薄膜表面的入射光，其中只有电矢量方向垂直于光栅狭缝的光可以通过，电矢量方向平行于光栅狭缝的光被反射而不能通过，如图 4-55(c) 所示。

图 4-56(a) 所示是一种电介质偏振器实物图。将偏振器插入红外样品室的红外光入射口金属槽中，旋转偏振器上的旋钮，可以得到垂直和平行两种方向的线偏振光。在垂直和平行偏振光之间没有可调节的刻度。这种电介质偏振器体积较大。

图 4-56(b) 所示是一种线栅偏振器实物图。可将这种线栅偏振器插入样品室中的样品架上。线栅偏振器的晶片材料有 ZnSe、KRS-5、Ge、CaF_2 等。线栅偏振器的偏振角度可以调节。ZnSe 偏振器适用范围为 $15000\sim650\,cm^{-1}$，偏振率为 97%。

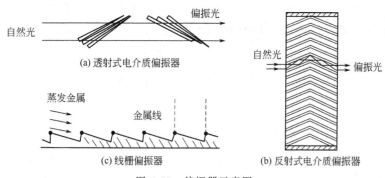

图 4-55　偏振器示意图

通过偏振器产生的偏振光的强度会发生变化。如果一束光强为 I_0、偏振方向为 A_0 的线偏振光正面入射于一张偏振器，线偏振光中与偏振器偏振方向一致的平行分量 $A_{/\!/}$ 能透过偏振器，而垂直分量 $A_\perp$ 不能透过偏振器，如图 4-57 所示。所以透过偏振器的光强 I_P 为

$$I_P(\alpha)=A_{/\!/}^2=(A_0\cos\alpha)^2$$

即　　　　　　　　　$I_P(\alpha)=I_0\cos^2\alpha$　　　　　　　(4-17)

式中，I_0 为入射光强，且 $I_0=A_0^2$。

(a) 电介质偏振器   (b) 线栅偏振器

图 4-56   红外偏振器实物图

式（4-17）称为马吕斯（Malus）定律。从式（4-17）可知，当一个偏振器对一束入射的线偏振光旋转一周时，透射光强依次出现：最强—消光—最强—消光，彼此相隔 $90°$。

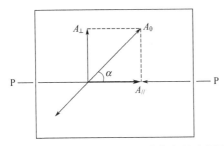

图 4-57   线偏振光通过偏振器的光强示意图

当一束光强为 I_0 的自然光正面入射一个偏振器时，其中电矢量与偏振器偏振方向一致的，则全部光强通过；电矢量与偏振器偏振方向垂直的，则全部光强被吸收；其他方向的电矢量，其光强按马吕斯定律以 $\cos^2\theta$ 比率通过。所以总体光强透过率为

$$\frac{I_P(\alpha)}{I_0} = (\cos\alpha)^2 = \frac{1}{2\pi}\int_0^{2\pi}\cos^2\theta\,\mathrm{d}\theta = \frac{1}{2} \qquad (4\text{-}18)$$

式（4-18）对偏振器偏振方向取向为任意角 α 时都成立，即透射光强为自然光入射光强的 1/2。这一现象与自然光偏振结构的轴对称性是一致的。红外偏振器由于材料和结构的关系，透射光强远没有达到入射红外光强的 1/2。

进入红外样品室的红外入射光不是真正的自然光。虽然红外光源发射出来的红外光是自然光，但是红外光在进入样品室之前要经过分束器透射和反射。当红外光束入射到分束器界面时，由于存在反射折射的偏振效应，反射光中有部分是偏振的。所以进入样品室的红外光的偏振结构不是轴对称的。在进入样品室的平行和垂直偏振方向透射光强是不相等的。用图 4-56(b) 线栅偏振器测得进入样品室的 0°和 90°偏振方向的光强透过率分别为 36.9%和 41.9%。

4.8.3 偏振红外光谱

对于气体和液体样品，分子是在不断地、无规则地运动的，分子中的原子也在不断地运动。对于固体样品，虽然分子不做无规则的运动，但是分子中的原子却在不断地运动。对于这种原子的运动称之为原子之间的振动，或分子中基团的振动。在前面的章节中已经提到，基团振动时如果偶极矩不发生变化，这样的振动是拉曼活性的，只有偶极矩发生变化的振动才是红外活性的，才能出现红外吸收谱带。振动引起的偶极矩变化越大，出现的红外吸收谱带越强。

当入射偏振光电矢量方向与偶极矩变化方向平行时，也就是说，当红外偏振光偏振方向与偶极矩变化方向平行时，分子会吸收红外光，使偶极矩变化加大，使红外吸收谱带增强。如图 4-58(a) 所示。

当红外偏振光偏振方向与偶极矩变化方向垂直时，分子不能吸收红外偏振光，因而不出现红外吸收谱带，或红外吸收谱带非常弱。如图 4-58(b) 所示。

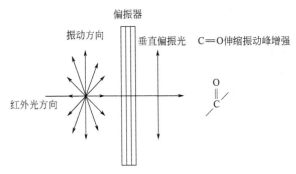

(a)红外偏振光偏振方向与偶极矩变化方向平行

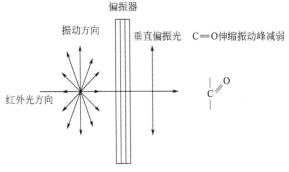

(b)红外偏振光偏振方向与偶极矩变化方向垂直

图 4-58　红外偏振光对红外吸收谱带强度的影响

　　红外样品中，不管分子的空间取向是有序还是无序，用普通红外光（非偏振红外光）照射样品时，样品中任何方向的红外活性振动都能吸收红外光，产生红外吸收谱带。这是由于普通红外光近似于自然光，在与光传播方向垂直的平面上，电矢量在各个方向都有振动。

　　对于分子空间取向无序的样品，由于分子在空间的排列没有规则，不能很好地定向，因此各种振动偶极矩变化方向也是没有规则的，在各个方向振动分布的概率是均等的。气体样品、液体样品、固体卤化物压片法制备的样品、糊状法制备的样品、漫反射法测试的样品、显微红外法测试的样品等，都属于分子空间取向无序的样品，都属于各向同性的样品。对于各向同性的样品，用红外偏振光测试得到的光谱与用普通红外光测试得到的光谱是完全相同的。因此用红外偏振器附件测试分子空间取向无序的、各向同性的样品是毫无意义的。

红外偏振器只适合于测试分子空间取向有序、分子排列有规则、各向异性的样品。对于这样的样品，测试时改变通过偏振器偏振光的角度，就能得到不同的偏振红外光谱。

晶体样品是各向异性的。在晶体样品中（包括液晶样品），由于分子的位置基本上是固定的，分子中基团振动的偶极矩变化方向也是固定的。用不同偏振方向的红外光测试这种样品得到的偏振红外光谱是不相同的。也就是说，利用偏振红外光谱法对研究单晶的结构能提供有用的信息。但是要得到大小和厚度都适合于在红外样品室中测试偏振红外光谱是不太可能的，除非使用红外聚光器附件。这是由于样品室中的红外光斑直径太大，约 10mm。如果晶体样品很小，直径只有几十微米，要想测试这种晶体的偏振红外光谱，只好用能在光路上安装红外偏振器的红外显微镜测试。现在，有些红外仪器公司已经能提供这种商品红外显微镜。

对于由长链分子组成的样品，如长链脂肪酸、长链脂肪醇等样品，如果分子链取向度高，如单分子膜或多层分子膜，采用普通透射法测试偏振红外光谱，无论如何改变偏振光的方向，得到的光谱都是相同的。只有采用掠角反射附件测试，而且在光路中加上偏振器，或在掠角反射附件中增加内置偏振器，使通过偏振器的偏振光电矢量与入射平面平行。利用这种附件测试单分子膜的掠角反射偏振光谱，不仅可以提高测试的灵敏度，而且对分子链取向程度的研究能提供有用的信息。

对于高分子聚合物，高分子链的结构是很复杂的。如果高分子链以最简单的单轴取向形式存在，最好是分子链全都在拉伸方向取向。对于这样的聚合物，利用偏振红外光谱研究分子链中各种基团的空间取向是有帮助的。图 4-59 所示是同一个聚合物样品用红外偏振器测得的偏振红外光谱。少量聚合物放在 KBr 红外晶片上，加热熔化后用不锈钢小扁铲将样品往一个方向拉开，得到分子链在拉伸方向取向的样品。在样品位置不动的情况下，在拉伸方向分别用平行偏振光和垂直偏振光测试样品的偏振红外光谱。从图 4-59 中可以看出，平行和垂直偏振光测得的光谱中，各个吸收峰吸光度的比值是不相同的。

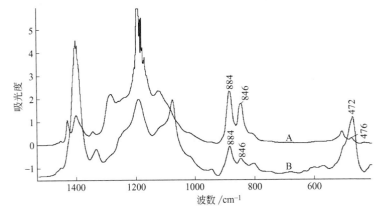

图 4-59　平行和垂直偏振光测试拉伸后的同一聚合物
样品得到的偏振红外光谱
A—平行偏振光测得的光谱；B—垂直偏振光测得的光谱

　　当红外光进入单次反射 ATR 附件时，由于存在反射偏振效应，也会产生偏振光。图 4-60 所示是用金刚石单次反射 ATR 附件测试拉伸尼龙-66 细丝的平行和垂直方向得到红外光谱。从图中可以看出，有些吸收峰吸光度的比值是不相同的。这说明从金刚石单次反射 ATR 附件进入样品的红外光具有偏振性，也说明拉伸尼龙细丝在不同方向上分子的取向不同。

　　在偏振红外光谱中，线偏振光分为平行偏振光和垂直偏振光两种。当偏振光与高分子聚合物样品的拉伸方向平行，或与长链分子取向轴平行，或与晶体的晶轴平行时称为平行偏振光，反之，称为垂直偏振光。在平行偏振光和垂直偏振光测得的两张光谱中，某一谱带的吸光度 $A_\parallel$ 和 $A_\perp$ 的比值 R，定义为该谱带的二向色性

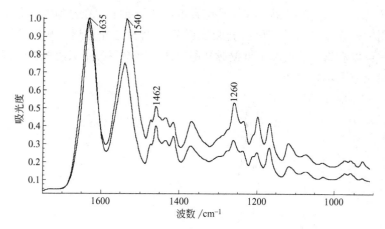

图 4-60　用金刚石单次反射 ATR 附件测试拉伸
尼龙-66 细丝得到的平行和垂直偏振红外光谱

比，即

$$R = A_{/\!/} / A_{\perp} \qquad (4\text{-}19)$$

在图 4-59 中 472cm^{-1} 吸收峰的二向色性比 $R = 0.13/1.40 = 0.09$，而 884cm^{-1} 吸收峰的 $R = 1.24/0.71 = 1.75$。图 4-60 中 1635、1540、1462cm^{-1} 和 1260cm^{-1} 吸收峰的 R 值分别为 1.01、0.80、1.18 和 0.60。

对于气体和液体样品以及各向同性的固体样品，所有谱带的 R 值都等于 1。对于各向异性的样品，各个谱带的二向色性比值 R 是不相同的，有些谱带的 R 值大于 1，而有些谱带的 R 值却小于 1。

在测试偏振红外光谱时，如果所使用的偏振器带有刻度，除了测试平行和垂直偏振红外光谱外，还可以在 0°～90°，每隔一定的度数测试一张光谱。当某一谱带的 R 值达到最大时，即这一谱带的 $A_{/\!/}$ 达到最大时所对应的角度，即为这一谱带对应的振动模式偶极矩变化的方向。因此，通过测试不同角度的偏振红外光谱，可以确定分子中各个基团的空间取向，从而推断分子的空间构象。

4.9 光声光谱附件

　　光声光谱附件（photoacoustic cell）主要用于测试固体样品的光声光谱。在测试固体样品时，是将样品密封在光声光谱附件的样品池中，样品池通常用氦气填充。光声光谱附件是将光信号转变成声信号。当红外光通过样品池窗口照射到固体样品上时，固体样品吸收红外光后产生热能，这些热能以热波的形式向紧挨着的气体进行热扩散，导致气体的热膨胀，便产生了声信号。用微麦克风检测产生的声信号，通过样品室中的插口将信号输送到计算机。

　　用光声光谱测试样品可以实现无损检测。光声光谱附件非常适用于不透红外光或对红外光具有高度吸收的样品的检测。对于填充大量炭黑的固体样品，如汽车、自行车轮胎样品的检测，采用普通的透射光谱法很难得到高质量的红外光谱图。采用光声光谱附件测试这样的样品，却不受炭黑的影响，因而能得到好的光谱图。

　　测试光声光谱的背景单光束光谱时，需要在样品池的样品杯中装入石墨纤维，以石墨纤维的声信号作为背景光谱。

　　光声光谱图的纵坐标不是以透射率或吸光度表示，而是以Photoacoustic表示，图形与吸光度光谱相同，可以直接对光声光谱进行谱库检索。

　　如果所使用的傅里叶变换红外光谱仪具有步进扫描功能，利用光声光谱附件和步进扫描技术，可以测试样品不同深度的组分或浓度有梯度变化的样品的光谱，如测试多层聚合物中各层的组分；测试胆结石样品中不同深度、不同层次的光谱。要确定聚合物薄膜是否由多层组成和确定每层的组分，如果每层的厚度只有几个微米，采用普通的透射法或其他测定技术是无法实现的。

光声光谱附件的体积很小，可以安装在样品室里。图 4-61
所示是一种光声光谱附件实物图。

图 4-61　一种光声光谱附件实物图

4.10　高压红外光谱附件

高压红外光谱附件（high pressure diamond anvil cell）的核心
部分是高压池。高压池的窗片材料采用ⅡA型天然金刚石制作。
图 4-62 所示是 1mm 厚的ⅡA型金刚石片的中红外吸收光谱。从图
中可以看出，ⅡA型金刚石片在 $2300\sim1800cm^{-1}$ 区间有吸收谱
带。由于大多数的物质在 $2300\sim1800cm^{-1}$ 区间没有红外吸收
峰，因此采用ⅡA型金刚石作为高压池的窗片材料不会影响红
外光谱的测定。虽然 $C\equiv N$、$N=C=O$、$N=C=S$、$C=C=C$、
$C=C=N$、$N=C=N$ 和 $=N=N$ 基团在 $2300\sim1800cm^{-1}$ 区间有
吸收谱带，但采用相同的窗片作为背景，能将金刚石的吸收全部抵
消掉，仍然可以得到这些基团的吸收谱带。

由于天然金刚石价格昂贵，金刚石窗片面积很小，一般在
0.5mm 左右。为了使金刚石窗片能承受最大的压强，需要将金刚
石加工成圆形，而且还需将金刚石镶嵌在一个硬质金属材料底座
中，该金属底座给金刚石片以均匀的支撑力，以防止金刚石片在高
压下碎裂。高压红外光谱附件施加的压力一般可以达到 100kbar

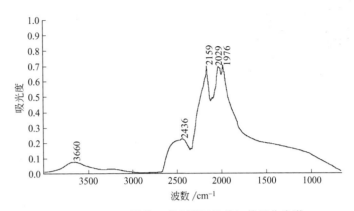

图 4-62　1mm 厚ⅡA 型金刚石片的红外吸收光谱

（1bar＝10^5Pa），约 10 万个大气压。

　　测试高压红外光谱时，需要在两片金刚石窗片之间放入厚度为
0.23mm 的不锈钢垫片，在垫片上打一个直径 0.35mm 的小孔，
将要测试的样品放入小孔中。往小孔中放入样品需要在显微镜下操
作。如果测试的是液体样品，将液体注满小孔即可；如果测试的是
固体样品，由于固体粉末不能有效地传递压强，因此需要有能均匀
传递压强的介质。通常是将固体粉末用玛瑙研钵研磨至颗粒小于
2.5μm，然后和液体混合，将混合物注满小孔。只有液体才能均匀
地传递压强，混合用的液体为水或重水，因为水和重水的光谱区间
是互补的。当然也可以用其他液体作为压强传递介质，如 4：1 的
甲醇-乙醇混合液，但这种混合液在中红外区有许多强的吸收谱带，
因此很少使用。不管是用水或重水（或甲醇-乙醇混合液）作为传
递压强的介质，在高压下，这些介质都会变成固体。水或重水变成
冰后，在光谱中会出现冰的吸收谱带，只要冰的吸收谱带不影响所
感兴趣的样品吸收谱带，仍然可以用它传递压强。

　　高压红外附件分为两类：一类高压红外附件用于主光学台样品
室中样品的测定；另一类用于红外显微镜样品台上高压红外的测
定。前一类高压红外附件的体积比后一类附件要大得多。用于主光
学台的高压红外附件可以直接插在样品室中的样品架上。由于高压

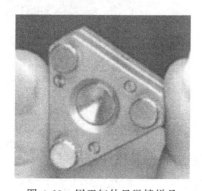

图 4-63　用于红外显微镜样品
台上的高压红外附件实物图

红外附件样品的有效直径只有 0.35mm，因此需要在样品室中安装一个用溴化钾晶体制作的透镜，将进入样品室的红外光束聚焦后，照射到样品上。这样才能增加光通量，提高光谱的信噪比。用于红外显微镜样品台上的高压红外附件体积很小，也很简单，如图 4-63 所示。这种高压红外附件由两块镶有金刚石窗片的硬质金属材料底座组成，三根螺丝将两块底座固定。均匀地、逐步地拧紧三根螺丝上的螺母，即可对金刚石池加压。

高压红外光谱主要是研究样品在压力下红外光谱的变化，因此准确测定压强成为高压研究中不可缺少的内容之一。高压红外光谱测定中压强的标定，前人已经做了大量的工作，已有通用的方法。一般是采用结晶石英作为内标，根据石英 $800cm^{-1}$ 谱带的位移值，计算出加压体系的压强。方法是：在不锈钢垫片小孔中注满待测样品后，在显微镜下加入几颗粒度小于 $4\mu m$ 的结晶石英（石英砂），极少量的石英粉末与压强传递介质混合，就可得到足够强的石英红外吸收光谱。

利用石英作为内标有三个好处：①石英不溶于水，适用于水或重水溶液介质的高压标定；②石英从常压到 100kbar 压强范围内都没有相变，压强标定范围较宽；③石英在中红外区红外吸收谱带简单。图 4-64 所示是石英在中红外区的吸收光谱。从图中可以看出，石英在 $4000\sim1300cm^{-1}$ 区间没有吸收谱带，只有在 $1100cm^{-1}$ 附近出现 Si—O 四面体的反对称伸缩振动强吸收谱带。在 $799cm^{-1}$ 和 $781cm^{-1}$ 出现两个分裂的 Si—O 四面体对称伸缩振动弱吸收谱带，这两个谱带都随压强的变化发生位移。当体系的压强增大时，谱带频率向高频移动。

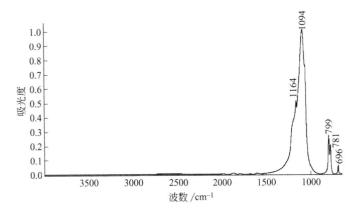

图 4-64　石英在中红外区的吸收光谱

结晶石英 $799cm^{-1}$ 谱带位移与压强的关系式为

$$P = a\,\Delta\nu^2 + b\,\Delta\nu + c \qquad (4\text{-}20)$$

式中，$a = 0.0158$，$b = 1.168$，$c = -0.166$。P 的单位为 kbar，$\Delta\nu$ 为谱带位移波数。将光谱中 $799cm^{-1}$ 谱带的位移值代入式（4-20），即可计算出体系的压强。

高压红外光谱之所以不同于常压下的红外光谱，是由于高压使化合物的密堆积增大，分子之间挨得更近。高压使分子间的作用力增强，因而导致化合物的空间结构发生变化。高压使分子内的化学键长度缩短，力常数增大，在红外光谱中反映出谱带向高频位移。高压还会使谱带的形状和强度发生变化，使谱带的半高宽增大，有时会出现新的谱带，或使某些谱带发生分裂。此外，高压还会使物质发生相变。图 4-65 所示是 DEPO（dioleoyl phosphatidylethanolamine）分散在 D_2O 中不同压强下 C—H 伸缩振动区的高压红外光谱。从图中可以看出，随着压强的增加，CH_2 对称和反对称伸缩振动谱带频率向高频位移，而且谱带的半高宽增大。当压强达到 20.1kbar 时，CH_3 反对称伸缩振动谱带已经消失。

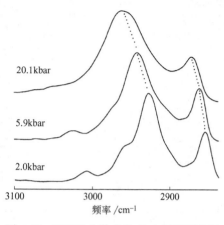

图 4-65　DEPO 分散在 D_2O 中不同压强下
C—H 伸缩振动区的高压红外光谱

4.11　样品穿梭器附件

　　在用主光学台样品室测试红外光谱时，需要打开样品室的盖子，将样品放入样品室和从样品室中取出样品。当打开样品室盖子时，外面的空气会进入样品室。样品室外面和样品室里面空气中水汽的含量是不相同的，特别是在用干燥气体吹扫光学台的情况下，样品室里面和外面空气中水汽的含量差别很大。当外面的空气进入样品室后，在测定的光谱中会出现水汽的吸收峰。在普通红外光谱的测试中，很弱的水汽吸收峰不易观察出来。但是对于光谱信号非常弱的样品测试，哪怕很弱的水汽吸收峰也会干扰谱带的辨认，甚至会将样品的谱带掩盖住。使用样品穿梭器（sample shuttle）附件，能非常有效地消除水汽对光谱的干扰。

　　样品穿梭器安装在样品室内，如图 4-66 所示。有的穿梭器上有两个样品架，其中一个样品架可以插入红外液池或磁性样品夹，另一个样品架可以空着，也可以插入用于背景单光束光谱测试的参比。有的穿梭器上排列着三个空位，其中一个是空光路，另外两个可插入样品和背景参比。穿梭器的电源插头直接插在样品室中专供

图 4-66　安装在样品室内的样品穿梭器

穿梭器使用的插孔里。测试样品时，由计算机控制穿梭器前、后穿梭，因此测试样品和背景光谱时，不需要打开样品室的盖子。这样能保证光学台中气氛的稳定，使测定的光谱不受水汽和二氧化碳的干扰。下面举几个例子说明样品穿梭器的实际应用。

在用透射光谱法测定液体有机化合物光谱时，要使最大吸收峰的吸光度达到 1 吸光单位，液膜的厚度约 $5\mu m$。如果用透射光谱法测定由长链分子组装的 LB 膜光谱，假设单分子层的厚度为 1nm，测定的样品光谱最大吸收峰的吸光度范围为 $2\times10^{-3}\sim2\times10^{-4}$ 吸光单位。现在的傅里叶变换红外光谱仪信噪比都非常高，用 $8cm^{-1}$ 或 $16cm^{-1}$ 分辨率测定 LB 膜的透射光谱是完全可以的。但是，当样品最大吸收峰的吸光度范围只有 $2\times10^{-3}\sim2\times10^{-4}$ 吸光单位时，水汽吸收峰的干扰就非常严重。这时如果使用样品穿梭器，仍然可以测定 LB 膜的光谱。

采用傅里叶变换红外光谱法对重水体系蛋白质二级结构进行研究时，蛋白质和重水的质量比通常只有 5：100。这种低浓度的蛋白质溶液酰胺 I 谱带的吸光度约为 0.1，用于二级结构分析的酰胺 I 谱带又位于水汽的变角振动吸收区。因此，水汽吸收峰对蛋白质二级结构的分析产生严重的影响。如果使用样品穿梭器，能将水汽的干扰彻底消除掉。

水汽在远红外区有非常多、非常强的转动吸收谱带。在远红外光谱的测试中，只有排除水汽的干扰，才能得到高质量的远红外光谱。使用样品穿梭器，再加上用干燥气体吹扫光学台，就能得到高质量的远红外光谱。图 4-67 所示是用 $4cm^{-1}$ 分辨率测得的 L-谷氨酸的远红外光谱，测试范围为 $650\sim50cm^{-1}$。在这张光谱中，水汽转动光谱的影响已经全部消除掉了。

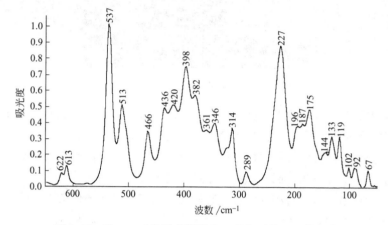

图 4-67　用 $4cm^{-1}$ 分辨率测得的 L-谷氨酸的远红外光谱

第5章

红外光谱样品制备和测试技术

　　红外光谱属于分子光谱，分子光谱是四大谱学之一。红外光谱和核磁、质谱、紫外光谱一样，是确定分子组成和结构的有力工具。

　　红外光谱分析技术的优点之一是应用范围非常广泛，可以说，对于任何样品，只要样品的量足够多，都可以得到一张红外光谱。对固体、液体或气体样品，对单一组分的纯净物和多种组分的混合物都可以用红外光谱法测定。红外光谱可以测定有机物、无机物、聚合物、配位化合物，也可以测定复合材料、木材、粮食、饰物、土壤、岩石、各种矿物、包裹体等。因此，红外光谱是教学、科研领域必不可少的分析技术，在化工、冶金、地矿、石油、医药、农业、海关、宝石鉴定、公检法等部门得到广泛的应用。

　　对于不同的样品要采用不同的红外制样技术。对于同一样品，也可以采用不同的制样技术。采用不同的制样技术测试同一样品时，可能会得到不同的光谱。因此，要根据测试目的和测试要求采用合适的制样方法，这样才能得到准确可靠的测试数据。

　　随着傅里叶变换红外光谱技术的发展，新的红外光谱附件不断地涌现。因此，除了传统的红外光谱制样技术外，出现了许多新的红外制样技术。例如，利用显微红外光谱技术，可以测试微量样品，即使是纳克级的固体或液体样品，利用显微红外技术也可以得到很好的光谱。对于单分子膜样品，可以利用掠角反射技术。要想测试薄膜或片材表面样品的红外光谱，可以采用水平 ATR（多次衰减全反射）或单次衰减全反射技术。总之，除了传统的溴化钾压片法和液膜法以外，还有很多种红外制样技术。红外光谱附件的制样技术在第 4 章中已经作了详细的介绍。

要得到一张高质量的光谱图，除了有性能优良的仪器，选用合适的制样方法外，制样技术或制样技巧也是非常重要的。相同的样品采用相同的制样方法，不同操作者制备的样品，测试得到的光谱可能会差别非常大。因此，对于红外光谱分析测试工作者，除了掌握各种制样方法外，掌握制样技巧至关重要。

5.1 固体样品的制备和测试

固体样品以各种不同的形态存在，有粉末样品，有粒状、块状样品，也有薄膜、板材样品；有硬度小的样品，也有硬度大的样品；有很脆的样品，也有非常坚韧的样品。因此，应该根据固体样品的形态和测试目的选用不同的制样方法和测试方法。

固体样品的测试方法有：常规透射光谱法、显微红外光谱法、ATR 光谱法、漫反射光谱法、光声光谱法、高压红外光谱法等。本节只讨论常规透射光谱法。固体的常规透射光谱制样方法分为：压片法、糊状法和薄膜法。

5.1.1 压片法

压片法是一种传统的红外光谱制样方法，是一种简便易行的方法，现在仍然是红外光谱实验室常用的制样方法。压片法只需要稀释剂、玛瑙研钵、压片磨具和压片机，不需要其他红外附件。稀释剂有溴化钾和氯化钾。溴化钾和氯化钾都是卤化物，所以又称为卤化物压片法。通常使用溴化钾作为样品的稀释剂。

5.1.1.1 溴化钾压片法

固体粉末样品不能直接用来压片，必须用稀释剂稀释，研磨后才能压片。这是因为粉末样品粒度大，不能压出透明的薄片，红外光散射严重。即使能压出透明的薄片，由于样品用量多，会出现红外光全吸收的现象，不能得到正常的红外光谱图。

（1）样品和溴化钾　溴化钾压片法需要固体粉末样品 1mg 左右，溴化钾粉末用量 150mg 左右。为了节省时间，确保一次压片测试成功，粉末样品最好使用天平称量。天平精度十万分之一即可满足要求。质量为 1mg 的粉末样品，如果不用天平称量，很难估计准确。因为非结晶状粉末样品很轻，而结晶粒状样品却很重。如果样品用量太少，测得的光谱吸光度会太低，光谱的信噪比不能满足要求，水汽吸收峰干扰也会比较严重。样品用量多了，光谱的有些谱带会出现全吸收。光谱的最强吸收峰吸光度在 0.5～1.4（透射率在 30%～4%）之间比较合适。溴化钾粉末用量不需要称量，大约 150mg 即可。溴化钾粉末用量太少时，压出来的锭片容易碎裂。溴化钾用量太多时，不容易压出透明的薄片。

对于某些含强极性基团的样品，如含羰基化合物，尤其是脂肪酸类化合物、含氰根化合物、碳酸盐、硫酸盐、硝酸盐、磷酸盐、硅酸盐等，这类样品用量只需 0.5mg 左右，因为这些样品都有非常强的吸收峰。

潮湿的样品不能直接用于压片，因为潮湿的样品不能压出透明的薄片。如果样品潮湿，在光谱中会出现水的吸收峰。潮湿的样品应经过真空干燥，或置于 40℃烘箱中干燥。在空气中极易吸潮的样品不能采用溴化钾压片法制样，而应采用其他制样方法。有些粉末样品一旦暴露于空气中，很快就由固体变成液体，这样的样品也不能用溴化钾压片法制样。

溴化钾粉末容易吸附空气中的水汽，溴化钾粉末在使用之前应经 120℃烘干，置于干燥器中备用，或将溴化钾粉末长期保存在 40℃烘箱中。

分析纯溴化钾可以满足红外分析测试要求，不需要重结晶提纯，可以直接用作稀释剂。检验溴化钾是否能满足红外分析测试要求的方法，是将 150mg 左右的溴化钾研磨压片，测试其光谱，如果光谱中没有杂质吸收峰即可直接使用。

（2）研磨 将样品和溴化钾一起置于玛瑙研钵中，一边研磨一边转动玛瑙研钵，使样品和溴化钾充分混合均匀。普通样品研磨时间 4～5min，非常坚硬的样品，可先研磨样品，因为样品量少，容易研磨细，然后再加入溴化钾一起研磨。研磨时间过长，样品和溴化钾容易吸附空气中的水汽；研磨时间过短，不能将样品和溴化钾研细。

样品和溴化钾混合物要求研磨到颗粒尺寸小于 2.5μm 以下。颗粒尺寸如果在 2.5～25μm，就会引起中红外光的散射。光的散射与光的波长有关。当颗粒大于光的波长时，光线照射到颗粒上才会发生散射。研磨后的颗粒粒度不可能完全一致，光散射的程度与粒度分布有关。混合物研磨得不够细时，在中红外光谱的高频端容易出现光散射现象，使光谱的高频端基线抬高。因此，检查混合物是否研磨得足够细的标准，是看测得的光谱基线是否倾斜。

当出现光散射时，吸收峰的强度会降低。因此，对于固体样品的定量分析，必须将混合物研磨得足够细，使测得的光谱基线平坦。

使用红外样品球磨振荡器可以代替玛瑙研钵研磨。使用振荡器振荡，既可免除手工操作，又可以节省时间，而且还可以减少样品与空气接触的机会。对坚硬和坚韧的样品，使用样品振荡器振荡比使用玛瑙研钵研磨的效果好得多。

（3）压片 压片需要使用压片模具，图 5-1(a) 和（b）所示分别是通用的压片模具实物图和装配图。用不锈钢小扁铲将研磨好的样品和溴化钾混合物全部转移到压片模具中，并用小扁铲将混合物铺平。这一步骤非常重要，如果混合物没有铺平，压出来的锭片会出现局部透明，而其他地方不透明。混合物铺平后，用手指的力量一面旋转压片模具的压杆，同时要稍加向下的压力使混合物更加平整。

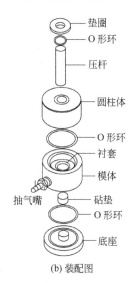

垫圈

O形环

压杆

圆柱体

O形环

衬套

模体

抽气嘴

砧垫

O形环

底座

(a) 实物图

(b) 装配图

图 5-1　通用的压片模具实物图（a）和装配图（b）

　　使用压片机给压片模具施加压力。压片模具带有抽气嘴，在给模具施加压力之前可以抽真空，也可以不抽真空。抽真空能除去研磨过程中溴化钾粉末吸附的一部分水汽，所以抽真空比不抽真空压出来的锭片透明些。通常情况下，施加 8t 左右的压力并保持十几秒钟即可压出透明或半透明的锭片。施加的压力高一些，压出来的锭片会更加透明。但是施加压力过高，容易损坏压片模具和压片机。

　　压片模具从压片机上取下来后，应该用压片模具附带的开口圆筒或透明塑料圆筒在压片机上将压好的锭片冲出来（如图5-2所示），这样冲出来的锭片不容易碎裂。

　　压片模具每使用一次都要清洗。用镊子夹着潮湿的纸巾或镜头纸将压片模具里面残留的溴化钾擦洗掉，然

图 5-2　取出锭片时压片模具放置方法

后用洗耳球吹干。如果模具里面残留有溴化钾，在压另一个片时很难将压杆从模具中拔出来。溴化钾长期残留在压片模具中，吸潮后会腐蚀模具。因此，压片工作结束后，一定要将压片模具擦洗干净，并将其保存在干燥器中。

（4）样品的测试　锭片从压片模具中取出来后要及时测试，因为锭片置于空气中容易吸潮，使透明的锭片变得不透明。如果不能及时测试，应将锭片暂时存放在干燥器中或密封在小塑料袋中。

如果锭片压得又透明又平整，两个侧面非常平行，在测得的光谱中，靠近400cm^{-1}的低频端会出现干涉条纹，影响谱带的辨认。如图5-3中谱线A所示。如果测试时出现干涉条纹，可将磁性样品夹的一侧用5mm左右厚的块状物垫高，另一侧用磁片将锭片压住（如图5-4所示），使锭片斜对着红外光路，可防止光经过锭片时发生干涉。这样测出来的光谱在低波数不会出现干涉条纹。如图5-3中谱线B所示。

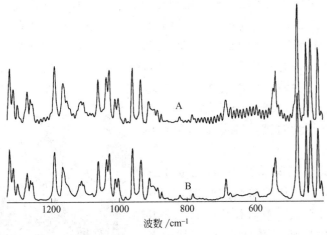

波数 /cm^{-1}

图 5-3　光谱低频端干涉条纹的消除

A—低频端出现干涉条纹的光谱；B—干涉条纹消除后的光谱

（5）溴化钾压片法存在的缺点和克服方法　采用溴化钾压片法制样存在两个致命的缺点。一个缺点是，无机和配位化合物通常都含有离子，样品和溴化钾研磨，尤其是施加压力，会发生离子交换，使样品的谱带发生位移和变形。严重时会向低频位移十几个波数。所以，要严格避免用溴化钾压片法制备样品。用这种方法制备无机物和配位化合物样品，在红外光谱中出现的反常现象已经进行过广泛的研究。除了溴化钾可能和无机和配位化合物发生阳离子交换外，溴化钾压片法由于

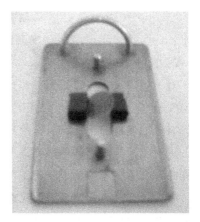

图 5-4 溴化钾锭片在磁性
样品夹上的放置方法

压力很大，样品的晶型也可能会改变。用溴化钾压片法得到的无机和配位化合物的红外光谱，在解析时要格外小心。在发表学术论文时，必须说明光谱是采用溴化钾压片法测定的。

有机物采用溴化钾压片法制样时，在研磨和压力的作用下，溴化钾与有机物分子的极性基团也会发生相互作用，使红外光谱谱带发生位移和变形。但与无机物相比，这种位移要小得多，通常只向低频位移几个波数。

第二个缺点是，采用溴化钾压片法制样，在 $3400cm^{-1}$ 和 $1640cm^{-1}$ 左右会出现水的吸收峰。这是由于溴化钾粉末研磨时，吸附空气中的水蒸气造成的。研磨之前无论溴化钾粉末烘得多么干，也无论空气湿度多么低，也会出现这种现象。

无机和配位化合物分子中通常都含结晶水或羟基，结晶水或羟基的吸收峰会与溴化钾粉末所吸附空气中的水吸收峰重叠在一起。当空气的湿度较大时，就很难判断样品分子中是否含有结晶水或羟基。

光谱中出现水的吸收峰可能有三个原因：

① 样品吸附空气中的水，称为吸附水；

② 溴化钾粉末和样品一起研磨时，溴化钾粉末吸附空气中的水；

③ 样品本身含有结晶水。

对于吸附水，可以采用低温烘干的方法，例如，将少量样品放入 40℃ 烘箱中过夜，也可以用真空干燥的方法。但是，这两种方法都有可能使样品中的结晶水脱掉。

用溴化钾压片法如何从光谱中消除因溴化钾吸附水产生的两个吸收峰？有两种方法可以从光谱中消除水的吸收峰。

第一种方法是，样品和溴化钾研磨后，将研磨好的粉末在红外灯下烘烤半个小时以上，再进行压片，在施加压力之前最好先抽真空，压好的锭片应尽快测试光谱。这样做只能部分地消除光谱中水的吸收峰，而不能彻底消除光谱中水的吸收峰。

第二种方法是，将 150mg 左右的溴化钾在不添加任何样品的情况下研磨压片，测定其吸收光谱，如图 5-5(a) 和 (b) 中的光谱 A 所示，并将光谱 A 保存在计算机中。以后可以用这张光谱作为参考光谱，从样品光谱中减去水的吸收峰（光谱的差减方法将在 6.2 节中讨论）。

如果样品本身不含结晶水或羟基，在 $3400cm^{-1}$ 附近基线应该是平坦的。但是，用溴化钾压片法测出来的光谱在 $3400cm^{-1}$ 附近肯定会出现水的吸收峰，如图 5-5(a) 中的光谱 B 所示，这个吸收峰的吸光度通常在 0.1～0.2。从这张光谱中减去溴化钾参考光谱，光谱差减时可以调节差减因子，将基线减到平坦为止，就可以将这个吸收峰减掉，如图 5-5(a) 中的光谱 C。

如果样品本身含结晶水或羟基，溴化钾的水峰和样品本身含的结晶水或羟基的吸收峰重叠在一起，如图 5-5(b) 中的光谱 D，光谱差减时，差减因子只能选整数 1。差减后的光谱在 $3400cm^{-1}$ 附近余下的是样品本身所含结晶水或羟基的吸收峰，如图 5-5(b) 中的光谱 E。

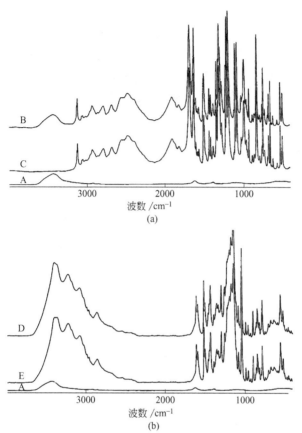

图 5-5　溴化钾稀释剂吸附水光谱的差减

A—不添加样品的溴化钾光谱；B—不含结晶水或羟基的样品光谱；

C—不含结晶水或羟基样品差减后的光谱；D—含结晶水或羟基的样品光谱；

E—含结晶水或羟基样品差减后的光谱

5.1.1.2　氯化钾压片法

　　在空气中，氯化钾比溴化钾容易吸潮，所以卤化物压片法通常采用溴化钾而不采用氯化钾作为稀释剂。溴化钾作为稀释剂对绝大多数化合物是适用的，但是对于分子式中含有 HCl 的化合物，溴化钾作为稀释剂就不适用了。因为 KBr 和样品分子中的 HCl 会发生阴离子交换，使测得的谱带发生很大的变化。对于分子式中含有

HCl 的化合物应该采用氯化钾压片法。图 5-6 所示为二甲基金刚烷胺盐酸盐（$C_{12}H_{21}N \cdot HCl$）采用溴化钾压片法、氯化钾压片法和显微红外光谱法（不添加任何稀释剂）测得的光谱。从图中可以看出采用氯化钾压片法和显微红外光谱法测得的光谱完全相同，而采用溴化钾压片法和氯化钾压片法测得的光谱有很大的差别，这是由于发生阴离子交换的结果。

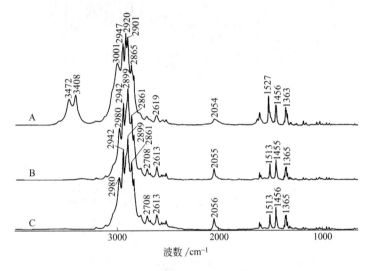

图 5-6　溴化钾和氯化钾压片法对分子中含有 HCl 化合物光谱的影响
A—溴化钾压片法测得的光谱；B—氯化钾压片法测得的光谱；
C—显微红外光谱法测得的光谱

　　采用氯化钾压片法制样的操作过程和溴化钾压片法完全相同，在此不再赘述。

5.1.2　糊状法

　　在卤化物压片法所测得的光谱中，由于卤化物粉末吸附空气中的水分很难彻底除去，在 $3400cm^{-1}$ 和 $1640cm^{-1}$ 附近出现水的吸收谱带，干扰样品中结晶水、羟基和氨基的测定。而且，卤化物压片法制样还会发生离子交换。采用糊状法制样可以克服这些缺点。

糊状法是在玛瑙研钵中将待测样品和糊剂一起研磨，将样品微细颗粒均匀地分散在糊剂中测定光谱。最常用的糊剂有石蜡油（液体石蜡）和氟油。用石蜡油或氟油与样品一起研磨的方法又叫作石蜡油研磨法或氟油研磨法。

5.1.2.1 石蜡油研磨法

石蜡油（mineral oil 或 Nujol）研磨法可以非常有效地避免溴化钾压片法存在的两个致命缺点。石蜡油研磨法既不会发生离子交换，又不会吸附空气中的水汽。采用石蜡油研磨法还有另外两个优点：一个是制样速度快，另一个是样品和石蜡油一起研磨时，石蜡油在样品表面形成薄膜，保护样品使之与空气隔绝。

但是，石蜡油研磨法也存在缺点，第一个最主要的缺点是，石蜡油糊剂是饱和直链碳氢化合物，是从煤油和柴油中提取出来的，是混合物，碳的原子个数十个左右。由于是饱和碳氢化合物，在光谱中会出现碳氢吸收峰。如图 5-7 所示。在 $3000 \sim 2800 cm^{-1}$ 区间和 1461、1377、$722 cm^{-1}$ 左右的碳氢吸收峰会干扰样品的测定。第二个缺点是，采用石蜡油研磨法制样，样品用量比卤化物压片法

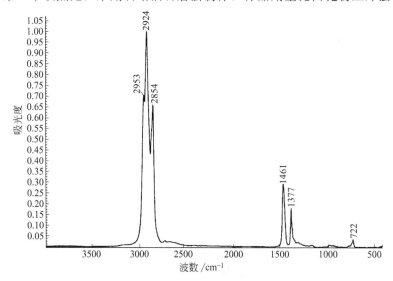

图 5-7　石蜡油的红外光谱

用量多，至少需要几毫克样品。

　　制备样品时，将几毫克样品（没有必要称量）放在玛瑙研钵中，滴加半滴石蜡油研磨。石蜡油用量越少越好。石蜡油用量越多，在测得的光谱中碳氢吸收峰越强。研磨好后，用硬质塑料片将糊状物从玛瑙研钵中刮下，均匀地涂在两片溴化钾晶片之间测定红外光谱。溴化钾晶片之间不必垫上垫片，而且，最好将溴化钾晶片夹在可拆式液体池架子上，这样，能方便地通过调节液体池架上的螺丝松紧程度，来调节溴化钾晶片之间糊状物的厚度，使测定光谱的吸光度满足测试要求。

　　由于夹在溴化钾晶片之间样品的量是无法确定的，所以，采用石蜡油研磨法制备样品不能用于红外光谱的定量分析。当然，如果采用内标法，还是可以进行定量分析的。

　　采用石蜡油糊剂研磨样品，很容易将样品粉末颗粒尺寸磨至 $2.5\mu m$ 以下，因此，测定光谱时一般不会发生光散射现象，所测得的光谱基线非常平整。

　　石蜡油研磨法制备无机物和配位化合物样品虽然不存在离子交换问题，但是也会使红外光谱谱带发生位移，不过这种影响比卤化物压片法小得多。对于有机物中的非极性基团的振动频率，峰位不会发生位移；对于极性基团的振动频率，峰位有时会向低频移动 1～2 个波数。

　　石蜡油研磨法制备红外样品快速简便，对光谱的影响又小，因此，采用石蜡油研磨法测得的光谱可以作为标准红外光谱。药典中的许多标准红外光谱是用石蜡油研磨法测试的。有些红外光谱仪器制造商提供的谱库，其中有些固体化合物的红外光谱是用石蜡油研磨法制样测得的。

5.1.2.2　氟油研磨法

　　红外光谱样品制备所用的氟油（fluorolube）糊剂，黏度比石蜡油大一些。所谓氟油，就是全氟代石蜡油。石蜡油中的氢原子全部被氟原子所取代，所以采用氟油研磨法制备样品得到的光谱没有碳氢振动吸收峰，而在光谱中出现的是碳氟振动吸收峰。碳氟振动吸收峰出现在 1300cm⁻¹ 以下的光谱区间，而且碳氟振动吸收峰的谱带非常强。因此，采用氟油研磨法制备样品不能观察 1300～400cm⁻¹ 区间样品的光谱，而只能得到 4000～1300cm⁻¹ 区间样品的光谱。在 4000～1300cm⁻¹ 区间，氟油基本上没有振动吸收谱带。如图 5-8 所示。

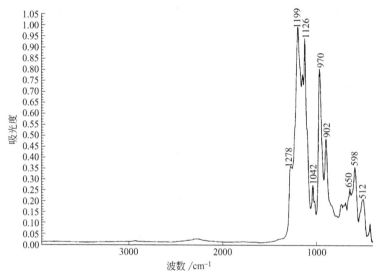

图 5-8　氟油的红外光谱

糊状法制备红外样品采用石蜡油和氟油可以得到互补。氟油在 1300cm⁻¹ 以上没有吸收谱带，而石蜡油在 1300cm⁻¹ 以下没有吸收谱带（除了在 720cm⁻¹ 出现一个弱的吸收峰以外）。石蜡油研磨法和氟油研磨法相比，石蜡油研磨法在中红外应用的更多些，因为使用氟油会干扰有机化合物在 1300cm⁻¹ 以下指纹区出现的吸收峰。

氟油研磨法制备样品的优点和石蜡油研磨法基本相同，制样方法也完全一样，在此不再重复。

5.1.3　薄膜法

固体样品采用卤化物压片法或糊状法制样时，稀释剂或糊剂对测得的光谱会产生干扰。薄膜法制样得到的样品是纯样品，红外光谱中只出现样品的信息。薄膜法主要应用于高分子材料红外光谱的测定。

随着红外光谱附件的种类越来越多，薄膜法制备红外样品的技术应用得越来越少。例如，红外显微镜附件可以测试各种高分子材料的红外光谱，聚合物薄膜可以用 ATR 附件测试。但也并不是说，薄膜法已无用武之地。在测定高分子材料的变温红外光谱时，还离不开薄膜法。如果没有任何红外附件，测试高分子材料的红外光谱还得使用薄膜法。

薄膜法主要分为溶液制膜和热压制膜两种方法。

5.1.3.1　溶液制膜法

将样品溶解于适当的溶剂中，然后将溶液滴在红外晶片（如溴化钾、氯化钠、氟化钡等）、载玻片或平整的铝箔上，待溶剂完全挥发后即可得到样品的薄膜。薄膜的厚度取决于溶剂和样品的性质、溶液的浓度、溶液的表面张力和溶液滴加的次数等。

溶液制膜法所选用的溶剂应是容易挥发的溶剂。溶剂极性比较弱，与样品不发生作用。样品在溶剂中的溶解度要足够大，溶液浓度可以调节。所配制的溶液要适中，一般为 $1\%\sim3\%$。过低，制得的薄膜会太薄，浓度过高，制得的薄膜又会太厚。溶液的表面张力太小，液滴散开的面积太大，制得的薄膜中间薄而周围厚。有些样品随着溶剂的挥发，样品越来越收缩。溶液滴加的次数越多，制得的薄膜厚度越不均匀。如果配制 2% 的溶液，滴 $1\sim2$ 滴溶液，膜的直径 13mm 左右，膜的厚度为 $5\sim10\mu m$，这样制得的膜适合红外光谱测定。

将溶液滴在溴化钾晶片上制膜是最好的溶液制膜方法。溶液滴在溴化钾晶片上制得的薄膜可以直接测定。如果测得的样品光谱吸光度太低，可以往溴化钾晶片上继续滴加溶液；如果吸光度太高，可以往溴化钾晶片上滴加溶剂溶解掉部分样品。

在不同红外晶片上制膜，测得的聚合物光谱可能会有些差别。这是因为红外晶片都是无机物，分子极性很强。聚合物与晶体表面会发生一定的作用。

滴在载玻片上制得的薄膜必须剥离才能测定,因为载玻片在 $2500cm^{-1}$ 以下不透红外光。适合于红外光谱测定的聚合物薄膜厚度为 $5\sim10\mu m$,这样薄的薄膜很难剥离。即使能剥离下来,薄膜也容易受损、起皱,很难将薄膜铺平。滴在铝箔上制得的薄膜如果剥离不下来,可以用 40℃,3mol/L 的 NaOH 热溶液将铝箔溶解掉,薄膜就漂在液面上。取出晾干即可用于测试。

5.1.3.2 热压制膜法

热压制膜法可以将较厚的聚合物薄膜热压成更薄的薄膜,也可以从粒状、块状或板材聚合物上取下少许样品热压成薄膜。

热压模具可以购买,也可以自制。购买的薄膜制样器(film maker)可以将少许聚合物热压成 15、25、50、100、250、500μm 厚的薄膜,薄膜直径为 20mm。图 5-9 所示为薄膜制样器的热压模具示意图。热压模具采用内加热器,上、下压模板内安装有电加热板。热压模具的温度由温度控制器自动控制,温度可以从室温加热到 300℃。不同的聚合物设定不同的热压温度。表 5-1 列出常用的各种聚合物设定的热压温度。

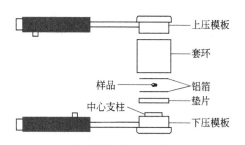

图 5-9　薄膜制样器的热压模具示意图

图 5-9 中的套环将上、下两块压模板对齐。铝箔将样品与上、下压模板隔开,热压好的样品薄膜夹在两片铝箔之间,将两片铝箔分开即可取出样品薄膜。热压 $15\mu m$ 厚的薄膜,在分开两片铝箔时,样品薄膜容易损坏,此时应将热压好的薄膜放在 40℃,浓度为 3mol/L 的 NaOH 热溶液中将铝箔溶解掉。热压不同厚度的薄膜

表 5-1　常用的各种聚合物热压温度

聚合物名称	设定的热压温度/℃	聚合物名称	设定的热压温度/℃
低密度聚乙烯	110	尼龙-12	170
线型低密度聚乙烯	130	尼龙-6	200
高密度聚乙烯	150	尼龙-610	200
聚丙烯	170	尼龙-66	240
聚苯乙烯	140	聚甲基丙烯酸甲酯	150
聚氯乙烯	160	聚缩醛树脂	100
尼龙-11	160	聚碳酸酯	210

使用不同的金属垫片。

　　采用薄膜制样器热压出来的薄膜非常平整。为了避免光谱测试时产生干涉条纹，对着样品的两片铝箔表面应该制成粗糙的表面。铝箔可以采用市售烤箱烤食物用的铝箔，用 0 号水磨砂纸将铝箔的表面打毛即可使用。

　　热压模具可以按图 5-9 设计制作。用硬质合金钢加工上、下两块压模板，再加工一个开口的套环即可用于热压制膜。制膜时，按照图 5-9 所示装好样品，将压模板放在电热板上加热，待样品熔化或变软时，将压模板取下，趁热用压片机施加 2t 左右的压力，即可压出薄膜。薄膜的厚度取决于样品的用量和施加压力的大小。自制热压模具由于没有温度控制器控温，只能凭感觉判断聚合物是否熔化或变软。对于熔化后容易发生热降解的聚合物，操作时要格外小心。

　　不管是采用热压制膜法还是采用溶液制膜法制备红外样品，都存在聚合物晶型变化的问题。制膜之前和制膜之后聚合物的结晶状态可能会不相同。溶液制膜时，溶剂挥发的速度会影响薄膜的结晶程度。同样的，热压制膜时，薄膜的冷却速度也会影响薄膜的结晶程度。

5.2　液体样品的制备和测试

　　液体样品可以装在红外液体池里测试，也可以用红外显微镜或

ATR附件测试。本节只讨论装在红外液体池里的测试方法。液体样品分为纯有机液体样品和溶液样品。溶液样品又分为有机溶液样品和水溶液样品。

5.2.1 液池窗片材料

液池窗片材料分为测试有机液体窗片材料和测试水溶液的窗片材料。中红外区常用的液池材料的物理性质列于表5-2中。

5.2.1.1 用于有机液体测试的窗片材料

表5-2中的液池材料都可制成红外窗片，用于有机液体的红外光谱测试，但并不是所有的液池材料都适用。有些材料波数范围窄，如氟化钙、氟化钡、盖玻片。有些材料价格昂贵，如金刚石、硒化锌、碘化铯、硫化锌。有些材料不透可见光，不便于观察晶片之间的液膜，如硅、锗晶体。有些材料有毒性，如KRS-5。有些材料化学稳定性差，见光容易变黑，如氯化银、溴化银。除了以上列举的材料外，表5-2中所列液池材料中只剩下溴化钾、氯化钾和氯化钠。

表5-2 中红外区常用的液池材料的物理性质

液池材料名称	化学组成	适用范围/cm^{-1}	溶解度/[$g/100mL(H_2O)$]	折射率
溴化钾	KBr	5000～400	53.5(0℃)	1.56
氯化钾	KCl	5000～400	23.8(10℃)	1.49
氯化钠	NaCl	5000～650	35.7(0℃)	1.54
氟化钡	BaF_2	5000～800	0.17(20℃)	1.46
氟化钙	CaF_2	5000～1300	0.0016(20℃)	1.43
氯化银	AgCl	5000～400	不溶	2.0
溴化银	AgBr	5000～285	不溶	2.2
碘化铯	CeI	5000～200	44.0(0℃)	1.79
KRS-5	TlBr, TlI	5000～250	0.02(20℃)	2.37
硒化锌	ZnSe	5000～650	不溶	2.4
硫化锌	ZnS	5000～500	不溶	2.2

液池材料名称	化学组成	适用范围/cm⁻¹	溶解度/[g/100mL(H_2O)]	折射率
金刚石(ⅡA)	C	$5500\sim10$	不溶	2.42
硅	Si	$5000\sim660$	不溶	3.4
锗	Ge	$5000\sim680$	不溶	4.0
盖玻片(18μm)	SiO_2,GaO	$5000\sim1350$	不溶	1.5

注：表中适用范围与液池的厚度有关，厚度越厚，适用范围的低频端截止波数越高。折射率与光的波长有关，光的波长不同，折射率会有变化。

实际上，红外光谱实验室测试有机液体红外光谱，最常用的窗片材料是溴化钾和氯化钠。这两种晶片都是无色透明的。溴化钾和氯化钠晶片硬度小，易于加工，价格便宜。氯化钠晶片的硬度比溴化钾晶片大一些，但溴化钾晶片的适用范围比氯化钠晶片宽一些。从表5-2可以看出，氯化钠低频端只能测到650cm⁻¹，而溴化钾低频端可以测到400cm⁻¹。所以，在中红外区，测试有机液体最适合的窗片材料是溴化钾。

溴化钾晶片的硬度小，容易碎裂。一不小心将晶片掉在桌面上或掉在地上，晶片都可能损坏。测试样品时，可拆式液池架上的螺丝拧得太紧或几个螺丝用力不均匀，都可能将夹在液池架中的晶片拧裂。

溴化钾晶片在测试完毕后要尽快清洗干净。因为溴化钾易溶于水，所以不能用水洗，最好用无水乙醇将晶片上附着的有机液体冲洗掉，并马上用纸巾或镜头纸擦干。

随着溴化钾晶片使用次数的增多，晶片表面划痕越来越多，溴化钾晶片表面越容易被有机物污染。如果测试的有机液体含有极少量的水，水会溶解晶片表面的溴化钾，使晶片表面下凹，导致以后测试时液膜中出现气泡或液膜厚度不易掌握。当出现以上情况时，应将溴化钾晶片抛光。

溴化钾晶片的抛光当然可以用抛光机抛光，或用抛光附件抛光。但最简便、最容易的抛光办法，是在一块平板玻璃上用胶水粘上一块绒布或擦眼镜布，待胶水干透后就成为一个抛光面。用滴管往绒布上滴上几滴 50％ 左右的乙醇水溶液，手指拿着晶片边缘在潮湿的绒布上转圈抛光，抛光后应马上用纸巾将晶片擦干。这样做，实际上是将晶体表面的部分溴化钾溶解掉，使晶面变平，达到抛光的目的。随着抛光次数的增多，晶片会变得越来越薄。由于溴化钾晶片价格便宜，采用这种方法抛光是值得的。

溴化钾晶片可以从红外仪器销售商那里购买，也可以在国内订货。晶片的形状可以根据需要制作，加工的晶片厚度为 5mm 比较合适。如果用于定性测试，溴化钾晶片加工成直径 18mm 的圆片比较实用。这样的圆片使用材料少，价格便宜。如果用于定量测试，加工时需要在晶片上适当的位置打上两个小孔，晶片形状由液池架决定。

5.2.1.2　用于水溶液测试的窗片材料

表 5-2 中的各种窗片材料，除了易溶于水的窗片材料外，都可以用于水溶液样品红外光谱的测试。其中最常用的窗片材料是氟化钡晶片，其次是氟化钙晶片。

氟化钡晶片不溶于水，可以用水清洗。氟化钡晶片硬度比溴化钾晶片的硬度大，使用时表面不容易出现划痕。氟化钡晶片和溴化钾晶片一样，也容易碎裂，使用时要特别小心。

氟化钡晶片虽难溶于水，但可溶于酸和氯化铵中，和硫酸盐或磷酸盐作用生成硫酸钡或磷酸钡，使晶体表面受到腐蚀。测试金属盐浓溶液时，金属离子会与氟化钡晶体表面的钡离子发生离子交换，使晶体表面受损。

氟化钡晶片抛光比溴化钾晶片难得多，即便使用抛光附件抛光，也很难将受损的表面抛至光亮。对于严重腐蚀的晶体表面，可以用 0 号水磨砂纸轻轻打磨，然后用抛光附件抛光，或用抛光机抛光。

氟化钡晶体材料比溴化钾贵得多。为了节省材料，降低制片成本，晶片可以加工薄一些。3mm 厚的晶片可以满足红外测试要求。晶片越厚，低频端截止波数越高，中红外测试的波数范围越窄。图 5-10 所示是两片 3mm 厚氟化钡晶片的红外光谱。从图 5-10 可以看出，两片 3mm 厚氟化钡晶片作为液池材料，低频端只能测到 800cm^{-1}。

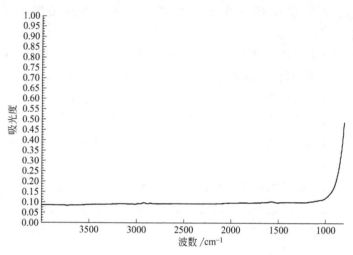

图 5-10　两片 3mm 厚氟化钡晶片的红外光谱

氟化钙晶片比氟化钡晶片硬度大，价格也比氟化钡便宜。但氟化钙晶片低频端的截止频率比氟化钡高。两片 3mm 厚氟化钙晶片作为液池材料，低频端只能测到 1300cm^{-1}。

5.2.2　液池种类

液体样品的透射红外测试一定要使用液体池。液体池的种类很多，可以从红外仪器公司购买，也可以加工制作。液体池大体上可以分为三类：可拆式液池；固定厚度液池；可变厚度液池。

5.2.2.1　可拆式液池

测定液体样品的红外光谱一般使用可拆式液池。图 5-11 所示

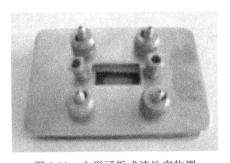

图 5-11 方形可拆式液池实物图

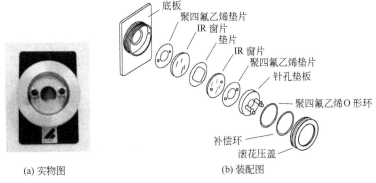

(a) 实物图 (b) 装配图

图 5-12 圆形可拆式液池实物图和装配图

是一种通用的方形可拆式液池实物图。这种液池使用起来很方便。
图 5-12(a) 和（b）所示是圆形可拆式液池实物图和装配图。可拆
式液池中的两片晶片和晶片之间的垫片可以取下来清洗。有各种不
同厚度的垫片，购买的垫片最薄的只有 $6\mu m$ 厚，垫片厚度一般分
为 15、25、50、100、150、200、$500\mu m$ 和 $1000\mu m$ 几种。薄的垫
片一般采用聚四氟乙烯或铝箔制作，厚的垫片通常是铅垫片。薄的
垫片容易损坏。薄的垫片可以自己制作，寻找各种不同厚度的塑料
薄膜，用刀片按尺寸裁好，夹在笔记本里，用千分尺测量垫片
厚度。

液体的红外光谱测试绝大多数用于定性分析，定性分析不需要
知道液池厚度。用于定性分析的可拆式液池架可以制作得更简单

图 5-13 简便的圆形可
拆式液池实物图

些，使用起来更方便些。图 5-13 所示是一种非常简便的可拆式液池。固定晶片的空心聚四氟乙烯螺丝的螺距可以设计大一些，这样，拧螺丝时转的圈数可以少一些。使用这种可拆式液池，晶片不容易碎裂，因为施加在晶片上的压力很均匀。

5. 2. 2. 2　固定厚度液池

固定厚度液池是指液池中两块窗片之间的厚度是固定不变的。两块窗片之间夹着中空的垫片，垫片的厚度就是液池的厚度。垫片的材料可以是聚四氟乙烯或铝箔，也可以是汞齐化铅片。窗片材料通常选用能透可见光的溴化钾、氯化钠和氟化钡晶片，以便观察液池中的液膜。

固定厚度液池一定要有液体的进口和出口，以便注入待测液体和清洗液池。有的固定厚度液池的进口与注射器的针头相连，待测液体必须使用注射器才能注入液池。有的固定厚度液池可以用滴管将液体从进口滴进液池。将液体出口位置抬高，流动性好的液体能自动充满液池，流动性差一些的液体则需要洗耳球的帮助，才能将液体充满整个液池。图 5-14 所示是一种固定厚度液池分解示意图。

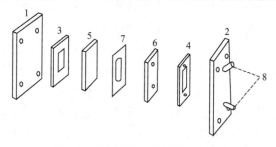

图 5-14　固定厚度液池分解示意图

1—底板；2—面板；3,4—垫片；5—无孔晶片；

6—有孔晶片；7—汞齐化铅垫片；8—样品进、出孔

使用最多的固定厚度液池厚度为 $100\mu m$ 和 $50\mu m$，厚度在 $50\mu m$ 以下的液池，液体很难加进去，也很难将整个液池充满液体。如果液池没有充满待测液体，测定出来的红外光谱会变形。

固定厚度液池的窗片和垫片不能取下来清洗。液池的厚度越薄，清洗起来越困难。使用固定厚度液池测试红外光谱，每测完一个样品，都要将液池彻底清洗干净。通常使用无水乙醇、丙酮、氯仿、石油醚、四氯化碳、苯等易挥发溶剂清洗液池。经多次清洗后，用洗耳球将液池吹干。如果测试一系列不同浓度溶液的红外光谱，应从低浓度往高浓度依次测试。

黏度大的液体应尽量避免用固定厚度液池测试，因为不容易将黏度大的液体加进液池中，测试结束后又很难将液池清洗干净。

固定厚度液池随着使用次数的增多，窗片之间的污染越来越严重。要彻底清洗被玷污的窗片，只好将液池拆开。但是由于窗片与垫片之间长期紧密地压在一起，拆分会使窗片破裂。

液体的红外定性分析一般不使用固定厚度液池，只有定量分析才使用固定厚度液池。使用固定厚度液池进行红外定量分析时，不需要对光谱进行归一化处理。实际上，使用可拆式液池也可以进行红外光谱定量分析，只不过每次加入液体之前先要测定液池厚度（液池厚度测定方法将在 9.6.1 节中讨论），并对所测得的各个光谱进行归一化处理。

5.2.2.3 可变厚度液池

有一种液池，液池中两块晶片之间液膜的厚度是可以改变的，这种液池叫做可变厚度液池。可变厚度液池液膜厚度的调节就像千分尺一样，有刻度指示液膜的厚度。可以通过旋转旋钮调节液膜的厚度来改变液体红外光谱的吸光度。

图 5-15 所示是可变厚度液池示意图（a）和实物图（b）。可变厚度液池的价格比可拆式液池或固定厚度液池贵得多，因为可变厚度液池要解决密封和厚度测量问题。可变厚度液池的窗片材料可以

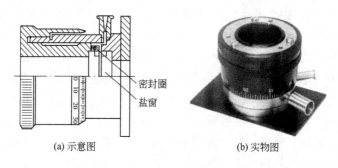

(a) 示意图   (b) 实物图

图 5-15　可变厚度液池示意图和实物图

是溴化钾、氯化钠、氟化钡或别的材料。可变厚度液池的清洗比固定厚度液池容易，清洗时可将窗片之间的距离调大。

5.2.3　纯有机液体样品光谱的测试

纯有机液体样品的测试采用液膜法，就是在两块晶片之间夹着一层薄薄的液膜。通常在晶片之间不需要加垫片。液膜法是最简便、最快速的一种红外光谱测试法。测试纯有机液体样品最好选用溴化钾晶片。晶片底座与晶片之间一定要垫上橡皮垫片或纸垫片，以防止将晶片压裂。

对于糨糊状的黏稠样品，取少量样品置于溴化钾晶片中间，用另一片晶片压紧，使样品形成均匀的薄膜即可测试。样品的厚度可以通过液池的螺丝来调节。

对于黏度小、流动性好的液体样品，可以用不锈钢小扁铲沾一点液体置于溴化钾晶片中间，或用滴管或注射针筒将一小滴液体样品滴在溴化钾晶片中间，再放上另一块溴化钾晶片，液池架的螺丝不能拧紧。因为晶片之间没有垫片，如果螺丝拧得太紧，液膜会太薄。液膜的厚度为 $5\sim10\mu m$ 时，测得的光谱吸光度比较合适。如果最大吸收峰的吸光度超过 1.4，可以将螺丝拧紧一些，但千万注意别将晶片拧裂。为了防止晶片破裂，最好重新取更少量的样品制样。

对于容易挥发的液体样品，在溴化钾晶片上滴一大滴样品，马上盖上另一块晶片，并尽快测试光谱。样品光谱采集结束后，仔细观察晶片之间液膜是否仍然充满，如未充满，应重新制样。

用于测试纯有机液体的溴化钾晶片一定要平整，晶片如果不平整，液膜会太厚。液膜中不能有气泡，如果出现气泡，一定要重新制样。

如果实验室没有能用于测试纯有机液体光谱的红外晶片（如KBr晶片），可以压制两片纯 KBr 锭片，将有机液体夹在两片锭片之间测试。如果纯有机液体易挥发、易渗透，采用这种方法测试很难得到吸光度合适的光谱。

5.2.4 有机溶液样品光谱的测试

有机溶液样品的红外光谱测试方法和纯有机液体样品的测试方法相同。在红外光谱实验室，专门测试有机溶液光谱的情况是很少遇到的。纯的有机液体可以直接测定红外光谱，没有必要配成有机溶液测试；固体有机物可以采用溴化钾压片法或其他方法测试，也没有必要配制成有机溶液测试。除非想研究有机溶剂与有机物之间的相互作用对光谱的影响，或者想研究固态物质的光谱与固态物质在有机溶液中的光谱之间的差别，或者需要鉴定两种样品是否为同一种物质，或者专门研究溶剂效应，或者进行红外光谱定量分析，否则没有必要配成有机溶液测试。

如果非要测试有机液体的溶液光谱或者固体物质的有机溶液光谱，那么，溶剂的选择非常重要。要选择在中红外区吸收峰少的溶剂，极性非常弱的四氯化碳和二硫化碳在中红外区吸收峰非常少，如图 5-16 和图 5-17 所示。从这两张光谱图可以看出，这两种溶剂的光谱区间可以互补。一些非极性溶剂，如氯仿、石油醚、环己烷、苯等，极性溶剂如甲醇、乙醇和丙酮等都可以用作溶剂。

如果有机溶液中溶有常温下为固体的溶质，要想测定溶质的光

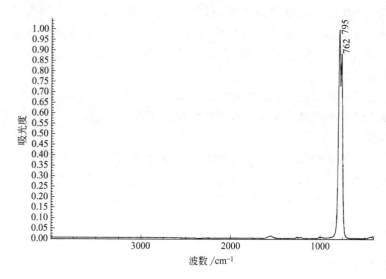

图 5-16　四氯化碳的红外光谱

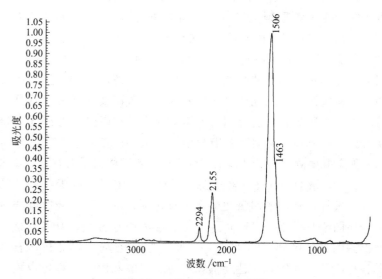

图 5-17　二硫化碳的红外光谱

谱，最好将溶剂挥发掉，再用其他测试方法测定固体溶质光谱。如果溶液的浓度很低，直接测试这种溶液，得到的主要是溶剂的吸收谱带，无法得到固体溶质的光谱。

有些有机化合物在不同的条件下结晶，可以得到不同的晶体。虽然晶体的组分相同，但晶体的形状不同，晶体的性质也会有很大的差别。不同的晶体其熔点可以相差几十度。晶体的结构不同，红外光谱也不完全相同。图 5-18A 和 B 是同一种有机化合物在不同条件下结晶得到的晶体的显微红外光谱。这两种晶体的熔点相差40℃。比较光谱 A 和 B，很难想象这两种晶体是同一种物质。将这两种晶体分别溶于氯仿，测定氯仿溶液的红外光谱，图 5-19A 和 B 所示分别是这两种晶体的氯仿溶液光谱，光谱 C 是氯仿的光谱。图 5-19 中的光谱 A 和 B 完全相同，说明这两种晶体是同一种物质（核磁 H 谱完全相同）。这也说明固体的红外光谱和溶液的红外光谱有时会有很大差别。

因此可见，要鉴定两个样品（有机化合物）是否为同一物质，最好的办法是将它们分别溶于同一种有机溶剂中，测定相同浓度、

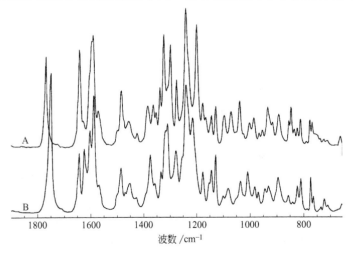

图 5-18 A 和 B 是同一种有机化合物在不同条件下
结晶得到的晶体的显微红外光谱

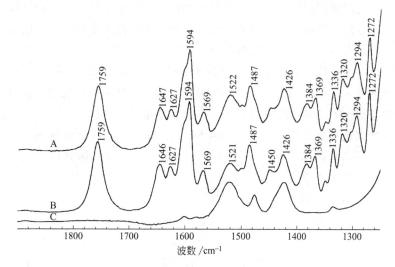

图 5-19　A 和 B 分别为两种晶体的氯仿溶液光谱，C 是氯仿的光谱

相同厚度溶液的红外光谱。如果两张光谱中吸收峰的个数、吸收峰的位置和各吸收峰的相对强度比值完全相同，就说明这两个样品是同一种物质。因为红外光谱就像人的指纹一样，不同物质的红外光谱是不可能绝对相同的。

5.2.5　水和重水溶液样品光谱的测试

5.2.5.1　水溶液样品光谱的测试

液体水在中红外区有非常强的吸收谱带。图 5-20 所示是采用两片 3mm 厚的氟化钡晶片测得的液体水的红外光谱。在 3400cm^{-1} 附近有强且宽的 H—O—H 反对称和对称伸缩振动吸收峰；在 1644cm^{-1} 也有很强的 H—O—H 变角振动吸收峰；在 600～400cm^{-1} 有水分子的摇摆振动吸收峰。这些谱带会干扰和掩盖溶质的吸收峰。由于水的吸收峰非常强，而且溶液中水的光谱与纯水的光谱也有差别，因此，即使使用光谱差减技术，也不可能将水的吸收峰彻底减掉。

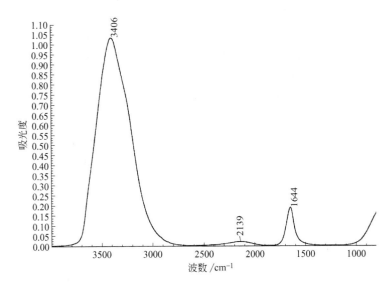

图 5-20　采用氟化钡晶片测得的水的红外光谱

　　测定水溶液光谱，窗片材料最好选用氟化钡晶片。图 5-10 表明，氟化钡晶片低频端可以测到 $800cm^{-1}$。当然也可以选用其他不溶于水的窗片材料，如硒化锌。硒化锌比氟化钡的测量区间还要大，可以测到 $650cm^{-1}$，但硒化锌晶片的价格比氟化钡贵得多。KRS-5 窗片在整个中红外区都是透光的，但价格更昂贵，且有毒。氟化钙晶片价格虽便宜，但低频端只能测到 $1300cm^{-1}$，除掉水吸收峰占据的区间外，余下可利用的红外区间非常窄，只有 $1500\sim1300cm^{-1}$ 区间可以利用。

　　一般采用液膜法测定水溶液光谱。窗片之间不加垫片，液膜厚度 $2\sim3\mu m$ 时，$3400cm^{-1}$ 水的吸收峰吸光度已达到 1.4 左右。如果在晶片之间垫上垫片，$3400cm^{-1}$ 附近肯定出现全吸收。如果水溶液的浓度很稀，采用液膜法测定是很难得到溶质的光谱的。那么，水溶液的浓度要多大才能用液膜法测试呢？可以说，在 1‰ 以上就可以用液膜法测试。溶液在 1‰ 左右时，测试得到的光谱吸光度大约在 0.001 左右。为了提高光谱的信噪比，这时测试所用的光谱分辨率应降低到 16cm^{-1}。

由于水是强极性溶剂，体系中存在大量氢键，水溶液中的溶质会发生水化作用，使溶质的光谱发生变化。因此，水溶液中溶质的光谱和固态的光谱会有很大的差别。所以，如果不是研究水溶液状态下溶质的光谱，就应该将水除掉，然后测试固态样品的光谱。除去水的办法，可以采用自然晾干，或用氮气吹干，或放在低温烘箱（40℃）中除水，或放在干燥器中除水，而不能采用抽真空或加热的办法除水，以避免样品发生化学变化或使挥发性大的物质损失掉。

5.2.5.2　重水溶液样品光谱的测试

为了避免水溶液中水吸收峰对溶质吸收峰的干扰，最好的办法是将溶质溶解在重水中，测试重水溶液的光谱。图 5-21 所示的是采用两片 3mm 厚的氟化钡晶片测得的重水的红外光谱。测定时，晶片之间不垫垫片。图 5-21 中的 2507cm^{-1} 吸收峰是 D—O—D 反对称和对称伸缩振动吸收峰，1209cm^{-1} 吸收峰是 D—O—D 变角振

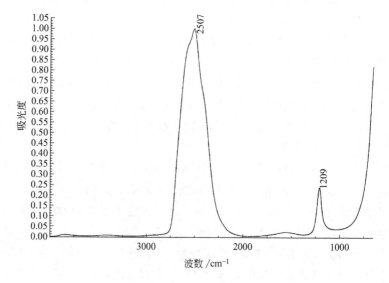

图 5-21　采用氟化钡窗片测得的重水的红外光谱

动吸收峰。从图 5-20 和图 5-21 可以看出，水和重水的红外光谱是互补的。可以根据需要选择水或重水作溶剂，如果同时选用水和重水作溶剂，就可以得到溶质在中红外区 $4000 \sim 800 cm^{-1}$ 区间的光谱。

利用红外光谱法可用测定蛋白质的二级结构。生物体中的蛋白质存在于水溶液中，所以，测定蛋白质的二级结构，最好是将蛋白质溶于水中进行测定。但是水的变角振动谱带（$1644 cm^{-1}$）干扰蛋白质酰胺 I 谱带（$1650 cm^{-1}$ 左右）的测定。如果将蛋白质溶于重水中，$1650 cm^{-1}$ 左右没有吸收峰的干扰，D—O—D 的变角振动出现在 $1210 cm^{-1}$ 附近。利用光谱差减技术从蛋白质的重水溶液光谱中减去重水的光谱，能消除重水对蛋白质谱带的影响。图 5-22 是蛋白质重水溶液的光谱，图 5-23 所示为差减后得到的蛋白质的光谱。图 5-23 中的 $1635 cm^{-1}$ 吸收峰是酰胺 I 谱带（C=O 伸缩振动），$1446 cm^{-1}$ 吸收峰主要是酰胺 II 谱带（C—N—D 弯曲振动）。

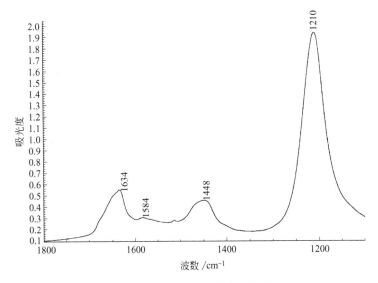

图 5-22　蛋白质重水溶液的红外光谱

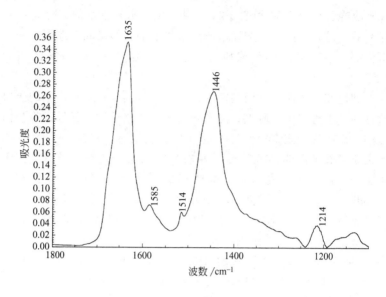

图 5-23 蛋白质重水溶液的差减红外光谱

5.3 超薄样品的测试

如果在可透红外光的晶体材料（如溴化钾、氯化钠、硒化锌、单晶硅片等）表面覆盖着单分子层或多分子层样品，样品分子中存在直链烷基，烷基碳原子数在 10 个原子以上，样品分子是竖立在晶体表面上的。对于这样的样品，能否采用透射红外光谱法测试。

现在来计算一下，采用透射红外光谱法测试这样的单分子层样品，得到的吸光度光谱最大吸收峰的吸光度值在什么范围。在用液膜法测试有机纯液体的红外光谱时，大多数样品液膜厚度约 $5\mu m$ 时，最大吸收峰的吸光度可以达到 1 左右。由于 C—C 键长在 0.15nm（1.5Å）左右，如果单分子层烷基链碳原子个数为 10，那么分子的长度应为 1.23nm 左右，也就是说，样品的厚度约 1.23nm。如果超薄样品仍然符合朗伯-比耳定律，测试这样的样品得到的最大吸光度应在 2.5×10^{-4} 左右。

利用高信噪比的傅里叶变换红外光谱仪测试单分子层样品是完全可以的。测试时，光谱分辨率选用 $16cm^{-1}$，而且红外光学台必须用干燥空气或干燥氮气吹扫，此外还应配备样品穿梭器。在这种条件下测试，在样品光谱中可能还能观察到水汽吸收峰。这时再采用光谱差减技术，将水汽的吸收峰扣除掉，就能得到样品的光谱。如果没有干燥气体吹扫光学台，又没有样品穿梭器，水汽光谱对最大吸光度只有 2.5×10^{-4} 左右的光谱会产生严重干扰。如果样品光谱中水汽吸收峰很强，即使使用光谱差减技术，也是无法将水汽吸收峰扣除掉的。

图 5-24 所示是采用透射光谱法测试单晶硅片上单分子层样品得到的光谱。分子的组成如图 5-25 所示，分子的中间是一个 18 个碳的烷基，分子的长度约 3nm。根据前面的估算，这种分子的单分子层红外透射光谱 CH_2 的反对称和对称伸缩振动吸收峰的吸光度值估计在 6×10^{-4} 左右。图 5-24 中的 $3323cm^{-1}$ 吸收峰是 N—H 伸缩振动；$2918cm^{-1}$ 和 $2850cm^{-1}$ 吸收峰分别是烷基链 CH_2 反对称和对称伸缩振动，吸光度为 6×10^{-4}，这个数值与前面的理论计算值

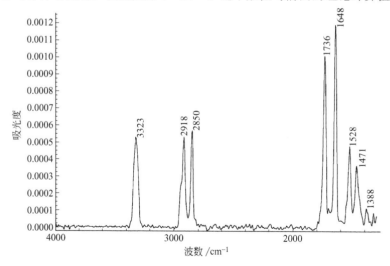

图 5-24　采用透射光谱法测试单晶硅片上单分子层样品得到的光谱

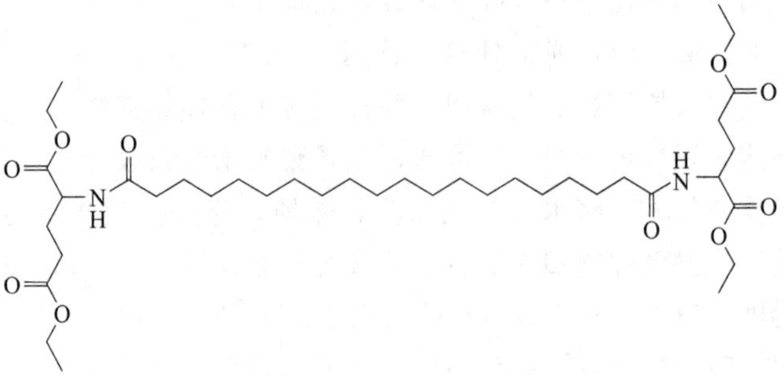

图 5-25　单晶硅片上单分子层分子的组成示意图

相当吻合；$1736cm^{-1}$ 是酯羰基 C=O 伸缩振动；$1648cm^{-1}$ 和 $1528cm^{-1}$ 分别是酰胺Ⅰ和酰胺Ⅱ吸收峰；$1471cm^{-1}$ 为 CH_2 变角振动吸收峰。

在氢气气氛中拉制单晶硅时，氢气与硅会发生作用，在拉制的单晶硅中存在 Si—H 键，但 Si—H 键的含量非常低。不掺杂的 1mm 厚单晶硅片大约能透 50% 的红外光。采用透射光谱法测定这种单晶硅片中氢的含量也属于超薄样品的测试，测试条件与测试单分子层样品的条件相同。

第6章

红外光谱数据处理技术

傅里叶变换红外光谱的测试是一件非常容易的事情，将制备好的样品插入样品仓中的样品架上，采集样品的单光束光谱，取出样品，采集背景的单光束光谱，就能得到一张傅里叶变换红外光谱。但是，要得到一张高质量的红外光谱并不是一件容易的事情。测试方法的选择、样品的用量、样品的制样技术、测试时分辨率的选择、扫描次数的确定、其他测试参数的确定等因素都会影响光谱的质量。

测试得到的红外光谱通常都需要进行数据处理。在对光谱进行数据处理之前，应将测得的光谱保存在计算机的硬盘中，因为这是光谱的原始数据。对光谱进行数据处理得到的光谱，应重新命名保存。如果数据处理不得当，可以将原始数据调出来重新处理。也可能采用不同的数据处理技术对原始数据进行处理。因此，保存光谱的原始数据是一件非常重要的事情。

基本的红外光谱数据处理软件应包含在红外软件包中，但特殊的红外光谱数据处理软件需要单独购买。各个仪器公司编写的红外光谱数据处理软件使用方法可能不同，但基本原理是相同的。

6.1 基线校正

不管是用透射法测得的红外光谱，还是用红外附件测得的光谱，其吸光度光谱的基线不可能处在0线上。采用卤化物压片法测得的光谱，由于颗粒研磨得不够细，压出来的锭片不够透明而出现红外光散射现象，使光谱的基线出现倾斜，如图6-1所示。采用糊状法或液膜法测定透射光谱时，在采集背景光谱的光路中如果没有放置相同厚度的晶片，测得的光谱基线会向上漂移，这是因为晶片并不是100%透光的。用红外显微镜或其他红外附件测定光谱还会出现干涉条纹。如图6-2所示。对出现基线倾斜、基线漂移和干涉条纹的光谱，需要进行基线校正（baseline correct）。

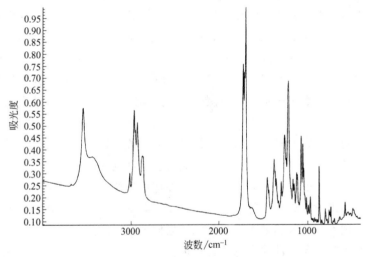

图 6-1　基线倾斜的红外光谱

所谓基线校正，就是将吸光度光谱的基线人为地拉回到0基线上。在进行基线校正之前，通常都将光谱转换成吸光度光谱。当然也可以对透射率光谱进行基线校正，校正后的光谱基线与100%线重合。

从红外光谱窗口数据处理菜单中选择基线校正命令，就能对光谱进行基线校正。基线校正有两种方法：一种是自动基线校正（automatic baseline correct）；另一种是手动校正，即逐点地对光

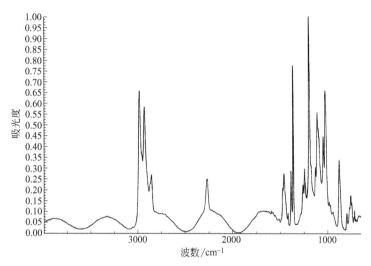

图 6-2　出现干涉条纹的红外光谱

谱进行基线校正（baseline correct）。对于倾斜的基线和漂移的基线可以选择自动基线校正方法，当然也可以采用逐点校正方法。对于出现干涉条纹的基线不能选择自动基线校正方法，只能通过手动逐点地对基线进行校正。图 6-3 中的光谱 A 是出现干涉条纹光谱；光谱 B 是对光谱 A 采用自动基线校正方法得到的光谱，但是没有达到目的；光谱 C 是采用手动逐点基线校正得到的光谱。一般说来，手动校正比自动校正的效果要好一些。

　　基线校正后的光谱和基线校正前的光谱相比，吸收峰的峰位和峰面积是否发生了变化，这是人们普遍关心的问题。基线校正之前和之后，光谱吸收峰的峰位不会发生变化。不管是基线轻微程度倾斜（见图 6-4），或中等程度倾斜（见图 6-5），或严重倾斜的光谱（见图 6-6），也不管光谱吸收峰的强弱，基线校正前后吸收峰峰位基本不变。但是，基线校正之前和之后，光谱吸收峰的峰面积会有些变化。基线越倾斜，这种变化越明显。

　　利用红外光谱法进行定量分析时，如需要计算吸收峰的峰高或峰面积，最好将吸光度光谱进行基线校正。

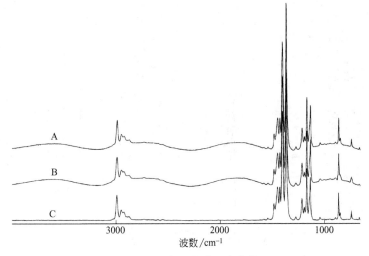

图 6-3　干涉条纹光谱基线的校正

A—基线出现干涉条纹的光谱；B—选择自动基线校正方法校正，
但没有达到目的；C—手动逐点进行基线校正

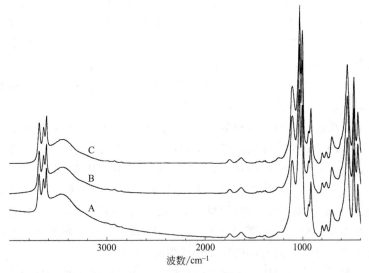

图 6-4　基线轻微程度倾斜光谱的校正

A—校正前；B—自动校正；C—手动校正

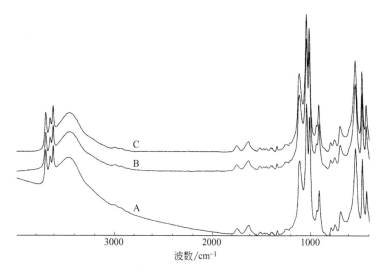

图 6-5　基线中等程度倾斜光谱的校正
A—校正前；B—自动校正；C—手动校正

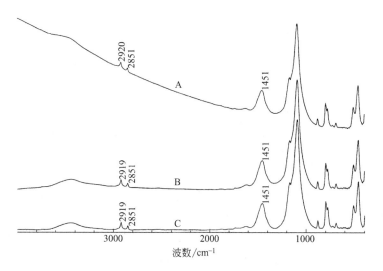

图 6-6　基线严重倾斜光谱的校正
A—校正前；B—自动校正；C—手动校正

6.2 光谱差减

光谱差减（subtract）在数学上是将两个光谱相减，相减得到的光谱叫做差谱，或差减光谱，或差示光谱。光谱差减有两种方法：一种是背景扣除法，另一种是吸光度光谱差减法。

6.2.1 背景扣除法

傅里叶变换红外光谱仪基本上都采用单光路系统。测试光谱时，既要采集样品的单光束光谱，也要采集背景的单光束光谱。从样品的单光束光谱中扣除背景的单光束光谱，就可以得到样品的光谱。

在测试透射红外光谱时，如果用空光路采集背景单光束光谱，这时扣除的背景单光束光谱主要是扣除光路中的二氧化碳和水汽的吸收，同时也扣除了仪器各种因素的影响。

如果在采集样品单光束光谱和采集背景单光束光谱时，在光路中分别放入不同的样品，得到的光谱就是差减光谱。这就是背景扣除法得到的差减光谱。

例如，采用溴化钾压片法测定光谱时，在背景光路中插入一个用纯溴化钾在相同条件下压制的锭片，以消除因溴化钾研磨压片引起的影响，如图6-7所示。因为压制好的纯溴化钾锭片，放置时间过长会吸附空气中的水汽。而且时间不同，空气的湿度也不相同，不同时间研磨的溴化钾，吸附水汽的程度也不相同。所以采用这种背景扣除法测试光谱，每次都要在相同条件下压制一个纯溴化钾锭片。

在测试单晶硅片上生长的薄膜的光谱时，在背景光路中插入从同一块单晶硅上切下的厚度相同的硅片，以扣除单晶硅片的光谱，直接得到薄膜的光谱。如图6-8所示。

在测试溶液的光谱时，在背景光路中插入装有溶剂的液池，以扣除溶剂的光谱，直接测得溶质的光谱。采用这种背景扣除法往往难以奏效。这是因为很难控制溶剂的厚度。要彻底消除溶剂光谱的影响，溶剂的厚度必须精确到纳米级。这是不可能实现的。

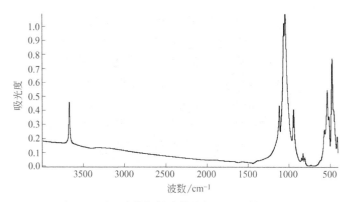

图 6-7　用纯溴化钾锭片作背景测得的样品光谱

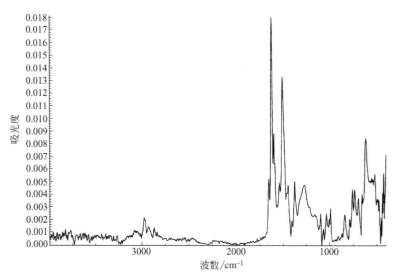

图 6-8　用单晶硅片作背景测得单晶硅片上薄膜的光谱

　　总之，采用背景扣除法得到样品的差谱，在某些情况下是可以实现的。但是，有时扣除得不是很好，因而出现了吸光度光谱差减法。

6.2.2　吸光度光谱差减法

　　傅里叶变换红外光谱是数字化的光谱。在吸光度光谱坐标中，

每一个数据点都由 x 值（波数 ν）和 y 值（吸光度 A）组成。

如果两张光谱的分辨率相同，在相同的光谱区间内，不但这两张光谱的数据点总数相同，而且所有的 x 值都一一对应。所不同的是两张光谱的 y 值不相同。图 6-9 中的光谱 A 和光谱 B 是分辨率为 $8cm^{-1}$ 的两张光谱扩展后的数据点分布情况。光谱线上的小圆点所在位置是光谱数据点的位置。当两张分辨率相同的吸光度光谱相减时，实际上是从一张光谱中所有数据点中的 y 值减去另一张光谱中对应数据点的 y 值。

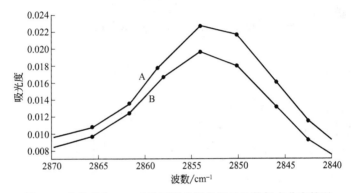

图 6-9   分辨率为 $8cm^{-1}$ 的两张光谱扩展后的数据点分布情况

如果光谱 A 和光谱 B 的分辨率不相同，假如光谱 A 的分辨率为 $4cm^{-1}$，光谱 B 的分辨率为 $8cm^{-1}$，这两张光谱也可以相互差减。不管是光谱 A 减光谱 B，还是光谱 B 减光谱 A，得到的差谱分辨率都是 $8cm^{-1}$。

红外光谱的吸光度具有加和性。在混合物光谱中，某一波数 ν 处的总吸光度 $A_{总}(\nu)$ 是该混合物中各组分在波数 ν 吸光度的总和。即

$$A_{总}(\nu) = A_1(\nu) + A_2(\nu) + A_3(\nu) + \cdots \tag{6-1}$$

式中，$A_1(\nu)$、$A_2(\nu)$、$A_3(\nu)$ 分别表示混合物中组分 1、组分 2、组分 3 在波数 ν 处的吸光度。

如果一个混合物只包含两种组分，分别测定混合物和组分 1 的红外吸收光谱，从混合物的光谱中减去组分 1 的光谱，就能得到组分 2 的光谱。

　　由于在混合物中组分 1 的含量是未知的，为了得到组分 2 的光谱，在差减时，组分 1 的光谱要乘以一个系数，这个系数叫做差减因子。

　　如果将混合物光谱叫做样品光谱，组分 1 的光谱叫做参比光谱，组分 2 的光谱就叫做差谱。那么

$$差谱＝样品光谱－参比光谱×差减因子 \qquad (6\text{-}2)$$

　　在红外光谱窗口中选定样品光谱和参比光谱，在数据处理菜单中选定差减命令（subtract），即可进行光谱差减。此时出现光谱差减窗口，在光谱差减窗口中有三个窗口，上面窗口显示的光谱是样品光谱，中间窗口显示的是参比光谱，下面窗口显示的是差谱。

　　在进行光谱差减时，要人为调节差减因子。差减因子可以连续调节。差减因子变化时，下面窗口的差谱也跟着变化。从式（6-2）可以看出，差减因子不同，得到的差谱是不相同的。因此，进行差谱操作时，要得到正确的差谱，关键是要调节好差减因子。

　　在进行光谱差减时，要在样品光谱中找出一个参考峰。调节差减因子，将这个参考峰全部减掉，即将这个参考峰减到基线为止。

　　找参考峰的原则是：参考峰的吸光度不能太强，但也不能太弱，参考峰的强度应该中等；在参考峰的波数范围内没有其他峰的干扰。

　　下面举两个例子说明参考峰是如何选择的，光谱差减应该减到什么程度。

　　为了测定蛋白质的二级结构，将蛋白质粉末溶解于重水中。溶液浓度为 10% 左右。用氟化钡晶片作为液池窗片，分别测定蛋白质重水溶液光谱［见图 6-10(a)］和重水的光谱［见图 6-10(b)］。因为在 $1560cm^{-1}$ 左右重水很宽的合频峰将蛋白质酰胺 I 谱带（$1645cm^{-1}$）基线抬高，干扰蛋白质酰胺 I 谱带二级结构的测定。因此，需要从溶液光谱中减去重水光谱，以消除重水对蛋白质二级结构测定的影响。

　　进行光谱差减时，需要在溶液光谱中找一个参考峰。从图 6-10(a)可以看出，$2500cm^{-1}$ 左右重水的 D—O—D 伸缩振动吸收

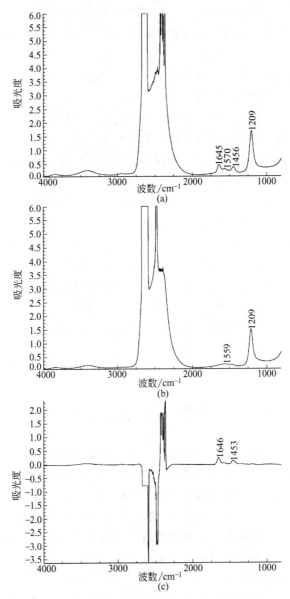

图 6-10　蛋白质重水溶液的光谱（样品光谱）(a)；
重水的光谱（参比光谱)(b)；差减后的蛋白质光谱（差谱)(c)

峰非常强，显然不能选这个吸收峰作为光谱差减的参考峰。
1209cm^{-1}吸收峰是重水的D—O—D变角振动吸收峰，蛋白质在这
个位置没有明显的吸收谱带。因此，选择这个吸收峰作为光谱差减
的参考峰。调节差减因子，将1209cm^{-1}吸收峰减到基线为止即得
到差谱［见图6-10(c)］。从图6-10(c)的差谱中可以看出，参考峰
正好减掉了，但是2500cm^{-1}左右的吸收峰却出现负峰。这是因为
这个吸收峰太强了，在参考峰正好减到基线时，这个吸收峰不可能
也同时减到基线上。由于关心的是酰胺Ⅰ谱带，2500cm^{-1}左右的
吸收峰对光谱分析没有影响，因此没有必要考虑这个峰的差减
结果。

　　利用红外光谱技术对未知物进行剖析时，先要测定未知物的红
外光谱。对未知物的红外光谱进行谱库检索，找出其中一种组分的
光谱，从未知物的光谱中减去这一组分的光谱，对得到的差谱再进
行谱库检索，就有可能知道另一种组分。余者类推。例如，图
6-11A所示是未知物的红外光谱，对光谱进行谱库检索，得知未
知物中含有硬脂酸钙，如图6-11B所示。以硬脂酸钙光谱作为参
比光谱，在参比光谱中寻找一个中等强度的吸收峰作为参考峰。
图6-11B中的1472cm^{-1}是CH$_2$变角振动吸收峰，这个吸收峰强
度适中，而且CH$_2$基团与其他组分的基团通常不发生相互作用。
光谱差减时，调节差减因子，将光谱A中的1472cm^{-1}吸收峰全
部减掉即得到差谱，如图6-11C所示。从图6-11C可以看出，当
1472cm^{-1}吸收峰全部减掉时，与硬脂酸钙COO—反对称伸缩振
动有关的1575cm^{-1}吸收峰也全部减掉了。但是，CH$_2$的反对称
和对称伸缩振动吸收峰（2918cm^{-1}和2850cm^{-1}）减出了负峰，
这是因为这两个吸收峰太强的缘故。为了得到别的组分，对图6-
11C差谱再进行谱库检索，得知未知物中的另一个组分为三聚氰
胺脲（甲）醛树脂，如图6-11D所示。利用谱库检索和光谱差减
技术，得知所剖析的未知物为三聚氰胺脲（甲）醛固化树脂，其中
添加了硬脂酸钙。

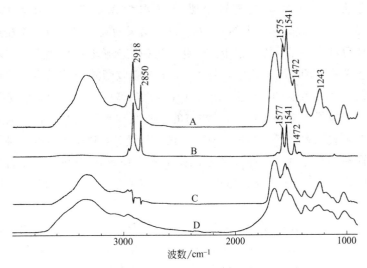

图 6-11 A—待剖析的未知物的红外光谱；B—对未知物光谱检索得到
硬脂酸钙的光谱；C—从未知物光谱减去硬脂酸钙光谱得到的差谱；
D—对差谱检索得到三聚氰胺脲（甲）醛树脂的光谱

从以上两个光谱差减的例子中得知，在进行光谱差减操作时，
关键是参考峰的选择和差减因子数值的确定。除此之外，还应注意
以下几点：①在对一张光谱进行多次差减时，差减的次数越多，后
面得到的差减结果越不可靠。②样品中的不同组分的基团之间如果
发生相互作用，会使相互作用的基团的振动谱带发生位移、变宽或
变形。当谱带发生位移时，光谱差减后在该谱带的两侧出现一正一
负呈 N 字形的峰，这是正常的。有时正是需要这种峰形来判断不
同组分的基团之间发生相互作用的情况。谱带变宽或变形可能存在
两种原因，一种是基团之间发生相互作用使谱带变宽或变形，另一
种可能由于光谱的吸光度太强而使谱带变宽或变形。如果属于前
者，光谱差减时出现 W 字形是应该的，如果属于后者则是假峰。
③最好选非极性基团的振动谱带作为光谱差减的参考峰，如 CH_2
和 CH_3 的伸缩振动或变角振动谱带。④在很难找到光谱差减参考
峰的情况下，应调节差减因子使差谱中尽量不要出现太强的负峰。

⑤参考光谱吸收峰的强度应与被减的样品光谱吸收峰强度接近，这样能保证差减因子在 1 左右，差减因子太大（如在 2 以上），所得的差谱可能会发生畸变。

吸光度光谱差减法是红外光谱数据处理技术中经常使用的一种方法。因此，对于红外光谱分析测试工作者来说，必须通过实践熟练掌握这种数据处理技术。在日常的分析测试工作中，需要采用光谱差减法处理测试得到的光谱，如从溴化钾压片法测得的样品光谱中减去纯溴化钾锭片的光谱；从受光路中水汽影响的光谱中减去水汽的光谱。采取这些措施是为了提高所提供的光谱的质量。

6.3　光谱归一化、乘谱和加谱

前面多次提到，傅里叶变换红外光谱是数字化的光谱。光谱中的每一个数据点都由一对数字组成，对应于 x 值和 y 值。光谱的归一化、乘谱和加谱与差谱一样，相当于对 y 值进行四则运算。

6.3.1　光谱归一化

光谱归一化（normalize scale）是将光谱的纵坐标进行归一化。

对于透射率光谱，光谱归一化是将测试得到的光谱或经过数据处理后的光谱中的最大吸收峰的透射率变成 10%，将基线变为100%。图 6-12 是实际测得的透射率光谱，图 6-13 是归一化后的透射率光谱。

对于吸光度光谱，光谱归一化是将光谱中最大吸收峰的吸光度归一化为 1，将光谱的基线归一化为 0。图 6-14 是实际测得的吸光度光谱，图 6-15 是归一化得到的吸光度光谱。

将经过归一化处理的吸光度光谱转换成透射率光谱后，光谱中所有吸收峰的透射率全部都落在 10%～100% 之间。同样的，将经过归一化处理的透射率光谱转换成吸光度光谱后，光谱中所有吸收峰的吸光度都落在 0～1 之间。

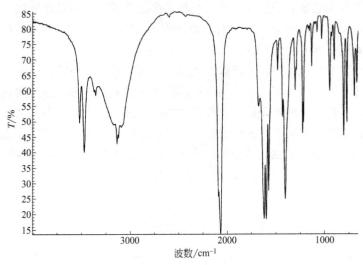

图 6-12　实际测得的透射率光谱

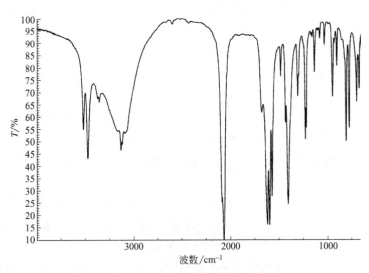

图 6-13　归一化后的透射率光谱

　　归一化的光谱是标准光谱。商业红外光谱谱库中的光谱基本上都是归一化的光谱。实验室在建立红外光谱谱库时，也应该将测试

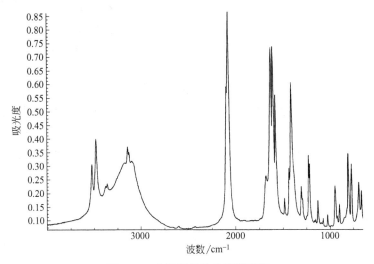

图 6-14　实际测得的吸光度光谱

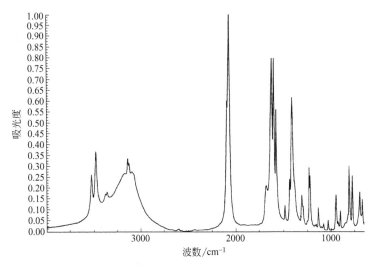

图 6-15　归一化得到的吸光度光谱

得到的光谱在进行其他光谱数据处理后进行归一化，然后再将光谱
存入所建的谱库中。

　　由于归一化光谱是标准光谱，所以给用户提供的测试光谱最好归一化。归一化的光谱不能反映测试光谱时样品的用量或样品的浓度。因此，对于吸光度非常强的光谱或吸光度非常弱的光谱，为了保留样品原来的信息，最好不要对光谱进行归一化。

　　光谱归一化操作是在红外窗口中，选中数据处理菜单中的归一化命令实现的。有些红外光谱仪器厂商在红外软件中没有提供光谱归一化命令，在这种情况下，为了将光谱归一化，首先对吸光度光谱进行基线校正，然后将光谱中最大吸收峰的吸光度乘以一个系数，使最大吸收峰的吸光度变为 1 即可。

6.3.2　乘谱

　　乘谱（multiply）是将红外光谱乘以一个系数得到的光谱，也就是将光谱中所有数据点的 y 值都乘以同一个系数得到的光谱。

　　吸光度光谱乘以大于 1 的系数后，所得的乘谱的吸光度比原谱强。由于光谱的信号和噪声乘以相同的系数，因此乘谱和原光谱的信噪比是相同的，也就是说，不能通过乘谱来改善光谱的信噪比。

　　对于实测的吸光度光谱，采用乘法不能使测得的吸光度光谱的基线变为 0。乘的系数越大，光谱的基线偏离 0 越远。

　　光谱所乘的系数可以是负值。当吸光度光谱乘以 −1 时，所得到的光谱形状和透射率光谱相同，但光谱的纵坐标没有改变，仍然是吸光度标度。

　　对于吸光度光谱，不能通过光谱窗口中的标峰命令标出波谷的位置。这时，可将吸光度光谱乘以 −1，波谷转换成波峰。待光谱标好峰位后再乘以 −1，将光谱转换回来。例如，用标峰命令不能标出二阶导数光谱的波谷位置，为了准确标出二阶导数光谱的波谷位置，可以先将二阶导数光谱乘以 −1，然后用标峰命令标峰。标好峰位后的光谱再乘以 −1，将光谱转换回二阶导数光谱。

　　利用红外光谱进行定量分析时，需要测试标准样品的光谱。但有时很难找到标准样品，这时需要有一个内标。所谓内标，就是在光谱中寻找一个参比峰，将各个光谱中的参比峰归一化，即将各个光谱的参比峰乘以不同的系数，使所有光谱的参比峰吸光度都一样，然后再比较其他吸收峰的强度，达到定量分析的目的。

乘谱主要是对吸光度光谱进行处理。对透射率光谱进行乘谱运算没有多大意义。

6.3.3 加谱

由于吸光度光谱具有加和性，因此可以将两个或两个以上的吸光度光谱相加（add），得到新的吸光度光谱。在进行吸光度光谱加和操作时，每次只能将两个光谱加和，得到的加谱再与另一个光谱相加。如果需要将四个光谱相加，也可以两两相加后再相加。

在进行加谱操作时，首先在光谱窗口中选中两个光谱，然后在数据处理菜单中选中加谱命令即可得到加谱。

如果相加的两个吸光度光谱是同一个样品测试两次得到的光谱，通过加谱可以提高光谱的信噪比，从而提高光谱的质量。

利用红外光谱对未知混合物进行剖析时，应用乘谱和加谱数据处理技术，可以大致得到混合物中各个组分含量的比例。例如，通过分析得知某一混合物由两种组分组成，先定量测试这两种纯组分的光谱和混合物的光谱，然后将纯组分的光谱乘以不同的系数再相加，当加谱与混合物的光谱相似时，即可计算出这两种组分的大致含量。

6.4 生成直线

生成直线（straight line）是使光谱中某一光谱区间内所有吸收峰都消失而生成一条直线。这是一种很简单的数据处理方法，但却是很有用的一种数据处理技术。

在测试光谱时，如果采集样品单光束光谱的时间与采集背景单光束光谱的时间相隔太长，在测得的样品光谱中会出现明显的二氧化碳和水汽的吸收峰。在使用红外附件测试光谱，如使用红外显微镜附件测试显微红外光谱时，由于外光路是开放的，易受空气中二氧化碳和水汽的影响，使测得的光谱出现二氧化碳和水汽的吸收峰。为了提高光谱的质量，需要从光谱中将二氧化碳和水汽的吸收峰去除掉。

从光谱中去掉水汽吸收峰可以采用光谱差减技术，即从样品光谱中减去水汽的光谱。但是，如果水汽吸收峰比较强，很难将所有的水汽吸收峰彻底扣除掉，这时可以采用生成直线数据处理技术，将水汽吸收峰逐个去除掉。

在二氧化碳反对称伸缩振动吸收峰出现的区间（2400～2300cm^{-1}），不会有其他吸收峰出现，因此，可以采用生成直线的办法将这个光谱区间生成直线。图 6-16A 吸收峰 2361cm^{-1} 和 2342cm^{-1} 是二氧化碳反对称伸缩振动吸收谱带，采用生成直线数据处理技术后得到光谱 B。

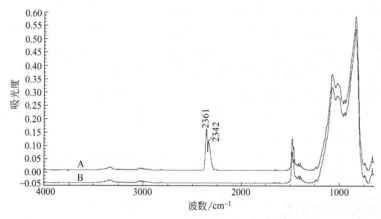

图 6-16　出现二氧化碳吸收峰的光谱 A 及将二氧化碳吸收峰区间生成直线后的光谱 B

6.5 改变光谱数据点间隔和填充零

傅里叶变换红外光谱图是由数据点的连线组成的。光谱的分辨率不同，光谱数据点之间的间隔是不相同的。光谱的分辨率越高，干涉仪动镜移动的距离就越长，傅里叶变换的数据点数目也就越多，得到的光谱数据点之间的间隔越短。

6.5.1 改变光谱数据点间隔

当光谱的分辨率为 $2cm^{-1}$ 时，光谱数据点之间的间隔大约为 $1cm^{-1}$；分辨率为 $4cm^{-1}$ 时，数据点之间的间隔大约为 $2cm^{-1}$；分辨率为 $8cm^{-1}$ 时，数据点之间的间隔大约为 $4cm^{-1}$；依此类推。光谱的分辨率越高，数据点之间的间隔越小。

红外光谱的常规测试，通常采用 $4cm^{-1}$ 分辨率。如果测得的光谱最强吸收峰的吸光度落在 $0.3\sim1.4$，光谱的信噪比一般都能满足要求。如果光谱的吸光度非常低，只有常规测试光谱吸光度的几十分之一，如果仍然采用 $4cm^{-1}$ 分辨率测试，这时得到的光谱信噪比就会变得很差，而且光谱中水汽吸收峰会很明显。为了提高光谱的信噪比，同时消除光谱中水汽吸收峰的影响，往往采用降低光谱分辨率的办法测试光谱。如采用 $8cm^{-1}$ 分辨率或 $16cm^{-1}$ 分辨率，甚至采用 $32cm^{-1}$ 分辨率测试光谱，这时光谱数据点之间的间隔会成倍增大。

图 6-17A 所示是采用显微反射光谱法测试不透光材料表面薄膜得到的红外光谱。由于信号很弱，测试时用 $16cm^{-1}$ 分辨率。光谱的数据点之间的间隔为 $8cm^{-1}$。光谱曲线出现明显的折线。为了消除折线，使光谱曲线圆滑，可以采用改变光谱数据点间隔（change data spacing）的数据处理技术。图 6-17B 是将数据点间隔为 $8cm^{-1}$ 的光谱 A 改为数据点间隔为 $2cm^{-1}$ 得到的光谱（相当于 $4cm^{-1}$ 分辨率测得的数据点间隔）。很明显，光谱数据点间隔减少后，光谱线的形状得到了改善，光谱 B 比光谱 A 圆滑多了。

光谱的数据点间隔可以改变，但是光谱的分辨率不能改变。也就是说，不能通过增加光谱数据点之间的数据点数来提高光谱的分辨率。例如，采用 $16cm^{-1}$ 分辨率测试得到的光谱，将光谱的数据点间隔由 $8cm^{-1}$ 改变为 $2cm^{-1}$ 后，光谱的分辨率仍然是 $16cm^{-1}$ 而不是 $4cm^{-1}$。

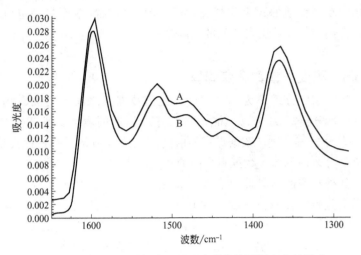

图 6-17　改变光谱数据点间隔对光谱曲线圆滑程度的影响

A—16cm^{-1}分辨率测试得到的红外光谱；B—将数据点间隔为 8cm^{-1}

改为数据点间隔为 2cm^{-1}得到的光谱

　　光谱数据点间隔可以缩小，也可以扩大。光谱数据点间隔扩大后，虽然光谱的实际分辨率没有改变，但数据点间隔扩大后的光谱表观分辨率是降低了。一般来说，将光谱数据点间隔扩大是没有必要的。只有在计算机磁盘空间有限，为了保存更多的光谱，才将光谱数据点扩大。

6.5.2　填充零

　　为了使低分辨率光谱的数据点间隔缩小，除了采用改变数据点间隔这种数据处理技术外，还可以采用填充零（zero filling）技术。

　　所谓填充零，是在光谱数据采集之前，在设定采集参数时，选中填充零选项中的一级填充零（1level）或二级填充零（2levels）。

　　在对干涉图进行傅里叶变换时，当傅里叶变换的数据点数目为 N 个时，如果选中一级填充零（1level）选项，等于在干涉图数据点末端填充 N 个 0。这时，傅里叶变换的数据点数变成 $2N$ 个。傅里叶变换后得到的光谱比不填充零的光谱数据点数增加了一倍，这样做会使得到的光谱曲线变得圆滑。如果选中二级填充零（2levels）选项，等于在干涉图数据点末端填充 $3N$ 个 0。这时，傅里叶变换的数据点数变成 $4N$ 个，得到的光谱数据点数是不填充零光谱数据点数的 4 倍，即在不填充零的光谱数据点之间插入 3 个数据点，这样得到的光谱曲线更加圆滑。

例如，采用 16cm^{-1} 分辨率测试光谱时，傅里叶变换的数据点数为 1024 个。如果选中二级填充零（2levels）选项，等于在干涉图数据点末端填充 3×1024 个 0。傅里叶变换的数据点数变成 4096 个，得到的光谱数据点之间的间隔为 2cm^{-1}。

在干涉图中填充零后，傅里叶变换的数据点数虽然增多了，但是，得到的光谱分辨率并没有提高。也就是说，填充零和不填充零，光谱的分辨率都是一样的。填充零不能提高光谱的"真正"分辨率。

在干涉图填充零后，傅里叶变换所需要的时间增多了。而且，由于得到的光谱数据点数增多了，光谱所占的磁盘空间也增大了。

采用填充零技术，最多只能在光谱数据点末端增加 $3N$ 个 0。而采用改变数据点间隔的数据处理技术，可以将光谱的数据点间隔缩小到相当于仪器最高分辨率的水平。例如，某台傅里叶变换红外光谱仪的最高分辨率为 0.125cm^{-1}。当采用 16cm^{-1} 分辨率测试光谱时，可以采用改变数据点间隔的数据处理技术，将光谱的数据点间隔缩小到 0.0625cm^{-1}，即在原来 8cm^{-1} 间隔数据点之间插入 127 个数据点。当然增加太多的数据点是没有必要的。

6.6 光谱平滑

利用光谱平滑（smooth）数据处理技术可以降低光谱的噪声，达到改善光谱形状的目的。通过平滑可以看清楚被噪声掩盖的真正的谱峰。光谱平滑技术是对光谱中数据点 y 值进行数学平均计算，通常采用 Savitsky-Golay 算法。

红外软件中通常提供两种光谱平滑方法：手动平滑和自动平滑。手动平滑时，需要确定平滑的程度，即需要设定平滑的数据点数。自动平滑不需要设定平滑的数据点数，仪器会自动对所选定的光谱进行自动平滑。

手动平滑的数据点数可以从 5～25 之间的奇数中选择，即可选的点数为 5，7，9，11，…，25。有的红外仪器公司提供的红外软件中，手动平滑的数据点数可以从 3～99 之间的奇数中选择。平滑的点数越多，光谱越平滑。当选 5 点平滑时，取相连 5 个数据点的 y 值进行平均，平均值就是中间数据点的 y 值。显然，取的数据点数越多，相连的平均值越接近，光谱也就越平滑。

光谱平滑通常从最少的点数开始。可以先从 5 点或 7 点开始平滑，将平滑前和平滑后两张光谱进行比较，主要观察肩峰的形状，如果肩峰没有消失，光谱的分辨率没有明显下降，就可以继续增加平滑的点数，直到信噪比达到要求为止。

采用光谱平滑数据处理技术对光谱进行平滑后，光谱噪声降低的同时，光谱的分辨能力也降低了。平滑的数据点数越多，所得光谱的分辨率越低。当平滑的点数达到一定程度时，光谱的有些肩峰会消失。随着光谱平滑点数的增加，吸收峰变得越来越宽。

图 6-18A 所示是碳纳米管经化学修饰得到的样品用 $16cm^{-1}$ 分辨率测得的显微红外光谱。光谱的吸光度非常弱，信噪比很差。图 6-18B、C、D 和 E 所示是分别用 5、9、15 点和 25 点平滑得到的光谱。从图 6-18 可以看出，采用 9 点平滑比较合适。在采用 15 点和 25 点平滑得到的光谱中，$1657cm^{-1}$ 和 $1077cm^{-1}$ 吸收峰已不复存在。

平滑是对已采集的光谱信噪比达不到要求而采取的一种数据处理技术，是一种补救的办法。实际上，在采集光谱数据时，如果发现光谱的信噪比达不到要求，可以采用降低分辨率的办法，以提高光谱的信噪比。这样得到的光谱就不需要进行平滑了。平滑虽然没有降低光谱的"真正"分辨率，但是光谱的"表观"分辨率已经降低了。所以，对光谱进行平滑和降低分辨率采集光谱数据，得到的结果基本上是等同的，后者比前者会更好些。

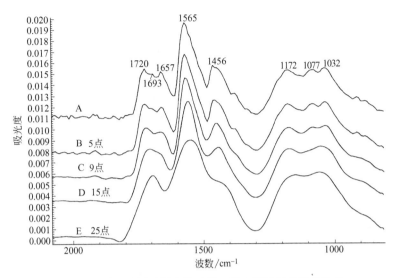

图 6-18　采用不同平滑点数对同一张光谱平滑得到的结果

（A、B、C、D 和 E 分别是原图和经 5、9、15 点和 25 点平滑得到的光谱）

6.7 导数光谱

利用红外窗口数据处理菜单中的导数光谱（derivative）命令，可以将一张红外光谱转换成一阶导数光谱或转换成二阶导数光谱。一阶导数光谱能够显示出原光谱中的吸收峰和肩峰。二阶导数光谱能够找出原光谱中吸收峰和肩峰的准确位置（中心位置）。

6.7.1 一阶导数光谱

数学上，曲线上某一点的一阶导数是这一点的切线的斜率。红外光谱转换成一阶导数光谱，就是计算机计算出光谱中每个数据点处切线的斜率，连成曲线就成一阶导数光谱。

图 6-19A 和 B 所示分别是聚苯乙烯在 $3200\sim2700\mathrm{cm}^{-1}$ 区间的红外光谱及其一阶导数光谱（纵坐标是光谱 A 的吸光度）。光谱 A 基线上各个数据点的斜率都为零，所以在一阶导数光谱 B 中仍然

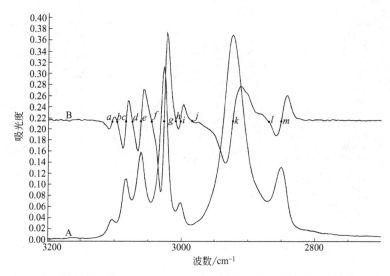

图 6-19　聚苯乙烯在 3200~2700cm^{-1} 区间的红外光谱及其一阶导数光谱

A—原光谱；B——阶导数光谱

是基线。在光谱 A 中有吸收谱带的光谱区间（3120~2820cm^{-1}），除了在峰尖、峰谷和肩峰位置切线斜率为零外，其他各数据点处的切线斜率均不为零。因此，在一阶导数光谱中，基线与各个峰交点的波数即为原光谱中峰尖、峰谷和肩峰的波数。也就是说，原光谱中吸收峰的峰尖和峰谷位置在一阶导数谱中 y 值等于零。

一阶导数光谱基线与峰左侧的交点（点 a、c、e、g、i、k 和 m）为原光谱中峰尖和肩峰的位置。基线与峰右侧的交点（点 b、d、f、h、j 和 l）为原光谱中峰谷的位置。一阶导数光谱峰尖和峰谷位置是原光谱中吸收峰两侧数据点 y 值变化最大的位置，也就是斜率变化最大的位置。

6.7.2　二阶导数光谱

数学上，二阶导数属于高阶导数。对函数的一阶导数再求一次一阶导数，就是原函数的二阶导数。如果曲线在某点处的一阶导数等于零，而它的二阶导数不等于零，那么，这一点就是曲线的极值。如果二阶导数大于零，就是曲线的极小值，如果二阶导数小于零，就是曲线的极大值。

将红外光谱的一阶导数光谱再求一次一阶导数所得到的光谱就是原光谱的二阶导数光谱。如果将原光谱直接转换成二阶导数光谱所得到的结果和将原光谱求两次一阶导数光谱所得到的结果是完全相同的。

从图 6-19B 中的一阶导数光谱可以看出，基线与所有的峰右侧的交点的斜率都是大于零的（光谱曲线是波数的函数），也就是说，这些交点的二阶导数大于零，所以这些点都对应于原光谱的极小点，即峰谷位置。同样的，基线与所有的峰左侧的交点的斜率都是小于零的，也就是说，这些交点的二阶导数小于零，所以这些点都对应于原光谱的极大值，即峰尖位置。

二阶导数光谱的峰谷位置对应于原光谱的峰尖和肩峰位置，也就是说，二阶导数光谱的负峰位置对应于原光谱中吸收峰和肩峰的准确位置（中心位置）。

图 6-20 是某样品的红外光谱及其二阶导数光谱。从图中可以看出，二阶导数光谱的峰方向是朝下的。二阶导数光谱能找出原光谱中所有的吸收峰和肩峰的准确位置，所以，二阶导数光谱是比一阶导数光谱更好、更有用的一种数据处理技术。

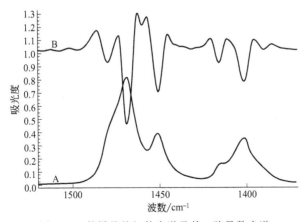

图 6-20 某样品的红外光谱及其二阶导数光谱
A—原光谱；B—二阶导数光谱

将红外光谱转换成二阶导数光谱时，红外光谱要有很高的信噪比，而且要将水汽吸收峰降到最低。图 6-21 中的光谱 A 是某样品在 3700～2640cm⁻¹ 区间的红外光谱。光谱 B 是光谱 A 的二阶导数光谱。从图中可以看出，二阶导数光谱的峰非常多，没有任何意义。这是由于在这个光谱区间，水汽的影响非常严重。为了使二阶导数光谱的峰减少，需要对光谱 A 进行平滑。

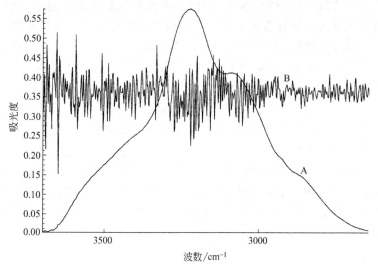

图 6-21　水汽对二阶导数光谱的影响
A—某样品在 3700～2640cm⁻¹ 区间的红外光谱；B—二阶导数光谱

图 6-22 中的光谱 A 是原光谱（图 6-21 中的光谱 A），光谱 B 是对光谱 A 进行 3 次 25 点平滑后得到的光谱，光谱 C 是平滑后的光谱 B 的二阶导数光谱。由此可见，如果原光谱的信噪比很差，或水汽的影响非常严重，在将原光谱转换成二阶导数光谱之前，必须对原光谱进行平滑。

6.7.3　四阶导数光谱

红外光谱转换成二阶导数光谱后，再进行一次二阶导数光谱转换，既可变成四阶导数光谱。图 6-23 中的光谱 A、B 和 C 分别是某样

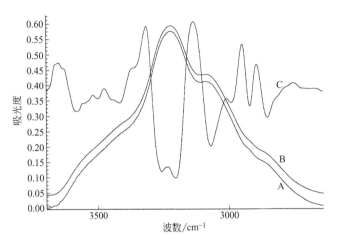

图 6-22 光谱平滑对二阶导数光谱的影响

A—平滑前的光谱；B—平滑后的光谱；C—平滑后的二阶导数光谱

品的红外光谱、二阶导数光谱和四阶导数光谱。四阶导数光谱的峰方向是朝上的，与样品的吸收光谱峰的方向一致。从图 6-23 中的光谱 B 和 C 可以看出，四阶导数光谱比二阶导数光谱的分辨能力更强。

原光谱的纵坐标无论为何种单位，都可以将原光谱转换成导数光谱。不过，一般都是将吸光度光谱转换成导数光谱。

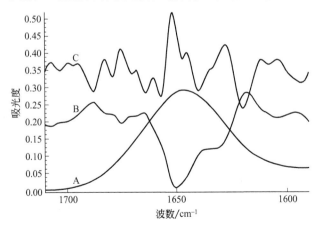

图 6-23 某样品的红外光谱

A—原光谱；B—二阶导数光谱；C—四阶导数光谱

6.8 傅里叶退卷积光谱

利用傅里叶退卷积（Fourier self-deconvolution，也称自卷积、解卷积或去卷积）光谱数据处理技术可以增强红外光谱的分辨能力，它可以将严重重叠的谱带分开。在凝聚相样品的红外光谱中，很多谱带是由两个以上的窄谱带合成得来的。对于这种谱带，采集光谱数据时，无论分辨率设定得多高，都无法将这些窄谱带分辨开。而利用傅里叶退卷积光谱数据处理技术却能将这些窄谱带有效地分开。

在第 2 章中已经讨论过，傅里叶变换红外光谱是对有限长光程差的干涉图进行傅里叶变换得到的。在对有限长光程差干涉图进行傅里叶变换时，要用一个切趾函数 $D(\delta)$ 乘以无限长光程差测得的干涉图 $I(\delta)$，如第 2 章中的方程（2-12）所示：

$$B_{\mathrm{m}}(\nu) = \int_{-\infty}^{+\infty} I(\delta)D(\delta)\cos(2\pi\nu\delta)\mathrm{d}\delta$$

实测光谱 $B_{\mathrm{m}}(\nu)$ 是干涉图函数和切趾函数分别进行傅里叶变换的卷积，如第 2 章中的方程（2-13）所示：

$$B_{\mathrm{m}}(\nu) = B(\nu) * f(\nu)$$

所谓傅里叶退卷积光谱，就是将卷积得到的实测光谱退卷积，即将实测光谱重新变成干涉图，然后再选择一个合适的切趾函数与干涉图相乘，再重新进行傅里叶变换就完成了全部傅里叶退卷积运算。

在运用退卷积技术时，必须选择一个光谱区间。这个光谱区间不能太宽，只能包含需要退卷积的宽谱带，不能对整个中红外光谱区间进行退卷积处理。退卷积得到的光谱只显示所选区间的光谱，未选区间的光谱不再显示。

图 6-24A 和 B 所示是原光谱和退卷积得到的光谱。从图中可以看出，通过退卷积对原光谱进行数据处理，将原光谱中重叠的窄谱带都一一分开了。

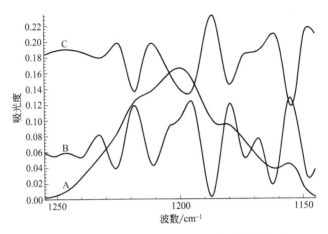

图 6-24　某样品在 $1255\sim1145\mathrm{cm}^{-1}$ 区间的红外
光谱及其傅里叶退卷积光谱和二阶导数光谱
A—原光谱；B—傅里叶退卷积光谱；C—二阶导数光谱

　　只能对吸光度光谱进行退卷积处理。退卷积光谱中峰的方向与吸光度光谱吸收峰的方向是一致的。退卷积光谱各个吸收峰的峰面积和采用曲线拟合分峰处理技术拟合出来的子峰的峰面积不完全一致，要准确计算出各个子峰的面积需要采用曲线拟合分峰处理技术。曲线拟合分峰技术将在 9.3 节中讨论。

　　在进行退卷积操作时，退卷积窗口上面显示的是原光谱，下面显示的是退卷积得到的光谱。有两个参数影响退卷积的结果：一个是谱带宽度（bandwidth 或 half width），另一个是分辨率增强因子（enhancement 或 K factor）。谱带宽度是对重叠谱带中各子峰宽度的估计，而分辨率增强因子是对光谱数据分辨程度的量度。要人为地在退卷积窗口中调节这两个参数，以达到最佳的结果。由此可见，退卷积的结果在一定程度上受人为因素影响。操作者完全凭经验决定这两个因数的大小。因此不同的操作者对同一区间的红外光谱谱带进行退卷积操作，得到的结果会有差别。

　　那么，有没有一个标准判断退卷积结果的正确性呢？可以将退卷积光谱与二阶导数光谱进行比较，如果这两个光谱峰的个数相同，峰位也基本相同，就可以说，退卷积的结果是正确的。图6-24中的光谱C是二阶导数光谱。从图 6-24B 和 C 可以看出，退卷积光谱与二阶导数光谱峰的个数及峰位都对应得很好，说明退卷积的结果是可靠的。

对信噪比较差的光谱，在退卷积之前应先进行平滑，因为噪声对退卷积的结果会有影响。但总的来说，噪声对退卷积光谱的影响远远小于对二阶导数光谱的影响。

在执行傅里叶退卷积操作之前，最好对退卷积的光谱区间进行基线校正，这样能避免在退卷积得到的光谱两侧出现环振荡现象。如果仍然出现环振荡现象，说明分辨率增强因子选得太大了。这时，应适当减小分辨率增强因子，以便得到正确的结果。

第7章

红外光谱谱图解析

红外光谱与物质的分子结构密切相关。分子结构不同的两种物质，其红外光谱不可能完全相同。就像人的指纹一样，世界上没有两种物质的红外光谱是完全相同的。红外光谱谱图解析就是要从分子结构入手，找出分子中各种基团的振动频率。由三个原子以上组成的基团具有多种振动模式，但并非每种振动模式在红外光谱中都出现强度较高的吸收峰，只有强度较高的吸收峰才称为特征吸收峰，其所在的位置称为特征频率。

红外光谱谱图解析包含三个方面的内容：①对已知结构式的分子，能够给出分子中所有基团的所有振动模式；②对已知分子结构的物质的红外光谱，图中的主要吸收峰能够进行指认；③对未知物的红外光谱，根据图中吸收峰的峰位、峰强和峰形，能够给出未知物分子中可能含有哪些基团。

本章将讨论各类化合物特征基团的各种振动模式和特征吸收峰的峰位、峰强和峰形，以及影响吸收峰的因素。

7.1 烷烃化合物基团的振动频率

烷烃化合物的特征基团有 CH_3、CH_2、CH 和 C—C。CH_3 有五种振动模式（反对称和对称伸缩、不对称和对称变角、摇摆），CH_2 有六种振动模式（反对称和对称伸缩、变角、面内和面外摇摆、扭曲），CH 有两种振动模式（伸缩和变角）。烷烃化合物中

CH_3、CH_2 和 CH 的伸缩振动频率都位于 $3000 \sim 2800cm^{-1}$ 之间，如果体系中存在超共轭效应，这些基团的伸缩振动可能位于 $3000cm^{-1}$ 以上。

7.1.1 CH_3振动

7.1.1.1 CH_3伸缩振动

饱和烃 CH_3 伸缩振动分为反对称伸缩振动和对称伸缩振动。CH_3 反对称伸缩振动频率总是比对称伸缩振动频率高。饱和烷烃链端基的 CH_3 反对称和对称伸缩振动频率分别位于 $2960cm^{-1}$ 和 $2875cm^{-1}$ 左右。二者相差约 $80cm^{-1}$。如己烷 $CH_3(CH_2)_4CH_3$（图 7-1）的 CH_3 反对称和对称伸缩振动频率分别位于 $2960cm^{-1}$ 和 $2874cm^{-1}$。

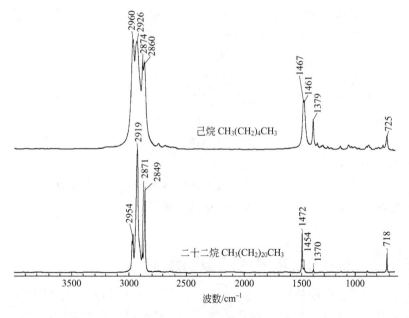

图 7-1 己烷（上）和二十二烷（下）的红外光谱

在长链烷烃化合物中，如果烷烃链排列有序，所有碳原子呈 Z

字构型，此时端基 CH_3 反对称和对称伸缩振动频率比排列无序状态分别低 $5cm^{-1}$ 左右，位于 $2955cm^{-1}$ 和 $2871cm^{-1}$ 。长链脂肪酸、长链脂肪酸盐、长链脂肪酸酯、长链烷烃等晶体都呈 Z 字构型，它们的 CH_3 反对称和对称伸缩振动频率都位于 $2955cm^{-1}$ 和 $2870cm^{-1}$ 左右，如二十二烷 $CH_3(CH_2)_{20}CH_3$ （图 7-1）的 CH_3 反对称和对称伸缩振动频率位于 $2954cm^{-1}$ 和 $2871cm^{-1}$ 。

当 CH_3 基团与其他原子或基团相连接时，CH_3 反对称和对称伸缩振动频率升高还是降低，取决于两个因素：诱导效应和超共轭效应。如果吸电子诱导效应大于超共轭效应，则频率降低；如果超共轭效应大于诱导效应，则频率升高，如果二者相当，则频率基本不变。

当 CH_3 基团与氧原子直接相连时，CH_3 反对称和对称伸缩振动频率向低频位移。如甲醇 CH_3OH （图 7-2）的 CH_3 反对称和对

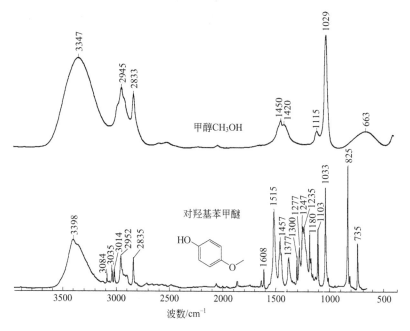

图 7-2　甲醇（上）和对羟基苯甲醚（下）的红外光谱

称伸缩振动频率分别向低频位移至 2945cm^{-1} 和 2833cm^{-1}；对羟基苯甲醚 OHC$_6$H$_4$OCH$_3$（图 7-2）中的 CH$_3$ 反对称和对称伸缩振动频率分别向低频位移至 2952cm^{-1} 和 2835cm^{-1}。O 原子的电负性为 3.44，它的吸电子诱导效应使 C—H 键键级降低，因而 CH$_3$ 反对称和对称伸缩振动频率降低。虽然醚键 O 原子上的一对孤对电子可以与 CH$_3$ 基团形成 σ-p 超共轭效应，但 σ-p 超共轭效应小于诱导效应，总的效应是使频率降低。

当 CH$_3$ 基团和氧原子之间隔着一个原子时，O 原子的吸电子诱导效应大大地减弱，但 CH$_3$ 基团的 σ 键仍然可以与 O 原子的孤对电子形成 σ-p 超共轭效应，使 CH$_3$ 的反对称和对称伸缩振动频率向高频位移。如乙醇 CH$_3$CH$_2$OH（图 7-3）的 CH$_3$ 反对称和对称伸缩振动频率分别向高频位移至 2974cm^{-1} 和 2884cm^{-1}；氯乙酰 CH$_3$COCl（图 7-3）的 CH$_3$ 与 O、Cl 之间隔着一个 C 原子，O 和 Cl 对 CH$_3$ 的吸电子诱导效应减弱，但 CH$_3$ 仍然可以与 C═O 和 C—Cl 的 π 电子和 p 电子形成 σ-π 和 σ-p 超共轭效应，因而 CH$_3$ 的反对称和对称伸

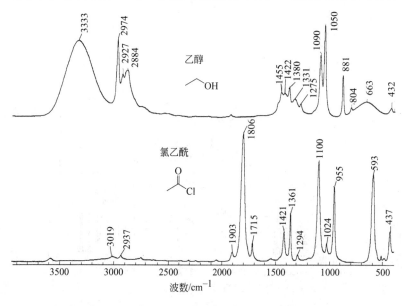

图 7-3 乙醇（上）和氯乙酰（下）的红外光谱

缩振动频率向高频位移至 $3019cm^{-1}$ 和 $2937cm^{-1}$。

当 CH_3 基团与氮原子直接相连时，其伸缩振动频率升高或降低取决于两个因素：一方面，N 原子是吸电子的，其电负性值为 3.04，N 原子使 C—H 键上的电子云密度进一步向 C 原子移动，降低了 C—H 的键级，导致 CH_3 的反对称和对称伸缩振动频率降低；但是，另一方面，N 原子以 sp^3 杂化轨道成键，N 原子上一个 sp^3 杂化轨道上仍有一对孤对电子，可以与 CH_3 基团的 C—Hσ 键形成 σ-sp^3 超共轭效应，超共轭效应可以使 CH_3 的反对称和对称伸缩振动频率升高。在这两个因素中，如果第一个因素占主导地位，CH_3 反对称和对称伸缩振动频率将会降低，如果第二个因素占主导地位，CH_3 反对称和对称伸缩振动频率将会升高。脂肪族叔胺 R—N—$(CH_3)_2$ 中的 CH_3 反对称和对称伸缩振动频率分别向低频移至 $2825\sim2815cm^{-1}$ 和 $2780\sim2765cm^{-1}$。如在四甲基乙二胺 $(CH_3)_2NCH_2CH_2N(CH_3)_2$ 中，CH_3 反对称和对称伸缩振动频率分别向低频移至 $2816cm^{-1}$ 和 $2765cm^{-1}$；在 β-二甲氨基丙腈 中，CH_3 的反对称和对称伸缩振动频率分别向低频移至 $2825cm^{-1}$ 和 $2775cm^{-1}$。但在三甲胺 $(CH_3)_3N$ 中，CH_3 伸缩振动却出现两种频率：一种频率向低频位移，反对称和对称伸缩振动频率位于 $2823cm^{-1}$ 和 $2773cm^{-1}$；另一种频率位置基本上不变，位于 $2966cm^{-1}$ 和 $2877cm^{-1}$。

当 CH_3 与双键或三键相连时，CH_3 的反对称和对称伸缩振动频率向高频位移。这是由于 σ-π 超共轭效应使 C—H 键的电子云密度增大，因而 CH_3 的反对称和对称伸缩振动频率向高频位移。如丙酮（图 7-4）的 CH_3 反对称和对称伸缩振动频率分别位于 $3004cm^{-1}$ 和 $2924cm^{-1}$；二甲亚砜 CH_3SOCH_3（图 7-4）的 CH_3 反对称和对称伸缩振动频率分别位于 $2995cm^{-1}$ 和 $2911cm^{-1}$；乙腈 CH_3—C≡N（图 7-4）的 CH_3 反对称和对称伸缩振动频率分别位于 $3003cm^{-1}$ 和 $2944cm^{-1}$。

当 CH_3 与芳环相连时，C—H 的 σ 键会与芳环上的大 π 键形成

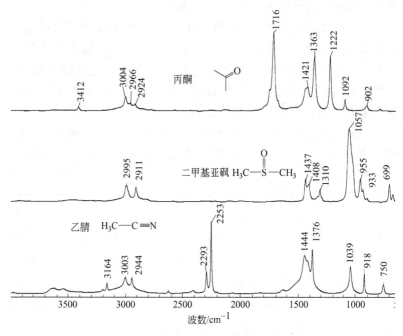

图 7-4　丙酮（上）、二甲基亚砜（中）和乙腈（下）的红外光谱

σ-π 超共轭体系，使 C—H 键上的电子云密度增大，CH_3 的反对称和对称伸缩振动频率向高频位移。如甲苯的 CH_3 反对称和对称伸缩振动频率分别向高频位移至 $3027cm^{-1}$ 和 $2920cm^{-1}$；对二甲苯的 CH_3 反对称和对称伸缩振动频率分别位于 $3019cm^{-1}$ 和 $2922cm^{-1}$。

7.1.1.2　CH_3 变角振动

CH_3 变角振动（也称为弯曲振动或变形振动）分为不对称变角振动和对称变角振动。不对称变角振动频率位于 $1460cm^{-1}$ 附近，对称变角振动频率位于 $1375cm^{-1}$ 附近。在长链烷烃中，CH_3 不对称变角振动和 CH_2 变角振动频率挨得很近，而且 CH_3 不对称变角振动频率总是比 CH_2 变角振动频率低一些。当分子中 CH_2 基团数目较多时，CH_3 不对称变角振动吸收峰成为 CH_2 变角振动吸收峰的肩峰。

在通常的有机化合物中，CH_3 对称变角振动频率具有特征性，它很少受到其他振动频率的干扰，如果在 $1380 \sim 1375 cm^{-1}$ 之间出现吸收峰，说明化合物分子中肯定存在 CH_3 基团。

当 CH_3 基团与羰基相连时，其不对称和对称变角振动频率向低波数位移。这种作用与 CH_3 反对称和对称伸缩振动频率位移方向正好相反。一般说来，如果分子中 CH_3 反对称和对称伸缩振动频率向高波数位移，其不对称和对称变角振动频率会向低波数位移。如丙酮（图 7-4）的 CH_3 反对称和对称伸缩振动频率向高波数位移至 $3004 cm^{-1}$ 和 $2924 cm^{-1}$，其不对称和对称变角振动频率向低波数位移至 $1421 cm^{-1}$ 和 $1363 cm^{-1}$。

当两个或三个 CH_3 基团连接在同一个碳原子上时，CH_3 对称变角振动在有些化合物中会发生耦合作用，使谱带发生分裂。异丙基和叔丁基 CH_3 对称变角振动分裂的两个谱带都位于 $1385 cm^{-1}$ 和 $1365 cm^{-1}$ 左右。异丙基分裂的两个谱带强度基本相同，叔丁基分裂的两个谱带前者吸收强度比后者弱。表 7-1 列出几种含异丙基和叔丁基化合物 CH_3 对称变角振动分裂的两个谱带的频率。

表 7-1　含异丙基和叔丁基化合物 CH_3 对称
变角振动分裂的两个谱带的频率

化合物	CH_3 对称变角振动分裂的两个谱带的频率/cm^{-1}
异戊烷 $(CH_3)_2CHCH_2CH_3$	1382 和 1368
异丁醇 $(CH_3)_2CHCH_2OH$	1388 和 1367
异戊醇 $(CH_3)_2CHCH_2CH_2OH$	1385 和 1367
异丁胺 $(CH_3)_2CHCH_2NH_2$	1387 和 1367
叔丁醇 $(CH_3)_3COH$	1382 和 1365
叔丁胺 $(CH_3)_3CNH_2$	1389 和 1364
叔丁基过氧化氢 $(CH_3)_3COOH$	1386 和 1364
2-氯-2-甲基丙烷 $(CH_3)_3CCl$	1396 和 1370

7.1.1.3 CH₃摇摆振动

CH₃摇摆振动频率位于 $1100 \sim 810 \mathrm{cm}^{-1}$ 之间，属于弱吸收谱带。但在某些化合物中，CH₃摇摆振动出现强或较强吸收谱带。有时出现两个吸收峰，如四甲基氯化铵的 CH₃摇摆振动的两个吸收峰位于 $960 \mathrm{cm}^{-1}$ 和 $951 \mathrm{cm}^{-1}$。某些化合物 CH₃摇摆振动出现弱吸收时，拉曼却很强。

由于 CH₃摇摆振动吸收峰很弱，容易被这个区间出现的其他谱带所掩盖，当 CH₃摇摆振动出现弱吸收时，这个吸收峰无实用价值。只有在这个区间没有出现其他吸收峰的情况下，才能辨别出CH₃摇摆振动吸收峰。表 7-2 列出某些化合物 CH₃摇摆振动吸收峰的峰位和峰强。

表 7-2　某些化合物 CH₃摇摆振动吸收频率

化合物名称	CH₃摇摆振动频率/cm⁻¹
2-氯-2-甲基丙烷(CH₃)₃CCl	810(中)
甲烷磺酰氯 CH₃SOOCl	968(强)
四甲基氯化铵(CH₃)₄NCl	960,951(强)
二甲亚砜 CH₃SOCH₃	955(中)
乙腈 CH₃CN	918(中)
乙酸钠 CH₃COONa	1044(弱)和1013(弱)
乙酸钾 CH₃COOK	916(弱)

7.1.2　CH₂振动

7.1.2.1　CH₂伸缩振动

CH₂伸缩振动分为反对称伸缩振动和对称伸缩振动。反对称伸缩振动频率总是比对称伸缩振动频率高。

饱和烃 CH₂反对称伸缩振动频率总是比 CH₃反对称伸缩振动频率低，CH₂对称伸缩振动频率也总是比 CH₃对称伸缩振动频率低。饱和烃 CH₂反对称和对称伸缩振动频率分别位于 $2925 \mathrm{cm}^{-1}$ 和 $2855 \mathrm{cm}^{-1}$ 左右。二者相差约 $70 \mathrm{cm}^{-1}$。如环己烷（图 7-1）的 CH₂

反对称和对称伸缩振动频率分别位于 $2926cm^{-1}$ 和 $2860cm^{-1}$。

在长链烷烃化合物中，如果烷基链排列有序，所有碳原子呈 Z 字构型，此时 CH_2 反对称和对称伸缩振动频率比排列无序状态分别低 $7\sim5cm^{-1}$ 左右，位于 $2918cm^{-1}$ 和 $2850cm^{-1}$。如二十二烷（图 7-1）的 CH_2 反对称和对称伸缩振动频率分别位于 $2919cm^{-1}$ 和 $2849cm^{-1}$。

当 CH_2 基团与其他原子或基团相连接时，CH_2 反对称和对称伸缩振动频率升高还是降低，取决于两个因素：诱导效应和超共轭效应。如果吸电子诱导效应大于超共轭效应，则频率降低；如果超共轭效应大于诱导效应，则频率升高，如果二者相当，则频率基本不变。

当 CH_2 基团与电负性大的原子（Cl、O 等）相连接时，CH_2 反对称和对称伸缩振动频率将向高频移动。如二氯甲烷 CH_2Cl_2 中（图 7-5）CH_2 反对称和对称伸缩振动频率分别向高频移至 $3054cm^{-1}$ 和 $2987cm^{-1}$；在氯乙酸 $CH_2ClCOOH$ 中（图 7-5）CH_2

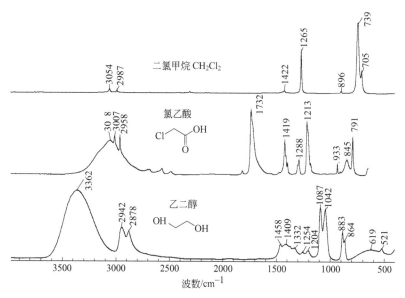

图 7-5　二氯甲烷（上）、氯乙酸（中）和乙二醇（下）的红外光谱

反对称和对称伸缩振动频率分别向高频移至 $3007cm^{-1}$ 和 $2958cm^{-1}$；乙二醇 $HOCH_2CH_2OH$ 中（图 7-5）CH_2 反对称和对称伸缩振动频率分别向高频移至 $2942cm^{-1}$ 和 $2878cm^{-1}$。电负性大的原子具有吸电子诱导效应，应使 C—H 键减弱，CH_2 伸缩振动频率应该向低频移动，但由于 Cl、O 原子的 p 电子与 C—H 的 σ 键形成 σ-p 超共轭效应，使 C—H 键键级增强，超共轭效应占主导地位，因而 CH_2 伸缩振动频率向高频位移。

与 CH_3 基团相似，CH_2 基团与 N 原子直接相连接时，CH_2 基团的伸缩振动频率位移情况取决于两个因素：N 原子的吸电子效应会使 CH_2 伸缩振动频率向低频位移；CH_2 的 C—Hσ 键能与 N 原子上的孤对电子形成超共轭效应。当这两种效应能互相抵消时，CH_2 的伸缩振动频率基本上保持不变，如在乙二胺 $H_2NCH_2CH_2NH_2$ 中（图 7-6），CH_2 反对称和对称伸缩振动频率分别为

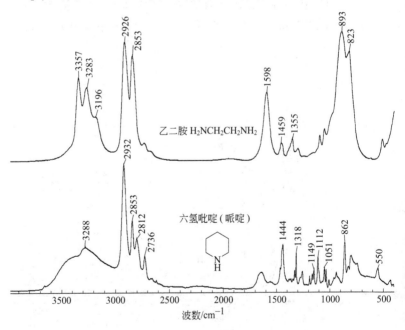

图 7-6　乙二胺（上）和六氢吡啶（哌啶）（下）的红外光谱

2926cm^{-1} 和 2853cm^{-1}。在六氢吡啶（哌啶）（图 7-6）分子中，与 N 原子相连的 CH$_2$ 反对称和对称伸缩振动频率向低频位移至 2812cm^{-1} 和 2736cm^{-1}，这是由于在六氢吡啶分子中与 N 相连的两个 CH$_2$ 不能和 N 形成超共轭效应的缘故。

在环状化合物中，随着环张力增加，CH$_2$ 伸缩振动频率逐渐向高频位移。在环己烷中 CH$_2$ 反对称和对称伸缩振动频率与直链烷烃基本相同；在环戊烷中 CH$_2$ 反对称和对称伸缩振动频率分别向高频移至 2956cm^{-1} 和 2870cm^{-1}；在氯甲基环丙烷中，环上的 CH$_2$ 反对称和对称伸缩振动频率分别向高频移至 3084cm^{-1} 和 3008cm^{-1}。

7.1.2.2　CH$_2$ 变角振动

CH$_2$ 变角振动也称为剪式振动或弯曲振动。烷烃 CH$_2$ 变角振动频率位于 1465cm^{-1} 左右。与 CH$_3$ 不对称变角振动频率（1460cm^{-1} 左右）靠得很近，二者不发生耦合作用。这两个谱带通常重叠在一起，当分子中 CH$_2$ 基团数目多于 CH$_3$ 基团数目时，CH$_3$ 谱带成为 CH$_2$ 谱带的肩峰。反之亦然。有些长链烷基 CH$_2$ 变角振动出现双峰，位于 1472cm^{-1} 和 1463cm^{-1}。

当 CH$_2$ 基团与其他原子或基团能形成超共轭效应时，一方面其伸缩振动频率会向高频位移，另一方面其变角振动频率则向低频位移。如 CH$_2$ 基团与电负性强的 Cl 原子相连，或与 C═O 相连时，由于能形成超共轭效应，CH$_2$ 变角振动向低频位移。如在 3-氯丙酸 ClCH$_2$CH$_2$COOH（图 7-7）中与 Cl 原子相连的 CH$_2$ 变角振动位于 1439cm^{-1}，而与 COOH 相连的 CH$_2$ 变角振动位于 1400cm^{-1}；氯乙酸 ClCH$_2$COOH（图 7-5）中的 CH$_2$ 变角振动位于 1419cm^{-1}；氯乙腈 ClCH$_2$CN（图 7-7）的 CH$_2$ 既能与 Cl 原子形成超共轭效应，也能与腈基形成超共轭效应，其反对称和对称伸缩振动频率向高频分别位移至 3014cm^{-1} 和 2968cm^{-1}，变角振动向低频位移至 1423cm^{-1}。

7.1.2.3　CH$_2$ 面内摇摆振动

长链烷基 CH$_2$ 面内摇摆振动吸收较弱，但非常特征，且非常

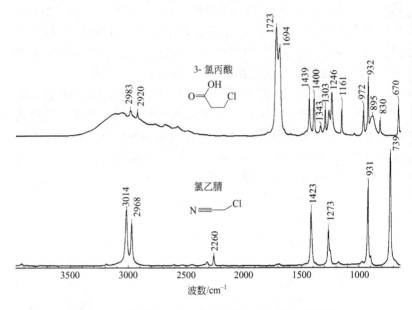

图 7-7 3-氯丙酸（上）和氯乙腈（下）的红外光谱

稳定，位于（720 ± 4）cm^{-1}。有些长链烷基结晶态化合物 CH_2 面内摇摆振动分裂为双峰，位于 $730cm^{-1}$ 和 $720cm^{-1}$。如十四醇和碘代十八烷中 CH_2 的面内摇摆振动都分裂为双峰，位于 $730cm^{-1}$ 和 $720cm^{-1}$。结晶态化合物熔化后，$730cm^{-1}$ 吸收峰消失。

7.1.2.4 CH_2 面外摇摆振动

结晶直链脂肪族化合物，如脂肪酸、脂肪酸酯、脂肪酸盐、脂肪族酰胺或卤代烷，在 $1340 \sim 1150cm^{-1}$ 区间出现一系列间隔几乎相等的吸收峰。如硬脂酸钾（图 7-8）在 $1323 \sim 1185cm^{-1}$ 之间出现 8 个吸收峰，分别为 1323、1302、1283、1264、1244、1224、1204cm^{-1} 和 $1185cm^{-1}$。各个峰的强度几乎相等，这 8 个峰之间的间隔约 $20cm^{-1}$ 左右。这 8 个谱带指认为 CH_2 面外摇摆振动吸收峰。当结晶长链脂肪族化合物熔化或在溶液状态时，这些 CH_2 面外摇摆振动谱带消失。

结晶直链脂肪酸亚甲基的数目 n 与 CH_2 面外摇摆振动吸收峰

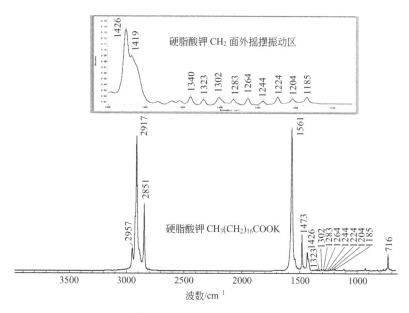

图 7-8　硬脂酸钾的红外光谱

数目 m 的关系为：当 n 为偶数时，$m = n/2$，例如硬脂酸的 $n = 16$，出现 8 个吸收峰；月桂酸的 $n = 10$，出现 5 个吸收峰。当 n 为奇数时，$m = (n+1)/2$，如十九酸的 $n = 17$，出现 9 个吸收峰。

非晶态固体直链烷烃化合物在这个区间没有出现 CH_2 面外摇摆振动吸收。这是因为非晶态固体中，CH_2 基团排列无序，不是以 Z 字形排列。

短链脂肪族化合物的 CH_2 面外摇摆振动吸收非常弱，但当 CH_2 基团与 O、N、S 或卤素原子相连时，CH_2 面外摇摆振动在 $1300 \sim 1150 cm^{-1}$ 区间出现强吸收。如在 1,2-二溴乙烷 $BrCH_2CH_2Br$ 光谱中（图 7-9），1277、$1245 cm^{-1}$ 和 $1186 cm^{-1}$ 吸收峰应归属于 CH_2 面外摇摆振动吸收峰，其中 $1186 cm^{-1}$ 吸收峰是光谱中最强的吸收谱带；三聚甲醛（图 7-9）的 CH_2 面外摇摆振动强吸收峰出现在 $1239 cm^{-1}$；在氯乙腈 $ClCH_2CN$ 的光谱中（图 7-7），CH_2 面外摇摆振动频率位于 $1273 cm^{-1}$；在 1,2-乙二硫醇（$HSCH_2CH_2SH$）光谱中（图

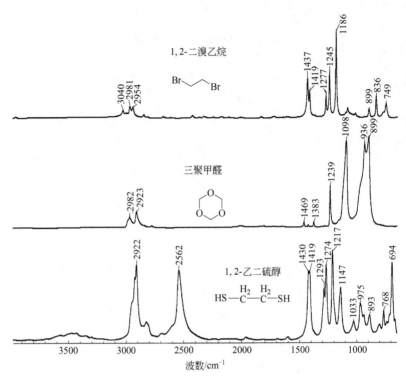

图 7-9　1,2-二溴乙烷（上）、三聚甲醛（中）和

1,2-乙二硫醇（下）的红外光谱

7-9），1274、1217cm^{-1}和1147cm^{-1}吸收峰也应归属于CH$_2$面外摇摆振动吸收峰。

7.1.2.5　CH$_2$扭曲振动

烷烃CH$_2$的扭曲振动（也称卷曲振动）频率位于1300cm^{-1}左右，吸收强度弱，与极性基团相连时，强度增加。

7.1.3　CH振动

7.1.3.1　CH伸缩振动

烷烃C—H伸缩振动频率应该位于CH$_2$反对称和对称伸缩振

动频率之间，约在 $2890\mathrm{cm}^{-1}$ 附近。在烷烃化合物分子中，通常 CH 基团数目很少，当 CH_3 和 CH_2 基团数目远多于 C—H 基团时，C—H 伸缩振动谱带常被 CH_3 和 CH_2 伸缩振动谱带所掩盖，因此实用价值很小。但当 CH 基团数目较多时，C—H 伸缩振动谱带就很明显了。如在胆固醇分子中，有七个 C—H 基团，C—H 伸缩振动频率出现在 $2902\mathrm{cm}^{-1}$。当分子中 CH_3 和 CH_2 基团数目很少时，C—H 伸缩振动谱带还是比较强的；当分子中只有 CH_2 和 C—H 基团时，C—H 伸缩振动谱带比较明显。

烷烃 C—H 基团可以与 O、N、Cl、Br、I 原子的 p 电子形成超共轭效应。这些原子的电负性都很强，吸电子效应使 C—H 键减弱，C—H 伸缩振动应向低频位移。如果超共轭效应大于吸电子效应，C—H 伸缩振动就向高频位移，如在氯仿 $HCCl_3$ （图 7-10）中

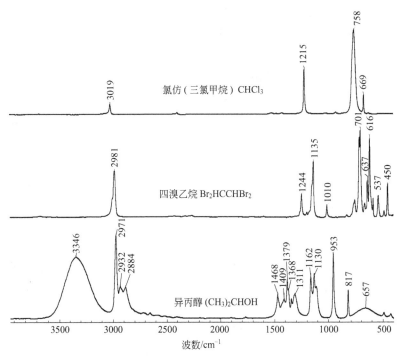

图 7-10　氯仿（上）、四溴乙烷（中）和异丙醇（下）的红外光谱

CH 伸缩振动频率为 3019cm^{-1}；四溴乙烷 Br$_2$HCCHBr$_2$（图7-10）中 C—H 伸缩振动频率为 2981cm^{-1}；异丙醇（CH$_3$)$_2$CHOH（图 7-10）中 C—H 伸缩振动频率为 2932cm^{-1}。超共轭效应越强，C—H 伸缩振动频率就越高。超共轭效应还使 C—H 伸缩振动谱带强度增强。

7.1.3.2　C—H 变角振动

烷烃化合物 C 原子上只有一个 C—H 时，C—H 基团可以左右摇摆，这种摇摆振动可以看成是 C—C—H 变角振动，振动频率位于 1400～1300cm^{-1}，吸收强度低，没有实用价值。但在简单的卤代烷化合物中，这个谱带的吸收强度却很强而且向低频位移，如在三氯甲烷（图 7-10）、三溴甲烷和三碘甲烷中，分别在 1215、1142cm^{-1} 和 1067cm^{-1} 出现强吸收，这个谱带应是 C—H 摇摆振动谱带。

在糖类化合物中，存在多个 C—H 基团，在 1350cm^{-1} 左右出现较强的 C—C—H 变角振动吸收谱带。

7.1.4　C—C 伸缩振动

直链烷烃的 C—C 伸缩振动频率位于 1100～1020cm^{-1} 之间，红外谱带和拉曼谱带通常都非常弱，没有特征性。体系中如果存在超共轭效应，会使 C—C 伸缩振动谱带增强，如乙腈 CH$_3$CN（图 7-4）的 C—C 伸缩振动在 1039cm^{-1} 出现较强吸收峰。当 C—C 基团的一个 C 原子与电负性很强的 Cl 原子相连时，吸电子效应会使 C—C 之间的电子云密度发生变化，使 C—C 伸缩振动频率向低频位移，而且吸收强度增强，如氯乙腈 ClCH$_2$CN（图 7-7）的 C—C 伸缩振动频率向低频位移至 931cm^{-1}，吸收强度很强。

当 C—C 基团两边连接两个双键时，共轭效应使 C—C 键级增强，C—C 伸缩振动频率向高频位移至 1300cm^{-1} 左右，吸收强度很强，有时分裂为双峰。

有些化合物的异丙基和叔丁基 C—C 伸缩振动红外谱带比较强，异丙基和叔丁基 C—C 伸缩振动频率向高频位移。异丙基（CH$_3$)$_2$CH—反对称和对称伸缩振动频率分别位于 1170cm^{-1} 和

$1130cm^{-1}$ 左右；异丙基—$C(CH_3)_2$—反对称和对称伸缩振动频率分别位于 $1246cm^{-1}$ 和 $1164cm^{-1}$ 左右；叔丁基 $(CH_3)_3C$—反对称和对称伸缩振动频率分别位于 $1245cm^{-1}$ 和 $1200cm^{-1}$ 左右。表 7-3 列出几种含异丙基和叔丁基化合物 C—C 伸缩振动谱带的频率。

表 7-3　几种含异丙基和叔丁基化合物 C—C 伸缩振动频率

化合物	反对称伸缩/cm^{-1}	对称伸缩/cm^{-1}
异丙胺$(CH_3)_2CHNH_2$	1171	1133
甲基异丁酮$(CH_3)_2CHCH_2COCH_3$	1171	1119
聚异丁烯—$CH_2C(CH_3)_2$—	1230	1164
叔丁基过氧化氢$(CH_3)_3COOH$	1246	1193
叔丁胺$(CH_3)_3CNH_2$	1245	1220

烷烃 CH_3、CH_2 和 CH 的有关振动频率见表 7-4。

表 7-4　烷烃 CH_3、CH_2 和 CH 的有关振动频率

振动模式	振动频率 /cm^{-1}	注释
CH_3伸缩振动 　反对称伸缩 　对称伸缩	 2960 ± 5 2875 ± 5	饱和烷基链排列有序时，端基 CH_3 反对称和对称伸缩振动频率位于 $2955cm^{-1}$ 和 $2871cm^{-1}$。CH_3基团与氮原子或氧原子相连时，反对称和对称伸缩振动频率降低。超共轭效应占主导地位时，向高频位移
CH_3变角振动 　不对称变角 　对称变角	 1460 ± 5 1375 ± 5	CH_3不对称变角振动总是比 CH_2变角振动频率低一些。CH_3对称变角振动具有特征性
CH_3摇摆振动	$1100\sim810$	弱吸收。在有些化合物中出现强或较强吸收
CH_2伸缩振动 　反对称 　对称	 2925 ± 5 2855 ± 5	长链烷基有序排列时，反对称和对称伸缩振动频率为 $2918cm^{-1}$ 和 $2850cm^{-1}$。与电负性大的原子相连时，向高频移动
CH_2变角振动	1465 ± 5	与电负性大的原子相连时，向低频移动
CH_2面内摇摆	720 ± 4	晶态长链烷基化合物分裂为 $730cm^{-1}$ 和 $720cm^{-1}$，熔化和溶液中 $730cm^{-1}$ 消失。CH_2个数减少，向高频移动

振动模式	振动频率/cm^{-1}	注释
CH_2面外摇摆	1340～1150	弱吸收。晶态烷烃化合物出现一系列间隔相等的吸收峰,熔化和溶液中吸收峰消失。与卤素相连时,出现强吸收
CH_2扭曲振动	1300±10	弱,与极性基团相连时,强度增加
C—H 伸缩振动	约2890	与电负性大的原子相连时,向高频位移,强度增加
C—H 变角振动	1400～1300	无特征性,无实用价值
C—C 伸缩振动		
直链 C—C 伸缩	1100～1020	弱,没有特征性
$(CH_3)_2$CHR的C—C伸缩	1170±10	中等,反对称伸缩振动
	1130±10	弱,对称伸缩振动
—C(CH_3)$_2$—的C—C伸缩	1230±10	中等,反对称伸缩振动
	1164±10	弱,对称伸缩振动
$(CH_3)_3$CR的C—C伸缩	1245±10	中等,反对称伸缩振动
	1200±10	中等,对称伸缩振动

7.2 烯烃化合物基团的振动频率

烯烃化合物的特征基团有=CH_2、=CH 和 C=C。特征振动模式有:=CH_2 伸缩、=CH_2 变角、=CH_2 面外摇摆、=CH_2 扭曲、=CH 伸缩、=CH 面内弯曲和=CH 面外弯曲。=CH_2 伸缩和=CH 伸缩振动频率位于 3100～3000cm^{-1}之间。

7.2.1 =CH_2振动

7.2.1.1 =CH_2伸缩振动

烯烃末端双键上的=CH_2反对称伸缩振动频率位于 3080cm^{-1}左右,对称伸缩振动频率位于 3000cm^{-1}左右。如 1-十四烯 $CH_3(CH_2)_{11}CH=CH_2$(图 7-11)末端双键上的=CH_2反对称和

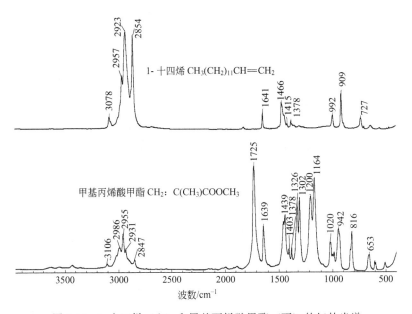

图 7-11　1-十四烯（上）和甲基丙烯酸甲酯（下）的红外光谱

对称伸缩振动频率分别位于 $3078cm^{-1}$ 和 $3002cm^{-1}$。烷烃的 CH_2 和 CH_3 伸缩振动频率基本上位于 $3000\sim2800cm^{-1}$ 之间。$3000cm^{-1}$ 基本上是不饱和烃和长链饱和烃碳氢伸缩振动频率的分界线。

7.2.1.2　═CH_2 变角振动

烯烃端基上的 ═CH_2 变角振动频率位于 $1420\sim1400cm^{-1}$ 之间，吸收强度弱，比烷烃 CH_2 变角振动频率低。═CH_2 变角振动频率受碳氢弯曲振动谱带的干扰，应用价值不大。1-十四烯 $CH_3(CH_2)_{11}CH$═CH_2（图 7-11）端基═CH_2 的变角振动频率位于 $1415cm^{-1}$；甲基丙烯酸甲酯 CH_2═$C(CH_3)COOCH_3$（图 7-11）中的═CH_2 变角振动频率位于 $1403cm^{-1}$。

7.2.1.3　═CH_2 面外摇摆振动

烯烃═CH_2 面外摇摆振动频率位于 $1000\sim900cm^{-1}$。如苯乙烯（图 7-12）、二乙烯苯（图 7-12）和 1-十四烯（图 7-11）烯烃上的═CH_2 面外摇摆振动频率分别位于 909、$906cm^{-1}$ 和 $909cm^{-1}$，

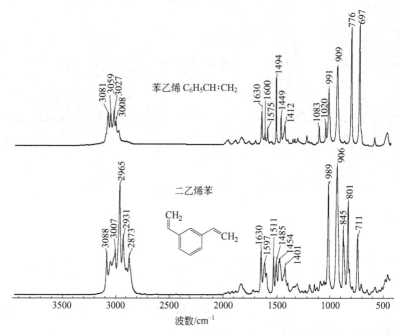

图 7-12　苯乙烯（上）和二乙烯苯（下）的红外光谱

吸收强度都很强。甲基丙烯酸丁酯和丙烯酸乙酯的 CH_2 面外摇摆振动频率分别位于 $939 cm^{-1}$ 和 $986 cm^{-1}$。

7.2.1.4　CH_2 扭曲振动

烯烃 $=CH_2$ 的扭曲振动频率位于 $1040\sim990 cm^{-1}$，吸收强度通常很强。如苯乙烯（图 7-12）、二乙烯苯（图 7-12）和 1-十四烯（图 7-11）烯烃上的 $=CH_2$ 扭曲振动频率分别位于 991、$989 cm^{-1}$ 和 $992 cm^{-1}$。丙烯酸乙酯、甲基丙烯酸丁酯和甲基丙烯酸（图 7-13）的 $=CH_2$ 扭曲振动谱带分别位于 1030、$1012 cm^{-1}$ 和 $1009 cm^{-1}$。

7.2.2　$=CH$ 振动

7.2.2.1　$=C—H$ 伸缩振动

烯烃双键上的 $=C—H$ 伸缩振动频率应该位于 $=CH_2$ 反对称和

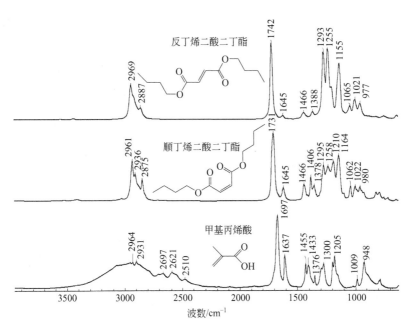

图 7-13　反丁烯二酸二丁酯（上）、顺丁烯二酸二丁酯（中）
和甲基丙烯酸（下）的红外光谱

对称伸缩振动频率中间，即位于 3040cm^{-1} 左右，吸收强度很弱。
在胆固醇分子中只有一个 =C—H 基团，=C—H 伸缩振动频率位
于 3037cm^{-1}。环己烯基团中两个 =C—H 伸缩振动耦合频率位于
3062cm^{-1} 和 3022cm^{-1}。

7.2.2.2　=CH 面内弯曲振动

　　烯烃双键上的 =C—H 面内弯曲振动位于 1300cm^{-1} 左右，强
度很弱，无实用价值。但在一些烯烃化合物中，这个谱带却很强，
如乙烯基乙醚 CH_2=CH—O—C_2H_5（图 7-14）和乙烯基丙醚
CH_2=CH—O—C_3H_7（图 7-14）都在 1319cm^{-1} 出现强的吸收峰。

　　烷基型烯烃 R_1HC=CHR_2 中 =C—H 面内弯曲振动频率也位
于 1300cm^{-1} 左右，如顺式-2-戊烯 CH_3CH=$CHCH_2CH_3$（图
7-14）在 1306cm^{-1} 出现 =C—H 面内弯曲振动谱带。

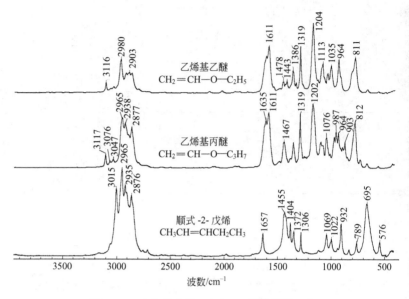

图 7-14 乙烯基乙醚（上）、乙烯基丙醚（中）
和顺式-2-戊烯（下）的红外光谱

7.2.2.3 =CH 面外弯曲振动

烷基型烯烃 $R_1HC=CHR_2$ 中反式构型=C—H 面外弯曲振动谱带比较强，位于 $965cm^{-1}$ 左右。如反式-3-己烯 $CH_3CH_2CH=CHCH_2CH_3$（图 7-15）的 =C—H 面外弯曲振动谱带位于 $965m^{-1}$。烷基被其他基团取代后，谱带强度和位置变化较大。顺式构型=C—H 面外弯曲振动谱带也很强，位于 $700cm^{-1}$ 左右。如顺式-2-戊烯 $CH_3CH=CHCH_2CH_3$（图 7-14）在 $695cm^{-1}$ 出现很强的吸收峰。同样的，烷基被其他基团取代后，谱带强度和位置变化也较大，如顺丁烯二酸在 $700cm^{-1}$ 左右不出现=C—H 面外弯曲振动强吸收谱带。油酸钠 $CH_3(CH_2)_7CH=CH(CH_2)_7COONa$（图 7-15）固体中同时存在反式构型和顺式构型，这两种构型的 =C—H 面外弯曲振动谱带分别位于 $967cm^{-1}$ 和 $699cm^{-1}$，谱带强度很弱。

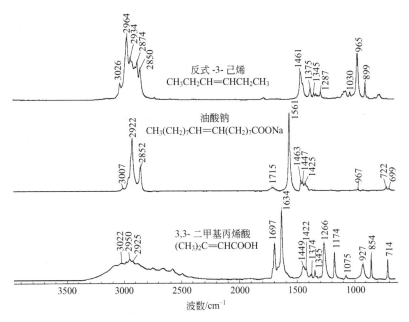

图 7-15　反式-3-己烯（上）、油酸钠（中）和

3,3-二甲基丙烯酸（下）的红外光谱

烷基型烯烃 $R_1R_2C=CHR_3$ 中 $=C—H$ 面外弯曲振动谱带比较强，位于 $840cm^{-1}$ 左右，烷基被其他基团取代后，谱带强度和位置变化也较大。3,3-二甲基丙烯酸（$CH_3)_2C=CHCOOH$（图7-15）的 $=C—H$ 面外弯曲振动谱带位于 $854cm^{-1}$。

7.2.3　C=C 伸缩振动

烯烃 $C=C$ 伸缩振动频率位于 $1700\sim1610cm^{-1}$ 之间。

烯烃 $C=C$ 伸缩振动频率应该比 $C=O$ 伸缩振动频率低一些，对于 $C=C$ 双键中心对称分子，$C=C$ 伸缩振动时偶极矩变化非常小，红外吸收非常弱。如反丁烯二酸二丁酯（图7-13）是 $C=C$ 双键中心对称分子，$C=C$ 伸缩振动谱带很弱，位于 $1645cm^{-1}$。顺丁烯二酸二丁酯（图7-13）不是中心对称而是轴对称分子，$C=C$

伸缩振动谱带比反丁烯二酸二丁酯强，振动频率位于 $1645cm^{-1}$。

在 C＝C 单取代化合物中，取代基的吸电子或推电子效应，使双键 C＝C 两个 C 原子之间电子云密度偏向一侧，伸缩振动力常数减少，吸收频率向低频位移。如 1-十四烯（图 7-11）的 C＝C 伸缩振动频率向低频位移至 $1641cm^{-1}$。取代基吸电子或推电子的能力越强，C＝C 伸缩振动频率向低频位移越多。

在 C＝C 双取代或三取代化合物中，C＝C 伸缩振动频率进一步向低频位移，而且吸收强度增强。如甲基丙烯酸 $CH_2=C(CH_3)COOH$（图 7-13）和 3,3-二甲基丙烯酸 $(CH_3)_2C=CHCOOH$（图 7-15）的 C＝C 伸缩振动频率分别为 $1637cm^{-1}$ 和 $1634cm^{-1}$。

脂肪环上只有一个 C＝C 双键时，环张力使 C＝C 双键伸缩振动频率向高频移动，如胆固醇六元环上的 C＝C 伸缩振动频率位于 $1671cm^{-1}$。

脂肪环上 C＝C 双键与相连的 O 原子形成 π-p 共轭时，C＝C 双键伸缩振动频率向低频位移，如 3,4-二氢-2H-吡喃的 C＝C 伸缩振动频率位于 $1649cm^{-1}$。

脂肪族化合物中当 C＝C 双键与另一个 C＝C 双键共轭时，由于共轭效应降低了双键振动力常数，吸收向低频位移。由于两个 C＝C 伸缩振动的耦合，使谱带发生分裂，位于 $1680\sim1610cm^{-1}$ 左右。如山梨酸 分子中两个 C＝C 伸缩振动耦合分裂为两个谱带，位于 $1639cm^{-1}$ 和 $1613cm^{-1}$。

环状化合物 C＝C 双键与另一个 C＝C 双键共轭时，耦合作用使分裂的高频谱带升高至 $1700cm^{-1}$ 左右。

芳香族化合物中芳环与 C＝C 双键相连时，也会发生共轭作用，使 C＝C 伸缩振动向低频位移。如苯乙烯（图 7-12）和二乙烯苯（图 7-12）的 C＝C 伸缩振动频率都位移至 $1630cm^{-1}$。

在四氯乙烯分子中，由于 C＝C 双键与四个 Cl 原子的 p 轨道孤对电子形成 p-π 共轭，使 C＝C 的伸缩振动频率向低频位移至

$1574cm^{-1}$，这是一个拉曼活性的谱带。

烯烃类化合物特征基团的振动频率见表 7-5。

表 7-5　烯烃类化合物特征基团振动频率

振动模式	振动频率 $/cm^{-1}$	注释
=CH_2 伸缩振动		
反对称	约 3080	强度较弱
对称	约 3000	强度较弱
=CH_2 变角振动	1420~1400	吸收强度弱,受碳氢弯曲振动谱带的干扰
=CH_2 面外摇摆	1000~900	RHC=CH_2 吸收强,位于 910±5
=CH_2 扭曲振动	1040~990	RHC=CH_2 吸收强,位于 990±5
=C—H 伸缩振动	约 3040	强度较弱
=CH 面内弯曲振动	约 1300	强度很弱,但在某些化合物中,吸收很强
R_1HC=CHR_2 面外弯曲		
反式	约 965	比较强
顺式	约 700	比较强
C=C 伸缩振动	1700~1610	

7.3　芳香族化合物基团的振动频率

芳香族化合物包括苯和取代苯化合物、稠环芳烃化合物和芳杂环化合物。本节主要讨论苯和取代苯化合物芳环上有关 CH 的伸缩振动、CH 的面内弯曲振动、CH 的面外弯曲振动和芳环的骨架振动。

7.3.1　CH 振动

7.3.1.1　CH 伸缩振动

芳香族化合物芳环上的 C—H 伸缩振动频率位于 3100~3000cm⁻¹ 之间，吸收较弱。通常芳香族化合物芳环上存在 2~6 个 C—H 基团，所以 C—H 伸缩振动存在多种振动模式。在 3100~3000cm⁻¹ 之间往往出现多个吸收峰，吸收峰的个数、位置和强度和芳环上取代基的数目、位置和性质有关。在苯（图 7-16）的红外光谱中，C—H 伸缩振动出现三个吸收峰，位于 3090、3071cm^{-1} 和 3036cm^{-1}，在拉曼光谱中，在 3062cm^{-1} 处出现强峰，这是苯环呼吸振动时 C—H 的对称伸缩振动频率。

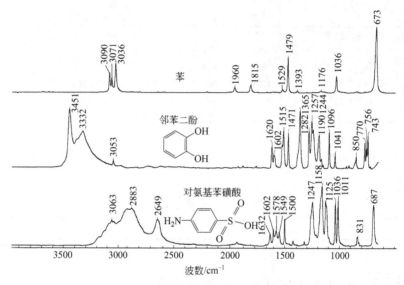

图 7-16　苯（上）、邻苯二酚（中）和对氨基苯磺酸（下）的红外光谱

7.3.1.2　CH 面内弯曲振动

芳香族芳环上 CH 面内弯曲振动吸收出现在 1150～990cm^{-1} 区间。由于芳香族化合物芳环上存在多个 C—H 基团，所以 CH 面内弯曲振动存在多种振动模式。当芳环上取代基数目、取代基性质和取代基位置不同时，CH 面内弯曲振动在 1150～990cm^{-1} 区间出现几个吸收峰，极性取代基可以使这些吸收峰强度显著增强。在这个区间如果还出现 C—O、C—OH、C—N、S—O 等振动吸收，会干扰 CH 面内弯曲振动谱带的指认。如苯（图 7-16）在 1036cm^{-1} 出现 CH 面内弯曲振动吸收峰；邻苯二酚（图 7-16）在 1096cm^{-1} 和 1041cm^{-1} 出现 CH 面内弯曲振动吸收峰；对氨基苯磺酸（图 7-16）在 1150～990cm^{-1} 区间出现三个强吸收峰，分别为 1125、

$1036cm^{-1}$ 和 $1011cm^{-1}$，因为在这个区间存在 SO_2 对称伸缩振动和 S—OH 伸缩振动吸收峰，因而干扰 CH 面内弯曲振动谱带的指认。

7.3.1.3 CH 面外弯曲振动

苯（图 7-16）的 CH 面外弯曲振动吸收峰出现在 $673cm^{-1}$。取代苯芳环上 CH 面外弯曲振动频率位于 $900\sim670cm^{-1}$ 之间。在这个区间通常出现 $1\sim3$ 个吸收峰，这些吸收峰通常都很强。这些吸收峰的个数、位置和强度取决于芳环取代基的个数、位置和取代基的性质。芳环上 CH 面外弯曲振动之所以会出现多个谱带，是因为芳环上 CH 面外弯曲振动存在多种振动模式，有些振动模式是红外活性的，有些振动模式是拉曼活性的。如 1,2,3-三羟基苯（图 7-17）在 $764cm^{-1}$ 和 $706cm^{-1}$ 出现 CH 面外弯曲振动吸收峰，在拉曼光谱（图 7-17）中，在 $714cm^{-1}$ 出现的峰很强。表 7-6 列出取代基在不同取代位置时，芳环上 C—H 面外弯曲振动频率范围。

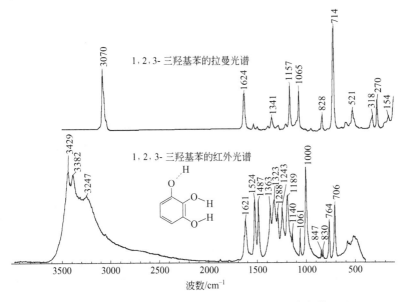

图 7-17　1,2,3-三羟基苯的拉曼光谱（上）和红外光谱（下）

表 7-6　不同取代位置时，芳环上 C—H 面外弯曲振动频率范围

取代基位置	振动频率/cm^{-1}			备注
0	673			
1	780～730	720～670		
1,2	770～735			
1,3	900～860	810～735	710～670	
1,4	860～790			
1,2,3	810～750	710～690		
1,2,4	870～850	825～800		900～860cm^{-1}吸收峰较弱
1,3,5	900～815	720～660		有些化合物在 770～730cm^{-1}
1,2,3,4	820～800	720～670		之间出现吸收峰
1,2,3,5	900～860	850～840		
1,2,4,5	900～860			
1,2,4,6	900～860			

　　对于芳环上的非极性取代基团，如邻位、间位和对位取代二甲苯（图 7-18），表 7-6 中的数据完全适用。对于芳环上的有些取代基团，如

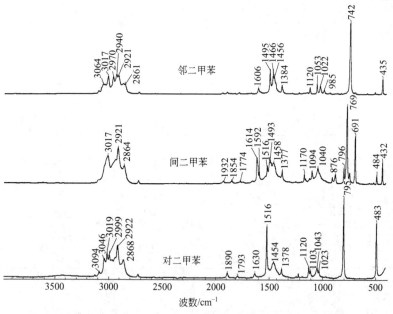

图 7-18　邻二甲苯（上）、间二甲苯（中）和对二甲苯（下）的红外光谱

—NO_2、—$COOH$、—COO^-、—$COOR$、CHO、—COX、—SO_3^- 等，表 7-6 中芳环上 CH 面外弯曲振动频率和谱带个数不完全适用。

除了取代苯环上 CH 面外弯曲振动在低频端出现吸收谱带外，吡啶、萘、蒽、菲及其取代化合物在低频端也出现 CH 面外弯曲振动吸收，吸收频率出现在 $850\sim700cm^{-1}$ 之间。

7.3.2 芳环骨架振动

绝大多数芳香族化合物的红外光谱在 $1625\sim1365cm^{-1}$ 之间都出现 3～4 个尖锐吸收谱带，这些吸收谱带的频率大致分为三组，分别为 $1625\sim1550$、$1550\sim1430cm^{-1}$ 和 $1430\sim1365cm^{-1}$。如苯酚的三组谱带为：$1569cm^{-1}$；1500、$1475cm^{-1}$；1391、$1373cm^{-1}$。邻苯二酚（图 7-16）的三组谱带为：1620、$1602cm^{-1}$；1515、$1471cm^{-1}$；$1365cm^{-1}$。这些谱带是芳环的骨架振动谱带。芳环的骨架振动存在多种振动模式，因此，在芳环的骨架振动吸收区会出现多个谱带。芳环上所有的碳原子都连在一起，振动时所有的碳原子都在振动，因此，不存在单个 $C=C$ 伸缩振动。

从苯环的结构图上看，似乎存在碳碳双键 $C=C$ 和碳碳单键 $C—C$，实际上，由于苯环存在大 π 键共轭体系，苯环的碳碳键长是均等的，约为 140pm，键长介于单键和双键之间，键级为 1.5 左右。芳环的骨架振动频率远高于键级为 1.5 的碳碳伸缩振动频率。$C\equiv C$ 的伸缩振动频率为 $2250cm^{-1}$ 左右，$C—C$ 伸缩振动频率为 $1050cm^{-1}$ 左右，$C=C$ 伸缩振动频率介于二者之间，约 $1650cm^{-1}$。键级为 1.5 的碳碳伸缩振动频率应位于 $1350cm^{-1}$ 左右，而芳环的骨架振动频率却在 $1625\sim1365cm^{-1}$ 之间，说明芳环骨架振动不是某两个碳碳之间的伸缩振动，而是骨架的整体振动。骨架的整体振动需要的能量比两个碳之间的伸缩振动需要的能量高得多。

苯（图 7-16）的骨架振动出现三个吸收峰，分别为 1529、$1479cm^{-1}$ 和 $1393cm^{-1}$。其中 $1479cm^{-1}$ 吸收强度最大，其余两个吸收峰都很弱。苯环上的氢原子被取代后，苯环分子的中心对称性被破坏，苯环上的六个 C 原子周围电子云密度不相等，使苯环骨架振动频率发生变化。

芳环上取代基的数目、位置和性质（如电负性）会影响碳碳骨架振动谱带的数目、位置和强度。

芳环上甲基—CH_3 取代时，在 $1460 \sim 1375 cm^{-1}$ 之间会出现 CH_3 不对称和对称变角振动吸收峰，碳碳骨架振动吸收峰会叠加到这些吸收峰上。邻位、间位和对位取代二甲苯（图 7-18）在碳碳骨架振动区，谱带的数目、位置和强度有非常大的差别。

芳环卤素取代或与孤对电子的 O、N 等相连时，强度明显增加。邻位、间位和对位取代二氯苯在碳碳骨架振动区，谱带的数目、位置和强度差别非常大。

芳环上极性基团取代使芳环骨架振动谱带强度增加，而且会使骨架振动的频率范围变宽，如 1,2,3-三羟基苯（图 7-17）在 1621、1524、$1487 cm^{-1}$ 和 $1363 cm^{-1}$ 出现很强的骨架振动吸收峰。

芳烃化合物特征基团的振动频率见表 7-7。

表 7-7　芳烃化合物特征基团振动频率

振动模式	振动频率 /cm^{-1}	注释
C—H 伸缩振动	$3100 \sim 3000$	弱,吸收峰的个数、位置和强度和芳环上取代基的数目、位置和性质有关
CH 面内弯曲振动	$1150 \sim 990$	取代基数目和取代基位置不同时,出现几个吸收带,极性取代基使吸收峰显著增强
CH 面外弯曲振动	$900 \sim 670$	强,通常出现 $1 \sim 3$ 个吸收峰,吸收峰位置取决于芳环取代基的数目和位置
芳环骨架振动	$1625 \sim 1365$	出现 3 组吸收峰。取代基的数目、位置和性质影响吸收峰的数目、位置和谱带的强度

7.4　炔烃化合物基团的振动频率

炔烃化合物的特征基团只有 CH 和 C≡C。

7.4.1 CH 伸缩振动

炔类≡C—H 伸缩振动频率位于 $3300cm^{-1}$ 左右, 强度高, 形状尖锐, 非常特征。如丙炔醇 $H—C≡C—CH_2OH$ (图 7-19)、三甲基硅乙炔 (图 7-19) 和苯乙炔 $C_6H_5—C≡CH$ (图 7-19) 中≡C—H 伸缩振动频率分别位于 3294、$3292cm^{-1}$ 和 $3292cm^{-1}$。

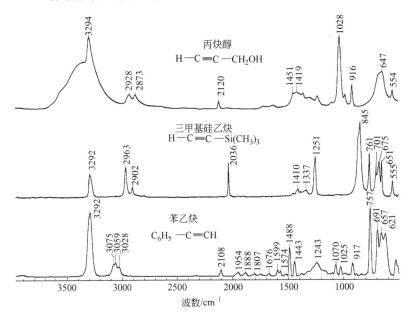

图 7-19 丙炔醇 (上)、三甲基硅乙炔 (中) 和苯乙炔 (下) 的红外光谱

炔类≡C—H 伸缩振动频率比烯烃和芳烃高, 烯烃和芳烃的 C—H 伸缩振动频率又比烷烃高。这是因为烷烃、烯烃和炔烃的 C 原子分别以 sp^3、sp^2 和 sp 杂化轨道与 H 原子的 s 轨道成键。成键时轨道重叠程度按 sp^3、sp^2 和 sp 递增。轨道重叠越多, 键长越短, 键能越大, 力常数越大, 伸缩振动频率越高。甲烷、乙烯和乙炔的 C—H 键长分别为 109、107pm 和 106pm, C—H 键能分别为 410、$444kJ \cdot mol^{-1}$ 和 $506kJ \cdot mol^{-1}$。所以甲烷、乙烯和乙炔的 C—H 伸缩振动频率逐渐升高。

7.4.2　C≡C 伸缩振动

　　在炔类 C≡C 双取代化合物中，如果两侧取代基团完全相同，C≡C 伸缩振动时偶极矩没有发生变化，这种振动是拉曼活性而红外非活性的。不出现红外吸收谱带，只出现很强的拉曼谱带，拉曼谱带位于 $2280 \sim 2210 \mathrm{cm}^{-1}$ 之间。如 2-丁炔-1,4-二醇 $HOCH_2C≡CCH_2OH$（图 7-20）在红外光谱中几乎不出现 C≡C 伸缩振动吸收谱带，而在拉曼光谱（图 7-20）中于 $2282 \mathrm{cm}^{-1}$ 和 $2211 \mathrm{cm}^{-1}$ 处出现非常强的谱带，前者属于反式构型，后者属于顺式构型。

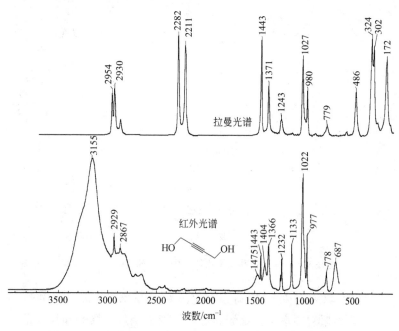

图 7-20　2-丁炔-1,4-二醇的拉曼光谱（上）和红外光谱（下）

　　在两侧取代基团不相同的化合物中，或在单取代化合物中，由于分子的对称性降低，C≡C 伸缩振动时偶极矩发生变化，但偶极矩变化很小，红外吸收较弱，拉曼谱带很强。分子的不对称性使两个 C 原子之间电子云密度发生变化，伸缩振动力常数减少，吸收频率向低频位移。位移程度取决于取代基吸电子或推电子的能力。

如丙炔醇 H—C≡C—CH$_2$OH（图 7-19）和三甲基硅乙炔 H—C≡C—Si（CH$_3$）$_3$（图 7-19）中的 C≡C 伸缩振动频率分别向低频位移到 2120cm^{-1} 和 2036cm^{-1}。苯乙炔 C$_6$H$_5$—C≡CH（图 7-19）由于有共轭效应，C≡C 伸缩振动频率向低频移至 2108cm^{-1}。

炔烃类化合物特征基团的振动频率见表 7-8。

表 7-8　炔烃类化合物特征基团振动频率

振动模式	振动频率 /cm^{-1}	注释
≡C—H 伸缩振动	约 3300	强度高,形状尖锐,非常特征
C≡C 伸缩振动		
—C≡C—(中心对称)	2280~2210	红外非常弱,拉曼非常强
HC≡C—R	2120~2030	弱,单取代频率取决于取代基吸电子或推电子的能力
HC≡C—Ar	约 2110	共轭效应向低频移动

7.5　醇和酚类化合物基团的振动频率

醇和酚类化合物的特征基团振动模式有：O—H 伸缩、C—OH 伸缩、C—O—H 面内弯曲和 C—O—H 面外弯曲。

7.5.1　O—H 伸缩振动

7.5.1.1　醇的 O—H 伸缩振动

醇羟基 R—O—H 的 O—H 伸缩振动频率位于 3400~3330cm^{-1}，比液体水的伸缩振动频率要低一些。由于醇分子中的 O—H 基团能形成分子间氢键，所以醇的 O—H 伸缩振动频率是一个宽化了的宽谱带，但它的宽度比液体水的伸缩振动谱带的宽度要窄一些。醇羟基 O—H 伸缩振动谱带非常强。如乙醇（图 7-3）在 3333cm^{-1} 出现非常强的、很宽的 O—H 伸缩振动吸收谱带。有些醇的 O—H 伸缩振动谱带却很尖锐，如 1,8-辛二醇 HO(CH$_2$)$_8$OH（图 7-21）在 3399cm^{-1} 和 3333cm^{-1} 出现很尖锐的 O—H 伸缩

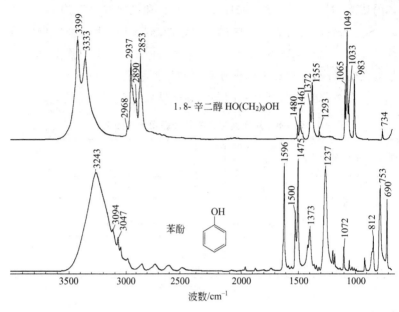

图 7-21　1,8-辛二醇（上）和苯酚（下）的红外光谱

振动谱带。

7.5.1.2　酚的 O—H 伸缩振动

　　酚羟基 Ar—O—H 的 O—H 伸缩振动频率位于 3330 ～ 3240cm^{-1}。当酚分子中的 O—H 基团能形成分子间氢键时，这种酚的 O—H 伸缩振动频率是一个宽化了的宽谱带，这种酚的 O—H 伸缩振动频率比醇的 O—H 伸缩振动频率低一些，谱带宽度比醇的窄一些。这也说明了酚的氢键比醇的弱一些。酚羟基 O—H 伸缩振动谱带非常强。苯酚（图 7-21）在 3243cm^{-1} 出现宽化了的、非常强的 O—H 伸缩振动吸收谱带。

　　有些酚类化合物，由于空间位阻使酚的 O—H 不能形成分子间氢键，这时，O—H 伸缩振动吸收峰会变得非常尖锐。如 2,4,6-三叔丁基酚（图 7-22）和 2,4,6-三氯苯酚（图 7-22），由于空间位阻不能形成氢键，二者的 O—H 伸缩振动吸收峰都非常尖锐，分别位于 3644cm^{-1} 和 3506cm^{-1}。又如 2,4-二氯苯酚（图 7-22）的

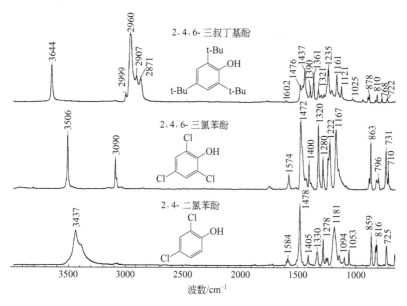

图 7-22　2,4,6-三叔丁基酚（上）、2,4,6-三氯苯酚
（中）和 2,4-二氯苯酚（下）的红外光谱

空间位阻不如 2,4,6-三氯苯酚那么大，能形成弱的氢键，O—H 伸缩振动吸收峰也相当尖锐，位于 3437cm^{-1}。比较 2,4,6-三叔丁基酚、2,4,6-三氯苯酚和 2,4-二氯苯酚这三种化合物的 O—H 伸缩振动频率，可以看出，形成氢键的空间位阻越大，振动频率越高。

7.5.2　C—OH 伸缩振动

7.5.2.1　醇的 C—OH 伸缩振动

由于 O 原子的质量和 C 原子的质量差不多，在醇分子中的 C—OH 伸缩振动力常数和烷烃 C—C 伸缩振动力常数也相差不大，所以 C—OH 伸缩振动频率和 C—C 伸缩振动频率几乎相同。直链烷烃的 C—C 伸缩振动频率位于 1100～1020cm^{-1}，而与烷基相连的 C—OH 伸缩振动频率位于 1100～1000cm^{-1}。C—C 伸缩振动时偶极矩几乎没有变化，吸收强度非常弱，谱带没有特征性，而

C—OH伸缩振动时偶极矩变化比 C—C 伸缩振动时大得多，故 C—OH伸缩振动吸收强度很高，具有明显的特征性。

某些醇类由于存在旋转异构体，在 $1100 \sim 1000 cm^{-1}$ 之间出现 $2 \sim 4$ 个谱带。如乙醇（图 7-23）出现两个谱带，位于 $1090 cm^{-1}$ 和 $1050 cm^{-1}$，丙醇 $CH_3CH_2CH_2OH$ 出现四个谱带，位于 1099、1069、$1056 cm^{-1}$ 和 $1017 cm^{-1}$。

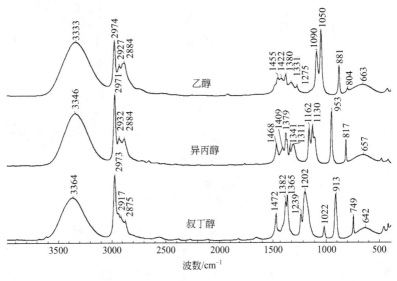

图 7-23　乙醇（上）、异丙醇（中）和叔丁醇（下）的红外光谱

乙醇、异丙醇和叔丁醇的 C—OH 伸缩振动频率越来越高（图 7-23）。异丙醇和叔丁醇的 C—OH 伸缩振动频率与异丙基和叔丁基的 C—C 伸缩振动频率重叠在一起，很难将它们分辨清楚。甲基是推电子基团，将 C—O 之间的电子云推向 O 原子，C—OH 伸缩振动频率应该降低，但甲基与 O 原子之间存在 σ-p 超共轭效应，使 C—O 之间的电子云密度增大，因超共轭效应占主导地位，所以异丙醇和叔丁醇的 C—OH 伸缩振动频率向高频位移。

7.5.2.2　酚的 C—OH 伸缩振动

酚中的 O—H 基团与芳环直接相连时，O 原子以 sp³ 杂化轨道成键，O 原子上的孤对电子对占据的 sp^3 杂化轨道比水中 O 上孤对电子对占据的 sp^3 杂化轨道有更多的 p 轨道性质，和芳环 π 电子轨道重叠，形成 p-π 共轭，使 C—O 键带有双键的性质，因而使酚的 C—O 伸缩振动频率向高频位移至 $1300 \sim 1150 cm^{-1}$ 之间。当芳环上没有极性取代基团时，这个谱带很强、较宽，很特征。苯酚（图 7-21）的 C—OH 伸缩振动频率位于 $1237 cm^{-1}$。芳环上极性取代基团使芳环的 CH 面内弯曲振动往往以相同的强度出现在这个区间，此时在结构分析中酚羟基 C—OH 伸缩振动吸收峰的利用受到限制。

7.5.3　C—O—H 弯曲振动

7.5.3.1　C—O—H 面内弯曲振动

C—O—H 面内弯曲振动也称作面内变角振动，但是这种变角振动与 CH_2 的变角振动不同，CH_2 变角振动时，两个 C—H 键摆动的程度是相同的。由于 C—O—H 基团中的 C 原子的质量比 H 原子的质量大得多，因此，C—O—H 面内变角振动主要是 O—H 键的变角振动。

醇 C—O—H 面内弯曲振动谱带位于 $1430 \sim 1400 cm^{-1}$ 之间，谱带强度很弱。在短链烷基醇中，这个谱带很明显，如甲醇、乙醇（图 7-23）、乙二醇和异丙醇（图 7-23）的 C—O—H 面内弯曲振动频率分别位于 1420、1422、$1409 cm^{-1}$ 和 $1409 cm^{-1}$。在长链烷基醇中，由于受到 CH_3 和 CH_2 弯曲振动谱带的掩盖，这个谱带基本上观测不出来。

酚 C—O—H 面内弯曲振动谱带出现的区间和醇相同，因谱带很弱，且受芳环骨架振动的干扰，没有实用价值。

7.5.3.2　C—O—H 面外弯曲振动

C—O—H 面外弯曲振动是指 C—O—H 基团中的 H 原子离开原来的 C—O—H 平面上下运动。

醇的 C—O—H 面外弯曲振动频率位于 $680 \sim 620 cm^{-1}$ 之间，是一个宽谱带，吸收强度较弱，但很特征。乙醇、异丙醇和叔丁醇的 C—O—H 面外弯曲振动频率分别位于 663、657cm^{-1} 和 642cm^{-1}（图 7-23）。

酚的 C—O—H 面外弯曲振动谱带基本上观测不出来。

醇和酚类化合物特征基团的振动频率见表 7-9。

表 7-9 醇和酚类化合物特征基团振动频率

振动模式	振动频率 /cm^{-1}	注释
O—H 伸缩振动		
醇羟基 O—H 伸缩振动	3400～3330	单峰,强且宽
酚羟基 O—H 伸缩振动	3330～3240	单峰,强且宽
C—OH 伸缩振动		
醇类 C—OH 伸缩振动	1100～1000	强吸收,某些醇类存在旋转异构体出现双峰
酚类 C—OH 伸缩振动	1300～1150	强吸收,芳环和 C—O 共轭,比醇的 C—OH 伸缩振动频率高
醇 COH 面内弯曲振动	1430～1400	弱吸收,短链烷基醇谱带很明显
醇 COH 面外弯曲振动	680～620	是一个宽谱带,吸收强度较弱,但很特征

7.6 醚类化合物基团的振动频率

醚类化合物分为饱和脂肪醚、环醚、烯醚和芳香醚。醚只有一个特征基团,即 C—O—C 基团。

7.6.1 饱和脂肪醚的 C—O—C 伸缩振动

在饱和脂肪醚中,C—O—C 基团中的两个 C—O 键是完全等价的,两个 C—O 伸缩振动频率完全相同,应该发生振动耦合作用,分裂为反对称和对称伸缩振动谱带。在气体甲醚 CH$_3$—O—CH$_3$（图 7-24）的红外光谱中,出现 C—O—C 的反对称和对称伸缩振动谱带,分别位于 1178cm^{-1} 和 1117cm^{-1},二者相差 61cm^{-1}。但在凝聚态饱和脂肪醚的红外光谱中,如乙醚 CH$_3$CH$_2$—O—CH$_2$CH$_3$（图 7-24）、丙醚 CH$_3$CH$_2$CH$_2$—O—CH$_2$CH$_2$CH$_3$（图 7-24）和丁醚 CH$_3$(CH$_2$)$_3$—O—(CH$_2$)$_3$CH$_3$

（图 7-24），在 1200～1050cm^{-1} 之间出现一个宽的吸收谱带，而不出现独立的 C—O—C 基团反对称和对称伸缩振动谱带。这个宽谱带应该是 C—O—C 反对称和对称伸缩振动谱带的叠加。这个宽谱带往往是光谱中最强的吸收峰。与 O 相连接的烷基结构变化时，谱带会发生分裂。液体醚存在异构体，出现多重峰。

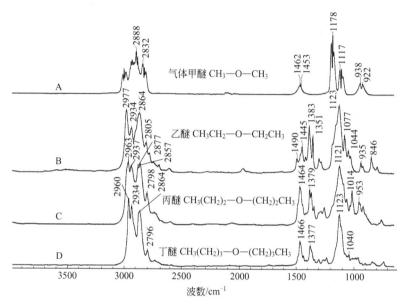

图 7-24 气体甲醚（A）、乙醚（B）丙醚（C）和丁醚（D）的红外光谱

CO$_2$、CH$_2$、CH$_3$、NH$_2$、NO$_2$、CO$_3$、SO$_4$、PO$_4$ 等基团存在反对称和对称伸缩振动谱带，而且这两个谱带分得很开。在这些基团中，与中心原子相连接的都是单个原子。在饱和脂肪醚中，C—O—C 基团两边连接的不是单个原子，而是甲基、乙基、丙基、丁基等烷基。在气体甲醚的红外光谱中，出现 C—O—C 反对称和对称伸缩振动，是因为 CH$_3$ 基团的质量很轻，比 O 原子的质量还小。但在乙醚、丙醚和丁醚的红外光谱中，只在 1122cm^{-1} 附近出现一个宽的、强的吸收谱带，这是因为与 O 原子相连接的是乙基、丙基、丁基，这些基团的质量很重，在 C—O 伸缩振动时，要带动

这些基团一起振动。在这种情况下，C—O—C 反对称和对称伸缩振动谱带会重叠在一起，形成一个宽谱带。犹如液体水分子，由于存在分子间氢键，O—H 伸缩振动时，在一定程度上要带动另一个水分子一起振动，所以，在液体水的红外光谱中，H—O—H 的反对称和对称伸缩振动吸收峰重叠在一起，形成一个宽谱带。

在液态饱和脂肪醚的拉曼光谱中，在 $1000cm^{-1}$ 左右没有出现强的 C—O—C 对称伸缩振动谱带，这也说明液态饱和脂肪醚不存在独立的 C—O—C 反对称和对称伸缩振动。

在双（2-氰乙基）醚 $CNCH_2CH_2$—O—CH_2CH_2CN 分子中，O 原子连接的基团很重，在光谱中不出现 C—O—C 反对称和对称伸缩振动谱带，只在 $1119cm^{-1}$ 出现非常强的、很窄的 C—O 伸缩振动谱带。在聚乙二醇聚合物中，虽然存在大量的 C—O—C 基团，但在这样的长链分子中同样不存在 C—O—C 反对称和对称伸缩振动谱带，只在 $1113cm^{-1}$ 出现非常强的、很窄的 C—O 伸缩振动谱带。

在含有 C—O—C 基团和 C—OH 基团的化合物中，C—O—C 基团的 C—O 伸缩振动频率要比 C—OH 伸缩振动频率高一些。

7.6.2　环醚的 C—O—C 伸缩振动

在环醚化合物中，C—O—C 反对称和对称伸缩振动谱带分得很开。环醚 C—O—C 反对称伸缩振动谱带通常都很强，谱带宽度比饱和脂肪醚的 C—O—C 伸缩振动谱带宽度窄得多。在环醚化合物的红外和拉曼光谱中，还出现很强的环骨架呼吸振动谱带，环骨架呼吸振动包含有 C—O—C 对称伸缩振动。四氢呋喃（五元环醚）（图 7-25）的 C—O—C 反对称和对称伸缩振动频率分别位于 $1070cm^{-1}$ 和 $911cm^{-1}$。随着环上原子个数减少，环张力增大，C—O—C 反对称伸缩振动频率反而比对称伸缩振动频率低。环氧乙烷和环氧（1,2）丙烷（图 7-25）是三元环醚，它们的反对称伸缩振动频率比对称伸缩振动频率低，气体环氧乙烷的反对称和对称伸缩振动频率分别位于 $875cm^{-1}$ 和 $1146cm^{-1}$；环氧（1,2）丙烷（图 7-25）的反对称和对称伸缩振动频率分别位于 $829cm^{-1}$ 和 $1265cm^{-1}$，环氧 (1,2) 丙烷的 $1265cm^{-1}$ 对称伸缩振动拉曼谱带很强（图7-25）。

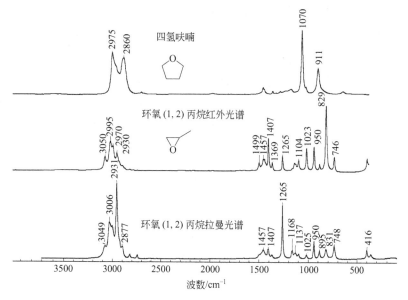

图 7-25　四氢呋喃（上）和环氧（1,2）丙烷（中）的红外光谱
及环氧（1,2）丙烷的拉曼光谱（下）

当环醚中存在两个以上 C—O—C 基团时，在 $1150\sim1000cm^{-1}$ 区间出现两个强吸收谱带，这是两个 C—O—C 反对称伸缩振动耦合产生的谱带。在 $950\sim850cm^{-1}$ 区间也出现两个强吸收谱带，这是两个 C—O—C 对称伸缩振动，也就是环骨架呼吸振动耦合产生的谱带。1,4-二氧六环（二氧己环）的四个谱带分别位于 $1121cm^{-1}$、$1083cm^{-1}$、$888cm^{-1}$ 和 $874cm^{-1}$。

7.6.3　烯醚的 C—O—C 伸缩振动

在烯醚化合物中，不存在 C—O—C 反对称和对称伸缩振动模式。由于 C—O—C 基团两边连接的基团不相同，两个 C—O 伸缩振动频率不相同，与双键相连接的 C—O 基团，p-π 共轭使 C—O

键具有双键特性，C—O 伸缩振动向高频移动，位于 $1200 cm^{-1}$ 附近。与烷基相连接的 C—O 基团，其伸缩振动频率和饱和脂肪醚中的 C—O 伸缩振动频率基本相同，位于 $1100 cm^{-1}$ 附近。如在液体 2-氯乙基乙烯基醚 中，与双键相连接的 C—O 伸缩振动因旋转异构体出现的两个吸收峰位于 $1209 cm^{-1}$ 和 $1189 cm^{-1}$。

液体烯醚存在异构体，与烷基相连接的 C—O 基团伸缩振动出现多重峰，如液体乙烯基乙醚 $CH_2=CH—O—CH_2CH_3$ 和液体乙烯基丁醚 $CH_2=CH—O—(CH_2)_3CH_3$ 都出现多重峰。

7.6.4 芳香醚的 C—O—C 伸缩振动

在芳香醚中，同样不存在 C—O—C 反对称和对称伸缩振动模式。由于 C—O—C 基团两边连接的基团不相同，两个 C—O 伸缩振动频率差别很大，与芳环相连接的 C—O 基团，p-π 共轭使 C—O 键具有双键特性，C—O 伸缩振动向高频移动至 $1250 cm^{-1}$ 附近。

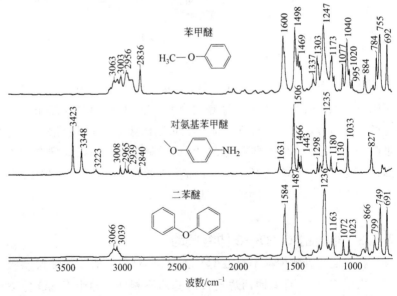

图 7-26 苯甲醚（上）、对氨基苯甲醚（中）和二苯醚（下）的红外光谱

与烷基相连接的 C—O 基团，其伸缩振动频率和饱和脂肪醚中的 C—O 伸缩振动频率基本相同，位于 1040cm^{-1} 附近。苯甲醚 C_6H_5—O—CH_3（图 7-26）的两个 C—O 伸缩振动频率分别位于 1247cm^{-1} 和 1040cm^{-1}；对氨基苯甲醚 $H_2NC_6H_4$—O—CH_3（图 7-26）分别位于 1235cm^{-1} 和 1033cm^{-1}。二苯醚 C_6H_5—O—C_6H_5（图 7-26）的两个 C—O 伸缩振动频率是相同的，位于 1236cm^{-1}。芳香醚中与芳环相连的 C—O 伸缩振动频率和苯酚酚羟基 C—OH 伸缩振动频率（1237cm^{-1}）完全相同。

各类醚化合物特征基团的振动频率见表 7-10。

表 7-10　醚类化合物特征基团振动频率

振动模式	振动频率 /cm^{-1}	注释
醚的 C—O—C 伸缩振动 饱和脂肪醚	1125~1110	除甲醚存在 C—O—C 反对称和对称伸缩振动外，其他醚只有 C—O 伸缩振动
环醚		
四氢呋喃（五元环）	1070 和 911	分别为反对称和对称伸缩振动
环氧丙烷（三元环）	1265 和 829	对称比反对称伸缩振动频率高
烯醚	1200 和 1100	前者与双键相连的 C—O 伸缩，后者与烷基相连的 C—O 伸缩，前者的吸收强度比后者高
芳香醚	1240 和 1040	前者与芳环相连的 C—O 伸缩，后者与烷基相连的 C—O 伸缩，前者的吸收强度比后者高

7.7 酮和醌类化合物基团的振动频率

酮类化合物分为饱和脂肪酮和芳香酮。醌类化合物也属于酮类，醌有苯醌、萘醌、蒽醌等。酮类和醌类化合物的羰基 C＝O 伸缩振动是特征吸收峰。此外，与 C＝O 相连的 C—C 伸缩振动吸收峰也是特征吸收峰。

7.7.1　酮的有关振动

酮羰基 C＝O 伸缩振动频率位于 1750~1650cm^{-1} 之间。

饱和脂肪酮 C=O 伸缩振动频率位于 $1720 \sim 1710 cm^{-1}$ 之间，饱和脂肪酮由于烷基的推电子效应，使 C=O 之间电子云密度进一步靠近 O 原子，导致 C=O 伸缩振动力常数减少。饱和脂肪酮 C=O 伸缩振动频率约比饱和脂肪醛 C=O 伸缩振动频率低 $10 cm^{-1}$。丙酮（图 7-27）和丁酮（图 7-27）C=O 伸缩振动频率分别位于 $1716 cm^{-1}$ 和 $1717 cm^{-1}$。

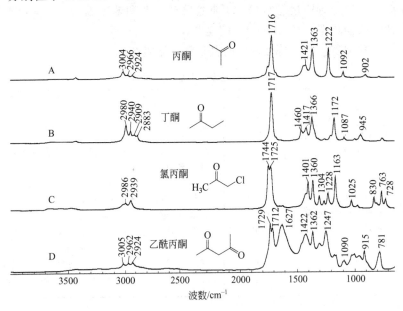

图 7-27　丙酮（A）、丁酮（B）氯丙酮（C）和乙酰丙酮（D）的红外光谱

酮羰基 α-碳原子上连接吸电子基团时，由于诱导效应使酮的 C=O 伸缩振动频率向高频方向位移。如氯丙酮（图 7-27）的 C=O 伸缩振动频率位于 $1744 cm^{-1}$ 和 $1725 cm^{-1}$，因异构体出现双峰；乙酰丙酮（β-双酮）（图 7-27）的 C=O 伸缩振动频率位于 $1729 cm^{-1}$ 和 $1712 cm^{-1}$，也出现双峰。由于乙酰丙酮存在烯醇式互变异构体，烯醇结构中的羰基和羟基之间形成六元环氢键，使 C=O 伸缩振动频率向低频移至 $1627 cm^{-1}$。

饱和脂肪酮羰基 C=O 与甲基相连时，由于甲基与羰基能形

成 σ-π 超共轭效应，使甲基和羰基的 C—C 伸缩振动频率提高，吸收强度增强，在 $1220\sim1170cm^{-1}$ 之间出现一个很强的 C—C 伸缩振动吸收峰。这个吸收峰在丙酮（图 7-27）、丁酮（图 7-27）和氯丙酮（图 7-27）的光谱中分别出现在 1222、$1172cm^{-1}$ 和 $1163cm^{-1}$。

芳香酮由于芳环与酮羰基共轭，使芳香酮的 C＝O 伸缩振动频率向低频移动。如苯丙酮 $C_6H_5COCH_2CH_3$（图 7-28）和二苯甲酮 $C_6H_5COC_6H_5$（图 7-28）的 C＝O 伸缩振动频率分别向低频移至 $1688cm^{-1}$ 和 $1652cm^{-1}$。

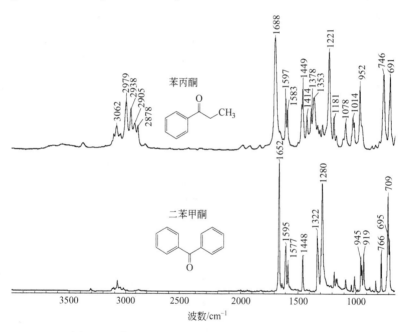

图 7-28　苯丙酮（上）和二苯甲酮（下）的红外光谱

芳香酮的芳环与 C＝O 共轭，使芳环与 C＝O 之间的 C—C 键电子云密度增加，C—C 伸缩振动频率提高，吸收强度增加。这个吸收峰出现在 $1280\sim1220cm^{-1}$ 之间。这个峰在苯丙酮（图 7-28）的红外光谱中出现在 $1221cm^{-1}$。

7.7.2 醌的有关振动

醌类化合物也属于酮类，有苯醌、萘醌、蒽醌等。醌类 C═O 伸缩振动频率与芳香酮差不多，由于 C═O 与芳环共轭，醌类的羰基伸缩振动频率出现在较低的频率区间。如醌合苯二酚（图 7-29）、1,4-萘醌（图 7-29）和蒽醌（图 7-29）的 C═O 伸缩振动频率分别位于 1634、1663cm⁻¹ 和 1677cm⁻¹。当醌类芳环上有吸电子取代基团时，C═O 伸缩振动向高频位移，如四氯苯醌的 C═O 伸缩振动频率向高频移至 1690cm⁻¹。

在对位醌类化合物中，由于 C═O 与芳环共轭，与 C═O 相连的 C—C 键电子云密度增强，使 C—C 伸缩振动频率提高，吸收强度增加。在 1340～1280cm⁻¹ 之间出现两个很强的吸收峰。这个吸收峰在 1,4-萘醌（图 7-29）和蒽醌（图 7-29）的红外光谱中分别位于 1331、1303cm⁻¹ 和 1335、1287cm⁻¹。

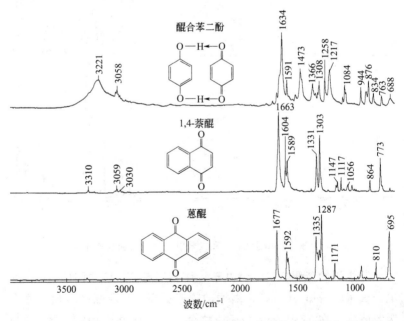

图 7-29 醌合苯二酚（上）、1,4-萘醌（中）和蒽醌（下）的红外光谱

酮和醌类化合物特征基团的振动频率见表 7-11。

表 7-11　酮和醌类化合物特征基团振动频率

振动模式	振动频率 /cm^{-1}	注释
酮羰基 C=O 伸缩振动	1750~1650	强
饱和脂肪酮	1720~1710	酮羰基 α-碳原子上连接吸电子基团时，向高频方向位移
芳香酮	1690~1650	芳环与酮羰基共轭使芳香酮的 C=O 伸缩振动频率向低频移动
酮羰基和甲基 C—C 伸缩振动	1220~1170	强
酮羰基和芳环 C—C 伸缩振动	1280~1220	强
醌羰基 C=O 伸缩振动	1680~1630	强。C=O 与芳环共轭，频率较低
醌羰基和芳环 C—C 伸缩振动	1340~1280	出现两个强吸收峰

7.8　醛类化合物基团的振动频率

　　醛类化合物的特征基团只有—CHO。—CHO 基团的振动模式有：C=O 伸缩振动、C—H 伸缩振动、C—H 面内弯曲振动和 C—H 面外弯曲振动。芳香醛还存在芳环与醛基之间的 C—C 伸缩振动。

7.8.1　醛羰基 C=O 伸缩振动

　　饱和脂肪醛醛羰基 C=O 伸缩振动频率位于 1730~1720cm^{-1} 之间。如乙醛（图 7-30）和正丁醛（图 7-30）的醛羰基 C=O 伸缩振动频率都位于 1726cm^{-1}。饱和脂肪醛比饱和脂肪酮 C=O 伸缩振动频率约高 10cm^{-1}，这是因为醛羰基比酮羰基少连接一个推电子的烷基，所以醛羰基 C=O 上的电子云密度比酮羰基 C=O 上的电子云密度大，即醛羰基 C=O 伸缩振动力常数比酮羰基大。

　　芳香醛由于芳环与醛羰基共轭，使醛羰基上电子云密度降低，导致芳香醛的 C=O 伸缩振动频率向低频位移至 1710~1630cm^{-1}。苯甲醛（图 7-31）的 C=O 伸缩振动频率位于

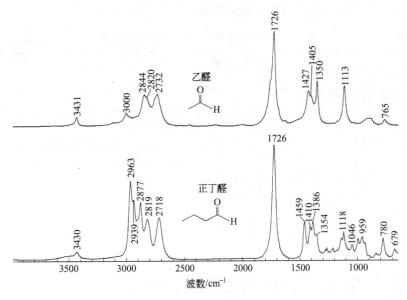

图 7-30 乙醛（上）和正丁醛（下）的红外光谱

$1702cm^{-1}$。苯环上有羟基时能与醛羰基生成分子内或分子间氢键，使醛羰基振动频率进一步降低。如 2,4-二羟基苯甲醛（图 7-31）的 C＝O 伸缩振动频率向低频移至 $1633cm^{-1}$。

7.8.2 醛基—CHO 中的 CH 伸缩振动

醛基—CHO 中的 C—H 伸缩振动频率约在 $2800cm^{-1}$ 左右，比烷基中的 C—H 伸缩振动频率约低 $100cm^{-1}$。这是因为醛基的 C—H 与电负性大的 O 原子相连接，O 原子的吸电子效应使 C—H 之间的电子云密度更加靠近 C 原子，降低了 C—H 的键级，因而醛基的 C—H 伸缩振动频率向低频位移。

醛基—CHO 中的 C—H 伸缩振动频率和 C—H 面内弯曲振动（约 $1400cm^{-1}$）倍频之间发生费米共振。脂肪醛和芳香醛通常在 $2840\sim2720cm^{-1}$ 之间产生两个弱的吸收峰，具有高度特征性，在鉴定醛类化合物时特别有用。乙醛（图 7-30）在 $2844cm^{-1}$ 和

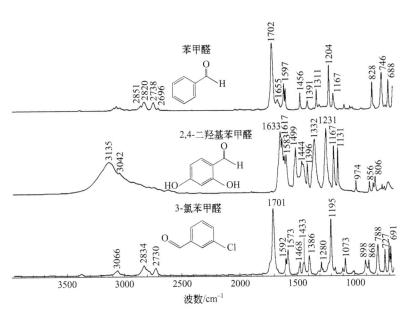

图 7-31　苯甲醛（上）、2,4-二羟基苯甲醛（中）

和 3-氯苯甲醛（下）的红外光谱

$2732cm^{-1}$，正丁醛（图 7-30）在 $2819cm^{-1}$ 和 $2718cm^{-1}$ 出现两条
中等强度的吸收峰。苯甲醛（图 7-31）在 $2820cm^{-1}$ 和 $2738cm^{-1}$；
3-氯苯甲醛（图 7-31）在 $2834cm^{-1}$ 和 $2730cm^{-1}$ 出现两个很明显
的吸收峰。

7.8.3　醛基—CHO 中的 CH 面内弯曲振动

醛基—CHO 中的 C—H 面内弯曲振动频率位于 1410～
$1390cm^{-1}$。如乙醛（图 7-30）和正丁醛（图 7-30）—CHO 中的
C—H 面内弯曲振动频率分别位于 $1405cm^{-1}$ 和 $1410cm^{-1}$。脂肪族
醛基的 C—H 面内弯曲振动谱带受碳氢弯曲振动谱带的干扰，芳香
族醛基的 C—H 面内弯曲振动谱带受芳环骨架振动谱带的干扰，无
实用价值。

7.8.4 醛基—CHO 中的 C—H 面外弯曲振动

醛基—CHO 中的 C—H 面外弯曲振动位于 $900 \sim 780 \mathrm{cm}^{-1}$ 之间，没有特征性，又在指纹区，易受干扰，没有使用价值。正丁醛（图 7-30）、苯甲醛（图 7-31）和水杨醛醛基—CHO 的 C—H 面外弯曲振动分别位于 $780 \mathrm{cm}^{-1}$、$828 \mathrm{cm}^{-1}$ 和 $884 \mathrm{cm}^{-1}$。

7.8.5 芳香醛中 C—C 伸缩振动

芳香醛中由于芳环的大 π 电子与醛羰基的 π 电子共轭，使芳环与醛基连接的 C—C 键之间的电子云密度增大，C—C 伸缩振动变成红外活性，吸收强度很强，且向高频位移至 $1200 \mathrm{cm}^{-1}$ 左右。如3-氯苯甲醛（图 7-31）和苯甲醛（图 7-31）中芳环与醛基连接的 C—C 键伸缩振动频率分别位于 $1195 \mathrm{cm}^{-1}$ 和 $1204 \mathrm{cm}^{-1}$。

醛类化合物特征基团的振动频率见表 7-12。

表 7-12　醛类化合物特征基团振动频率

振动模式	振动频率 /cm^{-1}	注释
醛羰基 C=O 伸缩		
饱和脂肪醛	$1730 \sim 1720$	强
芳香醛	$1710 \sim 1630$	苯环上的羟基与醛羰基生成分子内或分子间氢键，使伸缩振动频率降低
醛基 C—H 伸缩振动	$2840 \sim 2720$	弱,C—H 伸缩振动频率和 C—H 面内弯曲倍频之间发生费米共振,在 $2840 \sim 2720 \mathrm{cm}^{-1}$ 之间产生两个弱而尖锐的吸收峰
醛基—CH 面内弯曲振动	$1410 \sim 1390$	无特征性,无实用价值
醛基—CH 面外弯曲振动	$900 \sim 780$	无特征性,无实用价值
芳环和醛羰基 C—C 伸缩	约 1200	强

7.9　羧酸类化合物基团的振动频率

羧酸类化合物的特征基团为—COOH。特征振动模式有：羰基 C=O 伸缩振动、O—H 伸缩振动、C—OH 伸缩振动、C—O—H 面内弯曲振动和 C—O—H 面外弯曲振动。

7.9.1 羧酸羰基 C═O 伸缩振动

羧酸羰基 C═O 伸缩振动频率位于 $1760 \sim 1660\text{cm}^{-1}$。

羧酸分子中由于存在羟基—OH 基团，这个基团与另一个分子羰基中的 O 原子生成很强的分子间氢键 O—H⋯O，使体系的能量降低。在不存在位阻的情况下，羧酸在固体、液体和气体状态都以二聚体形式存在。脂肪族羧酸都以二聚体形式存在，以二聚体形式存在时，羰基 C═O 伸缩振动频率位于 $1710 \sim 1700\text{cm}^{-1}$。如月桂酸（图 7-32）的 C═O 伸缩振动频率为 1701cm^{-1}。在非极性稀溶液中，脂肪族羧酸大多数分子仍以二聚体形式存在，只有极少数分子以单体形式存在。以单体形式存在时，脂肪族羧酸羰基 C═O 伸缩振动频率位于 1760cm^{-1}。当分子中存在多个羧基时，生成二聚体的羧基，其 C═O 伸缩振动频率位于 1700cm^{-1} 左右，其他羧基的 C═O 伸缩振动频率位于 1750cm^{-1} 左右，如柠檬酸（图 7-33）的三个 C═O 伸缩振动频率分别位于 1706、1746cm^{-1} 和 1756cm^{-1}。其他类型羧酸的 C═O 伸缩振动频率位于

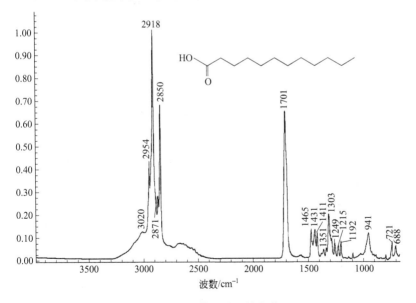

图 7-32　月桂酸的红外光谱

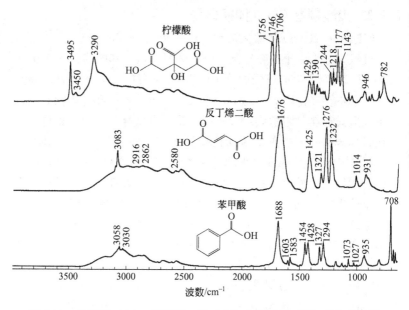

图 7-33　柠檬酸（上）、反丁烯二酸（中）和苯甲酸（下）的红外光谱

$1750\sim1710cm^{-1}$。

　　单体羧酸羰基伸缩振动频率比醛和酮羰基伸缩振动频率高
$40cm^{-1}$左右，这是由于羧酸的羟基—OH 直接与羰基的 C 原子相
连，OH 的 O 原子有吸电子作用，这是诱导效应。另一方面，O—
H 的 O 上的孤对电子与羰基的 π 电子有共轭效应，但诱导效应与
共轭效应相比，诱导效应是主要的。诱导效应使 C＝O 之间原来
靠近 O 原子的电子云密度向 C 原子方向移动，导致 C＝O 之间的
电子云密度增大，C＝O 伸缩振动力常数增加。

　　二聚体羧酸比单体羧酸羰基伸缩振动频率低 $60cm^{-1}$左右，这
是因为分子间氢键使 C＝O 之间的电子云密度向 O 原子方向移动，
导致 C＝O 之间的电子云密度降低，力常数减少。

　　当羧基与双键或苯环相连时，C＝O 伸缩振动频率位于$1690\sim$
$1645cm^{-1}$。羧基中的羰基与双键或苯环发生共轭，使 C＝O 伸缩
振动频率向低频位移，如反丁烯二酸（图 7-33）和苯甲酸（图

7-33）的 C ═O 伸缩振动频率分别位于 1676cm^{-1} 和 1688cm^{-1}。如果分子中的羧基既有共轭作用，又有分子内氢键，C ═O 伸缩振动频率还会降得更低，如邻羟基苯甲酸的 C ═O 伸缩振动频率降至 1660cm^{-1}。

当羧酸 α-碳原子上连接吸电子基团时，诱导效应使 C ═O 伸缩振动频率向高频位移，如三氯乙酸（图 7-34）的 C ═O 伸缩振动频率向高频移至 1744cm^{-1}。酒石酸 HOOCCH（OH）（OH）CHCOOH 中由于 OH 基团的吸电子效应，也使 C ═O 伸缩振动频率向高频移至 1744cm^{-1}。

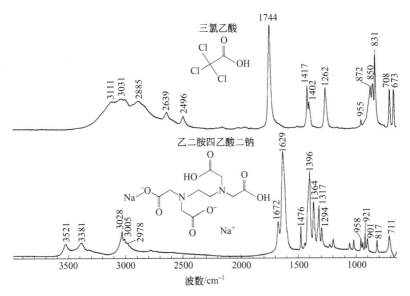

图 7-34　三氯乙酸（上）和乙二胺四乙酸二钠（下）的红外光谱

当体系中既有羧基 COOH，又有羧酸根 COO$^-$ 时，羧基 COOH 之间不生成二聚体，这时，羧基 COOH 会通过氢键与羧酸根 COO$^-$ 相结合，生成酸盐离子对，在 1700～1500cm^{-1} 之间会出现多个吸收峰。如在乙二胺四乙酸二钠（图 7-34）的红外光谱中，在 1672cm^{-1} 和 1629cm^{-1} 出现吸收峰。由于不存在二聚体，二聚体中 COOH 基团所有的特征吸收峰也随之消失。

7.9.2 羧基 COOH 的 OH 伸缩振动

化合物分子中或分子间的 O—H 基团形成的氢键作用力越强，O—H 伸缩振动向低频位移越多，吸收谱带越弥散。羧酸是个典型的例子，在固态、液态和气态状态下，羧酸都是以二聚体形式存在，即使是在极稀的溶液中，羧酸仍以二聚体形式存在。羧酸羧基形成二聚体的氢键作用力非常强，使 OH 伸缩振动变成弥散的宽谱带，在 $3200 \sim 2400 cm^{-1}$ 区间出现一个馒头峰，在馒头峰上出现许多小的吸收峰。如月桂酸（图 7-32）和苯甲酸（图 7-33）的光谱所示。谱带弥散的原因是，分子在不断地运动中，氢键 O—H⋯O 中的距离在不断地变化。H⋯O 之间的距离越短，氢键越强，O—H 键的键长就越长，因而 O—H 伸缩振动频率也就越低。H⋯O 之间的距离是在一定的范围内变化的，变化的范围越大，谱带越弥散。

7.9.3 羧基 COOH 的 C—OH 伸缩振动

长链脂肪族羧酸羧基上的 OH 和羰基的 C 原子直接相连，O 原子轨道上的孤对电子与 C═O 上的 π 电子形成 p-π 共轭，使 C—OH 之间的电子云密度增大，C—OH 伸缩振动力常数增加，所以羧酸的 C—OH 伸缩振动频率比醇的 C—OH 伸缩振动频率高，位于 $1310 \sim 1250 cm^{-1}$ 之间，这个谱带很特征。长链脂肪族二聚羧酸和芳香族二聚羧酸的 C—OH 伸缩振动频率都位于 $1300 cm^{-1}$ 左右，强度中等。如月桂酸（图 7-32）的 C—OH 伸缩振动频率位于 $1303 cm^{-1}$。其他类型羧酸不出现这个谱带。

7.9.4 羧基 COOH 的 C—O—H 面内弯曲振动

羧酸的 C—O—H 面内弯曲振动频率位于 $1430 \sim 1400 cm^{-1}$ 之间，吸收强度很弱，与醇的 C—O—H 面内弯曲振动频率完全相同。由于脂肪族羧酸 C—O—H 面内弯曲振动频率位于 CH_3 和 CH_2 弯曲振动区，易受这些基团弯曲振动谱带的干扰，有时与这些谱带重叠在一起，成为碳氢弯曲振动的肩峰，应用价值不大。羧酸 $\alpha\text{-}CH_2$ 变角振动频率（$1410cm^{-1}$）和羧酸的 C—O—H 面内弯曲振动频率相同，吸收强度也基本相同，很难分辨开。但在长链脂肪族羧酸中 C—O—H 面内弯曲振动与其他谱带分得很开，如月桂酸（图 7-32）的 C—O—H 面内弯曲振动位于 $1431cm^{-1}$。三氯乙酸（图 7-34）的 C—O—H 面内弯曲振动谱带也不受碳氢弯曲振动的干扰，C—O—H 面内弯曲振动分裂为两个谱带，位于 $1417cm^{-1}$ 和 $1402cm^{-1}$。芳香族羧酸 C—O—H 面内弯曲振动谱带受芳环骨架振动谱带的干扰难以辨认。

7.9.5 羧基COOH的C—O—H面外弯曲振动

长链羧酸二聚体和芳香族羧酸二聚体 C—O—H 面外弯曲振动频率位于 $950\sim900cm^{-1}$ 之间，吸收峰较宽，强度中等，是一个特征谱带。月桂酸（图 7-32）和苯甲酸（图 7-33）的 C—O—H 面外弯曲振动频率分别位于 $941cm^{-1}$ 和 $935cm^{-1}$。其他类型羧酸化合物在 $950\sim900cm^{-1}$ 之间不出现 C—O—H 面外弯曲振动吸收峰。

羧酸类化合物特征基团的振动频率见表 7-13。

表 7-13 羧酸类化合物特征基团振动频率

羧酸羰基 C=O 伸缩振动	$1760\sim1660$	强
脂肪族单体羧酸	1760	非极性稀溶液中，极少数分子以单体形式存在
脂肪族二聚羧酸	$1710\sim1700$	与双键共轭，向低频移动；α-碳原子上连接吸电子基团时，向高频移动
芳香族二聚羧酸	$1695\sim1660$	与苯环共轭，向低频移动。生成分子内氢键，向低频移动
羧基 COOH 的 O—H 伸缩振动	$3200\sim2400$	羧酸二聚体强氢键使 O—H 伸缩振动变成弥散的宽谱带
羧酸 C—OH 伸缩振动	$1310\sim1250$	p-π 共轭使 C—O 之间电子云密度增加，强度中等

续表

羧酸 COH 面内弯曲振动	1430~1400	吸收较弱。易受 CH₃和 CH₂弯曲振动谱带的干扰,或芳环骨架振动谱带的干扰
羧酸 COH 面外弯曲振动	950~900	吸收峰较宽,强度中等,是一个特征谱带

7.10 羧酸盐类化合物基团的振动频率

羧酸盐类化合物的特征基团为羧酸根—COO^-。这个基团的特征振动模式有:COO 反对称和对称伸缩振动、COO 变角振动、COO 扭曲振动和 COO 面外摇摆振动。

7.10.1 羧酸根 COO 伸缩振动

当羧酸变成羧酸盐后,生成羧酸根—COO^-基团,羧酸根的两个 O 原子几乎是等价的,已经分不出哪个 O 原子是原来 C═O 基团上的 O 原子。原来的 C═O 双键特性降低,键级由原来的 2.0 降为 1.5。原来的 C—OH 基团中的 C—O 键级由 1 变成 1.5。两个 C═O 伸缩振动发生耦合作用,分裂为两个谱带:一个是 COO 反对称伸缩振动,位于 $1620 \sim 1540 cm^{-1}$;另一个是 COO 对称伸缩振动,位于 $1420 \sim 1390 cm^{-1}$。后者位于碳氢变角振动区域,强度与碳氢变角振动强度差不多,有时难于区分。

羧酸根 COO 反对称和对称伸缩振动频率的位置与金属离子 M 的种类有关,与金属离子 M 的配位方式也有关系。金属离子的配位可按以下方式之一进行:

方式Ⅰ为单齿配位化合物。这种配位方式的 COO 反对称和对称伸缩振动频率之间的差值最大，Δ 值 $[v_{as(COO)} - v_{s(COO)}]$ 达到 $200cm^{-1}$ 以上。反对称伸缩振动频率可以升高到 $1630cm^{-1}$，对称伸缩振动频率降至 $1310cm^{-1}$。酒石酸锑钾（图 7-35）为单齿配位化合物，Δ 值为 $280cm^{-1}$。

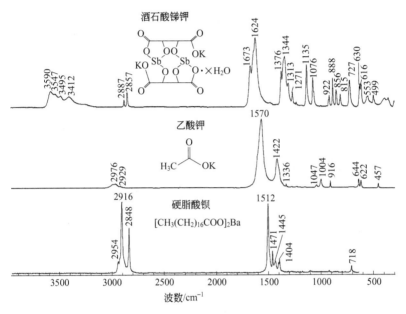

图 7-35 酒石酸锑钾（上）、乙酸钾（中）和硬脂酸钡（下）的红外光谱

方式Ⅱ为双齿配位（螯合）化合物。这种配位方式的 COO 反对称和对称伸缩振动频率之间的差值很小，Δ 值只有几十个波数。硬脂酸钡（图 7-35）为双齿配位化合物，Δ 值只有 $67cm^{-1}$。

方式Ⅲ为桥式配位化合物。这种配位方式的 COO 反对称和对称伸缩振动频率之间的差值介于单齿和双齿配位方式之间，Δ 值在 $150cm^{-1}$ 左右。乙酸钾（图 7-35）属于这类配位化合物，大多数羧酸盐都是桥式配位化合物。

根据羧酸根 COO 反对称和对称伸缩振动频率之间的差值，可以判断出金属离子是以何种方式与羧酸根配位的。羧酸根 COO 反对称伸缩振动频率越高，对称伸缩振动频率就越低。表 7-14 列出某些羧酸盐 COO 反对称和对称伸缩振动频率和 Δ 值（cm^{-1}）。

表 7-14 某些羧酸盐 COO 反对称和对称伸缩振动频率和 Δ 值

化合物	COO 反对称 /cm^{-1}	COO 对称 /cm^{-1}	Δ 值 /cm^{-1}
酒石酸锑钾 $K(SbO)C_4H_4O_6 \cdot 1/2H_2O$	1624	1344	280
甲酸钠 HCOONa	1612	1363	249
酒石酸钾 $KOOCCH(OH)(OH)CHCOOK \cdot 1.5H_2O$	1614、1594	1399	205
乙酸铜$(CH_3COO)_2Cu \cdot H_2O$	1603	1423	180
乙酸锰 $Mn(CH_3COO)_2 \cdot 4H_2O$	1571	1417	154
乙酸钾 CH_3COOK	1570	1422	148
乙酸镍 $Ni(CH_3COO)_2 \cdot 4H_2O$	1537	1422	115
硬脂酸钡$[CH_3(CH_2)_{16}COO]_2Ba$	1512	1445	67

7.10.2 羧酸根 COO 变角振动

羧酸根的 COO 变角振动频率位于 $780 \sim 640cm^{-1}$ 之间，变化范围比较大。短链脂肪酸盐的 COO 变角振动谱带比较弱，但比较特征。乙酸锰（图 7-36）的 COO 变角振动频率位于 $667cm^{-1}$；草酸钠（图 7-36）和甲酸钠（图 7-36）的 COO 变角振动频率分别位于 $780cm^{-1}$ 和 $775cm^{-1}$。乙酸钾（图 7-35）的 COO 变角振动频率出现在 $622cm^{-1}$。长链脂肪酸盐和氨基酸的 COO 变角振动谱带很弱，不特征，受其他谱带的干扰，不易分辨。

7.10.3 羧酸根 COO 扭曲振动

羧酸根 COO 扭曲振动频率位于 COO 变角振动频率和 COO 面外摇摆振动频率之间，在 $650 \sim 610cm^{-1}$ 之间。乙酸锰（图 7-36）和乙酸钾（图 7-35）的 COO 扭曲振动频率分别位于 $614cm^{-1}$ 和 $644cm^{-1}$。

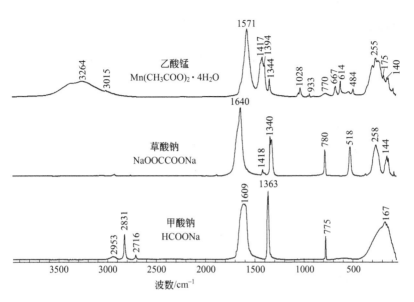

图 7-36　乙酸锰（上）、草酸钠（中）和甲酸钠（下）的红外光谱

7.10.4　羧酸根 COO 面外摇摆振动

羧酸根的 COO 面外摇摆振动频率位于 $550\sim450\text{cm}^{-1}$ 之间，短链脂肪酸盐的 COO 面外摇摆振动谱带比较明显，也比较特征。草酸钠（图 7-36）的 COO 面外摇摆振动频率位于 518cm^{-1}；乙酸钾（图 7-35）的 COO 面外摇摆振动频率位于 457cm^{-1}。

羧酸盐类化合物特征基团的振动频率见表 7-15。

表 7-15　羧酸盐类化合物特征基团振动频率

振动模式	振动频率 /cm^{-1}	注释
羧酸根 COO 伸缩振动 　反对称伸缩 　对称伸缩	1620~1540 1420~1390	两个 C=O 伸缩振动发生耦合作用，分裂为两个谱带。分别为 COO 反对称和对称伸缩振动
COO$^-$ 变角振动	780~640	短链脂肪酸盐谱带比较弱，比较特征
COO$^-$ 扭曲振动	650~610	短链脂肪酸盐谱带比较弱，比较特征
COO$^-$ 面外摇摆振动	550~450	短链脂肪酸盐谱带比较弱，比较特征

7.11 酯类化合物基团的振动频率

脂类化合物的特征基团有：酯羰基 C ═O 和酯基中的 C—O—C。

7.11.1 酯羰基 C═O 伸缩振动

酯羰基 C═O 伸缩振动频率位于 $1770\sim1680\ cm^{-1}$。

羰基的 C 原子与另一个 O 原子相连，氧原子的吸电子诱导效应比共轭效应强，使羰基伸缩振动频率增加，所以酯羰基比酮、醛羰基伸缩振动频率高。

饱和脂肪酸酯的羰基伸缩振动频率位于 $(1740\pm10)\ cm^{-1}$。如乙酸乙酯（图 7-37）的 C═O 伸缩振动频率为 $1743\ cm^{-1}$。酯羰基伸缩振动吸收峰往往是光谱中最强的谱峰。

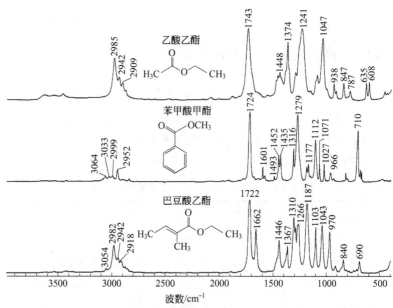

图 7-37　乙酸乙酯（上）、苯甲酸甲酯（中）
和巴豆酸乙酯（下）的红外光谱

α-碳卤素取代时，酯羰基伸缩振动频率向高频移动，如一氯乙酸乙酯 $CH_2ClCOOC_2H_5$ 和氯甲酸乙酯 $ClCOOC_2H_5$ 的 $C=O$ 伸缩振动频率分别向高频移至 $1758cm^{-1}$ 和 $1777cm^{-1}$。

当芳环或烯类双键与酯羰基 $C=O$ 的 C 原子相连时，共轭效应使酯羰基伸缩振动频率向低频移动，位于 $(1725\pm5)cm^{-1}$，如苯甲酸甲酯（图 7-37）和巴豆酸乙酯（图 7-37）的 $C=O$ 伸缩振动频率分别向低频移至 $1724cm^{-1}$ 和 $1722cm^{-1}$。如果芳香酯分子中有羟基或氨基，可以与羰基形成分子内或分子间氢键，羰基的伸缩振动频率会更低，如邻羟基苯甲酸甲酯（水杨酸甲酯）（图 7-38）的 $C=O$ 伸缩振动频率向低频移至 $1679cm^{-1}$。

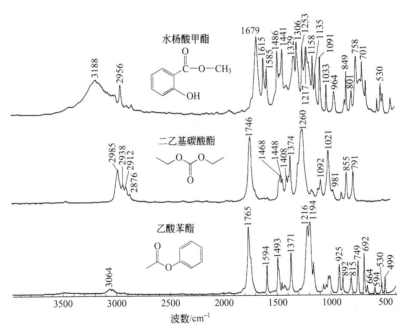

图 7-38　水杨酸甲酯（上）、二乙基碳酸酯（中）
和乙酸苯酯（下）的红外光谱

当芳环或烯类双键与酯基中的 $C—O$ 基团相连时，羰基 $C=O$

伸缩振动振动向高频位移，如乙酸苯酯（酚酯）（图 7-38）和乙酸乙烯酯 $CH_3COOCH = CH_2$ 的 $C = O$ 伸缩振动频率分别为 $1765cm^{-1}$ 和 $1761cm^{-1}$。

内酯是环状结构，由脂肪酸链上的羟基和羧基脱掉一分子水生成内酯。1,6-己内酯（七元环）和 1,5-戊内酯（六元环）的 $C = O$ 伸缩振动频率分别位于 1731、$1734cm^{-1}$，与脂肪酸酯的 $C = O$ 伸缩振动频率基本相同。随着环变小，$C = O$ 伸缩振动频率向高频移动，如 1,4-丁内酯的 $C = O$ 伸缩振动频率向高频移至 $1771cm^{-1}$。

碳酸酯的羰基伸缩振动向高频移动。如二乙基碳酸酯（图 7-38）的 $C = O$ 伸缩振动频率位于 $1746cm^{-1}$。

7.11.2 酯的 C—O—C 伸缩振动

脂肪酸酯的 C—O—C 基团中的两个 C—O 基团实际上是不等价的，与羰基 $C = O$ 相连的 C—O 基团由于 p-π 共轭效应而使 C—O 键键级增强，因而它的伸缩振动频率应该比与烷基相连的 C—O 伸缩振动频率高，这个 C—O 伸缩振动频率位于 $1240\sim1150cm^{-1}$，而与烷基相连的 C—O 伸缩振动频率位于 $1050\sim1000cm^{-1}$，这个频率区间和 C—OH 伸缩振动频率区间完全吻合。与羰基 $C = O$ 相连的 C—O 伸缩振动吸收峰往往是光谱中的最强峰，与烷基相连的 C—O 伸缩振动吸收峰强度中等。在乙酸乙酯（图 7-37）中，与羰基相连的 C—O 伸缩和与烷基相连的 C—O 伸缩振动频率分别位于 1241、$1047cm^{-1}$。

内酯的 C—O—C 基团的伸缩振动频率和脂肪酸酯基本相同，但二者的吸收强度差别不如脂肪酸酯大，内酯中与烷基相连的 C—O 伸缩振动吸收峰强度比脂肪酸酯强得多。

在芳香酸酯中，与羰基相连的 C—O 基团上 O 原子的电子与羰基 π 电子以及芳环上的 π 电子形成大共轭体系，使这个 C—O 键的键级增强，这个 C—O 基团的伸缩振动频率比脂肪酸酯的高，位

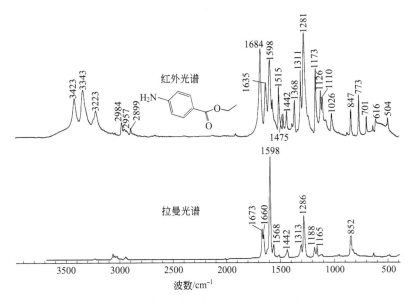

图 7-39 对氨基苯甲酸乙酯的红外光谱（上）和拉曼光谱（下）

于 $1290 \sim 1270 cm^{-1}$，吸收强度很强。对氨基苯甲酸乙酯（图7-39）与羰基相连的 C—O 伸缩振动频率为 $1281 cm^{-1}$。与烷基相连的 C—O 基团由于不存在共轭效应，其伸缩振动频率位于 $1040 \sim 1010 cm^{-1}$，吸收强度很弱。如对氨基苯甲酸乙酯（图 7-39）中与烷基相连的 C—O 伸缩振动频率为 $1026 cm^{-1}$。

酯的 C—O—C 基团不存在 C—O—C 反对称和对称伸缩振动模式。如果存在 C—O—C 反对称和对称伸缩振动模式，在酯的拉曼光谱中，对称伸缩振动谱带强度应比反对称伸缩振动谱带强度高得多，但在许多酯的拉曼光谱中却不出现这种现象。在对氨基苯甲酸乙酯（图 7-39）的拉曼光谱中，与羰基相连的 C—O 伸缩振动谱带强度很强（$1286 cm^{-1}$），与烷基相连的 C—O 伸缩振动谱带却不出现（红外谱带位于 $1026 cm^{-1}$）。

酯类化合物特征基团的振动频率见表 7-16。

表7-16 酯类化合物特征基团振动频率

振动模式	振动频率 /cm^{-1}	注释
酯羰基 C=O 伸缩振动	1770～1680	强
饱和脂肪酸酯	1740±10	α-碳卤素取代,向高频移动
共轭体系酯	1725±5	芳环或双键与酯羰基共轭
共轭和氢键体系酯	1680±5	共轭体系中有羟基或氨基,与羰基形成分子内或分子间氢键
酚酯和烯酯	1760±5	
内酯		随着环变小,张力增大,C=O 伸缩振动向高频移动
1,6-己内酯	1731	
1,5-戊内酯	1734	
1,4-丁内酯	1771	
碳酸酯	1750±5	
酯的 C—O—C 伸缩振动		
脂肪酸酯和内酯		
与 C=O 相连的 C—O 伸缩	1240～1150	脂肪酸酯的 1240～1150 峰比 1050～1000 峰强,而内酯二者的吸收强度差别不如脂肪酸酯大
与烷基相连的 C—O 伸缩	1050～1000	
芳香酸酯		
与 C=O 相连的 C—O 伸缩	1290～1270	由于 p-π 共轭,与 C=O 相连的 C—O 键具有双键特性,伸缩振动频率向高频移动
与烷基相连的 C—O 伸缩	1040～1010	

7.12 酸酐类化合物基团的振动频率

酸酐类化合物特征基团有:酸酐羰基 C=O 和酸酐的 C—O—C。

7.12.1 酸酐羰基 C=O 伸缩振动

酸酐分为两类:开链酸酐和环状酸酐。

在含羰基 C=O 的各类化合物中,酸酐的 C=O 伸缩振动频率是最高的。酸酐基团中含有两个 C=O 基团,将酸酐当作一个

基团看待，其中两个 C＝O 基团伸缩振动发生耦合，分裂为两个
谱带。从丙酸酐（图 7-40）和丁酸酐（图 7-40）的红外和拉曼光
谱可以知道，高波数谱带对应于两个 C＝O 的对称伸缩振动耦
合，低波数谱带对应于两个 C＝O 的不对称伸缩振动耦合。开链
酸酐和环状酸酐两个 C＝O 的不对称和对称耦合振动如下图
所示。

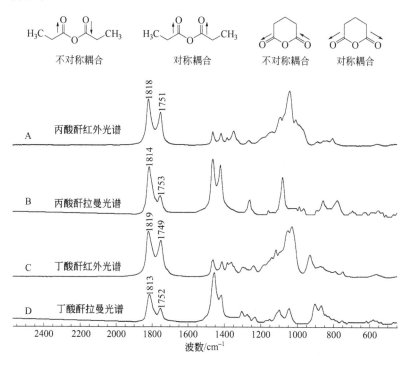

图 7-40　丙酸酐红外光谱（A）、丙酸酐拉曼光谱（B）丁酸酐红外光谱（C）
和丁酸酐拉曼光谱（D）

　　开链脂肪族酸酐的两个 C＝O 伸缩振动谱带分别位于 $1830\sim$
$1800\mathrm{cm}^{-1}$ 和 $1755\sim1740\mathrm{cm}^{-1}$，这两个谱带相距 $60\sim70\mathrm{cm}^{-1}$。如
己酸酐（图 7-41）的两个 C＝O 伸缩振动谱带分别位于 $1818\mathrm{cm}^{-1}$
和 $1752\mathrm{cm}^{-1}$，高波数比低波数吸收峰强度高。α-碳原子上有卤素
取代时，两个 C＝O 伸缩振动均向高频移动。如三氯乙酸酐（图

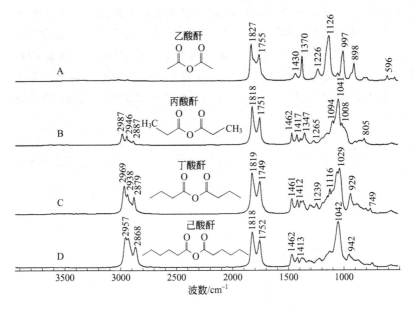

图 7-41　乙酸酐（A）、丙酸酐（B）丁酸酐（C）和
己酸酐（D）的红外光谱

7-42）为 1846cm^{-1} 和 1777cm^{-1}，三氟乙酸酐（图 7-42）为 1875cm^{-1} 和 1809cm^{-1}。

　　在环状脂肪族酸酐中，环的张力增加，两个 C＝O 伸缩振动均向高频移动。如戊二酸酐（图7-43）的两个 C＝O 伸缩振动频率分别位于 1804cm^{-1} 和 1752cm^{-1}；而丁二酸酐（图 7-43）则向高频移至 1861cm^{-1} 和 1785cm^{-1}。环状脂肪族酸酐耦合的两个C＝O 伸缩振动吸收峰中，高波数吸收峰比低波数吸收峰强度低，而开链和环状脂肪族酸酐这两个峰强度比正好相反，借此可以区分这两类酸酐。

　　苯环或烯类双键与 C＝O 共轭时，酸酐的两个 C＝O 伸缩振动频率均向低频移动。如苯甲酸酐（图7-43）和甲基丙烯酸酐（图7-43）的两个 C＝O 伸缩振动频率都位于 1785cm^{-1} 和 1725cm^{-1} 左右。邻苯二甲酸酐是五元环，由于有共轭效应，所以比五元环的

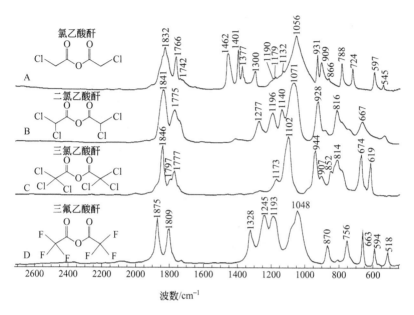

图 7-42　氯乙酸酐（A）、二氯乙酸酐（B）三氯乙酸酐（C）和
三氟乙酸酐（D）的红外光谱

丁二酸酐（图 7-43）的两个 C＝O 伸缩振动频率低，位于
1850cm^{-1} 和 1763cm^{-1}。3,4,9,10-北四羧酸二酸酐的酸酐部分是
六元环，但由于存在更大的共轭体系，酸酐的两个 C＝O 伸缩振
动频率更低。

7.12.2　酸酐的 C—O—C 伸缩振动

在酸酐分子中，虽然存在 C—O—C 基团，但不出现 C—O—C
反对称和对称伸缩振动谱带，只出现 C—O 伸缩振动谱带。这是因
为 C—O—C 基团两侧的 C 原子连接的基团太重的缘故。

开链脂肪族酸酐的 C—O 伸缩振动频率位于 1050cm^{-1} 左右。
乙酸酐（图 7-41）由于 C—O—C 基团两边的 C 原子连接的基团不
是太重，因而出现 C—O—C 反对称（1126cm^{-1}）和对称伸缩振动
谱带（997cm^{-1}）。氯乙酸酐（图 7-42）、二氯乙酸酐（图 7-42）和

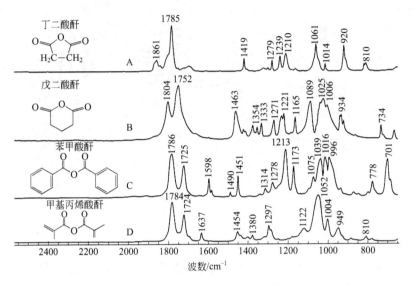

图 7-43　丁二酸酐（A）、戊二酸酐（B）苯甲酸酐（C）和
甲基丙烯酸酐（D）的红外光谱

三氯乙酸酐（图 7-42）不出现 C—O—C 反对称和对称伸缩振动谱带，而只出现一个 C—O 伸缩振动谱带，分别位于 1056、1071cm^{-1} 和 1102cm^{-1}。随着 C 原子连接的 Cl 原子越来越多，振动频率越来越高。丙酸酐（图 7-41）、丁酸酐（图 7-41）和己酸酐（图 7-41）只在 1042cm^{-1} 左右出现一个较宽的 C—O 伸缩振动谱带。与开链脂肪醚相似，酸酐的 C—O—C 基团随着两边连接的基团越来越重，C—O 伸缩振动谱带变得越来越窄。苯甲酸酐（图 7-43）和硬脂酸酐在 1130～1000cm^{-1} 之间出现 2-3 个 C—O 伸缩振动谱带。

　　环状酸酐的 C—O 伸缩振动频率位于 1280～1210cm^{-1} 之间，如戊二酸酐（图 7-43）（六元环）的 C—O 伸缩振动出现三个吸收带，分别位于 1271、1231cm^{-1} 和 1221cm^{-1}；丁二酸酐（五元环）也出现三个吸收带，分别位于 1279、1239cm^{-1} 和 1210cm^{-1}。4-硝基邻苯二甲酸酐（五元环）出现两个吸收带，分别位于 1267cm^{-1}

和 1249cm^{-1}，而 4-甲基邻苯二甲酸酐只出现一个吸收带，位于 1259cm^{-1}。

酸酐类化合物特征基团的振动频率见表 7-17。

表 7-17　酸酐类化合物特征基团振动频率

振动模式	振动频率 /cm^{-1}	注释
酸酐羰基 C=O 伸缩振动	1860~1800 1800~1750	强。两个 C=O 伸缩振动发生耦合，分裂为两个谱带。两个峰相距 60~70cm^{-1}
开链脂肪族酸酐	1820,1750	高波数比低波数吸收峰强度高，α-碳卤素取代向高频移动
开链共轭体系酸酐		共轭体系酸酐两个 C=O 伸缩振动均向低频移动
甲基丙烯酸酐	1784,1724	
苯甲酸酐	1786,1725	
环状脂肪族酸酐		环张力使两个 C=O 伸缩振动均向高频移动。高波数比低波数吸收峰强度低
丁二酸酐(五元环)	1861,1785	
戊二酸酐(六元环)	1804,1752	
酸酐的 C—O—C 伸缩振动		
开链脂肪族酸酐	1050	只有乙酸酐存在 C—O—C 反对称和对称伸缩振动。其他酸酐只有 C—O 伸缩振动。α-碳卤素取代向高频移动
环状酸酐	1280~1210	C—O 伸缩振动出现 1-3 谱带

7.13　胺类化合物基团的振动频率

胺类化合物特征基团有：NH$_3$、伯胺（—NH$_2$）、仲胺（—NH—）、叔胺和 C—N。特征振动模式有：NH$_3$ 有四种振动模式；NH$_2$ 伸缩振动、NH$_2$ 变角振动、NH$_2$ 扭曲振动；NH 伸缩振动、NH 面内弯曲振动、NH 面外弯曲振动；C—N 伸缩振动。

7.13.1　NH$_3$振动

配合物分子中的 NH$_3$ 存在四种振动模式：不对称伸缩振动、

对称伸缩振动、不对称变角振动和对称变角振动。NH_3 的伸缩振动和变角振动频率都比 CH_3 的高。顺式二氨二氯化铂（Ⅱ）（图7-44）$PtCl_2$ $(NH_3)_2$ 分子中 NH_3 的这四种振动频率分别为 $3289cm^{-1}$、$3205cm^{-1}$、$1625cm^{-1}$ 和 $1309cm^{-1}$。

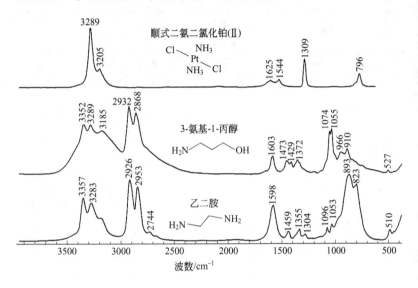

图 7-44　顺式二氨二氯化铂（Ⅱ）（上）、3-氨基-1-丙醇（中）和
乙二胺（下）的红外光谱

7.13.2　NH₂ 振动

7.13.2.1　NH₂ 伸缩振动

伯胺 NH_2 的伸缩振动频率比 H_2O 的低，比 CH_2 的高。伯胺 NH_2 伸缩振动分为反对称伸缩振动和对称伸缩振动。反对称伸缩振动频率位于 $3480 \sim 3270cm^{-1}$ 之间，对称伸缩振动频率位于 $3385 \sim 3125cm^{-1}$ 之间。

伯胺 NH_2 伸缩振动频率和液态水、结晶水、醇羟基以及酚羟基的伸缩振动频率基本上都处在同一个区间。不过，NH_2 伸缩振动谱带还是很容易辨认的。和液态水、结晶水、醇羟基以及酚羟基伸缩振动谱带不同，NH_2 伸缩振动谱带比较尖锐，而且 NH_2 伸缩振动频率比 O—H 伸缩振动频率略低些。如果分子中既有羟基又有 NH_2 基团，如 3-氨基-1-丙醇（图 7-44），在 O—H 伸缩振动谱带上出现 NH_2 伸缩振动吸收峰（3252cm^{-1} 和 3289cm^{-1}）。

和 O—H 基团相似，NH_2 基团也容易形成氢键缔合态。NH_2 基团之间以及 NH_2 基团和强电负性原子之间都可以形成氢键，但这种氢键比 O—H 形成的氢键弱，NH_2 基团形成的是弱氢键。

脂肪族伯胺，如乙二胺（图7-44），中 NH_2 之间形成的弱氢键只使 NH_2 伸缩振动谱带变宽，而没有形成弥散的谱带。同样的，芳香族伯胺，如邻苯二胺（图 7-45）、间苯二胺（图 7-45）、对苯二胺（图 7-45）、邻硝基苯胺、间硝基苯胺和对硝基苯胺，NH_2 之间，或 NH_2 与 O 原子之间形成的也是弱氢键，这种弱氢键只使 NH_2 伸缩振动谱带变宽，而没有形成弥散的谱带。有些芳香族伯胺 NH_2 之间不形成氢键，如对溴苯胺的 NH_2 反对称和对称伸缩振动吸收谱带非常尖锐。

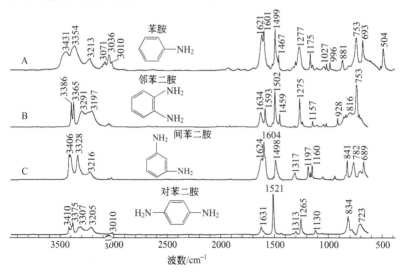

图 7-45　苯胺（A）、邻苯二胺（B）间苯二胺（C）和
对苯二胺（D）的红外光谱

脂肪族伯胺的反对称伸缩振动和对称伸缩振动频率间隔 70cm^{-1} 左右，如乙二胺（图 7-44）NH$_2$ 的反对称和对称伸缩振动频率分别位于 3357cm^{-1} 和 3283cm^{-1}，谱带间隔 74cm^{-1}。

芳香族伯胺 NH$_2$ 伸缩振动频率比脂肪族伯胺频率高 50～100cm^{-1}。这是由于 C—N 单键旋转时，N—Hσ 电子能与芳环的 π 电子形成超共轭效应，使 N—H 键增强。

芳香族伯胺 NH$_2$ 伸缩振动谱带强度比脂肪族伯胺强，原因可能与 N—Hσ 电子可以和芳环的 π 电子形成超共轭效应有关。

芳香族伯胺由于空间位阻，有些 NH$_2$ 能生成氢键，有些则不能生成氢键。能生成氢键的 NH$_2$ 的反对称和对称伸缩振动频率较低，谱带较宽，谱带间隔约 100cm^{-1} 左右；不能生成氢键的 NH$_2$ 的反对称和对称伸缩振动频率较高，谱带很尖锐，谱带间隔约 20cm^{-1} 左右。如在邻苯二胺（图 7-45）化合物中，能生成氢键的 NH$_2$ 的反对称和对称伸缩振动频率分别位于 3291cm^{-1} 和 3197cm^{-1}，谱带间隔 94cm^{-1}；不能生成氢键的 NH$_2$ 的反对称和对称伸缩振动频率分别位 3386cm^{-1} 和 3365cm^{-1}，谱带间隔 21cm^{-1}。在 2,4-二硝基苯胺化合物中，只有极少数的 NH$_2$ 能生成氢键，其 NH$_2$ 的反对称和对称伸缩振动频率分别位于 3226cm^{-1} 和 3111cm^{-1}，谱带间隔 114cm^{-1}；绝大多数 NH$_2$ 不能生成氢键，其 NH$_2$ 的反对称和对称伸缩振动频率分别位于 3451cm^{-1} 和 3337cm^{-1}，谱带间隔 14cm^{-1}。

在伯胺对称伸缩振动谱带的低频一侧往往出现一个弱的吸收谱带，这个谱带应指认为 NH$_2$ 变角振动的一级倍频峰。

7.13.2.2　NH$_2$ 变角振动

伯胺 NH$_2$ 变角振动频率比 H$_2$O 变角振动频率低，比 CH$_2$ 变角振动频率高。伯胺 NH$_2$ 变角振动频率位于 1640～1575cm^{-1} 之间，吸收强度中等。如乙二胺（图 7-44）NH$_2$ 的变角振动频率位于 1598cm^{-1}；对苯二胺（图 7-45）NH$_2$ 的变角振动频率位于 1631cm^{-1}。

7.13.2.3　NH$_2$ 扭曲振动

脂肪族伯胺在 950～710cm^{-1} 之间出现 NH$_2$ 扭曲振动谱带。这个谱带通常由 1-3 个谱带组成强的宽峰，非常特征。如叔丁胺

$(CH_3)_3CNH_2$ 的 NH_2 扭曲振动谱带位于 $851cm^{-1}$；乙二胺（图 7-44）$NH_2CH_2CH_2NH_2$ 由 $893cm^{-1}$ 和 $823cm^{-1}$ 组成很强的宽峰；

三乙撑四胺 $H_2N\underset{\quad}{\overset{\displaystyle H}{}}\,$ 由 908、$839cm^{-1}$ 和 $777cm^{-1}$ 组成一个强且宽的谱带；但硫脲在 $731cm^{-1}$ 出现强度中等、很窄的吸收峰。

芳香族伯胺，如苯胺（图7-45）在 $850\sim550cm^{-1}$、邻苯二胺（图7-45）在 $950\sim650cm^{-1}$ 区间出现很宽的 NH_2 扭曲振动吸收谱带。但间苯二胺（图7-45）和对苯二胺（图7-45）基本上观测不到 NH_2 扭曲振动谱带。

7.13.3 NH 振动

7.13.3.1 NH 伸缩振动

脂肪族仲胺的 NH 伸缩振动在 $3290\sim3270cm^{-1}$ 区间出现一个谱带，如二乙胺（图 7-46）和二正丁胺（图7-46）的 NH 伸缩振动频率分别位于 $3281cm^{-1}$ 和 $3288cm^{-1}$，谱带强度很弱。N,N'-二甲基-1,3-丙二胺的 NH 伸缩振动频率位于 $3285cm^{-1}$，谱带强度中等。环己基氨基磺酸钠的 NH 伸缩振动频率位于 $3277cm^{-1}$，谱带强度很强。

芳香族仲胺的 NH 伸缩振动频率比脂肪族高，位于 $3420\sim3300cm^{-1}$ 之间，吸收强度较强。如 N-甲基苯胺的 NH 伸缩振动频率位于 $3414cm^{-1}$；二苯胺（图7-46）的 NH 伸缩振动出现两个强谱带，分别位于 $3407cm^{-1}$ 和 $3384cm^{-1}$。

7.13.3.2 NH 面内弯曲振动

脂肪族和芳香族仲胺的 NH 面内弯曲振动频率位于 $1680\sim1650cm^{-1}$ 之间，吸收强度很弱，没有实用价值。二乙胺（图7-46）和二乙醇胺分别在 $1653cm^{-1}$ 和 $1655cm^{-1}$ 出现弱吸收谱带；二正丁胺（图7-46）和二苯胺（图7-46）在这个区间都没有出现 NH 面内弯曲振动谱带。

7.13.3.3 NH 面外弯曲振动

脂肪族的 NH 面外弯曲振动频率位于 $770\sim700cm^{-1}$ 之间，吸

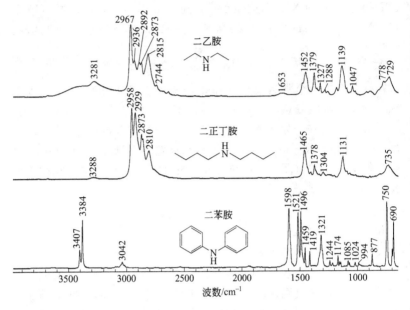

图 7-46　二乙胺（上）、二正丁胺（中）和
二苯胺（下）的红外光谱

收峰比较弱且宽，但很特征。二乙胺（图 7-46）和二正丁胺（图 7-46）分别在 729cm^{-1} 和 735cm^{-1} 出现弱而宽的吸收峰。环己基氨基磺酸钠的 NH 面外弯曲振动频率位于 699cm^{-1}，吸收峰较宽，强度中等。芳香族仲胺的 NH 面外弯曲振动吸收峰和芳环 C—H 面外弯曲振动吸收峰重叠，没有价值。

7.13.4　C—N 伸缩振动

由于 C—N 键的极性比 C—C 的极性强，C—N 伸缩振动吸收峰强度比 C—C 伸缩振动吸收峰的强度高得多。

在伯胺 R—NH$_2$ 化合物中，C—N 伸缩振动频率出现在 1160～1100cm^{-1} 之间。由于 C—N 伸缩振动频率出现在指纹区，容易受其他谱带的干扰，有时不容易分辨出来。

当伯胺与芳环直接相连时，氮原子以 sp^3 杂化轨道成键，氮上的孤对电子对占据的 sp³ 杂化轨道比氨中氮上孤对电子对占据的 sp³ 杂化轨道有更多的 p 轨道性质，和芳环 π 电子轨道重叠，形成 p-π 共轭，使 C—N 键带有双键的性质，因而 C—N 伸缩振动频率向高频位移至 $1350 \sim 1200 \text{cm}^{-1}$。吸收强度比较强。如苯胺（图 7-45）和对苯二胺（图 7-45）分别在 1277cm^{-1} 和 1265cm^{-1} 出现 C—N 伸缩振动吸收峰，强度中等。邻硝基苯胺在 1248cm^{-1} 出现非常强的 C—N 伸缩振动吸收峰。

在仲胺 R¹—NH—R² 化合物中，在 $1140 \sim 1110 \text{cm}^{-1}$ 之间出现 C—N 伸缩振动强吸收峰。如二乙胺（图 7-46）和二正丁胺（图 7-46）分别在 1139cm^{-1} 和 1131cm^{-1} 出现很强的吸收峰。

仲胺与芳环直接相连时，也会形成 p-π 共轭，使 C—N 键带有双键的性质，C—N 伸缩振动频率向高频移动，位于 $1350 \sim 1230 \text{cm}^{-1}$，吸收强度比较强。

在叔胺 R¹R²R³N 中，有些化合物在 $1210 \sim 1070 \text{cm}^{-1}$ 区间出现较强的 C—N 伸缩振动吸收峰，三乙胺（图 7-47）出现两个 C—

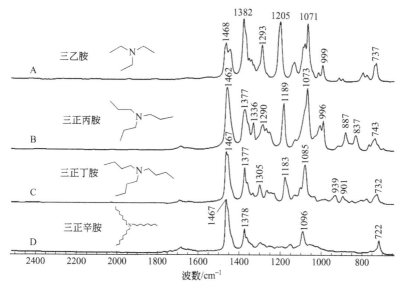

图 7-47　三乙胺（A）、三正丙胺（B）三正丁胺（C）和三正辛胺（D）的红外光谱

N 伸缩振动吸收峰（$1205cm^{-1}$ 和 $1071cm^{-1}$），分别为 $\diagdown N \diagup$ 不对称

和对称伸缩振动吸收峰。三正丙胺（图 7-47）和三正丁胺（图 7-47）也出现两个 C—N 伸缩振动吸收峰。随着烷基链的增长，这两个吸收峰逐渐靠近，而且高波数吸收峰强度越来越小，当烷基链很长时，只出现一个 C—N 伸缩振动吸收峰，如三正辛胺（图 7-47）在 $1096cm^{-1}$ 出现 C—N 伸缩振动吸收峰。

　　胺类化合物特征基团的振动频率见表 7-18。

表 7-18　胺类化合物特征基团振动频率

振动模式	振动频率/cm^{-1}	注释
NH_3 振动	3289,3205, 1625,1544	顺式二氨二氯化铂（Ⅱ）中 NH_3 的四种振动频率
NH_2 伸缩振动		
反对称伸缩	3480～3270	脂肪伯胺位于 3440～$3270cm^{-1}$ 之间，芳香伯胺位于 3480～$3310cm^{-1}$ 之间
对称伸缩	3385～3125	脂肪伯胺反对称和对称伸缩振动频率间隔 $70cm^{-1}$ 左右，芳香伯胺间隔 $100cm^{-1}$ 左右。芳香伯胺伸缩振动谱带强度比脂肪伯胺强，且比脂肪伯胺谱带尖锐
NH_2 变角振动	1650～1590	强度中等
NH_2 扭曲振动	910～750	宽且比较强，非常特征。但芳香伯胺在这个区间基本上观测不到 NH_2 扭曲振动
NH 伸缩振动		
脂肪族仲胺	3290～3270	强度弱
芳香族仲胺	3420～3300	吸收强度中等
NH 弯曲振动		
NH 面内弯曲振动	1680～1650	吸收强度很弱，没有实用价值
NH 面外弯曲振动	770～700	脂肪族吸收峰弱且宽，但很特征，芳香族受芳环 C—H 面外弯曲振动的干扰，无使用价值
C—N 伸缩振动		
脂肪族伯胺	1160～1100	在指纹区，容易受干扰
芳香族伯胺	1350～1200	强
脂肪族仲胺	1140～1110	强
芳香族仲胺	1350～1230	强
脂肪族叔胺	1210～1070	强

7.14 铵盐类化合物基团的振动频率

铵盐类化合物的特征基团有：NH_4^+、NH_3^+、NH_2^+ 和 NH^+。特征振动模式有：NH_4^+ 四种振动模式、NH_3^+ 伸缩和变角振动、NH_2^+ 伸缩和变角振动、NH^+ 伸缩振动。

7.14.1 NH_4^+ 振动

氯化铵、硝酸铵、硫酸铵是强酸弱碱盐，从这些化合物的红外光谱得知，这些强酸铵盐中的铵离子 NH_4^+ 中的四个 N—H 键的键长基本上是相等的，NH_4^+ 基团为四面体构型。NH_4^+ 基团有四种振动模式，分别为 NH_4^+ 反对称伸缩振动、对称伸缩振动、对称变角振动和不对称变角振动。它们的振动频率分别位于 $3265\sim3000cm^{-1}$、$3075\sim3030cm^{-1}$、$1720\sim1665cm^{-1}$ 和 $1500\sim1385cm^{-1}$。对称变角振动反而比不对称变角振动频率高。反对称和对称伸缩振动谱带较宽、较强，前者比后者强；不对称变角振动谱带非常强，在 $2800cm^{-1}$ 左右出现它的一级倍频峰；对称变角振动谱带很弱，在 NH_4Cl（图 7-48）、NH_4NO_3（图 7-48）和 $(NH_4)_2SO_4$ 的红外光谱中，都观察不到 NH_4^+ 的对称变角振动谱带，NH_4Cl 分子中的 NH_4^+ 对称变角振动在拉曼光谱中出现在 $1711cm^{-1}$。

NH_4NO_3 分子中的 NH_4^+ 基团会与 NO_3 基团的 O 原子生成氢键 N—H⋯O，同样的，$(NH_4)_2SO_4$ 分子中的 NH_4^+ 基团也会与 SO_4 基团的 O 原子生成氢键 N—H⋯O，但是，这种氢键并没有使 NH_4 基团的反对称和对称伸缩振动谱带变成弥散的谱带。

氢氟酸、草酸和乙酸都是弱酸。氟化铵（图 7-48）、草酸铵（图 7-48）和乙酸铵都是弱酸弱碱盐。将氟化铵和草酸铵的红外光谱与氯化铵、硝酸铵的红外光谱进行比较，可以看出，与 NH_4^+ 基团伸缩振动有关的谱带，氟化铵和草酸铵比氯化铵、硝酸铵的频率低，而且谱带增多、宽度增大。说明氟化铵 NH_4F 和草酸铵 $(COONH_4)_2 \cdot H_2O$ 分子中的 NH_4^+ 基团的四个 N—H 键的键长是

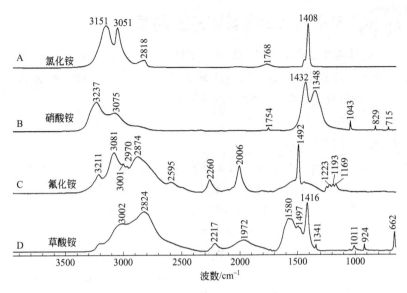

图 7-48　氯化铵（A）、硝酸铵（B）氟化铵（C）和
草酸铵（D）的红外光谱

不相等的。其中三个 N—H 键的键长相等，另外一个 N—H$^+$ 键的键长比 N—H 键的键长长，而且 N—H$^+$ 键的键长在一定范围内变化，这样就导致了 N—H$^+$ 键的伸缩振动频率比 N—H 的伸缩振动频率低，N—H$^+$ 键的伸缩振动在 2900～1900cm^{-1} 区间出现多个宽谱带。

7.14.2　NH$_3^+$ 振动

7.14.2.1　NH$_3^+$ 伸缩振动

伯胺分子中含有碱性 NH$_2$ 基团，如果伯胺分子中还含有酸性基团（如 H$_2$SO$_4$、—OSO$_2$H、HCl、—COOH 等），分子间会发生中和反应，生成伯铵盐。如硫酸联氨（图 7-49）H$_2$NNH$_2$·H$_2$SO$_4$、对氨基苯磺酸（图 7-49）H$_2$NC$_6$H$_4$OSO$_2$H·H$_2$O、乙胺盐酸盐（图 7-49）C$_2$H$_5$NH$_2$·HCl、4-氨基苯甲酸（图 7-49）H$_2$NC$_6$H$_4$COOH 等化合物分子中的 NH$_2$ 基团都与酸性基团发生反应

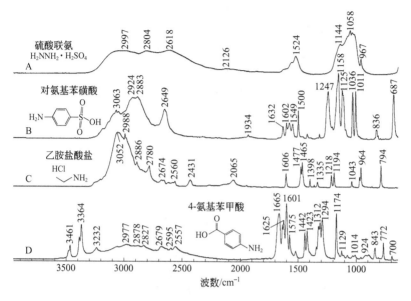

图 7-49　硫酸联氨（A）、对氨基苯磺酸（B）乙胺盐酸盐（C）和
4-氨基苯甲酸（D）的红外光谱

生成 NH_3^+ 基团。从以上四种化合物的红外光谱可以看出，NH_3^+ 基团的伸缩振动是弥散的、强的、宽的吸收谱带，这种宽吸收谱带覆盖的区间为 $3300 \sim 2000 cm^{-1}$。

NH_3 与强酸反应生成的 NH_4^+ 不是弥散的谱带，而伯胺 NH_2 与强酸反应生成的 NH_3^+ 却是弥散的谱带，是因为 NH_2 的碱性比 NH_3 的碱性弱。

伯胺分子中如果不含有酸性基团，伯胺分子间的 NH_2 基团之间或 NH_2 基团与电负性很强的原子之间也可以形成氢键，但这是一种弱氢键，从 2,4-二硝基苯胺、苯胺（图 7-45）、4-氨基吡啶的红外光谱可以看出，NH_2 基团之间或 NH_2 基团与电负性很强的 O、N 原子之间形成的弱氢键并没有形成弥散的、强的、宽的吸收谱带。

NH_3^+ 基团可以分为两个基团：NH_2 和 $N-H^+$。在 $N-H^+$ 基

团中，N 原子要提供 sp³ 杂化轨道上的孤对电子与 H⁺ 成键，这就造成 N 原子周围电子云密度减少，电子云密度重新分布的结果是 N 和 H 之间的电子云密度减少，N—H 伸缩振动力常数减小，伸缩振动向低频位移，所以在原来的 NH_2 反对称和对称伸缩振动区不出现 NH_2 的反对称和对称伸缩振动谱带，大多数含 NH_2 基团的氨基酸化合物都属于这一类化合物。在某些化合物中既出现 NH_3^+ 弥散的谱带，又出现 NH_2 的特征振动谱带，如在 4-氨基苯甲酸（图 7-49）的红外光谱中出现 NH_2 反对称和对称伸缩振动谱带，还出现 NH_2 的变角振动谱带。这是因为在 4-氨基苯甲酸体系中，弱酸与弱碱反应不彻底，形成酸盐体系的缘故。

NH_3^+ 基团伸缩振动谱带之所以弥散，是由于 NH_3^+ 基团中的 N—H⁺ 键键长的变化引起的。在 NH_3^+ 基团中，其中两个 N—H⁺ 键键长相等，N—H⁺ 键键长比 N—H 键键长长得多，而且在比较大的范围内变化，N—H⁺ 键键长越长，N—H⁺ 键伸缩振动的频率就越低。N—H⁺ 键键长的分布不是均匀的，因而在某些位置出现强吸收谱带。

强酸，如硫酸、磺酸、盐酸等，与弱碱 NH_2 反应生成 NH_3^+ 时，N—H⁺ 与 NH_2 的键长比较接近，而弱酸 COOH 与弱碱 NH_2 反应生成 NH_3^+ 时，生成的 N—H⁺ 键长比较长，因而，后者 NH_3^+ 伸缩振动谱带的弥散程度比前者严重得多。

在伯铵盐的红外光谱中，N—H⁺ 伸缩振动谱带都比较强，这是因为这个基团带有正电荷，凡是带电荷的基团，如 CO_3^{2-}、NO_3^-、PO_4^{3-}、SO_4^{2-}、COO^-、NH_4^+ 等，其反对称或对称伸缩振动谱带往往是红外光谱中最强的吸收峰。

7.14.2.2　NH_3^+ 变角振动

NH_3^+ 变角振动分为不对称变角振动和对称变角振动。NH_3^+ 的不对称变角振动和对称变角振动频率都比 CH_3 的高，而且变化范围也比 CH_3 的大。NH_3^+ 的不对称变角振动频率位于 1665～1580cm⁻¹；对称变角振动频率位于 1545～1470cm⁻¹。不对称变角振动谱带在脂肪胺盐和芳香铵盐中都易于指认，但对称变角振动谱带在脂肪胺盐中受碳氢弯曲振动谱带的干扰，在芳香铵盐中受芳环骨架振动谱带的干扰，不易指认。乙胺盐酸盐（图 7-49）的 NH_3^+ 不对称和对称变角振动频率分别位于 $1606cm^{-1}$ 和 $1477cm^{-1}$；对氨基苯磺酸（图 7-49）的 NH_3^+ 不对称变角振动频率为 $1632cm^{-1}$，对称变角振动谱带因受芳环骨架振动谱带的干扰而无法确定。

7.14.3 NH_2^+ 振动

7.14.3.1 NH_2^+ 伸缩振动

仲胺分子中含有碱性 NH 基团，如果仲胺分子中还含有酸性基团（如 COOH、H_2SO_4、HCl 等），分子间也会发生中和反应，生成仲铵盐。如二甲胺盐酸盐（图 7-50）$(CH_3)_2NH \cdot HCl$、二乙胺盐酸盐（图 7-50）$(C_2H_5)_2NH \cdot HCl$ 和盐酸二苯胺（图 7-50）$(C_6H_5)_2NH \cdot HCl$，在这些仲铵盐分子中含有 NH_2^+ 基团。NH_2^+ 基团中的 N—H 键的键长和 N—H$^+$ 键的键长是不相同的，和 NH_3^+ 中的 N—H$^+$ 键一样，N—H$^+$ 键的键长比 N—H 键的键长长得多，N—H$^+$ 键的键长也是在一定的范围内变化的，N—H$^+$ 键越长，N—H$^+$ 伸缩振动的频率也就越低，由于这种键的键长变化范围较大，它的伸缩振动就变成弥散的谱带，这种弥散的吸收谱带覆盖的区间为 $3100 \sim 2200m^{-1}$。NH_2^+ 基团的伸缩振动谱带和 NH_3^+ 基团的伸缩振动谱带是有差别的，脂肪族仲胺盐 NH_2^+ 比 NH_3^+ 弥散的范围小，而且 NH_3^+ 基团在 $2000cm^{-1}$ 附近有振动吸收谱带，而大多数 NH_2^+ 基团没有此吸收谱带。

7.14.3.2 NH_2^+ 变角振动

NH_2^+ 变角振动频率比 CH_2 变角振动频率高，比液体水 H_2O 变角振动频率低。NH_2^+ 变角振动频率范围和 NH_2 变角振动频率范围基本相同，NH_2^+ 变角振动频率位于 $1640 \sim 1595cm^{-1}$ 之间，NH_2^+ 变角振动谱带强度很弱，如二乙胺盐酸盐（图 7-50）在 $1595cm^{-1}$ 处出现弱吸收谱带。芳香族仲铵盐的芳环骨架振动会在

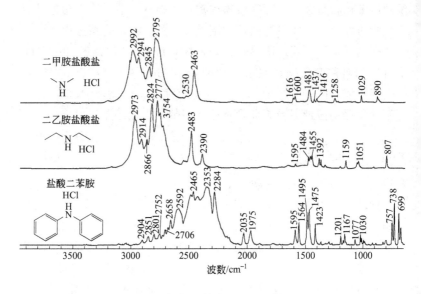

图 7-50　二甲胺盐酸盐（上）、二乙胺盐酸盐（中）和
盐酸二苯胺（下）的红外光谱

1600cm⁻¹ 左右出现吸收峰，干扰 NH_2^+ 变角振动谱带的指认。

7.14.4　NH⁺ 伸缩振动

在叔铵盐中，如三甲胺盐酸盐（图 7-51）$(CH_3)_3N \cdot HCl$ 和三乙胺盐酸盐（图 7-51）$(CH_3CH_2)_3N \cdot HCl$ 分子中都存在一个 NH⁺ 基团。N—H⁺ 键若和 N—H 键一样，应该在 3290～3280cm⁻¹ 区间出现一个 N—H 伸缩振动谱带，但在三甲胺盐酸盐和三乙胺盐酸盐的红外光谱中，在这个区间没有出现与氮氢伸缩有关的谱带。在 3050～2400cm⁻¹ 区间，除了 CH_3 和 CH_2 基团的反对称和对称伸缩振动吸收峰外，还出现了几个强度不等的吸收峰，说明 N—H⁺ 键的键长是在一定的范围内变化的，因而出现了弥散的吸收峰，不过，N—H⁺ 伸缩振动谱带弥散的范围不如 NH_2^+ 和 NH_3^+ 基团的大。

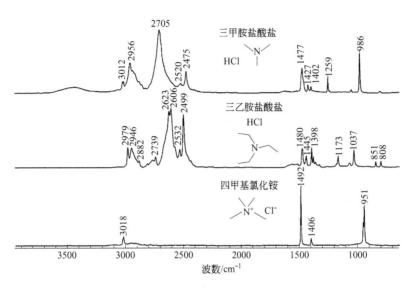

图 7-51　三甲胺盐酸盐（上）、三乙胺盐酸盐（中）和
四甲基氯化铵（下）的红外光谱

7.14.5　N⁺ 的有关振动

季铵盐无特征吸收峰。当甲基—CH_3 与 N^+ 相连时，CH_3 的反对称伸缩振动、对称伸缩振动、不对称变角振动和对称变角振动频率都向高频位移。如四甲基氯化铵（图 7-51）$(CH_3)_4 N^+ Cl^-$ 的 CH_3 反对称伸缩振动、不对称变角振动和对称变角振动频率分别位于 3018、$1492cm^{-1}$ 和 $1406cm^{-1}$。

铵盐类化合物特征基团的振动频率见表 7-19。

表 7-19　铵盐类化合物特征基团振动频率

振动模式	振动频率/cm^{-1}	注释
NH_4^+ 振动		
反对称伸缩	3265～3000	较宽,强度中等
对称伸缩	3075～3030	较宽,强度中等
对称变角	1720～1665	很弱
不对称变角	1500～1385	非常强。出现一级倍频峰

振动模式	振动频率/cm^{-1}	注释
NH$_3^+$ 伸缩振动	3300~2000	弥散的强吸收谱带
NH$_3^+$ 变角振动		
不对称变角振动	1665~1580	强度中等
对称变角振动	1545~1470	受碳氢变角振动或芳环骨架振动干扰难以辨认
NH$_2^+$ 伸缩振动	3100~2200	弥散的强吸收谱带
NH$_2^+$ 变角振动	1640~1595	很弱
NH$^+$ 伸缩振动	3050~2400	弥散的强吸收谱带

7.15 氨基酸类化合物基团的振动频率

氨基酸类化合物特征基团有：COO、NH$_3^+$ 和 NH$_2^+$。特征振动模式有：COO 反对称和对称伸缩振动、COO 变角和面外摇摆振动、NH$_3^+$ 伸缩振动、NH$_3^+$ 不对称和对称变角振动、NH$_2^+$ 伸缩振动和 NH$_2^+$ 变角振动。

7.15.1 COO 振动

7.15.1.1 COO 伸缩振动

氨基酸是由两性离子对组成的，COOH 基团具有弱酸的性质，氨基（N、NH 和 NH$_2$）具有弱碱的性质。所以在氨基酸化合物中，分子之间要发生弱酸弱碱中和反应，生成羧酸根负离子 COO$^-$ 和氨基正离子（NH$^+$、NH$_2^+$ 和 NH$_3^+$）。如果氨基酸分子中只有一个羧基和一个氨基，在氨基酸的红外光谱中，观测不到羧基 COOH 的 C=O 伸缩振动谱带，只能观测到羧酸根 COO$^-$ 的反对称和对称伸缩振动谱带。

氨基酸化合物中羧酸根 COO$^-$ 的反对称和对称伸缩振动频率和脂肪酸羧酸根的反对称和对称伸缩振动频率基本相同。氨基酸的 COO$^-$ 反对称和对称伸缩振动频率分别位于 1600~1555cm^{-1} 和 1430~1360cm^{-1}。前者吸收峰比后者强，往往是光谱中最强的吸收峰，非常特征。后者位于碳氢变角振动吸收区，强度与碳

氢变角振动强度差不多，有时难于区分。在 L-丙氨酸（图 7-52）
CH₃CH（NH₂）COOH 的红外光谱中，1594cm⁻¹ 谱带指认为
COO⁻ 的反对称伸缩振动，在 COO⁻ 的对称伸缩振动区，应出现
CH₃ 的不对称变角（1456cm⁻¹）和对称变角振动（1375cm⁻¹ 左
右）吸收峰，还应出现 CH 变角（1414cm⁻¹）振动吸收峰，
1364cm⁻¹ 吸收峰很可能是 COO⁻ 的对称伸缩振动吸收峰，因为在
拉曼光谱中，1358cm⁻¹ 谱带非常强，在羧酸盐的拉曼光谱中，
COO⁻ 对称伸缩振动谱带也是非常强的谱带。

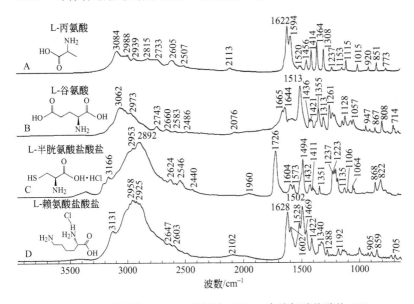

图 7-52　L-丙氨酸（A）、L-谷氨酸（B）L-半胱氨酸盐酸盐（C）
和 L-赖氨酸盐酸盐（D）的红外光谱

　　如果氨基酸分子中有两个羧基基团而只有一个氨基，如 L-
谷氨酸（图 7-52）HOOCCH₂CH₂CH(NH₂)COOH，在酸碱中和
后，氨基酸分子中仍然存在一个 COOH。这时，分子间 COOH 基
团与 COO⁻ 基团通过氢键作用生成酸盐离子对。生成酸盐离子对
后，COO⁻ 反对称和对称伸缩振动谱带随之消失，也不会出现二
聚体 COOH 基团的特征吸收谱带，在 1700～1500cm⁻¹ 之间出现

新的吸收谱带。在这种氨基酸的红外光谱中，仍然会出现 NH_3^+ 的特征吸收谱带。

在氨基酸盐酸盐分子中，如果氨基酸分子中只有一个氨基，由于 HCl 的酸性远远强于 COOH 的酸性，盐酸与氨基中和生成氨基正离子（NH^+、NH_2^+ 和 NH_3^+）和 Cl^-，氨基酸分子中仍然保留有 COOH 基团。所以在这种氨基酸盐酸盐化合物的红外光谱中只出现 COOH 基团的振动吸收谱带，而不出现 COO^- 的反对称和对称伸缩振动谱带。如在 L-半胱氨酸盐酸盐（图 7-52）$HSCH_2CH(NH_2)COOH \cdot HCl$ 的红外光谱中，在 $1726cm^{-1}$ 处出现非常强的羧基 C=O 伸缩振动吸收峰。

如果氨基酸盐酸盐分子中有两个 NH_2 基团，如 L-赖氨酸盐酸盐（图 7-52）$H_2N(CH_2)_4CH(NH_2)COOH \cdot HCl \cdot H_2O$，中和反应后生成 COO^- 和两个 NH_3^+，这时会出现 COO^- 的反对称和对称伸缩振动谱带。

如果氨基酸分子中存在一个伯酰胺 $CONH_2$ 基团和一个氨基 NH_2，而只存在一个 COOH 基团，这时，COOH 会与氨基 NH_2 反应生成盐，光谱中会出现伯酰胺 $CONH_2$、COO^- 和 NH_3^+ 的特征吸收峰，有些吸收峰会重叠在一起。

氨基酸与强碱反应，生成氨基酸金属盐。在氨基酸金属盐的红外光谱中，保留 COO^- 的特征吸收谱带。

7.15.1.2　COO 变角振动

氨基酸的 COO 变角振动与羧酸根的 COO 变角振动频率基本相同，位于 $780 \sim 700cm^{-1}$，吸收强度很弱。如 L-丙氨酸（图 7-52）和 L-白氨酸（图 7-53）的 COO 变角振动频率分别位于 $773cm^{-1}$ 和 $770cm^{-1}$。

7.15.1.3　COO 面外摇摆振动

氨基酸的 COO 面外摇摆振动和羧酸根的 COO 面外摇摆频率基本相同，位于 $550 \sim 500cm^{-1}$ 之间，如 L-胱氨酸（图 7-53）和 L-白氨酸（图 7-53）的 COO 面外摇摆振动频率分别位于 $540cm^{-1}$ 和 $535cm^{-1}$。

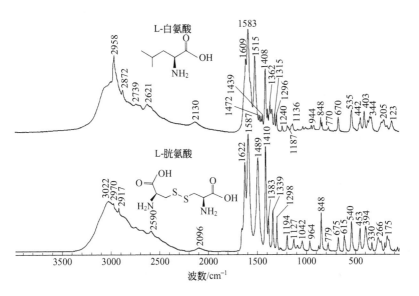

图 7-53　L-白氨酸（上）和 L-胱氨酸（下）的红外光谱

7.15.2　NH_3^+ 振动

7.15.2.1　NH_3^+ 伸缩振动

氨基酸化合物中的 NH_2 基团与 COOH 基团发生中和反应生成 NH_3^+ 基团。氨基酸盐酸盐分子中的 NH_2 基团与 HCl 反应生成 NH_3^+ 基团。这些化合物在 $3300 \sim 2000 m^{-1}$ 区间出现弥散的、强的、宽吸收谱带，这是 NH_3^+ 的伸缩振动吸收谱带。出现这种谱带的原因在"7.14 铵盐类化合物基团的振动频率"中已经做了解析。

7.15.2.2　NH_3^+ 变角振动

在氨基酸分子中，NH_3^+ 的不对称变角振动频率位于 $1660 \sim$ $1600cm^{-1}$；对称变角振动频率位于 $1545 \sim 1480cm^{-1}$。NH_3^+ 的不对称变角振动频率比 COO^- 反对称伸缩振动频率高；NH_3^+ 的对称变角振动频率比 COO^- 对称伸缩振动频率高。在氨基酸的红外光谱中，这四种振动谱带基本上可以分开。如 L-白氨酸（图 7-53）NH_3^+ 的不对称变角振动和对称变角振动频率分别位于 $1609cm^{-1}$ 和 $1515cm^{-1}$，COO^- 反对称伸缩振动和对称伸缩振动频率分别位于 $1583cm^{-1}$ 和 $1408cm^{-1}$。L-胱氨酸（图 7-53）NH_3^+ 的不对称变角振动和对称变角振动频率分别位于 $1622cm^{-1}$ 和 $1489cm^{-1}$，COO^- 反对称伸缩振动和对称伸缩振动频率分别位于 $1587cm^{-1}$ 和 $1410cm^{-1}$。

7.15.3　NH_2^+ 振动

7.15.3.1　NH_2^+ 伸缩振动

氨基酸化合物中的 NH 基团与 COOH 基团发生中和反应生成 NH_2^+ 基团，如 L-脯氨酸（图 7-54）和 L-羟基脯氨酸（图 7-54），在 $3200\sim2000m^{-1}$ 区间出现弥散的、强的、宽吸收谱带，这是 NH_2^+ 的伸缩振动吸收谱带。出现这种谱带的原因在"7.14 铵盐类

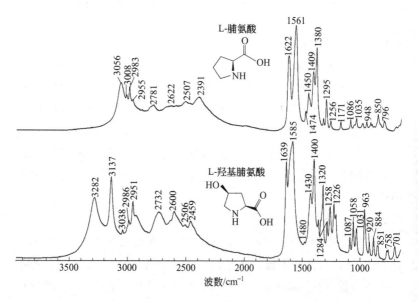

图 7-54　L-脯氨酸（上）和 L-羟基脯氨酸（下）的红外光谱

化合物基团的振动频率"中已经做了解析。

7.15.3.2　NH_2^+ 变角振动

NH_2^+ 变角振动频率比 CH_2 变角振动频率高，比液体水 H_2O 变角振动频率低。NH_2^+ 变角振动频率位于 $1640 \sim 1620cm^{-1}$，L-脯氨酸（图 7-54）和 L-羟基脯氨酸（图 7-54）的 NH_2^+ 变角振动频率分别位于 $1622cm^{-1}$ 和 $1639cm^{-1}$。

氨基酸类化合物特征基团的振动频率见表 7-20。

表 7-20　氨基酸类化合物特征基团振动频率

振动模式	振动频率/cm^{-1}	注释
COO 振动		
COO 反对称伸缩	$1600 \sim 1555$	往往是光谱中最强的吸收峰
COO 对称伸缩	$1430 \sim 1360$	受碳氢变角振动的干扰难以指认
COO 变角	$780 \sim 700$	很弱
COO 面外摇摆	$550 \sim 500$	强度中等
NH_3^+ 伸缩振动	$3300 \sim 2000$	弥散的强吸收谱带
NH_3^+ 变角振动		
不对称变角	$1660 \sim 1600$	强度中等
对称变角振动	$1545 \sim 1480$	受碳氢变角振动干扰难以辨认
NH_2^+ 伸缩振动	$3200 \sim 2000$	弥散的强吸收谱带
NH_2^+ 变角振动	$1640 \sim 1620$	强度中等

7.16 酰胺类化合物基团的振动频率

酰胺类化合物的特征基团有：$C=O$、$C-N$、NH_2 和 NH。特征振动模式有：$C=O$ 伸缩振动、$C-N$ 伸缩振动、NH_2 伸缩振动、NH_2 变角振动、NH 伸缩振动和 NH 变角振动。此外，酰胺 Ⅳ、Ⅴ、Ⅵ 和 Ⅶ 谱带都在低频区（$750 \sim 600cm^{-1}$），强度很弱，不是特征频率。

7.16.1 酰胺 I 谱带（酰胺羰基 C═O 伸缩振动）

在酰胺分子中，N 原子和羰基碳原子直接相连，N 原子的共轭效应比诱导效应强，共轭效应使酰胺 C═O 双键特性减弱，酰胺羰基 C═O 伸缩振动频率比醛低，位于 1685～1630cm^{-1} 之间。酰胺羰基 C═O 伸缩振动谱带又称为酰胺 I 谱带。

酰胺分为伯酰胺、仲酰胺、叔酰胺、环内酰胺和酰亚胺。在这五种酰胺中，除了叔酰胺外，其他酰胺的 N 原子上都连接有 H 原子。伯酰胺的 N 原子上连接两个 H 原子，仲酰胺、环内酰胺和酰亚胺的 N 上只有一个 H 原子，N 上的 H 原子会与另一个分子的酰胺羰基生成氢键，所以在纯液态或固态时，全都是缔合态。

脂肪族伯酰胺的 C═O 伸缩振动频率位于 1685～1660cm^{-1}。甲酰胺（图 7-55）、乙酰胺（图 7-55）和己酰胺（图 7-55）的 C═O 伸缩振动频率分别位于 1682、1684cm^{-1} 和 1660cm^{-1}。α-碳卤

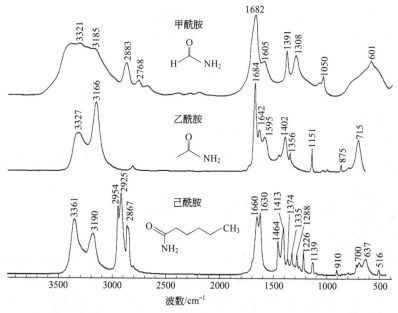

图 7-55　甲酰胺（上）、乙酰胺（中）和己酰胺（下）的红外光谱

素取代，向高频移动。如 2,2,2-三氯乙酰胺和 2,2,2-三氟乙酰胺的 C＝O 伸缩振动频率分别位于 $1696cm^{-1}$ 和 $1709cm^{-1}$。芳香族的苯甲酰胺 C＝O 伸缩振动频率为 $1660cm^{-1}$。苯环上不同位置卤素取代或相同位置不同卤素取代时，苯甲酰胺的 C＝O 伸缩振动频率是不相同的。如氟分别在苯甲酰胺苯环 2，3 和 4 位取代时的 C＝O 伸缩振动频率分别为 1648、$1662cm^{-1}$ 和 $1674cm^{-1}$；F、Cl 和 Br 都在 4 位取代时的 C＝O 伸缩振动频率分别为 1674、$1657cm^{-1}$ 和 $1660cm^{-1}$。

脂肪族仲酰胺的 C＝O 伸缩振动频率位于 $1670\sim1650cm^{-1}$。N-甲基甲酰胺（图 7-56）和 N-甲基乙酰胺（图 7-56）的 C＝O 伸缩振动频率分别为 $1668cm^{-1}$ 和 $1656cm^{-1}$。蛋白质的肽链段属于仲酰胺，蛋白质二级结构以 α 螺旋为主时，C＝O 伸缩振动频率位于 $1651cm^{-1}$，以 β 折叠为主时位于 $1637cm^{-1}$ 左右。芳香族的 N-甲基苯甲酰胺的 C＝O 伸缩振动频率位于 $1636cm^{-1}$。

叔酰胺中 N 原子上的 H 完全被其他基团取代，分子间不存在氢键缔合，C＝O 伸缩振动频率位于 $1675\sim1645cm^{-1}$。N,N-二甲基甲酰胺（图 7-56）和 N,N-二甲基乙酰胺（图 7-56）的 C＝O 伸缩振动频率分别为 $1675cm^{-1}$ 和 $1646cm^{-1}$。

环内酰胺 C＝O 伸缩振动是整个光谱中最强的吸收带。己内酰胺（图 7-57）是七元环，其 C＝O 伸缩振动频率位于 $1664cm^{-1}$。随着环的缩小，张力增加，C＝O 伸缩振动向高频移动。N-甲基吡咯烷酮（图 7-57）是五元环内酰胺，其 C＝O 伸缩振动频率位于 $1688cm^{-1}$。

环状酰亚胺的分子结构与相应的酸酐有些相似。环状酰亚胺分子中存在两个羰基，环状酰亚胺的两个 C＝O 伸缩振动与酸酐的两个羰基伸缩振动一样，也会发生耦合，分裂成两个吸收谱带，位于 $1790\sim1765cm^{-1}$ 和 $1755\sim1690cm^{-1}$。从拉曼光谱可以知道，频率高的谱带对应于两个 C＝O 的对称耦合振动，频率低的谱带对应于两个 C＝O 的不对称耦合振动。低频吸收带较宽且强，往

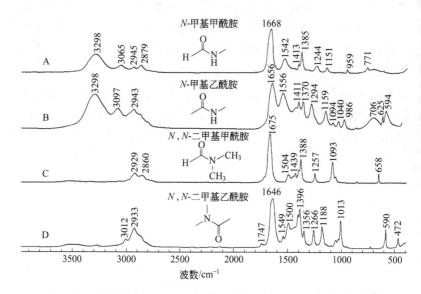

图 7-56　N-甲基甲酰胺（A）、N-甲基乙酰胺（B）N,N-二甲基甲酰胺（C）和 N,N-二甲基乙酰胺（D）的红外光谱

往是光谱中最强的吸收带。因为环状酰亚胺的分子结构与酸酐有些相似，所以环状酰亚胺的羰基 $C=O$ 伸缩振动频率比其他酰胺要高得多。脂肪族环状酰亚胺，如琥珀酰亚胺（图 7-57）的两个 $C=O$ 伸缩振动频率分别位于 $1772cm^{-1}$ 和 $1691cm^{-1}$。N 原子上的 H 被其他基团取代后，两个 $C=O$ 伸缩振动谱带的峰形和峰位有些变化，但变化不大。芳香族酰亚胺，如邻苯二甲酰亚胺（图 7-57）的两个 $C=O$ 伸缩振动频率分别位于 $1774cm^{-1}$ 和 $1754cm^{-1}$。

7.16.2　酰胺 II 谱带和酰胺 III 谱带（C—N 伸缩振动）

在酰胺分子中，N 原子以 sp^3 杂化轨道成键，未成键孤对电子占据的 sp^3 轨道有更多的 p 轨道性质，这个轨道上的孤对电子与羰基 $C=O$ 上的 π 电子形成 p-π 共轭，使 C—N 伸缩振动频率向高频

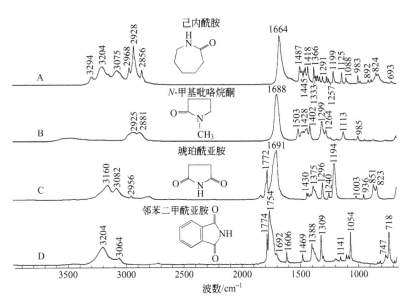

图 7-57　己内酰胺（A）、N-甲基吡咯烷酮（B）、琥珀酰亚胺（C）

和邻苯二甲酰亚胺（D）的红外光谱

位移。

在伯酰胺 R—$CONH_2$ 分子中，NH_2 变角振动和脂肪族伯胺的 NH_2 变角振动频率基本相同，位于 $1640\sim1600cm^{-1}$。这个谱带称为酰胺Ⅱ谱带。C—N 伸缩振动频率为 $1430\sim1350cm^{-1}$，这个谱带称为酰胺Ⅲ谱带。在脂肪族胺类化合物中，C—N 伸缩振动频率在 $1100\sim1000cm^{-1}$ 之间，但在伯酰胺类化合物中，C—N 伸缩振动频率向高频位移了 $300cm^{-1}$ 以上，原因之一是共轭效应使 C—N 键键级增强，原因之二是 CH_2 基团能与共轭电子形成超共轭效应，也能使 C—N 键键级增强。在这两个因素中，第一个因素是主要的。甲酰胺（图 7-55）、乙酰胺（图 7-55）和己酰胺（图 7-55）的酰胺Ⅱ谱带分别位于 1605、$1642cm^{-1}$ 和 $1630cm^{-1}$，酰胺Ⅲ谱带分别位于 1391、$1402cm^{-1}$ 和 $1413cm^{-1}$。

在仲酰胺 R^1—CONH—R^2 分子中，C—N—H 弯曲振动频率位于 1560～1520cm^{-1}，此谱带称为酰胺Ⅱ谱带。C—N 伸缩振动频率为 1240cm^{-1} 左右，此谱带称为酰胺Ⅲ谱带。酰胺Ⅱ谱带比酰胺Ⅲ谱带强。仲酰胺 C—N—H 弯曲振动频率比脂肪族 C—N—H 弯曲振动频率（1680～1650cm^{-1}）低得多，C—N 伸缩振动频率比伯酰胺 C—N 伸缩振动频率（1430～1350cm^{-1}）低得多。原因可能是，一方面，N 原子上的一个 H 原子被甲基或烷基取代后，甲基或烷基的推电子效应使 C—N 键增强；另一方面，甲基或烷基会和 O＝C—N 共轭电子形成超共轭效应，此外，C—H 比 CH$_2$ 的超共轭效应弱，这三种效应使体系的电子云密度重新分布，综合结果使 C—N 键和 C—H 键都减弱，N 与甲基或烷基之间的 N—C 键增强，表现在，N-甲基甲酰胺（图 7-56）和 N-甲基乙酰胺（图 7-56）分别在 1151cm^{-1} 和 1159cm^{-1} 出现 N 与甲基或烷基之间的 N—C 伸缩振动吸收峰。N-甲基甲酰胺、N-甲基乙酰胺和白蛋白的酰胺Ⅱ谱带分别位于 1542、1556cm^{-1} 和 1537cm^{-1}，酰胺Ⅲ谱带分别位于 1244、1294cm^{-1} 和 1243cm^{-1}。

环状内酰胺和环状酰亚胺类似于仲酰胺，N 原子上都只有一个 H 原子。这两类酰胺的 N—H 变角振动谱带都非常弱，或几乎不出现 N—H 变角振动谱带。己内酰胺（图 7-57）和琥珀酰亚胺（图 7-57）的 C—N 伸缩振动谱带分别位于 1199cm^{-1} 和 1194cm^{-1}，邻苯二甲酰亚胺（图 7-57）的 C—N 伸缩振动谱带位于 1309cm^{-1}。相反，环状硫代内酰胺的 N—H 变角振动谱带却非常强，而几乎不出现 C—N 伸缩振动谱带，如 w-硫代己内酰胺在 1560cm^{-1} 出现非常强的 N—H 变角振动谱带。

在叔酰胺 R^1—CON—R^2R^3 分子中，由于氨基 N 原子上的氢原子完全被取代，不存在酰胺Ⅱ谱带，C—N 伸缩振动出现在 1280～1255cm^{-1} 之间。如 N,N'-二甲基甲酰胺（图 7-56）和 N,N'-二甲基乙酰胺（图 7-56）分别在 1257cm^{-1} 和 1266cm^{-1} 出现中等强度的 C—N 伸缩振动吸收峰。

7.16.3 酰胺Ⅳ、Ⅴ、Ⅵ和Ⅶ谱带

酰胺类化合物还存在Ⅳ、Ⅴ、Ⅵ和Ⅶ谱带。酰胺Ⅳ谱带是指 O＝C—N面内弯曲振动，即变角振动，位于 $650cm^{-1}$ 左右；酰胺Ⅴ谱带是指 NH_2、NH 的面外摇摆振动，位于 $700cm^{-1}$ 左右；酰胺Ⅵ谱带是指 O＝C—N 面外弯曲振动，位于 $600cm^{-1}$ 左右；酰胺Ⅶ谱带是指 NH_2 扭曲振动，位于 $750cm^{-1}$ 左右。这些谱带都位于低频区，强度都很弱，有些谱带在某些酰胺类化合物中不出现。

7.16.4 NH₂伸缩振动

伯酰胺 $R—CONH_2$ 分子中 NH_2 基团的伸缩振动频率与脂肪族伯胺 $R-NH_2$ 中 NH_2 基团的伸缩振动频率基本相同，反对称和对称伸缩振动频率分别位于 $3360\sim3320cm^{-1}$ 和 $3190\sim3160cm^{-1}$。甲酰胺（图 7-55）、乙酰胺（图 7-55）和己酰胺（图 7-55）的 NH_2 反对称伸缩振动频率分别为 3321、$3327cm^{-1}$ 和 $3361cm^{-1}$，对称伸缩振动频率分别位于 3185、$3166cm^{-1}$ 和 $3190cm^{-1}$。

7.16.5 NH 伸缩振动（酰胺 A 和酰胺 B）

仲酰胺 $R^1—CONH—R^2$ 分子中 N—H 伸缩振动频率和酰胺Ⅱ谱带（约 $1550cm^{-1}$）的一级倍频峰频率很接近，因而发生费米共振，产生两个吸收峰，一个位于 $3300cm^{-1}$ 左右，另一个位于 $3100cm^{-1}$ 左右，前者称为酰胺 A 谱带，后者称为酰胺 B 谱带。酰胺 A 谱带频率与脂肪族仲胺 $R^1—NH—R^2$ 的 NH 伸缩振动频率基本相同。N-甲基甲酰胺（图 7-56）、N-甲基乙酰胺（图 7-56）和白蛋白的 NH 伸缩振动频率（酰胺 A 谱带）分别位于 3298、$3298cm^{-1}$ 和 $3298cm^{-1}$，它们的酰胺 B 谱带分别位于 3065、$3097cm^{-1}$ 和 $3072cm^{-1}$。

酰胺类化合物特征基团的振动频率见表 7-21。

表 7-21　酰胺类化合物特征基团振动频率

振动模式	振动频率 /cm^{-1}	注释
羰基 C═O 伸缩振动（酰胺 I）	1685～1630	
伯酰胺	1685～1660	脂肪族伯酰胺 α-碳卤素取代,向高频移动。苯环不同位置卤素取代或相同位置不同卤素取代,振动频率不同
仲酰胺	1670～1650	蛋白质 α 螺旋位于 1651cm^{-1},β 折叠位于 1637cm^{-1}左右
叔酰胺	1675～1645	
环状内酰胺	1690～1660	随着环的缩小,张力增加,向高频移动
环状酰亚胺		两个 C═O 伸缩振动发生耦合,分裂成两个吸收谱带。低频吸收带较宽且强
琥珀酰亚胺	1772 和 1691	
邻苯二甲酰亚胺	1774 和 1754	
酰胺 II		
伯酰胺	1640～1600	NH$_2$变角振动
仲酰胺	1560～1520	C—N—H 弯曲振动
酰胺 III		C—N 伸缩振动
伯酰胺	1430～1350	
仲酰胺	约 1240	
叔酰胺	1280～1255	
环内酰胺和环状酰亚胺	约 1200	
酰胺 IV	约 650	弱。O═C—N 面内弯曲振动
酰胺 V	约 700	弱。NH$_2$、NH 面外摇摆振动
酰胺 VI	约 600	弱。O═C—N 面外弯曲振动
酰胺 VII	约 750	弱。NH$_2$扭曲振动
NH$_2$伸缩振动		
反对称伸缩	3360～3320	
对称伸缩	3190～3160	
NH 伸缩振动		NH 伸缩振动和 CNH 变角振动的一级倍频发生费米共振分裂为两个谱带(酰胺 A 和酰胺 B)
酰胺 A	约 3300	
酰胺 B	约 3100	

7.17 酰卤类化合物基团的振动频率

　　酰卤的特征基团有：C═O、C—X 和 O═C—X。特征振动模式有：C═O 伸缩振动、C—X 伸缩振动和 O═C—X 变角振动。

此外，在芳香族酰卤化合物中，芳环和酰卤基团连接的两个碳原子之间的伸缩振动也是一个特征振动模式。

7.17.1 酰卤羰基 C=O 伸缩振动

在酰卤分子中，卤素原子和羰基碳原子直接相连，卤素原子对电子的吸引力非常强，诱导效应远远超过共轭需要，诱导效应将羰基上的电子吸引向碳原子，使羰基伸缩振动力常数增大，C=O 伸缩振动频率向高波数位移。卤素原子吸电子的能力比氧原子强，所以酰卤羰基伸缩振动频率比羧酸和酯的羰基伸缩振动频率高，与酸酐羰基的两个伸缩振动频率比较接近。

脂肪族酰卤的羰基伸缩振动频率位于 $1815 \sim 1790 \mathrm{cm}^{-1}$。如乙酰氯（图 7-58）、氯乙酰氯（图 7-58）和乙酰溴（图 7-58）的 C=O 伸缩振动频率分别位于 1806、$1812 \mathrm{cm}^{-1}$ 和 $1814 \mathrm{cm}^{-1}$。

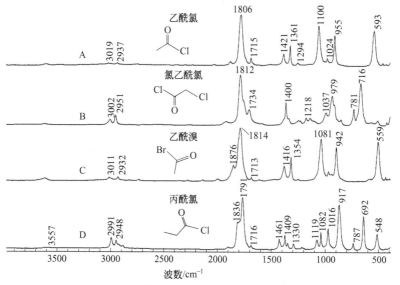

图 7-58 乙酰氯（A）、氯乙酰氯（B）乙酰溴
（C）和丙酰氯（D）的红外光谱

双键与酰卤羰基共轭，会使 C=O 伸缩振动频率向低波数位

移。芳香族酰卤的 C═O 伸缩振动频率位于 $1810\sim1745\mathrm{cm}^{-1}$。苯甲酰氟（图 7-59）、苯甲酰氯（图 7-59）和苯甲酰溴（图 7-59）的 C═O 伸缩振动频率分别为 $1810\mathrm{cm}^{-1}$、$1774\mathrm{cm}^{-1}$ 和 $1771\mathrm{cm}^{-1}$。

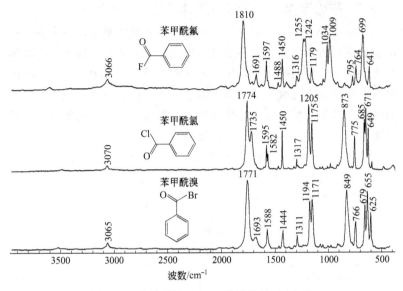

图 7-59　苯甲酰氟（上）、苯甲酰氯（中）和
苯甲酰溴（下）的红外光谱

芳香族酰氯在 $880\mathrm{cm}^{-1}$ 左右出现 C—Cl 伸缩振动谱带，它的一级倍频峰与 C═O 伸缩振动峰发生费米共振，所以芳香族酰氯除了 C═O 伸缩振动外，在低于 C═O 伸缩振动频率 $40\mathrm{cm}^{-1}$ 左右还出现一个被强化了的 C—Cl 伸缩一级倍频费米共振吸收峰，如苯甲酰氯（图 7-59）的 C═O 伸缩振动峰出现在 $1774\mathrm{cm}^{-1}$，C—Cl 的一级倍频峰出现在 $1735\mathrm{cm}^{-1}$。而其他芳香族酰卤的碳卤伸缩振动吸收峰远离 $880\mathrm{cm}^{-1}$，无费米共振，所以只出现 C═O 伸缩振动吸收峰。

7.17.2　酰卤的碳卤 C—X 伸缩振动

脂肪族酰卤的碳卤伸缩振动频率比脂肪族碳卤伸缩振动频率

高，这是因为卤素原子上的孤对 p 电子与 C＝O 的 π 电子共轭，使碳卤键上的电子云密度增大，伸缩振动频率向高频位移。脂肪族酰卤的 C—X 伸缩振动频率位于 $980\sim910cm^{-1}$。乙酰氯（图 7-58）和丙酰氯（图 7-58）的 C—Cl 伸缩振动频率分别位于 $955cm^{-1}$ 和 $917cm^{-1}$，吸收峰强度很强。

芳香族酰卤的碳卤伸缩振动频率也比脂肪族碳卤伸缩振动频率高，这是因为卤素原子上的孤对 p 电子与 C＝O 的 π 电子及芳环上的 π 电子形成大的共轭体系，使碳卤键上的电子云密度增大，如苯甲酰氯（图 7-59）的 C—Cl 伸缩振动频率位于 $873cm^{-1}$，苯甲酰溴（图 7-59）的 C—Br 伸缩振动频率位于 $849cm^{-1}$，苯甲酰氟（图 7-59）的 C—F 伸缩振动出现双峰，位于 $1034cm^{-1}$ 和 $1009cm^{-1}$。

7.17.3 酰卤基团 O＝C—X 的变角振动

酰卤基团 O＝C—X 的变角振动吸收峰的强度比较高，脂肪族酰卤基团 O＝C—X 的变角振动吸收峰变化范围较大，位于 $720\sim560cm^{-1}$，如乙酰氯（图 7-58）、乙酰溴（图 7-58）和丙酰氯（图 7-58）的 O＝C—X 的变角振动吸收峰分别位于 593、$559cm^{-1}$ 和 $692cm^{-1}$。芳香族酰卤基团 O＝C—X 的变角振动吸收峰变化范围较小，位于 $650cm^{-1}$ 左右，有时会出现两个吸收峰。因单取代芳环在 $650cm^{-1}$ 左右会出现 C—H 面外弯曲振动谱带，干扰 O＝C—X 变角振动吸收峰的指认。

7.17.4 芳香酰卤的 C—C 伸缩振动

芳香酰卤由于芳环与酰卤基团共轭，使芳环和酰卤基团之间的 C—C 键的电子云密度增大，伸缩振动频率向高频位移，并出现两个吸收峰，吸收强度很强。如苯甲酰氟（图 7-59）、苯甲酰氯（图 7-59）和苯甲酰溴（图 7-59）的吸收峰分别位于 1255、$1242cm^{-1}$；1205、$1175cm^{-1}$ 和 1194、$1171cm^{-1}$。

酰卤类化合物特征基团的振动频率见表 7-22。

表 7-22　酰卤类化合物特征基团振动频率

振动模式	振动频率 /cm^{-1}	注释
酰卤羰基 C=O 伸缩振动		
脂肪族酰卤	1815~1790	强
芳香族酰卤	1810~1745	强
酰卤的碳卤 C—X 伸缩		
脂肪族酰卤	980~910	强
芳香族酰卤	1100~870	强
酰卤 O=C—X 变角		
脂肪族酰卤	720~560	强
芳香族酰卤	约 650	中等强度,受芳环 C—H 面外弯曲振动谱带的干扰
芳香族酰卤 C—C 伸缩	1255~1170	强,芳环和酰卤基团连接的两个碳原子之间的伸缩振动,分裂为双峰,酰氟在高频一侧

7.18 糖类化合物基团的振动频率

糖类化合物分为单糖、双糖和多糖。葡萄糖和果糖是单糖,蔗糖是由 D-葡萄糖和 D-果糖组成的双糖,淀粉、纤维素等是多糖。

葡萄糖存在多种异构体,D-葡萄糖(图 7-60)和 L-葡萄糖(图 7-60)的红外光谱存在差别,α-D-葡萄糖(图 7-60)和 β-D-葡萄糖(图 7-60)的红外光谱也有明显的差异。

糖的红外光谱通常都很复杂,尤其是在 1500cm^{-1} 以下出现许多尖锐的吸收峰,如葡萄糖(图 7-61)、蔗糖(图 7-61)和果糖(图 7-61)的红外光谱所示。不要企图将糖光谱中所有的吸收峰都进行指认。

糖类化合物的特征基团有:O—H、C—OH、C—O—C、CH$_3$、CH$_2$ 和 CH。特征振动模式有:O—H 伸缩振动、C—OH 伸缩振动、C—O 伸缩振动、碳氢的伸缩振动和弯曲振动。

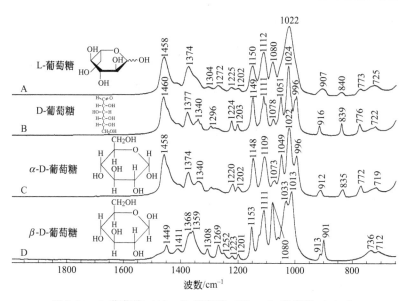

图 7-60　L-葡萄糖（A）、D-葡萄糖（B）α-D-葡萄糖（C）和
β-D-葡萄糖（D）的红外光谱

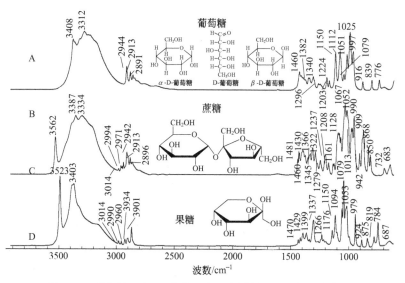

图 7-61　葡萄糖（上）、蔗糖（中）和果糖（下）的红外光谱

7.18.1　糖类 O—H 伸缩振动

糖是多羟基化合物，糖分子之间存在很多氢键，因此，在 $3600\sim3050cm^{-1}$ 之间通常出现多个 O—H 伸缩振动吸收峰，这些吸收峰往往重叠在一起，形成宽的吸收带。有些糖分子中含有结晶水，水分子的伸缩振动和糖羟基的伸缩振动吸收峰重叠在一起，无法分清楚哪些是水的伸缩振动吸收峰，哪些是糖羟基伸缩振动吸收峰。

7.18.2　糖类 C—OH 伸缩振动

糖和多糖分子中的 C—OH 伸缩振动频率与醇分子中的 C—OH 伸缩振动频率基本相同，位于 $1150\sim1000cm^{-1}$ 之间。由于糖和多糖分子中存在多个 C—OH 基团，它们连接的基团不尽相同，取向也不相同，因此，在这个区间往往出现几个 C—OH 伸缩振动吸收峰。

7.18.3　糖类 C—O—C 伸缩振动

葡萄糖、果糖等单糖存在多种异构体。D-（＋）葡萄糖（图7-60）结构式为开链式，开链式葡萄糖含有醛基—CHO。α-D（＋）-葡萄糖（图7-60）和 β-D（＋）-葡萄糖（图7-60）结构式都是环状，环状构型的葡萄糖不含有醛基，而含有醚键 C—O—C。当纯的 D-（＋）葡萄糖、α-D（＋）-葡萄糖和 β-D（＋）-葡萄糖溶于水中时，会逐渐变化，达到平衡后，主要以 β-D（＋）-葡萄糖形式存在，D-（＋）葡萄糖的含量极少。在各种固体葡萄糖异构体的红外光谱中，都不出现醛羰基的伸缩振动吸收峰，说明固体葡萄糖都是以环状结构存在。

在环状构型糖中含有醚键 C—O—C。但在红外光谱中不出现醚键 C—O—C 的反对称伸缩振动谱带，只出现 C—O 伸缩振动谱带，C—O 伸缩振动谱带落在 $1150\sim1000cm^{-1}$ 之间，由于糖的 C—OH 伸缩振动谱带也落在这个区间，因此，很难将这个区间出现的谱带进行归属。醚键 C—O—C 的对称伸缩振动谱带（环呼吸振动谱带）落在 $1000 \sim 850 cm^{-1}$ 之间，红外谱带较弱，拉曼谱带较强。

7.18.4　糖类 C—H 伸缩振动和变角振动

有些糖分子含有 CH_3 或 CH_2 基团，所有的糖分子都含有多个 C—H 基团。这三种基团的伸缩振动谱带都位于 $3000 \sim 2900 cm^{-1}$ 区间。糖类这三种基团的伸缩振动频率比脂肪族的高。在这个区间通常会出现多个伸缩振动谱带，如蔗糖（图 7-61）出现 6 个谱带，果糖（图 7-61）出现 5 个谱带。这是因为糖分子构象的变化和不同的 C—H 键的取向不同，以及 C—H 和 O 的超共轭效应程度不同造成的。在这个区间出现的谱带很难进行归属。

在糖类化合物中，CH_3 基团的不对称和对称变角振动，CH_2 变角振动，以及 C—H 变角振动频率位于 $1480 \sim 1300 cm^{-1}$ 区间。在这个区间通常会出现几个谱带，CH_3 不对称和对称变角振动，以及 CH_2 变角振动频率位于高频一侧，C—H 变角振动频率位于低频一侧。C—H 变角振动可以看成是 C—C—H 的面内变角振动。因为糖类化合物中存在许多 C—O—H 基团，C—O—H 的面内弯曲振动也出现在 $1480 \sim 1300 cm^{-1}$ 区间。因此，很难将这个区间出现的所有谱带进行归属。

糖类化合物特征基团的振动频率见表 7-23。

表 7-23　糖类化合物特征基团振动频率

振动模式	振动频率 /cm^{-1}	注释
糖类 O—H 伸缩振动	$3600 \sim 3050$	出现多个 O—H 伸缩振动吸收峰，这些吸收峰往往重叠在一起，形成宽的吸收带
糖类 C—OH 伸缩振动	$1150 \sim 1000$	分子中存在多个 C—OH 基团，往往出现几个 C—OH 伸缩振动吸收峰
糖类 C—O—C 伸缩振动	$1150 \sim 1000$	在这个区间只出现 C—O 伸缩振动谱带，不出现 C—O—C 反对称伸缩振动谱带。与 C—OH 伸缩振动谱带在同一区间，很难进行归属。C—O—C 对称伸缩振动位于 $1000 \sim 850 cm^{-1}$ 之间

振动模式	振动频率/cm^{-1}	注释
糖类 CH$_3$、CH$_2$和 CH 伸缩振动	3000~2900	在这个区间出现多个伸缩振动谱带,很难进行归属
糖类 CH$_3$、CH$_2$和 CH 变角振动	1480~1300	CH$_3$和 CH$_2$变角振动频率位于高频一侧,CH 变角振动频率位于低频一侧

7.19 含硼化合物基团的振动频率

含硼化合物主要有硼氢化合物、硼酸和硼砂等硼氧化合物,以及硼氟化合物。

7.19.1 硼氢振动

在硼烷化合物中,最简单的是乙硼烷 B$_2$H$_6$,也称二硼烷,下图是乙硼烷的结构图。

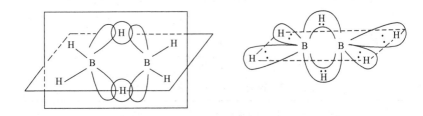

乙硼烷的 B 原子以 sp^3 杂化轨道与 H 原子成键,在乙硼烷分子中,存在四个 B—H 键和两个氢桥键 B···H···B,四个 B—H 键在一个平面上。乙硼烷的红外光谱示于图 7-62 中。BH$_2$反对称伸缩振动位于 2625~2595cm^{-1},对称伸缩振动频率位于 2540~2500cm^{-1}。氢桥键 B···H···B 伸缩振动频率比 B—H 的低,位于 1620~1580cm^{-1}。BH$_2$变角振动位于 1200~1150cm^{-1}。

硼氢化钠(图 7-62)NaBH$_4$分子中存在 BH$_4$基团,这个基团

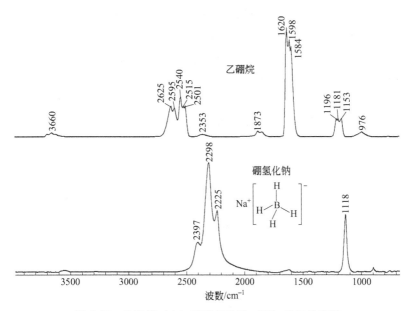

图 7-62　乙硼烷（上）和硼氢化钠（下）的红外光谱

是四面体构型。BH_4 有四种振动模式：反对称和对称伸缩振动、不对称变角和对称变角振动，振动频率分别位于 2397、2298、$1118cm^{-1}$ 和 $1210cm^{-1}$。$2225cm^{-1}$ 吸收峰是 $1118cm^{-1}$ 吸收峰的一级倍频峰。和 NH_4^+ 基团一样，不对称变角振动频率比对称变角低，而且在红外光谱中不出现对称变角吸收峰。

7.19.2　硼氧 B—O 振动

在硼酸、硼酸三正丁酯和十水四硼酸钠（硼砂）等化合物分子中，B—O 伸缩振动频率位于 $1480\sim1300cm^{-1}$ 之间，吸收强度强。硼相对原子质量为 10.8，碳相对原子质量为 12.0，但硼氧 B—O 伸缩振动频率比 C—O 高得多。这是因为在这些化合物中，B 原子都以 sp^2 杂化轨道与三个 O 原子成键，形成平面三角形构型，B 原子的另一个 p 轨道是个空轨道，这个 p 轨道与三个 O 原子的 p 轨道平行，这样，三个 O 原子 p 轨道上的六个电子形成了共轭体系，使 B—O 键键级增强，伸缩振动频率向高频位移。

硼酸 H_3BO_3 分子中的 BO_3 基团有四种振动模式：反对称和对称伸缩振动、面外弯曲和面内弯曲振动。从硼酸的红外（图 7-63）和拉曼（图 7-63）光谱可以知道，这四种振动模式的频率分别位于 1475、884、648cm^{-1} 和 547cm^{-1}。硼酸根和硝酸根很相似，都是平面三角形构型，光谱也很相似，在拉曼光谱中，都是对称伸缩振动峰最强。

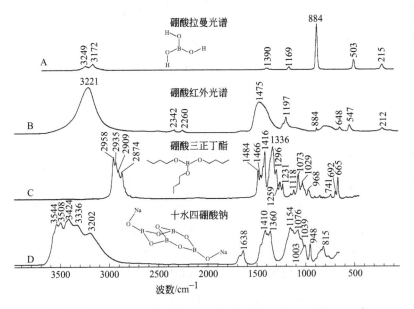

图 7-63　硼酸拉曼光谱（A）、硼酸红外光谱（B）硼酸三正丁酯
红外光谱（C）和十水四硼酸钠红外光谱（D）

硼酸三正丁酯（图 7-63）的三个 O 原子都与正丁基相连接，因为正丁基质量太重，正丁基分子中的 BO_3 基团不像硼酸分子中的 BO_3 基团那样，进行有规律的反对称和对称伸缩振动、面外弯曲和面内弯曲振动，因而，在红外光谱中不出现这四种振动谱带，而只出现 B—O 伸缩振动谱带，这个谱带位于 1336cm^{-1}。

在十水四硼酸钠（图 7-63）分子中存在 BO_3^- 和 BO_3 基团。这两种基团应有不同的伸缩振动频率，前者的 B—O 伸缩振动频率应比后者高。在十水硼酸钠的红外光谱中，在 $1410 \sim 1360 cm^{-1}$ 和 $1155 \sim 1075 cm^{-1}$ 这两个区间出现很强的吸收峰应该是 B—O 伸缩振动吸收峰。

7.19.3　硼氟 B—F 振动

氟硼酸钾、氟硼酸钠和氟硼酸分子中的 BF_4 基团都是四面体构型。BF_4 有四种振动模式，分别为：反对称和对称伸缩振动、不对称变角和对称变角振动。从氟硼酸钾和氟硼酸钠的红外和拉曼光谱可以看出（图 7-64），这四种振动频率分别位于 1070、770、$530 cm^{-1}$ 和 $360 cm^{-1}$ 左右。其中反对称伸缩振动和不对称变角振动是红外活性的，对称伸缩振动和对称变角振动是红外非活性的。

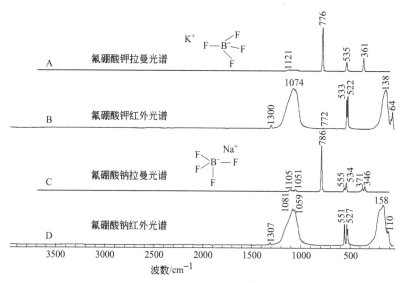

图 7-64　氟硼酸钾的拉曼（A）和红外光谱（B）；
氟硼酸钠的拉曼（C）和红外光谱（D）

含硼化合物特征基团的振动频率见表 7-24。

表 7-24　含硼化合物特征基团振动频率

振动模式	振动频率 $/cm^{-1}$	注释
BH_2 振动		乙硼烷的 BH_2 振动频率
反对称伸缩	2625～2595	中等
对称伸缩	2540～2500	中等
B···H···B 伸缩	1620～1580	强
BH_2 变角	1200～1150	中等
BH_4 振动		硼氢化钠的 BH_4 振动频率。和 NH_4 相
反对称伸缩	2597	似,不对称变角振动频率比对称变角振动频
对称伸缩	2298	率低。对称变角振动是红外非活性的
不对称变角	1118	
对称变角	1210	
硼氧 B—O 伸缩振动	1480～1300	强吸收
BF_4 振动		对称伸缩振动和对称变角振动是红外非
反对称伸缩	1070	活性的
对称伸缩	770	
不对称变角	530	
对称变角	360	

7.20　含硅化合物基团的振动频率

7.20.1　硅氢伸缩振动

有机硅化合物中 Si—H 伸缩振动频率出现在 2140～2100cm^{-1}之间，吸收强度高，形状尖锐。如 1,1,3,3-四甲基二硅氧烷（图7-65）、三甲基硅烷（图 7-65）和二苯基硅烷（图 7-65）的 Si—H 伸缩振动频率分别位于 2128、2100cm^{-1} 和 2138cm^{-1}。在硅原子上连接强电负性基团时（氧原子或氯原子），Si—H 伸缩振动频率出现在该区间高频一侧。

在氢气气氛中生长的 N 型和 P 型单晶硅，极少量的硅和氢气反应生成硅氢化合物。所以在氢气气氛中生长的单晶硅经切片后测定红外光谱，在 2209、2177、2122cm^{-1} 和 1946cm^{-1} 可以观察到 Si—H 伸缩振动谱带。

7.20.2 硅碳伸缩振动

有机硅化合物中 Si—C 伸缩振动频率位于 $870\sim740\text{cm}^{-1}$ 之间。如四甲基硅烷（图 7-65）、三乙基硅烷（图 7-65）和二苯基硅烷（图 7-65）分别在 864、811cm^{-1} 和 841cm^{-1} 出现 Si—C 伸缩振动吸收峰。

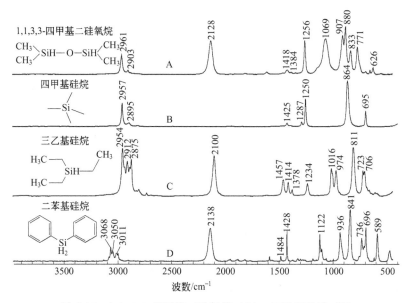

图 7-65　1,1,3,3-四甲基二硅氧烷（A）、四甲基硅烷（B）

三乙基硅烷（C）和二苯基硅烷（D）的红外光谱

碳化硅（金刚砂）（图 7-66）的结构与金刚石相似，都是四面体构型，硬度很高。碳化硅四面体 Si—C 反对称伸缩振动频率位于 850cm^{-1}，在 777cm^{-1} 出现肩峰。

7.20.3 硅氧伸缩振动

有机硅化合物中 Si—O 伸缩振动频率位于 $1100\sim1000\text{cm}^{-1}$ 之间，如 1,1,3,3-四甲基二硅氧烷（图 7-65）Si—O 伸缩振动频率位于 1069cm^{-1}。

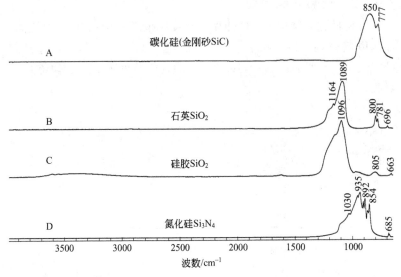

图 7-66　碳化硅（金刚砂 SiC）（A）、石英 SiO_2（B）硅胶 SiO_2（C）和
氮化硅 Si_3N_4（D）的红外光谱

　　自然界自由状态的二氧化硅占地壳的 12%，许多岩石的主要
成分是二氧化硅。石英是结晶二氧化硅，水晶是透明的石英晶体。
在石英和水晶晶体中，存在硅氧四面体。石英（图 7-66）硅氧四
面体中的 Si—O—Si 反对称伸缩振动频率位于 $1089cm^{-1}$，吸收峰
很强；Si—O—Si 对称伸缩振动频率发生分裂，位于 $800cm^{-1}$ 和
$781cm^{-1}$；不对称变角和对称变角振动频率分别位于 $696cm^{-1}$ 和
$464cm^{-1}$。硅胶（图 7-66）和硅藻土是无定形 SiO_2。无定形 SiO_2
对称伸缩振动频率为单峰，位于 $805cm^{-1}$。所以根据对称伸缩振
动吸收峰的形状，可以分辨结晶型二氧化硅和无定形二氧化硅。

7.20.4　硅氮伸缩振动

　　Si—N 伸缩振动频率比 Si—O 伸缩振动频率低一些。氮化硅
（图 7-66）Si_3N_4 在 $1100\sim840cm^{-1}$ 之间的宽谱带上出现许多尖锐
的吸收峰。

含硅化合物特征基团的振动频率见表 7-25。

表 7-25 含硅化合物特征基团振动频率

振动模式	振动频率/cm^{-1}	注释
硅氢伸缩振动		
有机硅 Si—H 伸缩	2140~2100	吸收强度高,形状尖锐
单晶硅 Si—H 伸缩	2209,2177,2122 和 1946	氢气气氛中生长的单晶硅,尖锐
硅碳伸缩振动		
有机硅 Si—C 伸缩	870~740	强吸收
碳化硅 Si—C 伸缩	约 850	在 777cm^{-1} 出现肩峰
硅氧伸缩振动		
有机硅 Si—O—Si 伸缩	1100~1000	强吸收
石英 Si—O—Si 伸缩		
反对称伸缩	约 1089	强吸收
对称伸缩	800 和 781	无定型 SiO$_2$为单峰。位于 805cm^{-1}
硅氮伸缩振动	1100~840	吸收峰很强,出现许多尖锐的吸收峰

7.21 含氮化合物基团的振动频率

含氮化合物的种类很多,除了前面已经讨论过的胺、铵盐和酰胺外,还有硝酸盐、亚硝酸盐、硝基化合物、亚硝基化合物、亚硝酰基化合物、亚硝胺基化合物、肟、氰化物、氰酸盐、异氰酸盐、异氰酸酯、硫氰酸盐、异硫氰酸盐、硫氰酸酯、异硫氰酸酯、碳二亚胺化合物、重氮化合物、叠氮化合物等。

7.21.1 硝酸盐 NO$_3$ 振动

硝酸根 NO$_3^-$ 离子中的三个 N—O 键是等价的,四个原子共平面,三个氧原子在正三角形的三个顶角。NO$_3$基团有四种振动模式,分别为 NO$_3$反对称伸缩振动、对称伸缩振动、面外弯曲振动和面内弯曲振动。其中对称伸缩振动和面内弯曲振动是拉曼活性而红外非活性的。它们的振动频率分别位于 1510~1210、1070~1020、840~800cm^{-1} 和 765~715cm^{-1}。反对称伸缩振动吸收峰很宽、很强，频率变化范围很宽。

　　硝酸钠（图 7-67）NaNO$_3$晶体中的 NO$_3^-$ 离子基本上是正三角形，在红外光谱中只出现反对称伸缩振动（1353cm^{-1}）和面外弯曲振动（837cm^{-1}）谱带。在拉曼光谱中出现反对称伸缩振动（1388cm^{-1}）、对称伸缩振动（1071cm^{-1}）和面内弯曲振动（729cm^{-1}）谱带，其中对称伸缩振动谱带最强，其余两个谱带很弱。

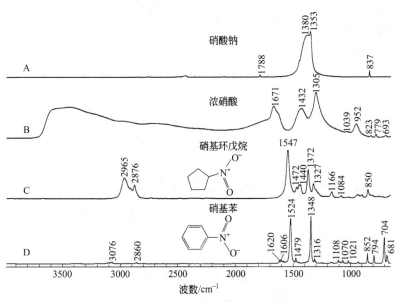

图 7-67　硝酸钠（A）、浓硝酸（B）硝基环戊烷
（C）和硝基苯（D）的红外光谱

　　当 NO$_3$ 偏离正三角形时，简并破坏，这时，在红外光谱中四种振动谱带都会出现，如硝酸铅 Pb(NO$_3$)$_2$ 的红外光谱。在硝酸铅的红外光谱中，NO$_3$ 对称伸缩振动谱带很弱，分裂为三个谱带。在硝酸镉 Cd(NO)$_3$·4H$_2$O 的红外光谱中，出现四种振动模式谱带，NO$_3$ 反对称伸缩振动谱带分裂为两个吸收峰，位于 1469cm^{-1} 和 1309cm^{-1}。

有些化合物 NO_3 反对称伸缩振动出现一个谱带，有些出现 2～4 个谱带。化合价高的金属硝酸盐的 NO_3 对称伸缩振动谱带吸收强度中等，低价金属硝酸盐 NO_3 对称伸缩振动谱带很弱，或不出现吸收峰。

7.21.2 亚硝酸盐 NO_2^- 伸缩振动

亚硝酸根 NO_2^- 是弯曲型构型，两个氮氧键是等价的，氮氧原子之间的键级为 1.5。NO_2 有三种振动模式：反对称伸缩振动、对称伸缩振动和弯曲振动。从亚硝酸钠的红外（图 7-68）和拉曼（图 7-68）光谱可以知道，亚硝酸钠的反对称伸缩振动频率比对称伸缩振动频率低，亚硝酸钠的这三种振动频率为 1259、1325cm^{-1} 和 828cm^{-1}。从亚硝酸钴钠 $Na[Co(NO_2)_6]$ 的红外（图 7-68）和拉曼（图 7-68）光谱得知，该化合物 NO_2 的反对称伸缩振动、对称伸缩振动和弯曲振动频率分别为 1425、1341cm^{-1} 和 848cm^{-1}，与亚硝酸钠的 NO_2 不同，亚硝酸钴钠的 NO_2 反对称伸缩振动频率比对称伸缩振动频率高，这可能是由于这两种化合物中 NO_2 的配位方式不同引起的。

7.21.3 硝基化合物 NO_2 伸缩振动

脂肪族硝基化合物的 NO_2 反对称和对称伸缩振动频率分别位于 1560～1545cm^{-1} 和 1390～1360cm^{-1}。反对称伸缩振动吸收峰非常强，对称伸缩振动吸收峰强度中等。如硝基环戊烷（图 7-67）NO_2 反对称和对称伸缩振动频率分别位于 1547cm^{-1} 和 1372cm^{-1}；氘代硝基甲烷 NO_2 反对称和对称伸缩振动频率分别位于 1543cm^{-1} 和 1394cm^{-1}。

从浓硝酸（图 7-67）的红外光谱可以看出，浓硝酸主要以硝酸分子 HNO_3 形式存在，有一少部分硝酸分子电离为 NO_3^- 和 H^+ 离子。1039、823cm^{-1} 和 693cm^{-1} 弱吸收峰归属于 NO_3^- 基团的对称伸缩、面外弯曲和面内弯曲振动吸收峰。硝酸 NO_2 基团的 O 原

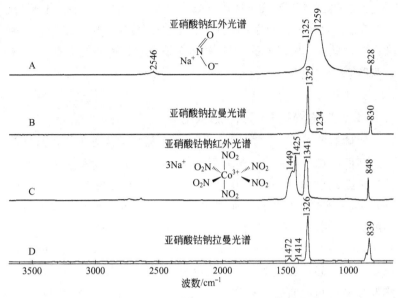

图 7-68　亚硝酸钠红外光谱（A）、亚硝酸钠拉曼光谱（B）；
亚硝酸钴钠红外光谱（C）和亚硝酸钴钠拉曼光谱（D）

子与 H_2O 生成氢键，$N=O$ 键级减弱，NO_2 反对称和对称伸缩振动频率向低频位移至 1432 和 $1305cm^{-1}$。硝酸的 N—OH 伸缩振动频率位于 $952cm^{-1}$，NO_2 变角振动频率位于 $779cm^{-1}$。

芳香族硝基化合物的 NO_2 基团的三个原子与芳环共平面，芳环上的 π 电子与 N 和 O 原子的 p 电子形成 p-π 共轭，原来的 $N=O$ 双键特性减弱，使 NO_2 反对称和对称伸缩振动频率向低频位移。芳香族硝基化合物 NO_2 基团的反对称和对称伸缩振动频率分别位于 $1550\sim1500cm^{-1}$ 和 $1365\sim1330cm^{-1}$。反对称和对称伸缩振动吸收峰都很强，对称伸缩振动往往比反对称伸缩振动吸收峰更强些。硝基苯（图 7-67）NO_2 反对称和对称伸缩振动频率分别位于 $1524cm^{-1}$ 和 $1348cm^{-1}$。芳环上取代基的数目、性质、大小和位置对 NO_2 反对称和对称伸缩振动频率有影响，但影响不是很大。有利于芳环与 NO_2 共轭使频率降低，不利于共轭使频率升高。

7.21.4 亚硝基 N═O 伸缩振动

有机亚硝基化合物在稀溶液中以单分子形式存在。脂肪族和芳香族亚硝基化合物以单分子形式存在时，N═O 伸缩振动频率分别位于 $1620\sim1540cm^{-1}$ 和 $1510\sim1480cm^{-1}$。

在固态时，亚硝基化合物以二聚体形式存在，二聚体有顺式和反式两种。芳香族主要以顺式出现，脂肪族主要以反式出现：

顺式   反式

亚硝基化合物 N═O 伸缩振动吸收峰都很强。顺式二聚体 N═O 伸缩振动频率比反式伸缩振动频率高。

芳香族亚硝基化合物以顺式出现时，N═O 伸缩振动频率位于 $1445\sim1350cm^{-1}$ 之间。N═O 伸缩振动谱带落在芳环骨架伸缩振动区，给指认带来困难。

脂肪族以反式出现时，N═O 伸缩振动频率位于 $1290\sim1200cm^{-1}$ 之间。2-甲基-2-亚硝基丙烷二聚体存在不同异构体，N═O 伸缩振动出现两个吸收峰（$1268cm^{-1}$ 和 $1236cm^{-1}$）。

7.21.5 亚硝酰基 N≡O 伸缩振动

亚硝酰基 N≡O 和羰基 CO 一样，可以和金属或金属离子形成配位化合物。亚硝酰基配合物的 N≡O 伸缩振动频率位于 $1950\sim1600cm^{-1}$ 之间。亚硝酰基与金属有两种配位方式，即存在直线形和弯曲形的 M—N≡O 基团：

Ⅰ   Ⅱ
直线形   弯曲形

　　直线形和弯曲形配位化合物中的 N 原子分别以 sp 和 sp^2 杂化轨道成键。以直线形配位时，N≡O 伸缩振动频率位于高频区，以弯曲形配位时位于低频区。如亚硝基铁氰化钠 $Na_2Fe(CN)_5NO \cdot 2H_2O$ 的 NO 伸缩振动频率位于 1942cm^{-1}，说明在这个配位化合物中，M—N≡O 基团是直线形的。

7.21.6　亚硝基胺 N—N═O 的 N═O 伸缩振动

　　亚硝基胺含有 N—N═O 基团，其中 N═O 伸缩振动频率位于 1375~1310cm^{-1} 之间。如 N-亚硝基二丙胺 $(CH_3CH_2CH_2)_2N$—N═O 的 N═O 伸缩振动频率位于 1358cm^{-1}。

7.21.7　肟 C═N—OH 的有关振动

7.21.7.1　N—O 伸缩振动

　　当亚硝基和带有氢原子的碳相连时，亚硝基很容易同分异构为肟（C═N—OH），肟的 N—O 伸缩振动频率比 C—O 伸缩振动频率低一些，肟的 N—O 伸缩振动频率位于 1020~900cm^{-1} 之间。如二乙酰一肟（图 7-69）的 N—O 伸缩振动频率位于 1019cm^{-1}。有些肟类化合物的 N—O 伸缩振动出现双峰，如二甲基乙二醛肟（图 7-69）的 N—O 伸缩振动出现两个吸收峰，位于 981cm^{-1} 和 906cm^{-1}；环己酮肟（图 7-69）的 N—O 伸缩振动也出现两个吸收峰，分别为 993cm^{-1} 和 962cm^{-1}。肟的 N—O 伸缩振动吸收峰都很强。

7.21.7.2　C═N 伸缩振动

　　肟类化合物的 C═N 伸缩振动频率位于 1690~1640cm^{-1} 之间，比脂肪族 C═N 伸缩振动频率稍高。有些肟类化合物不出现 C═N 伸缩振动谱带，如二甲基乙二醛肟（图 7-69）的红外光谱不出现 C═N 伸缩振动吸收峰，拉曼光谱在 1643cm^{-1} 出现强的拉曼谱带；有些肟类化合物 C═N 吸收强度中等，比脂肪族 C═N 伸缩振动吸收强度高，如丙酮肟和环己酮肟（图 7-69）的 C═N 伸

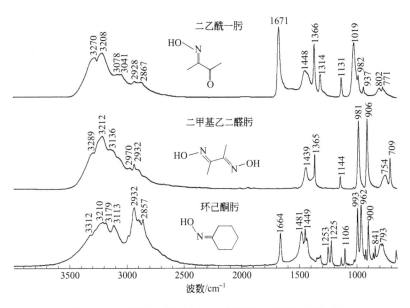

图 7-69　二乙酰一肟（上）、二甲基乙二醛肟（中）和
环己酮肟（下）的红外光谱

缩振动频率分别为 $1677cm^{-1}$ 和 $1664cm^{-1}$。

7. 21. 8　氰化物—C≡N 的伸缩振动

氰化物—C≡N 是一类重要的含三键化合物。氰基的 C≡N 伸缩振动峰非常强。乙腈（图 7-70）CH_3—C≡N 的 C≡N 伸缩振动频率为 $2253cm^{-1}$，与对称取代的—C≡C—伸缩振动频率（2280～$2210m^{-1}$）相同。

脂肪族氰化物的 C≡N 伸缩振动频率出现在 2252～$2245cm^{-1}$之间。比脂肪族单取代炔类 R—C≡CH 的 C≡C 伸缩振动频率（2220～$2036cm^{-1}$）高。有些脂肪族氰化物的 C≡N 伸缩振动频率超出这个范围，如氰乙酸乙酯 $NCCH_2COOCH_2CH_3$、氰乙酰胺 $NCCH_2CONH_2$ 和氰乙酸 $NCCH_2COOH$ 的 C≡N 伸缩振动频率分别为 2264、$2272cm^{-1}$ 和 $2283cm^{-1}$。

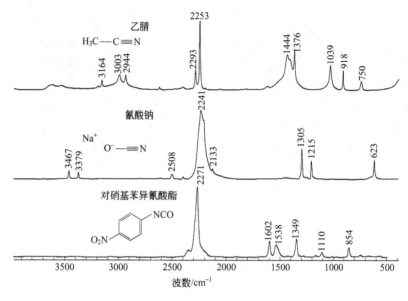

图 7-70　乙腈（上）、氰酸钠（中）和对硝基苯
异氰酸酯（下）的红外光谱

　　芳香族氰化物的 C≡N 伸缩振动频率出现在 $2245\sim2230cm^{-1}$ 之间。由于共轭效应，比脂肪族氰化物的 C≡N 伸缩振动频率低一些。但比芳香族炔类的 C≡C 伸缩振动频率高。

　　无机物氰化物的 C≡N 伸缩振动频率位于 $2120\sim2020cm^{-1}$。亚铁氰化钾 $K_4Fe(CN)_6\cdot3H_2O$ 的 C≡N 伸缩振动频率位于 $2043cm^{-1}$。铁氰化钾 $K_3Fe(CN)_6$ 的 C≡N 伸缩振动频率位于 $2117cm^{-1}$。

7.21.9　氰酸盐和异氰酸盐（ ⁻O—C≡N 和 O=C=N⁻ ）的有关振动

　　氰酸盐和异氰酸盐是同分异构体，氰酸盐也称为异氰酸盐。从氰酸盐的红外光谱可以看出，氰酸盐是（正）氰酸盐 ⁻O—C≡N 和异氰酸盐 O=C=N⁻ 的混合物，因此，在氰酸盐的红外光谱中，存在C≡N和C—O伸缩振动谱带，它们分别位于2250cm^{-1}和1215cm^{-1}附近；异氰酸盐中O=C=N的C=O和C=N伸缩振动发生耦合作用，分裂为两个谱带，这两个谱带称为O=C=N反对称和对称伸缩振动谱带，振动频率分别位于2250cm^{-1}和1350cm^{-1}附近。氰酸钠（图7-70）光谱中的2241cm^{-1}宽吸收峰是C≡N伸缩振动吸收峰和O=C=N反对称伸缩振动吸收峰的叠加，1305cm^{-1}谱带指认为O=C=N对称伸缩振动吸收峰，1215cm^{-1}谱带属于C—O伸缩振动吸收峰，623cm^{-1}谱带归属于O=C=N的弯曲振动吸收峰。

7.21.10 氰酸酯和异氰酸酯（—O—C≡N和—N=C=O）的有关振动

氰酸有（正）氰酸H—O—C≡N和异氰酸H—N=C=O两种。游离酸是二者混合物，未曾分离开来，但其酯则有两种形式，即氰酸酯和异氰酸酯。氰酸酯不稳定，容易聚合，且易水解，很难得到纯净物。异氰酸酯却非常稳定。

在异氰酸酯R—N=C=O化合物中，由于两个不同的双键共享中间C原子，C=O和C=N伸缩振动发生强烈耦合，分裂为两个谱带，其中一个谱带位于2275～2255cm^{-1}之间，另一个谱带位于1360～1310cm^{-1}之间。前者吸收很强，指认为N=C=O反对称伸缩振动；后者吸收强度中等，指认为N=C=O对称伸缩振动。异氰酸正辛酯的N=C=O反对称和对称伸缩振动频率分别位于2269cm^{-1}和1352cm^{-1}；对硝基苯异氰酸酯（图7-70）的N=C=O反对称和对称伸缩振动频率分别位于2271cm^{-1}和1349cm^{-1}。

7.21.11 硫氰酸盐和异硫氰酸盐（$^{-}$S—C≡N和$^{-}$N=C=S）的有关振动

硫氰酸有正硫氰酸H—S—C≡N和异硫氰酸H—N=C=S，

游离酸是二者的互变异构混合物，尚无法分离开来。硫氰酸金属盐分子有两种构型：正硫氰酸盐 $M^{+-}S—C\equiv N$ 和异硫氰酸盐 $M^{+-}N=C=S$。正硫氰酸盐和异硫氰酸盐是同分异构体，硫氰酸盐是正硫氰酸盐和异硫氰酸盐的混合物，硫氰酸盐也称异硫氰酸盐。因此，硫氰酸盐分子存在五种振动模式：$C\equiv N$ 伸缩振动、$S—C$ 伸缩振动、$N=C=S$ 反对称和对称伸缩振动，以及 $N=C=S$ 弯曲振动。在硫氰酸盐的红外光谱中，在 $2160\sim 2040cm^{-1}$ 出现的吸收峰是 $C\equiv N$ 的伸缩振动和 $N=C=S$ 反对称伸缩振动吸收峰的重叠峰；在 $750cm^{-1}$ 左右出现 $S—C$ 伸缩振动吸收峰；在 $950cm^{-1}$ 左右出现 $N=C=S$ 对称伸缩振动吸收峰；在 $480cm^{-1}$ 左右出现 $N=C=S$ 弯曲振动吸收峰。硫氰酸钠（图 7-71）NaSCN 两种构型的四个谱带分别位于 2078、756、$959cm^{-1}$ 和 $481cm^{-1}$。

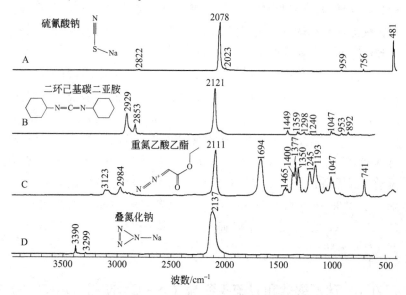

图 7-71 硫氰酸钠（A）、二环己基碳二亚胺（B）重氮乙酸乙酯（C）和叠氮化钠（D）的红外光谱

7.21.12 硫氰酸酯和异硫氰酸酯（—S—C≡N 和—N=C=S）的有关振动

硫氰酸酯和异硫氰酸酯是同分异构体。氰酸酯不稳定、容易聚合、且易水解，但硫氰酸酯却很稳定。脂肪族硫氰酸酯 R—S—C≡N 的 C≡N 伸缩振动频率位于 $2160cm^{-1}$ 左右，吸收峰很强。C—S 伸缩振动很弱，没有使用价值，如硫氰酸乙酯的 C≡N 伸缩振动频率位于 $2154cm^{-1}$。芳香族硫氰酸酯 Ar—S—C≡N 的 C≡N 伸缩振动频率与脂肪族基本相同，如苯基硫氰酸酯的 C≡N 伸缩振动频率为 $2152cm^{-1}$。

异硫氰酸酯—N=C=S 与异氰酸酯相似，虽然 C=N 和 C=S 伸缩振动频率相差 $500cm^{-1}$ 左右，二者仍然发生强烈耦合。耦合后的高波数谱带吸收很强，很宽，波数覆盖范围 2300～$1900cm^{-1}$，通常分裂为多个谱带，低波数谱带吸收非常弱，无使用价值。在异硫氰酸酯—N=C=S 中，由于 C=N 比 C=S 伸缩振动频率高，在耦合后高波数谱带中，C=N 伸缩振动成分多一些，这与异氰酸酯正好相反。

在脂肪族异硫氰酸酯化合物的红外光谱中，N=C=S 反对称伸缩振动频率位于 2200～$2050cm^{-1}$ 之间。如异硫氰酸甲酯 N=C=S 反对称伸缩振动出现两个吸收峰，分别位于 $2203cm^{-1}$ 和 $2113cm^{-1}$。

在芳香族异硫氰酸酯化合物的红外光谱中，由于共轭作用，N=C=S 反对称伸缩振动频率向低频移动，位于 2200～$1900cm^{-1}$ 之间。如异硫氰酸苯酯 N=C=S 反对称伸缩振动出现两个吸收峰，分别位于 $2171cm^{-1}$ 和 $2090cm^{-1}$。

7.21.13 碳二亚胺 N=C=N 伸缩振动

在碳二亚胺化合物中，存在 N=C=N 基团。与 O=C=O 的振动相似，两个 C=N 伸缩振动频率完全相同，发生强烈的耦合作用，生成的两个谱带分别位于 $2120cm^{-1}$ 和 $1200cm^{-1}$ 左右。前者为 $N=C=N$ 反对称伸缩振动，后者为对称伸缩振动。前者吸收非常强。如果 $N=C=N$ 基团两侧是中心对称的，则 $N=C=N$ 对称伸缩振动是红外非活性的。如二环已基碳二亚胺（图7-71）分子中 $N=C=N$ 基团两侧是中心对称的，其 $N=C=N$ 反对称伸缩振动频率位于 $2121cm^{-1}$。如果 $N=C=N$ 基团两侧不对称，则 $N=C=N$ 对称伸缩振动是红外活性的，吸收强度中等，如 1-叔丁基-3-乙基碳二亚胺的 $N=C=N$ 对称伸缩振动因存在两种旋转异构体出现两个谱带 $1236cm^{-1}$ 和 $1189cm^{-1}$。

从碳二亚胺化合物中 $N=C=N$ 基团的反对称和对称伸缩振动频率可以计算出 $C=N$ 伸缩振动频率 $[(2120+1200)/2=1660]$ 应该在 $1660cm^{-1}$ 左右。

在吡啶或含 N 的杂环芳香族化合物中，在 $1610\sim1370cm^{-1}$ 区间出现的谱带是芳香杂环骨架振动谱带，不存在单个 $C=N$ 伸缩振动吸收峰。

7.21.14　重氮化合物 C=N=N 和叠氮化合物 N_3 伸缩振动

重氮化合物的 $C=N=N$ 基团中的 $C=N$ 和 $N=N$ 伸缩振动发生强烈耦合，生成的两个谱带分别位于 $2110\sim2100cm^{-1}$ 和 $1250\sim1200cm^{-1}$。前者为 $C=N=N$ 反对称伸缩振动频率，后者为 $C=N=N$ 对称伸缩振动频率。如重氮乙酸乙酯（图7-71）的 $C=N=N$ 反对称伸缩振动频率位于 $2111cm^{-1}$，对称伸缩振动频率与酯基 $C-O$ 伸缩振动频率在同一个区间，难以辨认。

叠氮化钠（图7-71）的 N_3 反对称伸缩振动位于 $2137cm^{-1}$，对称伸缩振动是红外非活性的，在拉曼光谱中出现在 $1363cm^{-1}$。

含氮化合物特征基团的振动频率见表7-26。

表 7-26　含氮化合物特征基团振动频率

振动模式	振动频率/cm^{-1}	注释
硝酸根 NO$_3$ 振动		
反对称伸缩	1510～1210	强吸收。有时出现多峰
对称伸缩	1070～1020	高价态硝酸盐吸收强度中等
面外弯曲	840～800	弱吸收
面内弯曲	765～715	弱吸收
亚硝酸根 NO$_2^-$		NO$_2$ 存在直线型配位和弯曲型配位,弯曲
反对称伸缩振动	1425～1260	型配位时,NO$_2$ 反对称伸缩振动频率比对称
对称伸缩振动	1340～1325	伸缩振动频率低
弯曲振动	850～830	
硝基—NO$_2$ 伸缩振动		
反对称伸缩		
脂肪族硝基化合物	1560～1545	强吸收
芳香族硝基化合物	1550～1500	强吸收
对称伸缩		
脂肪族硝基化合物	1390～1360	吸收强度中等
芳香族硝基化合物	1365～1330	强吸收
亚硝基 N=O 伸缩振动		
脂肪族反式二聚体	1290～1200	
芳香族顺式二聚体	1445～1350	
亚硝酰基—N≡O 伸缩振动	1950～1600	存在直线型配位和弯曲型配位,直线型配位时,伸缩振动频率在高频一侧
亚硝基胺 N—N=O 的 N=O 伸缩	1375～1310	
肟 C=N—OH		
N—O 伸缩	1020～900	强
C=N 伸缩	1690～1640	
氰化物—C≡N 伸缩振动	2280～2210	强
脂肪族	2250～2245	
芳香族	2245～2230	由于共轭效应,比脂肪族的 C≡N 伸缩振动频率低一些
无机物	2120～2020	强
氰酸盐和异氰酸盐	2245～2230	氰酸盐$^-$O—C≡N 和异氰酸盐 O=C=
C≡N 伸缩振动	约 2250	N$^-$ 为同分异构体。C≡N 伸缩振动和 O=
O=C=N 反对称伸缩振动	约 2250	C=N 反对称伸缩振动合并为一个谱带
O=C=N 对称伸缩振动	约 1350	

振动模式	振动频率 /cm^{-1}	注释
O=C=N 变角振动	约 625	
C—O 伸缩振动	约 1215	
异氰酸酯—N=C=O		氰酸酯—O—C≡N 不稳定、容易聚合、易
反对称伸缩振动	2275～2255	水解。异氰酸酯—N=C=O 稳定
对称伸缩振动	1360～1310	
硫氰酸盐和异硫氰酸盐		硫氰酸盐 $^-$S—C≡N 和异硫氰酸盐 S=
C≡N 伸缩振动	2160～2040	C=N$^-$ 为同分异构体。C≡N 伸缩振动和
N=C=S 反对称伸缩振动	2160～2040	S—C=N 反对称伸缩振动合并为一个谱带
N=C=S 对称伸缩振动	约 950	
N=C=S 弯曲振动	约 480	
C—S 伸缩振动	约 750	
硫氰酸酯和异硫氰酸酯		硫氰酸酯—S—C≡N 和异硫氰酸酯 S=
C≡N 伸缩振动	约 2160	C—N— 为同分异构体。N=C=S 对称伸
N=C=S 反对称伸缩振动		缩振动、变角振动和 C—S 伸缩振动谱带很 弱,无实用价值
脂肪族	2200～2050	强
芳香族	2200～1900	强
碳二亚胺 N=C=N		
反对称伸缩振动	约 2120	很强
对称伸缩振动	约 1200	
重氮 C=N=N		
反对称伸缩振动	2110～2100	强
对称伸缩振动	1250～1200	中等
叠氮化钠—N$_3$		
反对称伸缩振动	约 2137	强
对称伸缩振动	约 1363	强。拉曼活性

7.22 含磷化合物基团的振动频率

在含磷化合物中，化学键主要有 P=O、P—O—C、P—O—H、P—H、P—C、P—F、P—Cl、P=S 等。

7.22.1 P=O 伸缩振动

P=O 伸缩振动频率位于 1320～1105cm^{-1} 之间。

三辛基氧膦 $[CH_3(CH_2)_7]_3P\!=\!O$ 的 $P\!=\!O$ 伸缩振动频率为 $1146cm^{-1}$，氧化三苯膦 $(C_6H_5)_3PO$ 的 $P\!=\!O$ 伸缩振动频率为 $1191cm^{-1}$。因为辛基是推电子基团，而苯基是吸电子基团，所以，标准的 $P\!=\!O$ 伸缩振动频率应位于二者之间，约 $1170cm^{-1}$。

磷酸三烷基酯 $(RO)_3P\!=\!O$ 的 $P\!=\!O$ 伸缩振动频率位于 $1280cm^{-1}$，比 $R^1R^2R^3P\!=\!O$ 的 $P\!=\!O$ 伸缩振动频率高得多，这是因为 $(RO)_3P\!=\!O$ 分子中的三个 O 原子的吸电子效应，使 $P\!=\!O$ 双键上的电子云密度向 P 移动，增加了 $P\!=\!O$ 双键的键级。

磷酸三苯酯 $(ArO)_3P\!=\!O$ 的 $P\!=\!O$ 伸缩振动频率位于 $1300cm^{-1}$，比磷酸三烷基酯的 $P\!=\!O$ 伸缩振动频率高一些。

在三氯氧磷 $Cl_3P\!=\!O$ 分子中，三个 Cl 原子的强吸电子效应使 $P\!=\!O$ 双键特性更强，$P\!=\!O$ 伸缩振动频率更高，位于 $1299cm^{-1}$。

磷酸（图 7-72）H_3PO_4 分子中存在 $P\!=\!O$ 基团，$P\!=\!O$ 伸缩振动频率位于 $1140cm^{-1}$，比 $(RO)_3P\!=\!O$ 分子中的 $P\!=\!O$

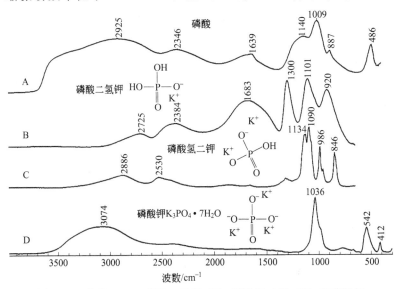

图 7-72 磷酸（A）、磷酸二氢钾（B）磷酸氢二钾（C）和磷酸钾
$K_3PO_4\cdot7H_2O(D)$ 的红外光谱

伸缩振动频率低，这是因为磷酸分子间的强氢键使 P═O 键键级减弱。磷酸分子中的 P—$(OH)_3$ 反对称和对称伸缩振动频率位于 $1009cm^{-1}$ 和 $887cm^{-1}$，不对称变角振动频率位于 $486cm^{-1}$。

磷酸二氢根 $H_2PO_4^-$ 基团中存在 PO_2 反对称和对称伸缩振动以及 P—$(OH)_2$ 反对称和对称伸缩振动。PO_2 反对称伸缩振动频率位于 $1290cm^{-1}$ 左右，对称伸缩振动频率与 P—$(OH)_2$ 反对称伸缩振动频率重叠在一起，位于 $1100cm^{-1}$ 左右，P—$(OH)_2$ 对称伸缩振动频率位于 $920cm^{-1}$ 左右。在磷酸二氢盐分子中，由于两个 O—H 基团会与另一个分子中的 O 原子生成很强的分子间氢键，使反对称和对称伸缩振动谱带变宽。如磷酸二氢钾（图 7-72）KH_2PO_4 在 1300、$1101cm^{-1}$ 和 $920cm^{-1}$ 出现很宽的吸收谱带。某些磷酸二氢盐分子中含有结晶水，水分子参与配位使磷酸二氢盐化合物在磷氧伸缩振动区（$1300\sim850cm^{-1}$）的红外光谱变得复杂。

磷酸氢根 HPO_4^{2-} 基团中除了 POH 外，余下的三个磷氧键基本上是等价的，即存在 PO_3 反对称和对称伸缩振动。PO_3 反对称和对称伸缩振动频率分别位于 $1130cm^{-1}$ 和 $970cm^{-1}$ 左右，如磷酸氢二钾（图 7-72）的 PO_3 反对称和对称伸缩振动频率分别位于 $1134cm^{-1}$ 和 $986cm^{-1}$。在磷酸氢盐化合物中还存在 O—H 基团，它会与另一个分子中的 O 原子生成分子间氢键，此外，还有配位水，所以 PO_3 基团中的三个磷氧键实际上又不完全等价，再加上在 $1040\sim910cm^{-1}$ 区间还存在 P—OH 伸缩振动谱带，这使磷酸氢盐化合物在磷氧伸缩振动区的红外光谱变得复杂。

磷酸根 PO_4^{3-} 基团中的四个氧原子在正四面体的四个顶角上，四个氧原子是等价的。PO_4 基团存在四种振动模式，即反对称伸缩振动、对称伸缩振动、不对称变角振动和对称变角振动。这四种振动模式的频率分别位于 $1100\sim1050cm^{-1}$、$970\sim940cm^{-1}$、$630\sim540cm^{-1}$ 和 $470\sim410cm^{-1}$。磷酸钾（图 7-72）$K_3PO_4 \cdot 7H_2O$ 的四种振动频率分别为 1036、969、542cm^{-1}和 412cm^{-1}。其中对称伸缩振动（969cm^{-1}）是拉曼活性的。

在偏磷酸盐、焦磷酸盐和多聚磷酸盐化合物中不存在单个 P＝O 基团的伸缩振动。

7.22.2 P—O 伸缩振动

在无机磷含氧化合物中不存在独立的 P—O 伸缩振动。但在有机磷含氧化合物中却存在独立的 P—O 伸缩振动。

在含有 P—O—R 基团有机磷化合物中，存在 P—O 伸缩振动和 C—O 伸缩振动，P—O 伸缩振动频率位于 885～805cm^{-1}之间，C—O 伸缩振动频率位于 1060～975cm^{-1}之间。

随着 R 基团碳原子数目的增多，P—O 伸缩振动谱带强度逐渐减弱。磷酸三甲酯（图 7-73）(CH$_3$O)$_3$PO 的 P—O 伸缩振动谱带（849cm^{-1}）出现强吸收，磷酸三乙酯次之，磷酸三丙酯较弱，磷酸三丁酯的 P—O 伸缩振动谱带强度更弱。

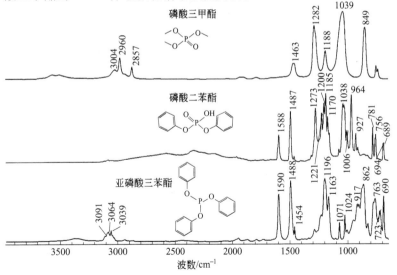

图 7-73　磷酸三甲酯（上）、磷酸二苯酯（中）和
亚磷酸三苯酯（下）的红外光谱

在含有 P—O—Ar 基团的有机磷化合物中，由于 p-π 共轭，C—O 伸缩振动频率向高频移动，C—O 伸缩振动频率位于 $1220\sim1165cm^{-1}$ 之间，P—O 伸缩振动位于 $965\sim870cm^{-1}$ 之间，这两种振动都出现强吸收。如磷酸二苯酯（图 7-73）$(C_6H_5O)_2PO(OH)$ 在 1221、1200、$1185cm^{-1}$ 和 $1170cm^{-1}$ 出现一组强吸收峰应归属于 C—O 伸缩振动吸收谱带，在 $964cm^{-1}$ 出现的强吸收峰应归属于 P—O 伸缩振动吸收峰；亚磷酸三苯酯（图 7-73）$(C_6H_5O)_3P$ 在 $1200cm^{-1}$ 和 $870cm^{-1}$ 左右出现宽的、强的多重吸收峰分别属于 C—O 和 P—O 伸缩振动吸收峰。

7.22.3　P—OH 伸缩振动

P—OH 伸缩振动频率位于 $1040\sim910cm^{-1}$ 之间，如二苯基次膦酸（图 7-74）$(C_6H_5)_2PO(OH)$ 的 P—OH 伸缩振动频率位于 $960cm^{-1}$；次亚磷酸（图 7-74）$(HO)P(O)H_2$ 溶液的 P—OH 伸缩

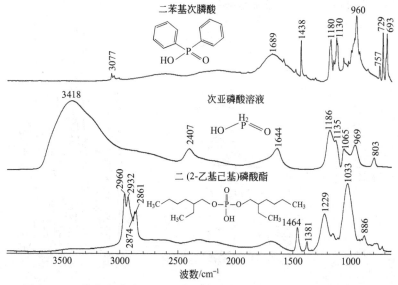

图 7-74　二苯基次膦酸（上）、次亚磷酸溶液（中）和二（2-乙基己基）磷酸酯（下）的红外光谱

振动频率位于 969cm^{-1}。P—OH 伸缩振动频率和 P—O 伸缩振动频率很接近，P—OH 伸缩振动频率比 P—O 伸缩振动频率高一些，如磷酸二苯酯（图 7-73）（C$_6$H$_5$O)$_2$PO(OH) 在 1038cm^{-1} 和 964cm^{-1} 出现的强吸收峰应分别归属于 P—OH 和 P—O 伸缩振动。应该注意，在 1038cm^{-1} 左右还会出现苯环 C—H 面内弯曲振动谱带。

如果分子中同时存在 P—OH、P—O—R 和 P=O 基团，P—OH 基团的 H 原子通常会形成氢键，形成氢键后的 P—OH 伸缩振动谱带会变宽，频率会降低，但若 P 原子还连接其他 O 原子，由于吸电子效应，会使 P—OH 伸缩振动频率向高频位移。在二（2-乙基己基）磷酸酯（图 7-74）的红外光谱中，位于 1033cm^{-1} 较宽的谱带应指认为 P—OH 伸缩振动和 C—O 伸缩振动吸收峰的叠加，P—O 伸缩振动吸收峰位于 886cm^{-1}，是个弱峰。

磷酸氢盐和磷酸二氢盐的 P—OH 伸缩振动频率分别位于 990~950cm^{-1} 和 970~920cm^{-1}。磷酸（图 7-72）的 P—(OH)$_3$ 反对称和对称伸缩振动频率分别位于 1009cm^{-1} 和 887cm^{-1}。

7.22.4　PO—H 伸缩振动

磷酸氢盐和磷酸二氢盐 POH 基团中的 O—H 由于生成分子间氢键，使 O—H 伸缩振动变成弥散的宽峰，覆盖范围 3200~2000cm^{-1}。二苯基次膦酸（图 7-74）分子中只有一个 P=O 基团和一个 POH 基团，分子间这两个基团之间生产氢键，使 O—H 伸缩振动变成弥散的宽峰，覆盖范围 3100~1500cm^{-1}。

7.22.5　P—H 伸缩振动

P—H 伸缩振动频率与 S—H 伸缩振动频率比较接近，位于 2460~2270cm^{-1} 之间，吸收强度中等。如次亚磷酸（图 7-74）(HO)P(O)H$_2$ 溶液的 P—H 伸缩振动频率位于 2407cm^{-1}。在含磷化合物中，如果有氢键存在，会干扰 P—H 伸缩振动谱带的观测。

7. 22. 6　P—C 伸缩振动

P—C 伸缩振动频率位于 $795\sim750cm^{-1}$ 之间，吸收强度弱，没有实用价值。三辛基氧膦在 $795\sim750cm^{-1}$ 之间出现 4 个弱吸收峰。三角锥形的三苯基膦 $(C_6H_5)_3P$ 在 753、$748cm^{-1}$ 和 $742cm^{-1}$ 出现中等强度吸收峰，其中一个吸收峰是芳环一取代 C—H 面外弯曲振动峰，其余两个是 P—C 伸缩振动吸收峰。

7. 22. 7　P—F 伸缩振动

P—F 伸缩振动频率位于 $835\sim560m^{-1}$。如六氟磷酸钠 Na_3PF_6 分子的两个振动频率 $834cm^{-1}$ 和 $561cm^{-1}$ 分别对应于 PF_6 八面体对角线 F—P—F 反对称和对称伸缩振动。

7. 22. 8　P—Cl 伸缩振动

P—Cl 伸缩振动频率位于 $650\sim445cm^{-1}$。三氯化磷 PCl_3 的反对称伸缩振动频率位于 $483cm^{-1}$。五氯化磷 PCl_5 的两个振动频率 $650cm^{-1}$ 和 $445cm^{-1}$ 分别对应于三角双锥的 PCl_3 反对称伸缩振动和 Cl—P—Cl 反对称伸缩振动。三氯氧磷 $POCl_3$ 的两个振动频率 $580cm^{-1}$ 和 $484cm^{-1}$ 分别对应于 PCl_3 的反对称和对称伸缩振动。

7. 22. 9　P═S 伸缩振动

P═S 伸缩振动频率位于 $750\sim580cm^{-1}$ 之间。如五硫化磷 P_2S_5 在 $690cm^{-1}$ 出现尖锐的强吸收峰，应是 P═S 伸缩振动吸收峰。

含磷化合物特征基团的振动频率见表 7-27。

表 7-27　含磷化合物特征基团振动频率

振动模式	振动频率 /cm^{-1}	注释
磷酸 H$_3$PO$_4$		
P=O 伸缩振动	1140	
P—(OH)$_3$反对称伸缩振动	1009	强
P—(OH)$_3$对称伸缩振动	887	
P—(OH)$_3$变角振动	486	中等强度
磷酸二氢盐 H$_2$PO$_4^-$		
PO$_2$反对称伸缩振动	约1290	强
PO$_2$对称伸缩振动	约1100	强
P—(OH)$_2$反对称伸缩振动	约1100	强
P—(OH)$_2$对称伸缩振动	约920	强
磷酸氢盐 HPO$_4^{2-}$		
PO$_3$反对称伸缩振动	约1130	强
PO$_3$对称伸缩振动	约970	强
磷酸盐 PO$_4^{3-}$		
PO$_4$反对称伸缩	1100～1050	非常强
PO$_4$对称伸缩	970～940	非常弱。拉曼活性
PO$_4$不对称变角	630～540	弱
PO$_4$对称变角	470～410	弱
P=O 伸缩振动	1320～1105	
R^{1}R^{2}R^{3}P=O 伸缩	约1145	强
(Ar)$_3$P=O 伸缩	约1190	强
(RO)$_3$P=O 伸缩	约1280	强
(ArO)$_3$P=O	约1300	强
P—O—R		
C—O 伸缩振动	1060～975	强
P—O 伸缩振动	885～805	强
P—O—Ar 伸缩振动		
C—O 伸缩振动	1220～1165	强
P—O 伸缩振动	965～870	强
P—OH 伸缩振动	1040～910	强
PO—H 伸缩振动	3200～2000	弥散、宽峰
P—H 伸缩振动	2460～2270	中等强度
P—C 伸缩振动	795～750	弱,无实用价值
P—F 伸缩振动	835～560	
P—Cl 伸缩振动	650～445	
P=S 伸缩振动	750～580	

7.23 水、重水、氢氧化物和过氧化物的振动频率

7.23.1 H_2O 的振动

7.23.1.1 H_2O 的伸缩振动

气态 H_2O 的伸缩振-转光谱位于 $3950\sim3500\,cm^{-1}$ 之间，是一系列尖锐的吸收峰。气态 H_2O 的振-转谱带间隔不是等间距的。

液态 H_2O 分子之间以氢键 H—O…H 缔合存在，分子团很大，转动惯量大，不出现分立的振-转光谱，而出现宽的吸收谱带，主峰位于 $3400\,cm^{-1}$ 附近。在这个宽的吸收带中包含有 H_2O 的反对称和对称伸缩振动，也包含有 H_2O 变角振动的一级倍频峰。图 7-75 所示是采用 KRS-5 窗片测试得到的水的光谱。液态水伸缩振动吸收峰非常强，液态水的液膜厚度 $2\sim3\,\mu m$ 时，伸缩振动吸收峰的吸光度即可达到 1.4 以上。

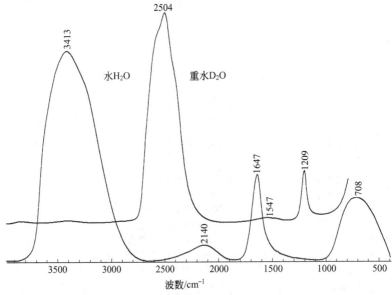

图 7-75 重水 D_2O （上）和水 H_2O （下）的红外光谱

在许多无机化合物和配位化合物中存在结晶水。结晶水分子中的 O 原子通常与金属离子配位。配位能力越强，配位键越短。金属离子对 O—H 键上电子云的诱导作用越强，O—H 键越弱，H_2O 分子的伸缩振动频率越向低频移动。无机化合物和配位化合物中结晶水吸收峰位于 $3630 \sim 2950 cm^{-1}$ 之间。有些化合物结晶水的伸缩振动谱带很尖锐，这些谱带通常位于高频区，一般都在 $3400 cm^{-1}$ 以上，这些化合物中的结晶水分子只参与配位，结晶水分子之间通常不生成分子间氢键。有些结晶水分子除了参与配位外，结晶水分子之间还生成分子间氢键，这种结晶水分子的伸缩振动谱带通常都很宽，而且大都位于结晶水吸收峰的低频区。图7-76所示是三类典型结晶水的光谱图。

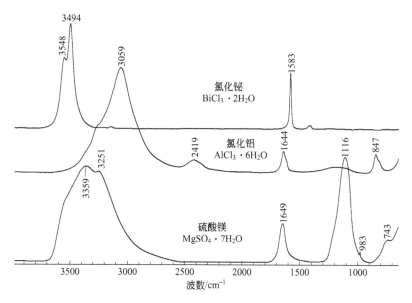

图 7-76　氯化铋（上）、氯化铝（中）和硫酸镁（下）的红外光谱

有些有机化合物中也存在结晶水，结晶水分子与有机物中的 O 和 N 原子之间生成氢键。有机物中的结晶水吸收峰也位于 $3630 \sim 2950 cm^{-1}$ 之间。

7.23.1.2 H_2O 变角振动

气态 H_2O 的变角振-转光谱位于 $2000 \sim 1300cm^{-1}$ 之间，是一系列尖锐的吸收峰。气态 H_2O 的变角振-转谱带间距是不相等的。如图 1-12 所示。因为 H_2O 分子是弯曲形分子，它的变角振-转谱带只出现 P 支和 R 支，在 P 支和 R 支之间的频率（$1596cm^{-1}$）应该是气态水分子的变角振动频率。

液态 H_2O 的变角振动吸收峰位于 $1645cm^{-1}$ 左右（图 7-75）。吸收峰比较宽，吸收强度大约只有伸缩振动吸收强度的 1/3 左右。

无机物结晶水变角振动吸收峰的位置在很大的范围内变化（$1700 \sim 1580cm^{-1}$）。不同化合物结晶水的变角振动频率是不相同的，这与结晶水存在的状态有关。

有些化合物结晶水的变角振动吸收峰非常尖锐（图 7-76 中的氯化铋 $BiCl_3 \cdot 2H_2O$），这类吸收峰大多位于结晶水变角振动低频区，其对应的伸缩振动吸收峰往往也非常尖锐，吸收峰出现在结晶水伸缩振动高频区，这类结晶水分子只参与金属离子的配位，而不生成水分子间氢键。结晶水伸缩振动频率越高，其变角振动频率越低。

有些化合物结晶水的变角振动吸收峰的形状与普通液态水相似，但振动频率与普通液态水不一致，这类结晶水分子既参与金属离子的配位，又形成水分子间氢键。

7.23.1.3 H_2O 的摇摆振动

水分子只有三个原子，是弯曲形分子，振动模式只有 $3N-6=3 \times 3-6=3$ 个，即反对称伸缩振动、对称伸缩振动和变角振动。但液态水分子都是缔合态，缔合的水分子团原子个数远远大于 3。所以液态水的振动模式大于 3。水分子的 O 原子和 H 原子与其他水分子生成氢键后，出现 H_2O 的摇摆振动。液态水分子的摇摆振动谱带是一个宽谱带，如图 7-75 所示，主峰位于 $700cm^{-1}$ 左右。

7.23.1.4 H_2O 的和频吸收谱带

液态 H_2O 分子的变角振动与摇摆振动的和频峰是一个非常宽的谱带。这个谱带出现在 $2500 \sim 1900cm^{-1}$ 之间，主峰位于

$2140cm^{-1}$左右（图7-75）。

7.23.2 D_2O 的振动

7.23.2.1 D_2O 的伸缩振动

液态重水 D_2O 分子之间以 D—O···D 缔合形式存在。虽然 O—D 键力常数和 O—H 键力常数基本相同，但 D 的质量是 H 的两倍，所以 D—O—D 伸缩振动频率比 H—O—H 低。D_2O 伸缩振动谱带和 H_2O 伸缩振动谱带一样，也是一个宽谱带，主峰位于 $2505cm^{-1}$ 附近（图7-75）。在这个宽的吸收带中包含有 D_2O 的反对称和对称伸缩振动，也包含有 D_2O 变角振动的一级倍频峰。

7.23.2.2 D_2O 的变角振动

液体 D_2O 分子的变角振动频率位于 $1209cm^{-1}$（图7-75）。谱带形状与液体 H_2O 变角振动谱带相似。

7.23.2.3 D_2O 的和频吸收谱带

液态 D_2O 分子的变角振动与摇摆振动的和频峰是一个非常宽的谱带。这个谱带出现在 $1800 \sim 1400cm^{-1}$ 之间，主峰位于 $1550cm^{-1}$ 左右（图7-75）。从和频主峰的波数可以计算出，液态 D_2O 的摇摆振动频率应该位于 $(1550 \sim 1210)cm^{-1} = 340cm^{-1}$ 左右。

7.23.3 金属氢氧化物的 O—H 伸缩振动

金属氢氧化物的 O—H 伸缩振动频率位于 $3700 \sim 3650cm^{-1}$ 之间，吸收谱带非常强、非常尖锐。氢氧化镁 $Mg(OH)_2$ 的 O—H 伸缩振动频率位于 $3696cm^{-1}$。氢氧化钙的 O—H 伸缩振动频率位于 $3643cm^{-1}$。

7.23.4 过氧化物的 O—O 伸缩振动

在30%过氧化氢 H—O—O—H 水溶液的红外光谱中，过氧化氢的 O—H 伸缩振动吸收峰被水的伸缩振动吸收峰所掩盖，过氧化氢的 O—O 伸缩振动是红外非活性的，在 876cm^{-1} 处出现非常弱的 O—O 伸缩振动吸收峰。

在叔丁基过氧化氢（CH$_3$）$_3$C—O—O—H 的红外光谱中，O—H 伸缩振动吸收峰频率位于 3396cm^{-1}，是一个宽的、强的吸收谱带；O—O 伸缩振动频率位于 845cm^{-1}，吸收峰强度中等。异丙苯过氧化氢的 O—O 伸缩振动频率位于 835cm^{-1}，吸收峰强度中等。甲基的推电子效应使 O—O 伸缩振动频率比过氧化氢的 O—O 伸缩振动频率低。在过硫酸钾 KSO$_3$—O—O—SO$_3$K 分子中存在过氧键—O—O—，过氧键两边的基团是完全对称的，所以，O—O 伸缩振动是红外非活性的，在红外光谱中没有出现吸收峰，但在拉曼光谱中，在 817cm^{-1} 出现很强的 O—O 伸缩振动谱带。

水、重水、氢氧化物和过氧化物的振动频率见表 7-28。

表 7-28 水、重水、氢氧化物和过氧化物的振动频率

振动模式	振动频率 /cm^{-1}	注释
H$_2$O 的伸缩振动		
气态 H$_2$O 振-转光谱	3950～3500	一系列尖锐的吸收峰
液态 H$_2$O 伸缩	约 3400	宽吸收带。包含反对称伸缩、对称伸缩和变角振动的一级倍频峰
结晶水伸缩	3630～2950	位于高频区的结晶水分子只参与金属配位,通常不生成分子间氢键
H$_2$O 的变角振动		
气态 H$_2$O 变角振-转光谱	2000～1300	一系列尖锐的吸收峰,出现 P 支和 R 支。变角振动频率应位于 1596cm^{-1}
液态 H$_2$O 变角	约 1645	吸收峰比较宽
结晶水变角	1700～1580	非常尖锐的吸收峰大多位于结晶水变角振动低频区
H$_2$O 的摇摆振动	约 700	宽谱带
H$_2$O 的和频吸收谱带	约 2140	变角振动与摇摆振动的和频峰。宽谱带
D$_2$O 的伸缩振动	约 2505	宽吸收带。包含反对称伸缩、对称伸缩和变角振动的一级倍频峰
D$_2$O 的变角振动	约 1210	吸收峰比较宽
D$_2$O 的和频吸收谱带	约 1550	变角振动与摇摆振动的和频峰。宽谱带
金属氢氧化物 O—H 伸缩振动	3700～3650	强,尖锐
过氧化物的 O—O 伸缩振动	880～820	红外很弱或不出现,拉曼很强

7.24 含硫化合物基团的振动频率

含硫化合物的无机物有：硫酸盐、硫酸氢盐、亚硫酸盐、亚硫酸氢盐、过硫酸盐等，有机物有：硫酸酯、硫酸盐、磺酸、磺酸酯、磺酸盐、亚磺酸盐、砜、亚砜、磺酰氯、亚磺酰氯等。含硫化合物存在的特征基团有：SO_4、SO_3、SO_2、$S=O$、$S-O$、$S-OH$、$C-O$、$C=S$、$C-S$ 等。$O-S-O$、$C-S-O$、$C-S-C$ 和 $S-O-C$ 基团两侧连接的基团太重，不出现反对称和对称伸缩振动谱带，只出现 $S-O$、$C-O$、$C-S$ 伸缩振动吸收峰。

7.24.1 SO_4 振动

7.24.1.1 无机硫酸盐 SO_4^{2-} 振动

无机硫酸盐 SO_4 基团为四面体构型。有四种振动频率，分别为反对称伸缩振动、对称伸缩振动、不对称变角振动和对称变角振动。它们的振动频率分别位于 $1210\sim1025cm^{-1}$，$1000\sim950cm^{-1}$，$620cm^{-1}$ 和 $460cm^{-1}$ 左右。其中反对称伸缩振动谱带非常强；对称伸缩振动是拉曼活性的，在红外光谱中无吸收峰或吸收峰非常弱；不对称变角振动和对称变角振动谱带很弱。硫酸钠（图 7-77）分子中 SO_4 的不对称变角振动分裂为两个谱带，分别为 $637cm^{-1}$ 和 $615cm^{-1}$，对称变角振动是拉曼活性的，在红外光谱中不出现吸收谱带。硫酸铵分子中 SO_4 的反对称伸缩振动、对称伸缩振动、不对称变角振动和对称变角振动频率分别为 $1116cm^{-1}$（红外强峰）、$981cm^{-1}$（拉曼强峰、红外弱峰）、$618cm^{-1}$（强峰）和 $452cm^{-1}$（拉曼强峰）。

当无机硫酸盐中的基团 SO_4 正四面体发生畸变时，简并被破坏，这时 SO_4 的四种振动谱带都会发生分裂，如 $Fe_2(SO_4)_3 \cdot 9H_2O$ 分子中 SO_4 的反对称和对称伸缩振动分裂为五个谱带，分别位于 $1194cm^{-1}$、$1097cm^{-1}$、$1053cm^{-1}$、$1032cm^{-1}$ 和 $1023cm^{-1}$，不对称变角振动和对称变角振动也分裂成四个谱带。

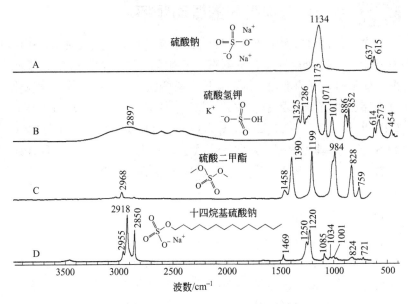

图 7-77　硫酸钠（A）、硫酸氢钾（B）硫酸二甲酯（C）和
十四烷基硫酸钠（D）的红外光谱

7.24.1.2　硫酸氢盐 HSO_4^- 伸缩振动

硫酸氢盐 HSO_4^- 存在 SO_3 和 S—OH 基团。SO_3 的反对称伸缩振动、对称伸缩振动、不对称变角振动和对称变角振动频率分别位于 $1175cm^{-1}$、$1030cm^{-1}$、$590cm^{-1}$ 和 $450cm^{-1}$ 附近。S—OH 伸缩振动频率出现在 $860cm^{-1}$ 左右。由于硫酸氢盐分子间存在氢键，SO_3 偏离正三角锥形，所以 SO_3 的反对称伸缩振动、对称伸缩振动、不对称变角振动和对称变角振动都是红外活性的，它们的吸收谱带往往出现多重峰。如硫酸氢钾（图 7-77）$KHSO_4$ 中 SO_3 的反对称伸缩、对称伸缩、不对称变角和对称变角振动都出现多重峰，S—OH 伸缩振动吸收峰出现在 $886cm^{-1}$ 和 $852cm^{-1}$。

7.24.1.3　过硫酸盐 $^-O_3S—O—O—SO_3^-$ 伸缩振动

在过硫酸盐分子中，存在两个 SO_3 基团。在 SO_3 基团中，三个 O 原子是等价的，因此出现 SO_3 反对称和对称伸缩振动。SO_3

反对称伸缩振动谱带很强，位于 $1280cm^{-1}$ 左右，通常分裂为两个谱带。SO_3 对称伸缩振动也很强，位于 $1080cm^{-1}$ 附近。SO_3 不对称和对称变角振动频率出现在 $640cm^{-1}$ 和 $565cm^{-1}$ 附近。在过硫酸盐分子中，存在 O—O 伸缩振动，O—O 伸缩振动红外是非活性的，不出现吸收谱带，但在拉曼光谱中，O—O 伸缩振动谱带很强，出现在 $810cm^{-1}$ 附近。在过硫酸盐分子中，还存在两个 S—O 基团，S—O 伸缩振动频率位于 $700cm^{-1}$ 左右。

7.24.1.4　硫酸酯 R¹O—SO₂—OR² 伸缩振动

硫酸酯分子中的 S 原子与四个 O 原子相连，其中两个 O 原子以双键与 S 原子相连，另外两个 O 原子以单键与 S 原子相连。因此在硫酸酯分子中存在一个 O=S=O 基团和两个 C—O—S 基团。O=S=O 基团的反对称和对称伸缩振动频率分别位于 $1415 \sim 1390cm^{-1}$ 和 $1200 \sim 1190cm^{-1}$。C—O 伸缩振动频率位于 $1020 \sim 850cm^{-1}$，S—O 伸缩振动频率位于 $830 \sim 770cm^{-1}$。硫酸二甲酯（图 7-77）SO_2 反对称和对称伸缩振动频率分别位于 $1390cm^{-1}$ 和 $1190cm^{-1}$，C—O 伸缩振动频率位于 $984cm^{-1}$，S—O 伸缩振动频率位于 $828cm^{-1}$。

7.24.1.5　硫酸盐 RO—SO₂—O⁻M⁺ 伸缩振动

硫酸酯分子中的一个 R 基团被金属离子取代后即变成硫酸盐。在硫酸盐分子中，存在一个 C—O—S 基团和一个 SO_3 基团。在 SO_3 基团中，三个 O 原子是等价的，因此出现 SO_3 反对称和对称伸缩振动。SO_3 反对称伸缩振动谱带分裂为两个谱带，分别位于 $1250cm^{-1}$ 和 $1220cm^{-1}$ 左右，这两个谱带都很强，后者比前者更强。SO_3 对称伸缩振动频率位于 $1080cm^{-1}$ 附近，吸收强度很弱。如十四烷基硫酸钠（图 7-77）的 SO_3 反对称伸缩振动频率出现两个谱带，位于 $1250cm^{-1}$ 和 $1220cm^{-1}$，SO_3 对称伸缩振动频率位于 $1085cm^{-1}$。硫酸盐的 C—O 伸缩振动频率位于 $1050 \sim 970cm^{-1}$，S—O 伸缩振动频率位于 $900 \sim 800cm^{-1}$，吸收强度很弱。

7.24.2 SO₃振动

7.24.2.1 亚硫酸盐 SO_3^{2-} 伸缩振动和变角振动

亚硫酸根 SO_3^{2-} 的三个硫氧键是等价的,角锥形的亚硫酸钠(图 7-78)SO_3 的反对称伸缩振动、对称伸缩振动、不对称变角振动和对称变角振动的拉曼位移频率分别在 951、989、641cm^{-1} 和 500cm^{-1}。在红外光谱中,反对称伸缩振动和对称伸缩振动重叠后合并为一个宽峰,主峰位于 982cm^{-1},不对称变角振动和对称变角振动频率位于 630cm^{-1} 和 495cm^{-1}(图 7-78)。值得注意的是,对称伸缩振动的频率比不对称伸缩振动的频率高,这种反常的现象出现在许多含氧酸根的红外光谱中。

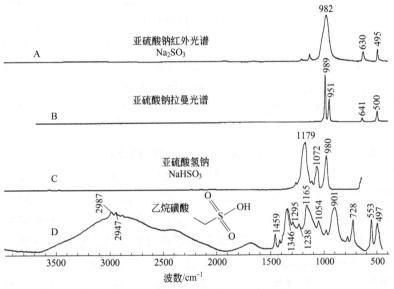

图 7-78 亚硫酸钠红外光谱(A)、亚硫酸钠拉曼光谱(B)
亚硫酸氢钠(C)和乙烷磺酸(D)的红外光谱

7.24.2.2 亚硫酸氢根 HSO_3^{-1} 伸缩振动

亚硫酸氢根 HSO_3^{-1} 中的两个硫氧键 SO_2 是等价的,亚硫酸氢钠(图 7-78)的 SO_2 反对称伸缩振动和对称伸缩振动频率分别位于 1179cm^{-1} 和 1072cm^{-1}，S—OH 伸缩振动频率位于 980cm^{-1}。

7.24.2.3　磺酸 R—SO$_2$—OH 伸缩振动

脂肪族磺酸 R—SO$_2$—OH 分子中 SO$_2$ 反对称和对称伸缩振动频率分别位于 1340cm^{-1} 和 1170cm^{-1} 附近，吸收峰都很强。S—OH 和 S—C 伸缩振动频率分别位于 900cm^{-1} 和 750cm^{-1} 附近，前者比后者吸收峰强。乙烷磺酸（图 7-78）的 SO$_2$ 反对称和对称伸缩振动频率分别位于 1346cm^{-1} 和 1165cm^{-1}，S—OH 和 S—C 伸缩振动频率分别位于 901cm^{-1} 和 728cm^{-1}。甲烷磺酸的 SO$_2$ 反对称和对称伸缩振动频率分别位于 1338cm^{-1} 和 1169cm^{-1}，S—OH 和 S—C 伸缩振动频率分别位于 902cm^{-1} 和 767cm^{-1}。

芳香族磺酸 SO$_2$ 反对称和对称伸缩振动频率分别位于 1180cm^{-1} 和 1130cm^{-1} 附近，吸收峰都很强。对甲苯磺酸的 SO$_2$ 反对称和对称伸缩振动频率分别位于 1181cm^{-1} 和 1128cm^{-1}。

7.24.2.4　磺酸酯 R^1—SO$_2$—OR^2 伸缩振动

在磺酸酯分子 R^1—SO$_2$—OR^2 中存在 SO$_2$ 反对称和对称伸缩振动，吸收频率分别位于 1350cm^{-1} 和 1175cm^{-1} 左右，位置非常稳定，吸收峰很强。对甲苯磺酸乙酯（图 7-79）的 SO$_2$ 反对称和对称伸缩振动频率分别位于 1355cm^{-1} 和 1177cm^{-1}，后者吸收峰比前者强。脂肪族磺酸酯还出现 C—O、S—O 和 S—C 伸缩振动谱带，它们分别位于 1050～960、900～800cm^{-1} 和 730～600cm^{-1}。

7.24.2.5　磺酸盐 R—SO$_2$—O$^-$M$^+$ 伸缩振动

磺酸 R—SO$_2$—OH 分子中的 H 被金属离子取代后即变成磺酸盐 R—SO$_2$—O$^-$M$^+$。在磺酸盐分子中，三个氧原子是等价的，因此存在 SO$_3$ 反对称和对称伸缩振动，前者吸收峰很强，后者吸收峰中等。

脂肪族磺酸盐的 SO$_3$ 反对称和对称伸缩振动频率分别位于 1220～1170cm^{-1} 和 1070～1040cm^{-1}，脂肪链的长度对频率的影响很小，反对称伸缩振动谱带通常分裂为多重峰。1-辛烷磺酸钠的 SO$_3$ 反对称分裂成双峰，分别位于 1217cm^{-1} 和 1187cm^{-1}，对称伸

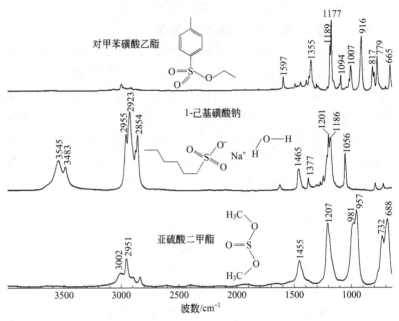

图 7-79　对甲苯磺酸乙酯（上）、1-己基磺酸钠（中）和
亚硫酸二甲酯（下）的红外光谱

缩振动频率位于 $1064cm^{-1}$。1-己基磺酸钠（图 7-79）的 SO_3 反对称和对称伸缩振动频率分别位于 $1201cm^{-1}$ 和 $1056cm^{-1}$。

　　芳香族磺酸盐的 SO_3 反对称和对称伸缩振动吸收峰都很强，频率分别位于 $1200cm^{-1}$ 和 $1125cm^{-1}$ 左右。反对称伸缩振动谱带通常出现多重峰，1-辛烷磺酸钠的 SO_3 反对称伸缩振动出现多重峰，其中 $1200cm^{-1}$ 是最强吸收峰，对称伸缩振动吸收峰出现在 $1135cm^{-1}$。4-氨基苯磺酸钠的 SO_3 反对称伸缩振动出现两个峰，分别位于 $1225cm^{-1}$ 和 $1178cm^{-1}$，对称伸缩振动频率谱带位于 $1123cm^{-1}$。

7.24.2.6　亚硫酸酯 $R^1O—SO—OR^2$ 伸缩振动

　　亚硫酸酯 $R^1O—SO—OR^2$ 分子中的 $S=O$ 伸缩振动频率位于 $1210cm^{-1}$ 左右，吸收峰很强。C—O 伸缩振动频率位于 $950cm^{-1}$

附近，有些化合物出现多重峰。S—O 伸缩振动出现在 $720cm^{-1}$ 左右。这三个峰都是强吸收峰。亚硫酸二甲酯（图 7-79）的三个峰出现在 1207、$957cm^{-1}$ 和 $688cm^{-1}$。

7.24.3　SO₂振动

7.24.3.1　砜 R^1—SO_2—R^2 伸缩振动

在脂肪族砜分子 R^1—SO_2—R^2 中，存在 O＝S＝O 反对称和对称伸缩振动，分别位于 $1350\sim1275cm^{-1}$ 和 $1160\sim1125cm^{-1}$，吸收峰很强。如二甲基砜（图 7-80）O＝S＝O 反对称和对称伸缩振动频率分别位于 $1351cm^{-1}$ 和 $1160cm^{-1}$；C—S—C 反对称和对称伸缩振动频率分别位于 $744cm^{-1}$ 和 $683cm^{-1}$。芳香族砜 O＝S＝O反对称和对称伸缩振动频率和脂肪族基本相同，如二苯砜的 SO_2 反对称和对称伸缩振动频率分别位于 $1309cm^{-1}$ 和 $1155cm^{-1}$。

7.24.3.2　磺酰氯 R—SO_2—Cl 伸缩振动

砜分子中的一个烷基 R 被 Cl 取代后即变成磺酰氯。Cl 原子的吸电子效应使 S＝O 键强度增大，O＝S＝O 反对称和对称伸缩振动频率向高频移动，分别位于 $1380\sim1360cm^{-1}$ 和 $1190\sim1160cm^{-1}$，吸收峰都很强。如甲烷磺酰氯 O＝S＝O 反对称和对称伸缩振动频率分别位于 $1366cm^{-1}$ 和 $1172cm^{-1}$。脂肪族磺酰氯和芳香族磺酰氯 O＝S＝O 反对称和对称伸缩振动频率基本相同，芳香族约高 $5cm^{-1}$，对甲苯磺酰氯（图 7-80）的 O＝S＝O 反对称伸缩振动频率位于 $1374cm^{-1}$，对称伸缩振动频率分裂为双峰，位于 $1187cm^{-1}$ 和 $1176cm^{-1}$。

7.24.4　SO 振动

7.24.4.1　亚砜 R^1—SO—R^2 伸缩振动

砜分子 R^1—SO_2—R^2 中少一个 O 原子便成为亚砜 R^1—SO—R^2。脂肪族亚砜和苄基亚砜的 S＝O 伸缩振动频率基本相同，都位于 $1060\sim1030cm^{-1}$ 之间。如二甲基亚砜（图 7-80）和二苄基亚

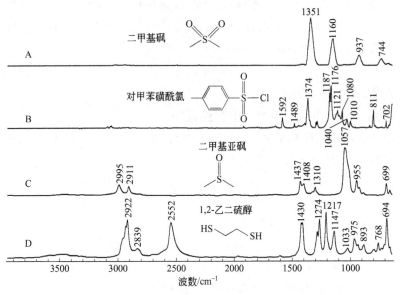

图 7-80　二甲基砜（A）、对甲苯磺酰氯（B）二甲基亚砜（C）和
1,2-乙二硫醇（D）的红外光谱

砜的 S═O 伸缩振动频率分别位于 1057cm^{-1} 和 1032cm^{-1}。亚砜中的 S═O 伸缩振动频率如此低的原因是，两个甲基的推电子效应将 S═O 键之间的电子云推向 O 原子，使 S═O 的键级减弱。

7.24.4.2　亚磺酰氯 R—SO—Cl 伸缩振动

亚砜分子中的一个烷基 R 被 Cl 取代后即变成亚磺酰氯。Cl 的吸电子效应使 S═O 键增强。亚磺酰氯的 S═O 伸缩振动频率比亚砜高，位于 1150cm^{-1} 附近，吸收峰很强。

7.24.4.3　硫氧（S—O，S—OH）伸缩振动

在有机硫化合物中，通常含有 O—S—O、C—S—O、C—O—S 和 C—S—C 基团，在这些基团中，S—O 伸缩振动频率位于 980～700cm^{-1}，C—O 伸缩振动频率位于 1050～970cm^{-1}，C—S 伸缩振动频率位于 830～600cm^{-1}，这些谱带受指纹频率的干扰，有时不易指认。S—O 和 C—S 伸缩振动频率变化范围很大，化合

物类型不同，频率不同。

S—OH 伸缩振动频率和 S—O 伸缩振动频率基本相同。KHSO₄ （图 7-77） 的 S—OH 伸缩振动出现分裂的两个谱带，分别位于 886cm⁻¹ 和 852cm⁻¹。拉曼谱带位于 859cm⁻¹。

7.24.5 S—H 伸缩振动

直链烷基硫醇的 S—H 伸缩振动频率位于 $2600 \sim 2500cm^{-1}$ 之间，吸收谱带很弱，但很有特征。有些化合物分子中虽然含有 S—H 基团，但在这个区间 S—H 伸缩振动吸收非常弱，或几乎观测不出 S—H 伸缩振动吸收谱带，如十二硫醇的红外光谱中几乎无 S—H 吸收峰，但在 2578cm⁻¹ 出现较强的拉曼谱带。有些含 S—H 基团的化合物在这个区间出现 S—H 伸缩振动强吸收，如 1,2-乙二硫醇 （图 7-80） 和 N-乙酰-半胱胺酸的 S—H 吸收峰都非常强。

硫酚的 S—H 伸缩振动频率也位于 $2600 \sim 2500cm^{-1}$ 之间，吸收强度中等，如 4-氯硫酚的 S—H 伸缩振动频率位于 2546cm⁻¹。

绝大多数有机化合物在 $2600 \sim 2500cm^{-1}$ 区间没有吸收谱带，但含强氢键体系在这个区间出现吸收峰。此外，碳酸盐在 2511cm⁻¹ 左右出现一个弱吸收峰，这是 CO₃ 反对称和对称伸缩振动的和频峰，测定碳酸盐基质包裹体时，对 H₂S 的鉴定有干扰。

7.24.6 CS 振动

7.24.6.1 C=S 伸缩振动

C=S 伸缩振动频率位于 $1200 \sim 975cm^{-1}$，中等强度。C=S 比 C=O 伸缩振动频率低得多，这是因为 S 原子是 O 原子质量的两倍。如硫脲和硫代乙酰胺分别在 1085cm⁻¹ 和 975cm⁻¹ 出现较强的 C=S 伸缩振动吸收峰；ω-硫代己内酰胺在 1115cm⁻¹ 和 1071cm⁻¹ 出现较强的 C=S 伸缩振动吸收峰。

二硫化碳 S=C=S 和二氧化碳 O=C=O 相似，两个 C=S 键伸缩振动频率完全相同，因此发生强烈耦合，分裂为两个谱带。

一个谱带位于 1506cm^{-1}，是个强峰，称为 S=C=S 反对称伸缩振动；另一个谱带是 S=C=S 对称伸缩振动，是红外非活性的，不出现红外谱带，拉曼谱带出现在 655cm^{-1}，是个强峰。从这两个谱带频率可以推算出，单个 C=S 伸缩振动频率应为 1080cm^{-1}。

7. 24. 6. 2　C—S 伸缩振动

脂肪族 C—S 伸缩振动频率位于 730～600cm^{-1}，吸收峰很弱。如十二硫醇不出现 C—S 伸缩振动吸收峰。简单的直链烷基硫醇分子的 C—S 伸缩振动吸收峰很强，如 1,2-乙二硫醇（图 7-80）在 694cm^{-1} 出现非常强的 C—S 伸缩振动吸收峰。

在二甲基亚砜（图 7-80）的红外光谱中，在 699cm^{-1} 和 669cm^{-1} 出现 C—S—C 反对称和对称伸缩振动吸收峰。

当 S 原子直接与芳环相连接时，如果 S 原子的电子与芳环 π 电子能够共轭，碳硫键将大大的增强，碳硫伸缩振动频率位于 1100cm^{-1} 左右，是个强峰。如硫代苯酚钠 C_6H_5SNa 和聚苯硫醚分别在 1046cm^{-1} 和 1093cm^{-1} 处出现强吸收。在 4-氨基苯磺酸钠中，虽然 S 原子也直接与芳环相连接，但 S 原子以 sp^3 杂化轨道成键，没有共轭效应，C 与 S 以单键成键，C—S 伸缩振动在 695cm^{-1} 出现较强的吸收峰。

含硫化合物特征基团的振动频率见表 7-29。

表 7-29　含硫化合物特征基团振动频率

振动模式	振动频率 /cm^{-1}	注释
硫酸盐 SO$_4^{2-}$ 振动		
反对称伸缩	1210～1025	强
对称伸缩	1000～950	无红外吸收或非常弱。拉曼峰很强
不对称变角	约 620	弱
对称变角	约 460	弱
硫酸氢盐 HSO$_4^-$ 振动		
SO$_3$反对称伸缩	约 1175	强
SO$_3$对称伸缩	约 1030	强

续表

振动模式	振动频率 /cm^{-1}	注释
SO$_3$不对称变角	约 590	中等
SO$_3$对称变角	约 450	弱
S—OH 伸缩	约 860	中等
过硫酸盐——$^-$O$_3$S—O—O—SO$_3^-$ 振动		
SO$_3$反对称伸缩	约 1280	强
SO$_3$对称伸缩	约 1080	强
SO$_3$不对称变角	约 640	中等
SO$_3$对称变角	约 565	中等
O—O 伸缩	约 810	红外无吸收峰,拉曼峰强
S—O 伸缩	约 700	中等
亚硫酸盐 SO$_3^{2-}$ 振动		
SO$_3$反对称伸缩	951	亚硫酸钠的拉曼光谱 989cm^{-1} 峰
SO$_3$对称伸缩	989	比 951cm^{-1} 峰强,对称伸缩振动频率
SO$_3$不对称变角	630	比反对称伸缩振动频率高。在红外
SO$_3$对称变角	500	光谱中,对称和反对称伸缩振动合并 为一个宽峰,位于 982cm^{-1}
亚硫酸氢盐 HSO$_3^-$ 伸缩振动		
SO$_2$反对称伸缩	约 1180	强
SO$_2$对称伸缩	约 1070	中等
S—OH 伸缩	约 980	强
硫酸酯 R^{1}O—SO$_2$—OR^2 伸缩振动		
SO$_2$反对称伸缩	1415～1390	强
SO$_2$对称伸缩	1200～1190	强
C—O 伸缩	1020～850	强
S—O 伸缩	830～770	中等
硫酸盐 RO—SO$_2$—O$^-$ M$^+$ 伸缩振动		
SO$_3$反对称伸缩	1250 和 1220	强。分裂为两个谱带,后者比前者 更强
SO$_3$对称伸缩	约 1080	弱吸收峰
C—O 伸缩	1050～970	弱
S—O 伸缩	900～800	弱
磺酸 R—SO$_2$—OH 伸缩振动 脂肪族磺酸 R—SO$_2$—OH		
SO$_2$反对称伸缩	约 1340	强
SO$_2$对称伸缩	约 1170	强
S—OH 伸缩	约 900	强

续表

振动模式	振动频率 /cm^{-1}	注释
S—C 伸缩	约 750	强
芳香族磺酸 Ar—SO$_2$—OH		
SO$_2$ 反对称伸缩	1180～1130	强
SO$_2$ 对称伸缩	1040 和 1010	强
磺酸酯 R^1—SO$_2$—OR^2 伸缩振动		
SO$_2$ 反对称伸缩	约 1350	强
SO$_2$ 对称伸缩	约 1175	强
C—O 伸缩	1050～960	中等
S—O 伸缩	900～800	中等
C—S 伸缩	730～600	中等
磺酸盐 R—SO$_2$—O$^-$M$^+$ 伸缩振动		
SO$_3$ 反对称伸缩	1200～1170	强
SO$_3$ 对称伸缩	1070～1040	强
亚硫酸酯 R^{1}O—SO—OR^2 伸缩振动		
S—O 伸缩	约 1210	强
C—O 伸缩	约 950	强
S—O 伸缩	约 720	细
砜 R^1—SO$_2$—R^2 伸缩振动		
SO$_2$ 反对称伸缩	1250～1275	强
SO$_2$ 对称伸缩	1160～1125	强
磺酰氯 R—SO$_2$—Cl 伸缩振动		
SO$_2$ 反对称伸缩	1380～1360	强
SO$_2$ 对称伸缩	1190～1160	强
亚砜 R^1—SO—R^2 伸缩振动		
S—O 伸缩	1060～1030	强
亚磺酰氯 R—SO—Cl 伸缩振动		
S—O 伸缩	约 1150	强
硫氢 S—H 伸缩振动	2600～2500	吸收谱带很弱,很特征
硫氧 S—O 伸缩振动	980～700	变化范围很大,化合物类型不同,频率不同
硫碳 C=S 伸缩振动	1200～1020	中等
硫碳 C—S 伸缩振动	830～600	变化范围很大,化合物类型不同,频率不同

7.25 含卤素基团的振动频率

7.25.1 C—F 振动

7.25.1.1 CF₃伸缩振动

CF₃伸缩振动和CH₃伸缩振动一样，分为反对称伸缩振动和对称伸缩振动。CF₃反对称和对称伸缩振动频率分别位于 $1278cm^{-1}$ 和 $1148cm^{-1}$ 附近。如全氟代石蜡油的 CF₃反对称和对称伸缩振动频率分别位于 $1278cm^{-1}$ 和 $1149cm^{-1}$；CF_3CH_2OH 的 CF₃反对称和对称伸缩振动频率分别位于 $1279cm^{-1}$ 和 $1148cm^{-1}$。CF₃的 CF₃不对称和对称变角振动频率位于 $660\sim510cm^{-1}$ 之间。

7.25.1.2 CF₂伸缩振动

CF₂反对称和对称伸缩振动频率分别位于 $1210cm^{-1}$ 和 $1155cm^{-1}$ 附近。在聚四氟乙烯化合物中，在 $650cm^{-1}$ 以上，只出现 $1211cm^{-1}$ 和 $1155cm^{-1}$ 两个强的吸收谱带，它们分别是 CF₂的反对称和对称伸缩振动吸收峰。全氟代石蜡油（氟油）是直链全氟代烷烃，它的 CF₂反对称和对称伸缩振动频率分别位于 1199、$1126cm^{-1}$，比聚四氟乙烯中的 CF₂反对称和对称伸缩振动频率低一些。CF₂变角振动频率位于 $640\sim500cm^{-1}$ 之间。

7.25.1.3 C—F 伸缩振动

CF 和 CH 相比较，由于 F 原子比 H 原子重得多，所以 CF 伸缩振动频率比 CH 伸缩振动频率低得多。

脂肪族 CF 伸缩振动频率位于 $1100\sim1000cm^{-1}$。如 FCH_2COONa 的 CF 伸缩振动出现在 $1015cm^{-1}$。C—F 键的极性大，所以 CF 伸缩振动吸收强度高。

芳香族的 CF 伸缩振动频率位于 $1270\sim1100cm^{-1}$ 之间，比脂肪族 CF 伸缩振动频率高，这是由于芳环的 π 电子与 F 的 p 电子共轭，使 CF 键强度增大。如氟代苯和 4-氟苯胺的 CF 伸缩振动频率分别位于 $1221cm^{-1}$ 和 $1222cm^{-1}$。

当氟原子和氢原子与同一个碳原子相连时，由于 C—H 的 σ 电子与 F 原子的 p 电子形成 σ-p 超共轭效应，使 C—H 伸缩振动频率向高频位移，其中 CF_3H 的 C—H 伸缩振动频率最高，—CF_2H 次之，—CFH—最低。

F 原子在元素周期表中的电负性最大，它的吸电子效应使与之相连的基团振动频率影响很大。当 F 原子与羰基直接相连时，将使 C=O 伸缩振动频率向高频位移，即使不是直接相连，也会使 C=O 伸缩振动频率向高频位移，如 1,1,1-三氟丙酮 CF_3COCH_3 中的 C=O 伸缩振动频率向高频移至 $1781cm^{-1}$。

7.25.2 C—Cl 振动

7.25.2.1 CCl_4 伸缩振动和变角振动

四氯化碳 CCl_4 是正四面体构型。CCl_4 的反对称伸缩振动频率出现双峰，位于 $785cm^{-1}$ 和 $762cm^{-1}$。对称伸缩振动是拉曼活性的，位于 $463cm^{-1}$，红外吸收非常弱。CCl_4 的不对称变角振动和对称变角振动频率位于远红外区，拉曼位移分别为 $317cm^{-1}$ 和 $222cm^{-1}$（图 7-81）。

7.25.2.2 CCl_3 伸缩振动和变角振动

CCl_3 的反对称和对称伸缩振动频率范围变化比较大，位于 $870\sim670cm^{-1}$ 之间。三氯甲烷（图 7-81）的 CCl_3 反对称和对称伸缩振动频率位于 $758cm^{-1}$ 和 $669cm^{-1}$，不对称变角振动和对称变角振动频率位于 $368cm^{-1}$ 和 $262cm^{-1}$。CCl_3 的反对称和对称伸缩振动通常出现多重峰。三氯乙酸（图 7-81）的反对称和对称伸缩振动频率都出现分裂，反对称伸缩振动出现三个谱带，位于 872、$850cm^{-1}$ 和 $831cm^{-1}$，对称伸缩振动出现两个谱带，位于 $708cm^{-1}$ 和 $673cm^{-1}$。

7.25.2.3 CCl_2 伸缩振动

CCl_2 的反对称和对称伸缩振动频率范围变化也比较大，位于 $840\sim650cm^{-1}$ 之间。液体 1,1,2,2-四氯乙烷 $CHCl_2CHCl_2$ 由于存在旋转异构体，CCl_2 反对称伸缩振动出现多重峰，主峰位于

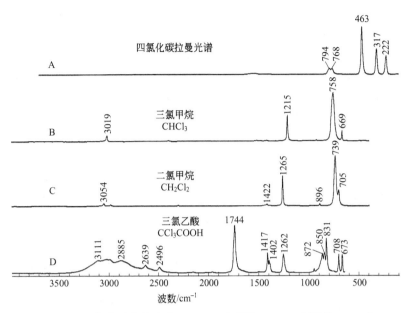

图 7-81　四氯化碳拉曼光谱（A）、三氯甲烷（B）二氯甲烷（C）和
三氯乙酸（D）的红外光谱

$795cm^{-1}$，对称伸缩振动频率位于 $649cm^{-1}$。二氯甲烷（图 7-81）
的 CCl_2 反对称和对称伸缩振动频率间隔较小，分别位于 $739cm^{-1}$
和 $705cm^{-1}$。在四氯乙烯中，由于 $C=C$ 双键与 Cl 原子上的 p 电
子共轭，使 C—Cl 键键级提高，CCl_2 的反对称和对称伸缩振动频
率向高频移至 $909cm^{-1}$ 和 $777cm^{-1}$。

7.25.2.4　C—Cl 伸缩振动

　　C—Cl 伸缩振动频率比 C—F 伸缩振动频率低得多，C—Cl 伸
缩振动频率范围变化比较大，脂肪族 C—Cl 伸缩振动频率一般出
现在 $800\sim570cm^{-1}$ 之间。氯乙腈 $ClCH_2CN$ 的 C—Cl 伸缩振动频
率位于 $739cm^{-1}$，是光谱中最强的吸收峰；2-氯-2-甲基丙烷
$(CH_3)_3CCl$ 在 $570cm^{-1}$ 出现较强的 C—Cl 伸缩振动吸收峰；1,3-
二氯丙烷在 $679cm^{-1}$ 附近出现多重峰。

　　长链脂肪族末端只有一个 C—Cl 键时，C—Cl 伸缩振动出现两

个谱带，如氯丁烷分别在 $747cm^{-1}$ 和 $654cm^{-1}$ 出现较强的 C—Cl 伸缩振动吸收峰，前者属于 C—C—C—Cl 反式构型 C—Cl 伸缩振动吸收峰，后者属于顺式构型 C—Cl 伸缩振动吸收峰。

在脂肪族氯化物中，Cl 原子会使与之连接的 CH_2 面外摇摆振动和 C—H 摇摆振动吸收强度大大增加。如二氯甲烷（图 7-81）CH_2Cl_2 的 CH_2 面外摇摆强吸收峰出现在 $1265cm^{-1}$；三氯甲烷（图 7-81）$CHCl_3$ 的 C—H 摇摆强吸收峰位于 $1215cm^{-1}$。

芳香族 C—Cl 伸缩振动频率位于 $1100\sim1030cm^{-1}$ 之间，这是因为 p-π 共轭使 C—Cl 键具有双键性质，使其频率向高频位移。一氯苯、对二氯苯和 1,3,5-三氯苯的 C—Cl 伸缩振动频率分别位于 1083、$1086cm^{-1}$ 和 $1100cm^{-1}$。对位、间位和邻位取代氯苯的 C—Cl 伸缩振动频率分别位于 $1096\sim1086$、$1080\sim1071cm^{-1}$ 和 $1060\sim1034cm^{-1}$。有些芳香族 C—Cl 伸缩振动谱带强度较弱，受芳环 C—H 面内弯曲振动和指纹振动谱带的干扰难以辨认。

当氯原子和氢原子与同一个碳原子相连时，由于 C—H 的 σ 电子与 Cl 原子的 p 电子形成 σ-p 超共轭效应，使 C—H 伸缩振动频率向高频位移，如三氯甲烷（图 7-81）的 C—H 伸缩振动频率向高频移至 $3019cm^{-1}$；1,1,2,2-四氯乙烷的 C—H 伸缩振动频率移至 $2984cm^{-1}$。

Cl 的吸电子效应对与之相连的基团振动频率影响很大。当 Cl 原子与羰基直接相连时，将使 C=O 伸缩振动频率向高频位移，如氯乙酰的 C=O 伸缩振动频率向高频移至 $1806cm^{-1}$。即使氯原子不是与羰基直接相连，也会使 C=O 伸缩振动频率向高频位移，如三氯乙酸（图 7-81）CCl_3COOH 的 C=O 伸缩振动频率位于 $1744cm^{-1}$，比乙酸的 C=O 伸缩振动频率高 $28cm^{-1}$。

7.25.3 C—Br 振动

脂肪族 C—Br 伸缩振动频率出现在更低的光谱区域，C—Br 伸缩振动频率位于 $700\sim500cm^{-1}$ 区间。

三溴甲烷（溴仿）的 CBr_3 反对称和对称伸缩振动频率位于

655cm^{-1} 和 540cm^{-1}，不对称变角和对称变角振动频率位于 224cm^{-1} 和 155cm^{-1}。

从四溴乙烷 Br$_2$HCCHBr$_2$ 的红外（图 7-82）和拉曼（图 7-82）光谱可以看出，CBr$_2$ 的反对称伸缩振动频率低于对称伸缩振动频率，反对称伸缩振动频率位于 616cm^{-1}，对称伸缩振动分裂为两个谱带，位于 712cm^{-1} 和 701cm^{-1}。

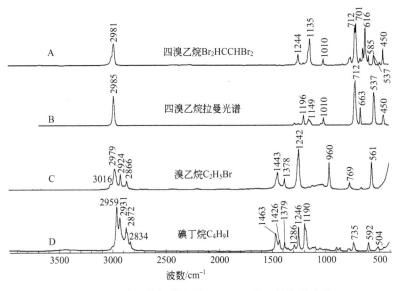

图 7-82　四溴乙烷红外光谱（A）、四溴乙烷拉曼光谱、（B）溴乙烷（C）和碘丁烷（D）的红外光谱

溴乙烷（图 7-82）CH$_3$CH$_2$Br 的 C—Br 伸缩振动谱带位于 561cm^{-1}，拉曼谱带位于 562cm^{-1}，红外和拉曼谱带吸收都很强。

长链脂肪族末端只有一个 C—Br 键时，C—Br 伸缩振动出现两个谱带，如溴代正癸烷的两个谱带分别位于 647cm^{-1} 和 565cm^{-1}；溴代十六烷位于 648cm^{-1} 和 656cm^{-1}。前者是 C—C—C—Br 反式构型 C—Br 伸缩振动吸收频率，后者是顺式构型 C—Br 伸缩振动吸收频率。

在脂肪族溴化物中，Br 原子会使与之连接的 CH_2 面外摇摆振动或 C—H 摇摆振动吸收强度大大增加。在溴乙烷（图 7-82）红外光谱中，CH_2 面外摇摆强吸收峰位于 $1242cm^{-1}$；在 1,3-二溴丙烷的红外光谱中，在 $1293cm^{-1}$ 和 $1239cm^{-1}$ 处出现 CH_2 面外摇摆振动强吸收峰。四溴乙烷 $Br_2HCCHBr_2$ 和三溴甲烷（溴仿）$CHBr_3$ 的 C—H 摇摆振动频率分别位于 $1135cm^{-1}$ 和 $1142cm^{-1}$。

当 Br 原子与芳环相连时，由于 p-π 共轭，使 C—Br 伸缩振动频率向高频位移，芳香族 C—Br 伸缩振动频率位于 $1075 \sim 1025cm^{-1}$ 之间。对位、间位和邻位取代溴苯的 C—Br 伸缩振动频率分别位于 $1073 \sim 1066$、$1073 \sim 1065cm^{-1}$ 和 $1042 \sim 1028cm^{-1}$。芳环 C—H 面内弯曲振动和指纹振动谱带干扰 C—Br 伸缩振动谱带的指认。

7.25.4　C—I 振动

三碘甲烷的 CI_3 反对称和对称伸缩振动频率位于 $572cm^{-1}$ 和 $425cm^{-1}$；对称变角振动是红外非活性的，不出现吸收峰，拉曼峰出现在 $154cm^{-1}$；不对称变角红外峰出现在 $110cm^{-1}$。

C—I 伸缩振动频率位于 $610 \sim 500cm^{-1}$ 区间。碘甲烷 CH_3I 的 C—I 伸缩振动频率位于 $523cm^{-1}$。长链脂肪族末端只有一个 C—I 基团时，C—I 伸缩振动也出现两个谱带，如碘代十八烷在 $607cm^{-1}$ 和 $511cm^{-1}$ 出现 C—I 伸缩振动谱带，前者是 C—C—C—I 反式构型 C—I 伸缩振动吸收频率，后者是顺式构型 C—I 伸缩振动吸收频率；碘丁烷（图 7-82）在 $592cm^{-1}$ 和 $504cm^{-1}$ 出现 C—I 伸缩振动谱带，前者是 C—C—C—I 反式构型 C—I 伸缩振动吸收频率，后者是顺式构型 C—I 伸缩振动吸收频率。

在脂肪族碘化物中，I 原子会使与之连接的 CH_2 面外摇摆振动吸收强度增大。在碘丁烷（图 7-82）中，与之连接的 CH_2 面外摇摆振动出现两个强的吸收谱带，分别位于 $1246cm^{-1}$ 和 $1190cm^{-1}$。

含卤素基团的振动频率见表 7-30。

表 7-30　含卤素基团振动频率

振动模式	振动频率 /cm^{-1}	注释
碳氟振动	1280～1000	
CF$_3$ 反对称伸缩	1278	强
CF$_3$ 对称伸缩	1148	强
CF$_3$ 变角	660～510	弱
CF$_2$ 反对称伸缩	1210	强
CF$_2$ 对称伸缩	1155	强
CF 伸缩		
脂肪族	1100～1000	强
芳香族	1270～1100	中等。与芳环共轭,频率提高
碳氯振动		
CCl$_4$ 反对称伸缩	785 和 762	红外吸收峰强
CCl$_4$ 对称伸缩	463	拉曼谱带,强
CCl$_4$ 不对称变角	453	拉曼谱带,中等
CCl$_4$ 对称变角	317	拉曼谱带,中等
CCl$_3$ 伸缩	870～670	反对称和对称伸缩振动频率范围变化比较大
CCl$_2$ 伸缩	840～650	反对称和对称伸缩振动频率范围变化比较大
CCl 伸缩		
脂肪族	800～570	强
芳香族	1100～1030	中等。与芳环共轭,频率提高
碳溴伸缩振动		
脂肪族 C—Br	700～500	强
芳香族 C—Br	1075～1025	中等。与芳环共轭,频率提高
碳碘伸缩振动 C—I	610～500	弱

7.26　无机化合物基团的振动频率

　　无机物主要分为：中性分子化合物、简单无机盐化合物、含氧酸盐化合物和各种金属氧化物。

7.26.1　中性分子的振动频率

　　CO、CO_2、NH_3、PH_3、H_2O、H_2S、SO_2、SO_3、HF、HCl 等有极性键的中性分子有红外吸收光谱（见表 7-31）。石墨、Si、Ge、

表 7-31　某些气体的红外吸收频率

分子式	红外吸收频率/cm^{-1}
CO	2173(R 支),2120(P 支)
CO_2	2359(R 支),2338(P 支),669(Q 支)
H_2S	2627(反对称伸缩),2615(对称伸缩),1183(弯曲)
NH_3	3414(反对称伸缩),3336(对称伸缩),1628(不对称变角),932(对称变角)
PH_3	2421(反对称伸缩),2327(对称伸缩),1121(不对称变角),990(对称变角)
SO_2	1360(反对称伸缩),1151(对称伸缩),602(弯曲)
SO_3	1391(反对称伸缩),536(面内弯曲),484(面外弯曲)

S 等固体单质,以及 N_2、O_2、H_2、卤素单质、惰性气体等非极性中性分子组成的物质没有红外吸收谱带,但较厚的金刚石片、单晶硅片等单质晶体材料出现红外吸收谱带。

7.26.1.1　一氧化碳 C≡O 的伸缩振动

当采用高分辨率测定 CO 气体红外光谱时,得到的是 CO 的振-转光谱［图 2-17(a)］。在高分辨率的 CO 气体振-转光谱中,可以看到很多条近乎线状的、彼此间隔相等的振-转谱线。在 CO 振-转能级跃迁中,根据转动能级跃迁选律,CO 伸缩振动时,偶极矩变化平行于基团对称轴,因而 CO 的振-转光谱出现 P 支和 R 支。当采用低分辨率测定 CO 气体的红外光谱时,只得到 CO 伸缩振动的两条谱带,这两条谱带的中心位置分别在 $2173cm^{-1}$ 和 $2120cm^{-1}$。

CO 可以参与金属配位形成金属羰基配位化合物。在金属羰基配位化合物中,CO 伸缩振动频率比气体 CO 的伸缩振动频率低得多。在单核金属羰基配位化合物中,CO 伸缩振动频率位于 $2000\sim1930cm^{-1}$ 之间。如六羰基钼和六羰基钨分子的 CO 伸缩振动都在 $2000\sim1930cm^{-1}$ 之间出现三个吸收峰。在多核金属羰基配位化合物中,CO 在两个金属原子之间成桥,成桥的 CO 伸缩振动频率比单核配合物的 CO 伸缩振动频率还要低。

7.26.1.2　二氧化碳 CO_2 的振动

大气中的二氧化碳对红外光谱的测试有很大的影响,应了解 CO_2 的红外吸收特性。CO_2 分子的两个 C═O 伸缩振动频率完全相等，因此发生强烈耦合，生成两个谱带，一个是 O＝C＝O 反对称伸缩振动，位于 $2390 \sim 2280 cm^{-1}$；另一个是对称伸缩振动，位于 $1340 cm^{-1}$。前者是红外活性的，吸收峰很强，后者是拉曼活性的，在红外光谱中不出现吸收带。

二氧化碳气体是直线形分子，根据转动能级跃迁选律，CO_2 反对称伸缩振-转光谱出现 P 支和 R 支。当采用 $0.125 cm^{-1}$ 分辨率测定 CO_2 气体的红外光谱时，在 $2390 \sim 2280 cm^{-1} CO_2$ 反对称伸缩振动区间，可以看到很多条近乎线状的、彼此间隔相等的振-转光谱（见图1-8）。随着测量分辨率的逐渐降低，线状振-转光谱逐渐消失。当分辨率降到 $4 cm^{-1}$ 时，线状振-转光谱完全消失，变成两个宽的振-转吸收谱带。这两个谱带主峰分别位于 $2359 cm^{-1}$ 和 $2338 cm^{-1}$，前者为 R 支，后者为 P 支。

CO_2 分子是直线形分子，所以 CO_2 分子可以在两个互相垂直的平面内弯曲。这两个弯曲振动频率完全相等，因而发生简并，在 $669 cm^{-1}$ 出现 CO_2 的弯曲振动吸收谱带。CO_2 分子在弯曲振动时，偶极矩变化垂直于分子轴，根据选律，$\Delta J = -1，0，+1$。所以在振-转吸收光谱中，CO_2 分子弯曲振动谱带同时出现 P 支、Q 支和 R 支（见图1-10），$669 cm^{-1}$ 吸收峰属于 Q 支。

7.26.2 简单无机盐的振动频率

NaCl、KBr、CsI、CaF_2、BaF_2、ZnS、ZnSe 等卤化物和硫族化合物是由一种原子阴离子和阳离子组成的化合物，这些化合物在中红外区没有吸收谱带，在远红外区出现晶格振动谱带。当阴离子相同，阳离子不相同时，阳离子越重，晶格振动频率越低。如 NaCl 和 KCl 的晶格振动频率分别为 $172 cm^{-1}$ 和 $150 cm^{-1}$。当阳离子相同，阴离子不相同时，阴离子越重，晶格振动频率越低。如 KF、KCl、KBr 和 KI 的晶格振动频率分别为 162、150、$118 cm^{-1}$ 和 $94 cm^{-1}$。NaCl、CaF_2、BaF_2、ZnSe 等红外晶体材料在中红外区的低频端是不透光的，这是因为红外晶片的厚度都在 3mm 以上，相当于溴化钾压片样品用量的几百倍，因而使晶格振动谱带变

得非常宽，使中红外区低频端出现全吸收。所以，实际测得的
$NaCl$、CaF_2、BaF_2 和 $ZnSe$ 红外晶片透明区域的低频端截止频率
分别为 650、1300、800cm^{-1} 和 650cm^{-1}。

某些简单无机盐的振动频率见表 7-32。

表 7-32　某些简单无机盐振动频率

化学式	红外吸收频率/cm^{-1}	化学式	红外吸收频率/cm^{-1}
NaF	264	CsCl	93
KF	162	NaBr	138
$MgF_2 \cdot xH_2O$	459,272	KBr	118
CaF_2	274	$CuBr_2$	252,223,91
SrF_2	266,229	KI	94
BaF_2	225	AgI	110
$AlF_3 \cdot xH_2O$	356,315	CuI	798,130
LiCl	382	CdI_2	146,86
NaCl	172	CdS	267
KCl	150	AgCN	115

7.26.3　含氧酸盐阴离子的振动频率

含氧酸盐化合物在中红外区出现吸收谱带。这些吸收谱带是阴
离子或阳离子（NH_4^+）基团的振动谱带。当阳离子为金属离子时，
同种阴离子的吸收谱带位置基本相同。阴离子原子个数不相同时，
振动模式是不相同的。下面分别讨论各种不同类型含氧酸盐阴离子
的振动模式和振动频率。

7.26.3.1　角锥形阴离子的振动频率

角锥形四原子阴离子的振动模式与甲基的振动模式相同，有四
种振动模式，分别为反对称伸缩振动、对称伸缩振动、不对称变角
振动和对称变角振动。这四种振动是兼具红外和拉曼活性的。表
7-33 列出了某些角锥形四原子阴离子化合物的红外振动和拉曼位
移频率。表中所列数据 650cm^{-1} 以上是显微红外光谱，650cm^{-1} 以

下区间的光谱是采用石蜡油研磨法测试得到的远红外光谱,拉曼光谱是采用傅里叶变换拉曼光谱仪测试得到的。

表 7-33 中对称和反对称伸缩振动频率是根据拉曼光谱确定的。在拉曼光谱中,对称伸缩振动比反对称伸缩振动谱带强度强,对称变角振动比不对称变角振动谱带强度强,据此确定红外对称伸缩振动和反对称振动频率,对称变角振动和不对称变角振动频率。有些离子(如 SO_3^{2-})反对称比对称伸缩振动频率低,有些离子(如 SO_3^{2-}、BrO_3^-、IO_3^-)的反对称比对称伸缩振动谱带强度弱。这种反常现象在红外光谱中有时会出现。在 Na_2SO_3 的红外光谱中,反对称和对称伸缩振动合并为一个宽谱带。

表 7-33 某些角锥形四原子阴离子化合物的
红外振动和拉曼位移频率/cm^{-1}

分子式	光谱	不对称伸缩振动	对称伸缩振动	不对称变角振动	对称变角振动
Na_2SO_3	IR	—	982	630	495
	拉曼	951	989	641	499
$NaClO_3$	IR	990,967	938	625	483
	拉曼	1031,989,967	938	626	486
$Ba(ClO_3)_2 \cdot H_2O$	IR	974	924	616	505,487
	拉曼	988,966	936,919	622	504,489
$NaBrO_3$	IR	823	805	444	367
	拉曼	847	800	450	369
$KBrO_3$	IR	—	794,780	426	359
	拉曼	837	793	424	362
KIO_3	IR	800	758	351	304
	拉曼	792	752	372	309

7.26.3.2 平面形阴离子的振动频率

平面形四原子阴离子有四种振动模式,分别为反对称伸缩振动、对称伸缩振动、面外弯曲振动和面内弯曲振动。表 7-34 列出了某些平面形四原子阴离子化合物的振动频率。

碳酸根 CO_3^{2-} 离子的四个原子处在同一个平面内,三个氧原子在正三角形的三个顶角。CO_3 反对称伸缩振动、对称伸缩振动、

表 7-34　平面形四原子阴离子的振动频率/（cm^{-1}）

分子式	光谱	反对称伸缩	对称伸缩	面外弯曲	面内弯曲
HBO₃	红外	1475	884	650	547
	拉曼	1400	885	—	503
Li₂CO₃	红外	1479	1088	868	742
	拉曼	1462	1093	—	752,712
Na₂CO₃	红外	1459	—	869,851	686
	拉曼	—	1073	—	701
K₂CO₃	红外	1456,1394	1061	884	707
	拉曼	1426,1374	1063,1027	—	700
CaCO₃	红外	1433	—	878	713
	拉曼	1438	1089	—	715
SrCO₃	红外	1448	1071	858	706
	拉曼	—	1072	—	702
BaCO₃	红外	1444	1059	858	694
	拉曼	1509,1423	1062	—	693
NaNO₃	红外	1379,1353	—	837	—
	拉曼	1388	1071	—	729
KNO₃	红外	1441,1375	—	826	—
	拉曼	1356	1053	—	718
Mg(NO₃)₂ · 6H₂O	红外	1382	1058	820	731
	拉曼	1436,1362	1062	—	734
Ca(NO₃)₂ · 4H₂O	红外	1437,1367	1047	815	748
	拉曼	1419	1059	—	744
Al(NO₃)₃ · 9H₂O	红外	1360	1046	883	748
	拉曼	1390	1050	—	732
Zn(NO₃)₂ · 6H₂O	红外	1464,1373,1324	1036	810	747
	拉曼	1468,1343	1047	—	741

面外弯曲振动和面内弯曲振动频率分别为 $1510\sim1390$、$1120\sim$ 1045、$885\sim820\mathrm{cm^{-1}}$ 和 $775\sim680\mathrm{cm^{-1}}$。$CO_3$ 反对称伸缩振动吸收峰非常强，而且很宽，有些碳酸盐出现双峰；对称伸缩振动是拉曼活性的，红外吸收峰非常弱；面外弯曲和面内弯曲振动吸收峰较弱。碳酸钙 CO_3 反对称伸缩振动、面外弯曲和面内弯曲振动频率分别出现在 1433、$878\mathrm{cm^{-1}}$ 和 $713\mathrm{cm^{-1}}$，对称伸缩的拉曼位移出现在 $1089\mathrm{cm^{-1}}$。

方解石（图 7-83）和文石（图 7-83）是两种不同晶型的碳酸钙。晶型不同，吸收峰有差别。方解石和文石 CO_3 反对称伸缩振动吸收峰都非常强；方解石 CO_3 对称伸缩振动无吸收峰，文石 CO_3 对称伸缩振动在 $1083\mathrm{cm^{-1}}$ 出现弱吸收峰；方解石 CO_3 面外弯曲振动吸收峰出现在 $878\mathrm{cm^{-1}}$，文石出现在 $865\mathrm{cm^{-1}}$；方解石 CO_3 面内弯曲振动吸收峰为单峰，出现在 $713\mathrm{cm^{-1}}$，文石为双峰，出现在 $713\mathrm{cm^{-1}}$ 和 $700\mathrm{cm^{-1}}$。利用红外光谱可以区分方解石和

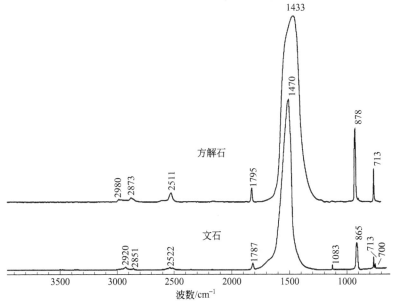

图 7-83 方解石（上）和文石（下）的红外光谱

文石。

　　珍珠的主要成分是碳酸钙，含有少量蛋白质。珍珠是文石结构。从珍珠饰物上取纳克级样品测定显微红外光谱，可以判断珍珠饰物的真伪。如果测得的光谱与文石光谱相似，在 $713cm^{-1}$ 和 $700cm^{-1}$ 出现两个吸收峰，则是真珍珠，否则就是假珍珠。

7.26.3.3　四面体阴离子的振动频率

　　四面体阴离子有四种振动模式，分别为反对称伸缩振动、对称伸缩振动、不对称变角振动和对称变角振动。在这四种振动模式中，反对称伸缩振动和不对称变角振动是红外活性的。反对称伸缩振动总是红外光谱中的最强吸收峰。所有四种振动都是拉曼活性的。表 7-35 列出了某些四面体阴离子的振动频率。

表 7-35　四面体阴离子的振动频率/cm^{-1}

阴离子	反对称伸缩	对称伸缩	不对称变角	对称变角	金属离子
SiO_4^{2-}	956	819	527	340	
PO_4^{3-}	1012	940	550	413	Na
AsO_4^{3-}	878	837	463	349	
SO_4^{2-}	1134	995	637,615	495	Na
SeO_4^{2-}	885	850	418	352	Na
ClO_4^-	1101	941	627	467	K
BrO_4^-	878	801	410	331	
IO_4^-	838	786	362,316	260	Na
TiO_4^{4-}	770	761	371	306	
ZrO_4^{4-}	846	792	387	332	
VO_4^{3-}	804	826	336	336	
CrO_4^{2-}	884	859	398,385	343	K
MoO_4^-	837	897	317	317	
WO_4^{2-}	859,828	931	544	319	Na
MnO_4^-	906	844	401,385	353	K

7.26.3.4　其他阴离子的振动频率

其他阴离子的振动频率见表 7-36。

表 7-36　其他阴离子的振动频率/cm^{-1}

名称	分子式	吸收峰位置/cm^{-1}
四硼酸钠	$Na_2B_4O_7$	1410～1360(强),1154～1076(强),948,815
碳酸氢钠	$NaHCO_3$	1621(强),1402(强),1003(中等),838,699
硅酸钠	Na_2SiO_3	1005～858(强,宽)
亚硝酸钠	$NaNO_2$	1259(强),828(弱)
偏磷酸钠	$NaPO_3$	1297(强),1102(强),994(强),879(强)
磷酸氢二钠	Na_2HPO_4	1263,1222(强),1070(强),955(强),864
磷酸二氢钠	NaH_2PO_4	1247,1168(强),1101,1042,963(强),907
焦磷酸钠	$Na_4P_2O_7$	1121(强),924(中等)
多聚磷酸钠	$Na_5P_3O_{10}$	1216～1095(强),913(中等)
砷酸氢二钠	Na_2HAsO_4	874(强),715(弱)
硫酸氢钠	$NaHSO_4$	1336,1234(强),1071(强),1018,901,860
亚硫酸氢钠	$NaHSO_3$	1179(强),1072(中等),980(强)
硫代硫酸钠	$Na_2S_2O_3$	1134(强),1113(强),1002(强),672(中等)
低亚硫酸钠	$Na_2S_2O_4$	1151(强),996(中等),657(弱)
偏重亚硫酸钠	$Na_2S_2O_5$	1178(强),1063(中等),980(中等),652(弱)
过硫酸钾	$K_2S_2O_8$	1297(强),1063(强),703(中等)
钛酸铅	$PbTiO_3$	765～515(强,宽)
偏钒酸铵	NH_4VO_3	890(强),842(强),654(强),502(强)
重铬酸钾	$K_2Cr_2O_7$	948(强),765(中等),566(中等),376(强),136(强)
钼酸铵	$(NH_4)_6Mo_7O_{24}$	884(强),658(中等),574(中等),476(中等)
重铬酸铵	$(NH_4)_2Cr_2O_7$	948(强),919(中等),723(中等),575(弱)
氟铝酸钠	Na_3AlF_6	600(强),399(中等),260、214、185(中等),102(弱)

7.26.4　金属氧化物的振动频率

金属在红外光谱中是没有吸收谱带的，几十纳米厚的金属薄膜红外光也无法通过，几个纳米厚金属薄膜部分红外光可以通过。金属氧化物和非金属氧化物有红外吸收谱带，氧化物的红外吸收谱带通常都在中红外的低频区和远红外区。多数氧化物吸收谱带是宽谱带，但也有些氧化物吸收谱带很尖锐。表 7-37 列出一些氧化物的吸收峰位置。

表 7-37　一些氧化物的吸收频率

化学式	吸收峰位置/cm^{-1}
Al_2O_3	3300,3093,1075,746,618
CaO	394,322
Co_2O_3	667,564,391,218
CrO_3	966,892,580,322
Cu_2O	620,147
CuO	515,322,164,148
Fe_2O_3	533,462,308
Fe_3O_4	561,392
MgO	528,410
MnO_2	574,527,478,380
Nd_2O_3	345
SiO_2	(1164,1089,800,781,696 红外);(1161,1069,799,695,463 拉曼)
TiO_2	(729,661,452,340 红外),(540,517,398,151 拉曼)
VO_3	816,766
V_2O_5	1025,828,519,383,293,217
Y_2O_3	381
ZnO	432
CeO_2	347
As_2O_3	798,479,346,256

第8章

红外光谱的定性分析和未知物的剖析

8.1 红外光谱的定性分析

红外光谱法分为定性分析方法和定量分析方法。在红外光谱实验室日常分析测试工作中，用得最多的是红外光谱定性分析。红外光谱定性分析之所以得到广泛的应用，是因为采用定性分析方法鉴别物质可靠性强，而且具有分析速度快、样品用量少和不破坏样品等优点。

从样品的红外光谱可以得到样品的分子结构信息，从样品红外光谱中吸收峰的位置和强度，可以知道样品分子中可能含有哪些基团和基团数量的多少。除此之外，对于某些分子组成相同，但分子的构型不同（同分异构体）、分子的排列方式不同、晶型不同的物质，红外光谱不完全相同。由此可见，红外光谱与分子结构的关系犹如人与指纹的关系一样，是一一对应的。据此，可以利用红外光谱对物质进行定性分析。

红外光谱定性分析的工作主要有：已知物的验证；样品纯度和杂质检出限的确定；样品的比对；谱库检索；未知物的剖析。

8.1.1 已知物的验证

已知物的验证是将待测样品的红外光谱与已知分子结构的纯净物的标准红外光谱进行对比，从而鉴别待测样品是否为已知物。纯净物的标准红外光谱可以在所用的红外仪器上测试，然后将测试所得到的红外光谱数据存储在计算机的硬盘上，或添加到自建的谱库目录中，需要鉴别时可以对谱库进行检索，或将存储的标准光谱调出来进行比较。

在比较两张光谱时，应比较光谱中所有吸收峰的峰位、峰强和峰宽，如果两张光谱比较结果完全一致，即可认为所测样品就是该已知物。如果在所测的光谱中，除了纯净物的吸收峰外，还出现多余的吸收峰，说明所测样品除了该已知物外，还含有杂质。如果两张光谱差别很大，说明二者不是同一物质。

生产单位质量控制部门利用红外光谱定性分析技术对已知物进行验证是一项非常重要的工作。为了保证产品质量，除了需要对最终产品进行验证外，还需要对生产所用的原材料和中间品进行验证。高等院校和科研部门在从事科研工作过程中，为判断在加工或化学反应后是否得到预期的产品，用红外光谱进行验证是一种快速、简便的方法。

进行已知物的验证，需要标准红外光谱，如果所采用的标准红外光谱是在所用的红外光谱仪上测试得到的，进行已知物验证时，测试方法和所用的测试参数应与测试标准红外光谱所采用的一致，样品的用量也应一致。如果所采用的标准红外光谱是从仪器的谱库中检索出来或调出来的，或从标准谱图集或书刊中收集来的，这些标准谱图测试所采用的样品制备方法、测试方法和测试参数可能会与已知物验证时所采用的不相同，因此，在进行红外光谱对比时，要格外小心。当样品的用量不同，测试方法不相同时，两张光谱吸收峰的相对强度会有差别；当测试所采用的分辨率不相同时，两张光谱吸收峰的个数会有差别。对于有机物，分辨率为 $4cm^{-1}$ 和 $8cm^{-1}$，两张光谱吸收峰的个数基本上没有差别，若分辨率为 $16cm^{-1}$，将会存在显著差别。如果固体样品存在多晶异构体，在进行已知物验证时，最好采用溶液法测试红外光谱。

8.1.2 样品纯度和杂质检出限的确定

已知物验证的结果无非出现三种情况：①两张光谱比较结果完

全一致；②两张光谱差别很大；③待验证光谱中，除了纯净物的吸收峰外，还出现多余的吸收峰。第三种情况说明待验证的样品中含有杂质。现在的问题是：①如何定性给出主成分的百分含量；②如何定性给出杂质的百分含量；③杂质的最低检出限是多少；④所含杂质是否为另一已知物，如何确定杂质的组成。

在红外光谱定性分析过程经常会遇到以上四个问题。下面举个实际例子来回答以上问题。图 8-1 所示是苯的标准红外光谱（A），光谱（B）是待验证样品的红外光谱。比较光谱（A）和光谱（B）可以知道，光谱中除了苯的吸收峰外，还出现二个多余的吸收峰（731cm^{-1} 和 465cm^{-1}）。说明待验证样品中存在杂质。现假设杂质是一种物质，如何根据多余峰的峰强定性估计杂质和苯的百分含量。首先，将测试得到的苯的光谱和待验证样品的光谱转换成吸光度光谱，并进行基线校正和归一化，然后测量杂质最强峰 731cm^{-1} 吸收峰的峰高，基线校正后的峰高为 0.132。假设苯的最强峰（673cm^{-1}）和 731cm^{-1} 吸收峰所对应的基团摩尔吸光系数相同，那么，杂质的百分含量为：

$$0.132/(1+0.132)=0.116$$

即杂质的含量为 10% 左右，苯的纯度为 90% 左右。图 8-1 中的光谱（B）是 90% 苯和 10% 甲苯溶液的光谱。说明待验证样品中苯的定性分析结果与实际值非常吻合。

图 8-1 中的光谱（C）是苯和甲苯混合液的红外光谱，甲苯的含量为 1% 体积。从光谱（C）仍然能够观测到杂质甲苯的吸收峰（731cm^{-1}），说明只要杂质吸收峰和主成分吸收峰不完全重合，杂质的最低检出限范围可以达 1%～10%。

从图 8-1 光谱（B）可以看出，杂质甲苯的许多吸收峰都和苯的吸收峰重叠在一起，单从多余的两个吸收峰是很难确定杂质的组分的，因为扣除苯的吸收峰后剩余的信息太少。那么，又该如何确定杂质的成分。第一种方法是，从苯的取代物中筛选，因为杂质的许多吸收峰和苯的吸收峰重叠，所以，杂质应该是苯的取代物。将苯的各种取代物的标准光谱和光谱（B）进行比较，应该能够知道

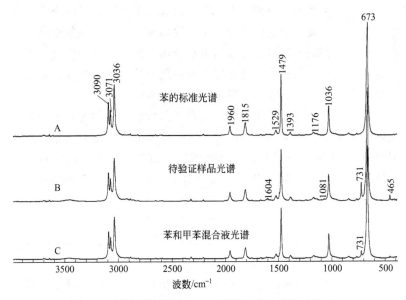

图 8-1 苯的标准光谱（A）、待验证样品光谱（B）和
苯和甲苯（1%）混合液的光谱（C）

杂质的成分。第二种方法是采用光谱差减技术，从光谱（B）中减
掉光谱（A），再对差减得到的光谱进行谱库检索，检索结果表明
杂质成分是甲苯，如图 8-2 所示。

8.1.3 样品的比对

在红外光谱定性分析工作中，有时候不需要知道样品的成
分，不需要知道样品是纯净物还是混合物，也不需要知道样品中
各组分的百分含量，只需要知道待测试的两个样品的成分是否相
同。如果待测试的两个样品的红外光谱完全相同，说明这两个样
品的成分及其百分含量是相同的。这种红外光谱的定性分析称为
样品的比对。

样品比对的一个典型例子是，交通肇事车辆油漆和肇事现场遗
留油漆红外光谱的比对。汽车油漆的成分非常复杂，不同厂家、不

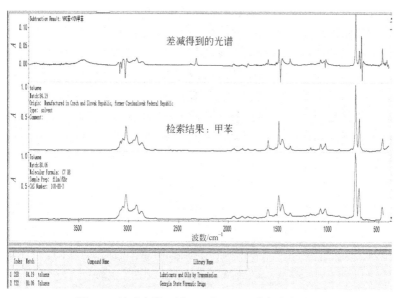

图 8-2　差减光谱（图 8-1 中 B-A）谱库检索结果

同品牌、不同时期出厂的汽车所喷涂的油漆成分是不相同的，油漆经风吹、雨淋和日晒后成分也会发生变化。要想确定一辆汽车的油漆成分及其含量是一项非常困难的工作，而通过交通肇事车辆油漆和肇事现场遗留油漆红外光谱的比对，就可以为法庭提供可靠的依据。

8.1.4　谱库检索

对已知物进行验证和对未知物进行剖析时，经常要对所测试的光谱进行谱库检索，以确定所测试样品的组分和各种组分的大致含量。如果所测试的样品是纯组分，谱库中又存在这种纯组分的光谱，检索得到的光谱匹配度肯定能达到 90% 以上。匹配度在 90%以上的光谱，基本上可以认为与样品光谱相一致。当然不能以匹配度为标准，应将检索得到的光谱与样品光谱进行对比，从而确定样品中是否含有检索出来的成分。有时检索出来的光谱匹配度在

70%以下，但检索结果也能与样品光谱完全一致。氰尿酸标准光谱谱库检索结果示于图 8-3 中，光谱 A 是氰尿酸标准光谱；光谱 B 是将氰尿酸标准光谱添加到谱库中检索出来的，匹配度无疑应为100%；光谱 C 是购买的谱库中氰尿酸的光谱。光谱 C 的匹配度只有 67% 左右，但这张光谱和标准氰尿酸的光谱完全一致。匹配度低的原因是两张光谱测试所采用的方法不相同。光谱 A 采用显微红外光谱法测试，光谱 C 采用石蜡油糊状法测试。除了测试方法对检索光谱的匹配度有影响外，分辨率对检索光谱的匹配度也有影响。

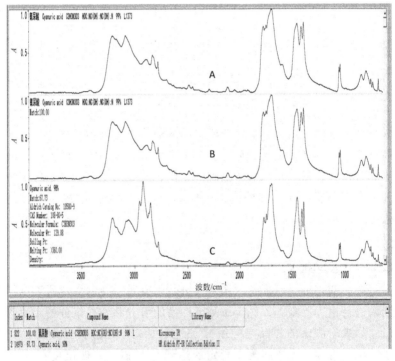

图 8-3　标准氰尿酸光谱的谱库检索结果

　　未知物谱库检索的方法将在下一节"8.2 未知物的红外光谱剖析"作详细介绍。

8.2 未知物的红外光谱剖析

对于一个红外光谱分析测试工作者，给您一张纯化合物的中红外光谱，又给您提供这种化合物的结构式，也许您能够将光谱中主要的吸收谱带进行归属。但是，如果只给您提供一张纯化合物的中红外光谱，根据光谱的信息，恐怕很难推断出该化合物的结构。根据光谱中各个谱带的位置、谱带的形状和谱带的强度，也许您能推断出属于哪类化合物。对于混合物的红外光谱，恐怕只能判断混合物中含有哪些基团，而根本无法准确推断出混合物的组成。

如果您的计算机中有谱库，不管是购买的还是自己建立的谱库，只要谱库中的光谱足够多，利用谱库检索技术，对未知纯化合物的光谱进行检索，就可以知道未知纯化合物的名称。对未知混合物的光谱，将谱库检索技术和其他光谱数据处理技术相结合，可以对未知物进行剖析。

如果混合物的组分只有两、三种，而且每种组分的含量不是很低，红外剖析相对来说还是比较容易的。对于四种组分以上的未知物，红外剖析就很难了。对于含量低于 5% 的组分，红外检测很困难。含量在 20% 以上的组分，一般不容易漏检。

对于只有两、三种组分的未知混合物，而且每种组分含量不低于 10%，根据未知物中各组分特征吸收峰在混合物光谱中的相对强度，可以推算各组分的大致含量。

8.2.1 固体未知物样品的剖析

固体未知物可能是纯净物，也可能是混合物。不管是纯净物还是混合物，首先采用溴化钾压片法测定固体未知物的光谱。从光谱谱带的多少、谱带的位置、谱带的形状以及谱带的强度，判断未知物属于哪类化合物，或是哪一种化合物。如果计算机中有谱库，应该对光谱进行检索。如果未知物是纯净物，计算机谱库中又有这种纯净物的光谱，就能马上检索出来。如果未知物是混合物，通过谱库检索，也有可能检索出混合物中的一种组分。

固体未知物是混合物时，如果有红外显微镜附件，而且实验室有放大倍数较大的体相显微镜时，样品的剖析可以采用如下步骤。

① 采用溴化钾压片法测定未知固体混合物样品的光谱，得到混合物中各种组分的加和光谱。

② 将少许样品撒在载玻片上，在放大倍数较大的体相显微镜下（放大倍数最好在 40 倍以上），用针头挑出不同形状、不同颜色或不同晶形的颗粒。

③ 利用显微镜红外光谱技术测定光谱，可以得到各个组分的光谱。

④ 对各个组分的光谱进行谱库检索，可以确定固体混合物中的组分。

⑤ 将测得的各种组分的光谱与溴化钾压片法测得的固体混合物光谱进行比较，根据各种组分吸收峰的强度，将光谱乘以一定的系数，然后加和。

⑥ 将加和光谱与溴化钾压片法测得的固体混合物光谱进行比较。检查固体混合物中所有组分是否都已分析完毕。

如果没有红外显微镜和体相显微镜，在对固体未知混合物样品进行剖析之前，先用水溶解样品。如果样品能全部溶解在水中，说明样品是可溶性的。用 pH 试纸测试溶液的酸碱性，初步判断属于酸性物质还是属于碱性物质。如果样品不能全部溶解在水中，可加入少许有机溶剂，如氯仿、四氯化碳等，经充分振荡后，如果样品能全部溶解，说明混合物中有有机物。如果仍然有不溶物，说明混合物中有不溶于水的无机物。将水相中的水去除掉，将有机相中的有机溶剂挥发掉，用红外光谱分别分析水相和有机相的剩余物。

如果固体未知混合物样品量很少，也可不经分离，直接用红外光谱法分析。红外光谱分析可以采用以下步骤。

① 采用溴化钾压片法测定未知固体混合物样品的光谱，得到混合物中各种组分的加和光谱。

② 对溴化钾压片法测得的光谱进行谱库检索。如果能检索出混合物中的一种组分，就可以对混合物光谱进行数据处理。数据处

理的方法分为三种：第一，从混合物光谱中减去检索出来的组分的光谱；第二，用生成直线数据处理技术将混合物光谱中已知组分的所有吸收峰都生成直线；第三，采用手动基线校正数据处理技术将混合物光谱中已知组分的所有吸收峰校正至零基线。

③ 对数据处理后的光谱再进行检索。

一般说来，采用红外显微镜对未知混合物进行剖析，能检测出所有组分。因为每一种组分在体相显微镜下的形状、颜色或晶形往往是不相同的。如果没有红外显微镜附件，在对混合物进行分析之前又没有进行分离，有些组分可能会被漏检，如卤化物、硫化物在溴化钾压片法测得的光谱中不出现吸收谱带。

下面举几个实例说明未知固体混合物的剖析结果。

例 8-1　将某一未知固体粉末撒在载玻片上，在体相显微镜下观察，只看到一种形状的颗粒。采用溴化钾压片法测定样品的光谱。图 8-4A 是未知样品的光谱。对光谱进行谱库检索，检索结果为 4-氨基苯磺酸钠。图 8-4B 是检索出来的光谱。图 8-4A 和 B 很相似，说明未知物主要成分是 4-氨基苯磺酸钠。未知物中可能存在一些杂质，但因量太少，提供的信息不够多，超出了红外光谱检测的范围。

例 8-2　将某一未知固体粉末撒在载玻片上，在显微镜下观察，明显地看到两种不同晶形的颗粒。一种是不规则的颗粒，另一种是长方形颗粒。用针头分别挑出来，测定它们的显微红外光谱。图 8-5A 和 B 分别是不规则颗粒的光谱和谱库检索结果。从检索结果得知不规则颗粒为苹果酸。图 8-6A 和 B 分别是长方形颗粒的光谱和谱库检索结果。从检索结果得知长方形颗粒为三氯异氰脲酸。图 8-6 光谱 B 在 2925、2856cm^{-1} 和 1461cm^{-1} 出现吸收峰，是因为谱库中的三氯异氰脲酸采用石蜡油制样测得的光谱。

例 8-3　将某一未知固体粉末撒在载玻片上，在体相显微镜下观察，看到三种不同形状的物质。一种是灰色大块颗粒，另一种是无规则粉末，还有一种是椭圆状颗粒。用针头分别将它们挑选出来，测定它们的显微红外光谱。图 8-7C、D 和 E 分别为灰色大块

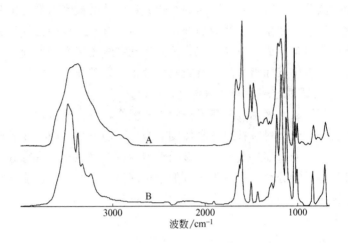

图 8-4　固体未知物的光谱（A）和谱库检索结果
（4-氨基苯磺酸钠光谱）(B)

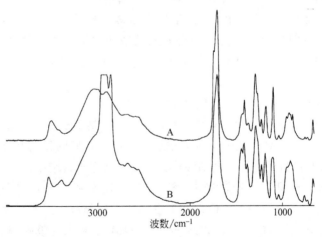

图 8-5　不规则颗粒的光谱（A）和谱库检索结果（苹果酸光谱)(B)

颗粒、无规则粉末和椭圆状颗粒的光谱。图 8-7A 是采用溴化钾压片法测得的混合物的光谱。将光谱 D 和 C 分别乘以 0.4 和 0.2，然后相加。得到的加和光谱再与光谱 E 相加，光谱 B 为最后的加和光谱。光谱 A 和 B 非常相似，由此可知，未知固体混合物是由三

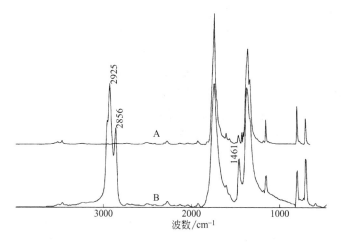

图 8-6　长方形颗粒的光谱（A）和谱库检索结果

（三氯异氰脲酸光谱）(B)

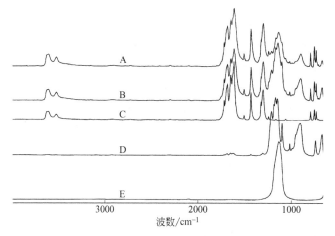

图 8-7　溴化钾压片法测得的混合物的光谱（A）、
加和光谱（B）、灰色大块颗粒的光谱（C）、无规则
粉末的光谱（D）和椭圆状颗粒的光谱（E）

种组分组成的。分别对光谱 C、D 和 E 进行谱库检索，得知这三种
组分分别为二氯异氰脲酸钠、多聚磷酸钠和无水硫酸钠。

8.2.2 液体未知物样品的剖析

液体未知物分为水溶液和有机溶液。将一滴液体未知物滴在载玻片上，如果液滴成球状，则是水溶液，因水的表面张力大，液滴不易散开。如果液滴散开，可能是有机溶液，也有可能是能溶于水的有机物的水溶液，如醇类、酮类、胺类、糖类、有机酸类等。

液体未知物在剖析之前，最好先用氟化钡液池测定其红外光谱，从红外光谱就能知道未知物是水溶液，还是有机溶液，或是有机物的水溶液。

8.2.2.1 水溶液未知样品的剖析

直接测定水溶液的红外光谱，很难得到溶质的信息，这是因为水的伸缩振动和变角振动的摩尔吸光系数很大。液膜的厚度几个微米，水的伸缩振动谱带吸光度已超过 1.4。增加液膜厚度，水的伸缩振动谱带和变角振动谱带不仅吸光度增加，而且谱带变宽。谱带变宽的结果将掩盖溶质的谱带。所以，剖析水溶液未知样品时，必须将水全部除掉，只分析剩余的溶质。

如果有红外显微镜附件，可将几滴液体滴在载玻片上，置于40℃烘箱中烘干，或用红外灯烤干。如果有体相显微镜，可将烘干后的溶质用体相显微镜观察。因为随着水分的蒸发，溶质不断地析出。如果溶质是多组分，在显微镜下能观察到多种晶形。用针头将它们分别挑出来测定显微红外光谱，再通过谱库检索，就能知道溶质混合物的组成。

如果没有红外显微镜附件，可将液体倒入小烧杯中，置于40℃烘箱中烘干，或用红外灯烤干，或用氮气吹干。得到的固体溶质采用前面叙述的固体未知物样品的剖析方法分析。

8.2.2.2 有机溶液未知物的剖析

有机液体未知物可能是纯净物，也有可能是两种或两种以上有机液体的混合物，还有可能是有机溶液，即有机物固体溶于有机溶剂中的混合物。

（1）有机液体纯净物的剖析 用溴化钾窗片液池测定有机液体未知物的红外光谱，对测得的光谱进行谱库检索。如果是纯净物，谱库中又有这种纯净物的光谱，马上就能知道未知物的成分。

（2）有机液体混合物的剖析　如果未知物是两种或两种以上有机液体的混合物，对混合物的光谱进行谱库检索，一般情况下，能检索出其中的一种组分。从混合物的光谱中减去这个组分的光谱。在差减光谱中可能出现负峰，用基线校正法将负峰校正至零基线，再对基线校正后的光谱进行谱库检索。采用这种办法能将有机液体混合物中的组分鉴别出来。但是，如果混合物中的组分太多，或组分的含量太低，分析结果就不太可靠了。

现举一个实际例子，说明两种组分的有机液体混合物的剖析过程。

① 未知有机液体混合物助焊剂的光谱如图 8-8A 所示。

② 对光谱 A 进行谱库检索，检索结果为甲醇，如图 8-8B 所示。

③ 从光谱 A 中减去光谱 B，得到差减光谱 C。

④ 在光谱 C 中出现负峰，用基线校正法将负峰（甲醇的 C—OH伸缩振动峰）校正至零基线，如图 8-8D 所示。

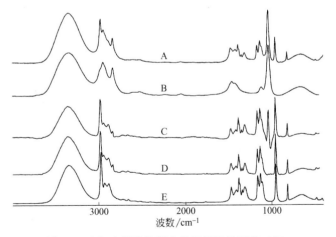

图 8-8　未知有机液体混合物助焊剂的光谱（A）、
甲醇光谱（B）、差减光谱（C）、将负峰校正至零基线
的光谱（D）和异丙醇的光谱（E）

⑤ 对光谱 D 进行谱库检索，检索结果为异丙醇，如图 8-8E 所示。

经过以上 5 个步骤分析，得出的结论是，某助焊剂有机液体混合物由甲醇和异丙醇组成。

如果未知有机液体混合物各组分的沸点差别较大，可将混合物倒入小烧杯中用氮气吹，沸点较低的液体先挥发掉，剩下的是沸点较高的液体。测定剩下液体的光谱和未知混合液体的光谱，并从未知液体混合物的光谱中减去剩余液体的光谱得到差谱。对剩余液体的光谱和差谱分别进行谱库检索，即可知道各组分的名称。

例如，某用户送来一种未知有机液体混合物，要求采用红外光谱法分析其组成。实际分析过程如下。

① 测试未知有机液体混合物光谱，如图 8-9A 所示。

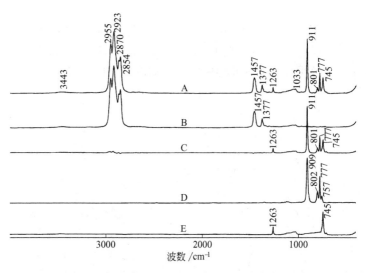

图 8-9　未知有机液体混合物的光谱（A）、矿物油光谱（B）、差减光谱（C）、四氯乙烯光谱（D）和生成直线后的光谱（E）

② 将混合物倒入小烧杯中，用氮气吹，体积减少 3/4 后测得的光谱如图 8-9B 所示。

③ 对光谱 B 进行谱库检索得知剩余液体为矿物油。

④ 从光谱 A 减去光谱 B 得到的差减光谱 C。

⑤ 对光谱 C 进行谱库检索得到光谱 D，得知是四氯乙烯。

⑥ 将光谱 C 中的四氯乙烯谱带生成直线得到光谱 E。

⑦ 对光谱 E 进行谱库检索得知是二氯甲烷。

所以，剖析的结果为：未知有机液体混合物由不易挥发的矿物油和容易挥发的四氯乙烯和二氯甲烷三种组分组成。

（3）有机溶液的剖析　如果未知物是有机物固体溶于有机溶剂中，剖析时，先将固体有机物从溶剂中分离出来，然后测定固体的光谱。从未知物的红外光谱中减去固体的光谱可以得到溶剂的红外光谱。

固体的剖析按固体未知物样品的剖析方法进行剖析，溶剂的剖析按有机液体未知物的剖析方法进行剖析。

将未知物倒入小烧杯中用氮气吹干，分析固体残渣的组成。如果有红外显微镜附件，将未知物滴在载玻片上，放在 40℃ 烘箱中烘干，分析得到的固体样品。如果溶剂是混合物，低沸点溶剂在 40℃ 温度下会逐渐挥发掉，在载玻片上会残留高沸点的溶剂。用显微红外附件测定残留物（有机物固体或高沸点溶剂）的红外光谱。

8.2.3　聚合物未知样品的剖析

聚合物未知物的剖析是指共聚物或共混物的主组分分析，而不是指聚合物中的抗氧化剂、抗静电剂、防老化剂等少量添加剂的剖析。

采用聚合物薄膜法或显微红外光谱法或其他方法，测定聚合物未知物的红外光谱，对光谱进行谱库检索，如果能检索出聚合物中的一种组分，从未知物的光谱中减去这种组分的光谱，对差减光谱进行一定的数据处理，然后再进行检索，这样就能确定聚合物未知物中的各种主组分。

下面一个例子是对生化实验用的 V 形塑料管成分的剖析。步骤如下。

① 用手术刀片从 V 形塑料管上刮下少许样品，用红外显微镜附件测试样品的光谱，如图 8-10A 所示。

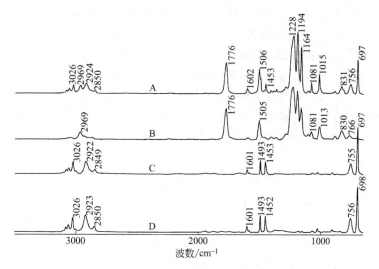

图 8-10　聚合物未知物的红外光谱剖析

A—V 形塑料管的光谱；B—检索得到的聚碳酸酯的光谱；C—对差减光谱进行数据处理后得到的光谱；D—对处理后的光谱 C 检索得到的聚苯乙烯的光谱

② 对光谱 A 进行谱库检索，检索结果显示 V 形塑料管中含有聚碳酸酯，光谱如图 8-10B 所示。

③ 从光谱 A 中减去光谱 B，将得到的差减光谱中出现负峰的光谱区间生成直线，如图 8-10C 所示。

④ 对光谱 C 进行谱库检索，检索结果为聚苯乙烯，如图8-10D所示。

剖析结果表明，生化实验用的 V 形塑料管成分为聚碳酸酯和聚苯乙烯共混物或共聚物。

第9章

红外光谱的定量分析

红外光谱分析测试工作者在日常的分析测试工作中,主要是从事定性分析测试工作。虽然利用红外光谱技术对已知组分可以进行定量分析,但是,要求对样品进行定量分析的用户是很少的。企业单位的红外光谱实验室开展定量分析测试工作相对多一些,但大都是对某一种产品进行定量分析。

对单一组分体系,红外光谱的定量分析是很容易的。对两种组分体系的定量分析相对来说也比较容易。对于多组分体系,进行定量分析就不那么容易了。特别是对于那些化学性质相似、结构相似的同系物,多组分体系的定量分析就更难了。对于多组分体系,尤其是同系物多组分体系的定量分析,现在一般都借助红外多组分定量分析软件进行分析。红外多组分定量分析软件种类很多,如经典最小二乘法、偏最小二乘法、主组分回归法、多组分线性回归法等。各个红外仪器厂商都在不断地发展和更新红外多组分定量分析软件。有通用的多组分定量分析软件,也有专用的多组分定量分析软件。

固体和液体样品都可以进行定量分析。定量分析时需要有参比样品或标准样品。在没有参比样品或标准样品的情况下,只能对混合物中各组分的含量做个粗略的估计。多组分定量分析的准确度不高,误差在5%左右。单一组分的定量分析准确度能达到1%左右。

进行红外光谱定量分析,应该注意以下几点:

① 应该在仪器最稳定的状态下采用相同的参数测试标样和样

品的红外光谱，测试时，标样和样品温度保持一致。

② 所分析的谱带吸光度值应落在一定的范围内。一般情况下，谱带的吸光度值在 0.3～0.8 吸光单位时，就认为谱带的信噪比足够高了。如果傅里叶变换红外光谱仪的灵敏度很高，假如基线能够准确确定，吸光度值较低的谱带也能用于定量分析。测试多组分样品时，吸光度值可以超出最佳范围，但吸光度最好不要超过 1.5。虽然组分浓度很高，但吸收谱带比较弱，这种较弱的吸收谱带也可以认为已落在吸光度最佳范围内。

③ 测试样品的溶液光谱能得到最准确的分析结果。用液体池测试液体光谱时，每次将样品池插入样品架的位置不可能完全相同。最好将样品池固定好，接上管路，样品以流动方式进入样品池。如果不能使用流动样品池，每次将样品池插入样品架后，样品池应该很牢固，不允许倾斜和横向移动。采用固定厚度液体池测试光谱时，在样品充足的情况下，最好用下一个要测试的样品溶液将已测试的样品溶液从液池中冲洗出来。冲洗液池的样品溶液体积至少为进样口和液池出口之间体积的 5 倍（越多越好，如 20 倍）。

④ 尽量选择吸光度较大的谱带进行分析。只能对吸光度光谱进行定量分析，不能对透射率光谱进行定量分析。采用峰面积进行定量分析比采用峰高进行定量分析准确度高。

9.1 朗伯-比耳定律

红外光谱定量分析的依据是朗伯-比耳（Lambert-Beer）定律，简称为比耳定律。比耳定律表述为：当一束光通过样品时，任一波长光的吸收强度（吸光度）与样品中各组分的浓度成正比，与光程长（样品厚度）成正比。对于非吸光性溶剂中单一溶质的红外吸收光谱，在任一波数（ν）处的吸光度为

$$A(\nu) = \lg \frac{1}{T(\nu)} = a(\nu)bc \qquad (9\text{-}1)$$

此式即为著名的朗伯-比耳定律。式中，$A(\nu)$ 和 $T(\nu)$ 分别

表示在波数（ν）处的吸光度和透射率；$A(\nu)$ 是没有单位的；$a(\nu)$ 表示在波数（ν）处的吸光度系数，是所测样品在单位浓度和单位厚度下，在波数（ν）处的吸光度；b 表示光程长（样品厚度）；c 表示样品的浓度。

由于红外光谱的吸光度具有加和性，对于 N 个组分的混合样品，在波数（ν）处的总吸光度为

$$A(\nu) = \sum_{i=1}^{N} a_i(\nu) b c_i \qquad (9\text{-}2)$$

对于液体样品，若式（9-1）中的光程长 b 以 cm 为单位，样品的浓度 c 以 mol/L 为单位，则在波数（ν）处的吸光度系数 $a(\nu)$ 称为摩尔吸光系数，单位为 L/(cm·mol)。

对于采用卤化物压片法制备的样品，式（9-1）中的 bc 乘积用样品的质量表示。对于纯样品薄膜，如纯有机物液膜、聚合物薄膜等，式（9-1）中的 bc 乘积用液膜或薄膜的厚度表示。

式（9-1）中的吸光度系数 $a(\nu)$ 在不同波数处的数值是不相同的，也就是说，同一物质在不同波数处的吸光度系数是不相同的。对于红外光谱来说，光谱中不同基团的振动频率的吸光度系数是不相同的。

在一张红外光谱中，为什么有些基团的特征吸收峰很强，而有些基团的特征吸收峰却比较弱或很弱？从式（9-1）可以知道，如果某个基团振动频率的吸光度系数很大，或者分子中同一基团的数目很多，那么，这个基团的特征吸收峰就很强。一般说来，强极性基团，如 O—H、C≡O、C—O、C—F 等，或键级数目多的基团，如 C≡N、C≡O 等的伸缩振动，或含氧酸根，如 CO_3^{2-}、SiO_4^{4-}、NO_3^{-}、PO_4^{3-}、SO_4^{2-}、ClO_4^{-} 等的反对称伸缩振动，这些特征吸收频率吸光度系数都比较大，所以，它们的振动吸收峰都很强。CH_2 和 CH_3 的对称和反对称伸缩振动吸收频率的摩尔吸光系数虽然并不大，但是，如果分子中这些基团的数目很多，那么它们的振动吸收峰也会很强。

式（9-1）和式（9-2）表明，比耳定律只适用于吸光度光谱。

所以，在进行红外光谱的定量分析时，应将透射率光谱转换成吸光度光谱。因为透射率与样品浓度没有正比关系，但吸光度与样品浓度成正比。

9.2 峰高和峰面积的测量

红外光谱的定量分析有两种方法：一种是测量吸收峰的峰高，即测量吸收峰的吸光度，这就是根据比耳定律进行定量分析；另一种是测量吸收峰的峰面积。采用峰面积进行定量分析往往比采用峰高进行定量分析更加准确。由此可见，在进行红外光谱定量分析时，必须从测定的光谱中找出一个特征吸收峰，通过测量吸收峰的峰高或峰面积进行定量分析。

9.2.1 峰高的测量方法

红外光谱吸收峰的形状是多种多样的，有独立存在的、非常对称的吸收峰，峰的两侧与基线基本相切，如图 9-1 中的 A 峰。有些

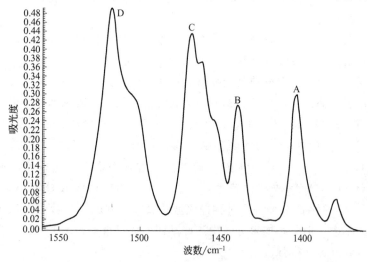

图 9-1 不同形状的红外光谱吸收峰

吸收峰靠在一起，互相有部分重叠，但互相干扰不是非常严重，如图 9-1 中的 B 峰。有些吸收峰是由两个或两个以上的吸收峰重叠在一起，形成肩峰或形成一个不对称的吸收峰，如图 9-1 中的 C 峰和D 峰。

利用红外光谱进行定量分析时，根据比耳定律，需要测量吸收峰的吸光度 A 值，也就是说，需要测量吸收峰的峰高。各个红外仪器公司提供的软件中都包含吸收峰峰高的测量方法。当使用红外软件测量吸收光谱中某个吸收峰的峰高时，计算机通常给出两个峰高值，一个是经过基线校正后的峰高值，另一个是未经基线校正的峰高值。

基线校正所用的基线可以人为确定，可以是吸收峰两侧最低点的切线，如图 9-2 所示。也可以是与吸收峰一侧最低切点相切的水平线，如图 9-3 所示。经基线校正后的峰高值是指，从吸收峰顶端向 x 轴引垂直线，垂线与基线的交点到吸收峰顶端的距离即为吸收峰的峰高。图 9-2 中 B 峰的峰高 ab 为 0.203；图 9-3 中 B 峰的峰高 ab 为 0.254。图 9-2 和图 9-3 测量峰高的方法不同，得到的结果也不相同。图 9-3 测量峰高的方法可能更合理些。在进行红外光谱定量分析时，图 9-2 和图 9-3 的方法都可以采用，但对同一个体系只能采用一种方法。这样得到的结果是可比的。

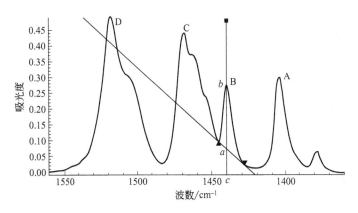

图 9-2　吸收峰峰高的测量方法 I

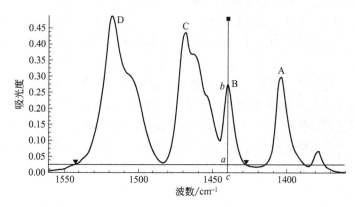

图 9-3　吸收峰峰高的测量方法 Ⅱ

　　未经基线校正的峰高值是指从吸收峰的顶端到 x 轴的距离。图 9-2 和图 9-3 中未经基线校正的 B 峰峰高 bc 均为 0.276。显然，应该选经过基线校正后的峰高值作为吸光度 A 的值。

　　图 9-1 中的 A 峰是独立的吸收峰，测量峰高没有任何悬念，峰顶端的垂线到两个切点连线的距离即为峰高值，如图 9-4 所示。

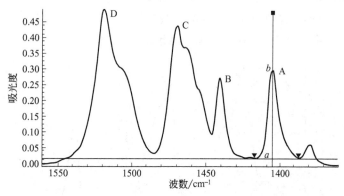

图 9-4　吸收峰峰高的测量方法 Ⅲ

　　对于图 9-1 中的 C 和 D 吸收峰，无论基线的位置如何选取，都无法准确测量这两个吸收峰的峰高。遇到这种情况时，只能采用 9.3 节讨论的曲线拟合法来确定它们的峰高值。

9.2.2 峰面积的测量方法

前面已经讨论过，比耳定律中需要测量的是吸收峰的吸光度 A 值，实际上，比耳定律也可以演变为测量吸收峰的峰面积。峰面积也与样品的厚度成正比，而且与样品的浓度也成正比。使用吸收峰峰面积进行定量计算会比使用吸收峰峰高更准确些，这是因为红外吸收光谱的峰面积受样品因素和仪器因素的影响比峰高更小些。

吸收峰面积是通过对吸收峰进行积分计算得到的，即将吸收峰波数范围内谱带上的数据点平均值乘以波数范围。谱带面积基本上不受谱带形状变化的影响，因为谱带面积与样品中基团总数成正比。分别采用 $4cm^{-1}$ 和 $8cm^{-1}$ 分辨率测试同一个样品得到的红外光谱，对于同一个吸收峰，峰高不相同，但峰面积相同。$4cm^{-1}$ 比 $8cm^{-1}$ 峰高高，峰宽窄。谱带形状变化会引起峰高呈现非线性。然而，如果谱带形状的变化是由分子间作用力的变化引起的，则谱带面积也可能呈现非线性。

当采用峰面积进行定量分析时，结果的可靠性和准确性取决于基线的选择和谱带范围的选择。谱带两侧的面积对总面积贡献很小，但却存在不确定性。原则是，限制谱带两侧的积分界限，界限的宽度不应小于谱带宽度的 $20\%\sim30\%$。

在红外软件中通常都包含有吸收峰峰面积的测量方法。当使用红外软件测量吸收光谱中某个吸收峰的峰面积时，计算机通常也给出两个峰面积的值，一个是经过基线校正后的峰面积，另一个是未经基线校正的峰面积。

峰面积的测量必须限定光谱区间，即限定吸收峰所包含的波数范围 ν_1 和 ν_2。基线位置的确定与测量峰高时相同。如图 9-5 所示，经过基线校正后的 B 峰面积是指，吸收峰光谱曲线和基线所包围的面积，即 abc 所包围的面积，面积为 1.41。图 9-6 所示 B 峰经过基线校正后的峰面积是由 $abcd$ 所包围的面积，面积为 2.13。同样的，图 9-5 和图 9-6 测量峰面积所采用的方法不同，得到的结果也不相同。

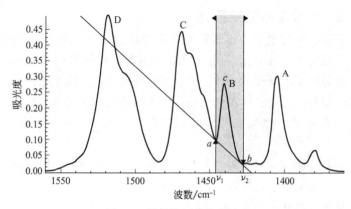

图 9-5　测量峰面积的方法 I

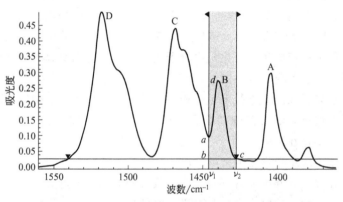

图 9-6　测量峰面积的方法 II

虽然图 9-5 和图 9-6 测量峰面积所采用的方法不同，但未经基线校正的峰面积是相同的，图 9-5 中 $a\nu_1\nu_2bc$ 所包围的面积和图9-6中 $a\nu_1\nu_2cd$ 所包围的面积是相同的，都为 2.55。

图 9-7 中吸收峰 A 是一个独立的吸收峰，它的峰面积非常容易测量。A 峰的面积由 abc 所包围的面积确定。

要想准确地测量图 9-1 中重叠峰 C 和 D 中的峰面积，最好采用曲线拟合的方法。

从以上讨论得知，在进行红外光谱定量分析时，无论采用测量

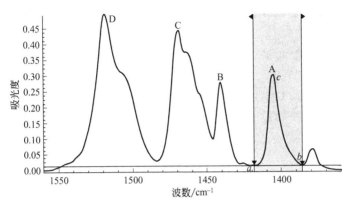

图 9-7　测量峰面积的方法 Ⅲ

峰高的方法，还是采用测量峰面积的方法，最好选择一个独立的、对称的吸收峰进行测量。如果实在找不到独立的吸收峰，必须对重叠的吸收峰进行分析时，对一系列相似的光谱都采用相同的方法测量，还是可以得到满意的结果的。

9.3　曲线拟合法测量峰高和峰面积

曲线拟合（curve fitting，或 band fit 或 peak solve）法是将重叠在一起的各个子峰通过计算机拟合，将它们分解为呈洛伦茨（Lorentzian）函数分布或高斯（Gaussian）函数分布的各个子峰。洛伦茨函数分布峰形较宽，而高斯函数分布是一种正态分布函数，峰形偏于细高。

通过计算机拟合，将严重重叠的谱带分解出来的每一个子峰一般都赋予 5 个参数：峰位、峰高、半高宽、峰面积和峰形。所以曲线拟合法是定量测量重叠谱带中各个吸收峰的峰高和峰面积的最好方法。

进行曲线拟合需要有曲线拟合软件，有些红外仪器公司提供的红外软件中已经包含了曲线拟合软件，而有些仪器公司在红外软件中并没有提供曲线拟合程序，如果用户需要，还应单独购买。曲线拟合软件也可以请计算机编程人员编写，或向国内有关单位购买。

在图 9-1 光谱中，可以看出，吸收峰 C 至少由三个谱带组成，吸收峰 B 和 C 又有部分重叠。直接测量吸收峰 B 和 C 谱带的峰高或峰面积是不可靠的。为了准确测量 B 和 C 吸收峰的峰高和峰面积，需要对这两个谱带进行曲线拟合。拟合结果如图 9-8 所示。

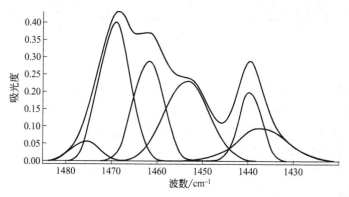

图 9-8　对图 9-1 中吸收峰 B 和 C 进行曲线拟合的结果

曲线拟合光谱数据处理技术广泛应用于蛋白质二级结构的测定。蛋白质的酰胺 I 谱带中包含了二级结构的信息。酰胺 I 谱带是一个很宽的吸收峰，它覆盖的光谱区间为 $1700 \sim 1600 \mathrm{cm}^{-1}$。这个谱带是由几个子峰组成的，每个子峰都代表一种结构，有 α 螺旋、β 折叠、转角和无规卷曲。为了测定蛋白质中这几种结构的含量，需要对酰胺 I 谱带进行曲线拟合。图 9-9 中的曲线 A 是核糖核酸酶 A 在重水中测得的光谱，曲线 B 是减掉重水后的光谱。因为重水在 $1600 \mathrm{cm}^{-1}$ 附近出现的合频峰对酰胺 I 谱带有干扰。在进行曲线拟合之前，先要确定酰胺 I 谱带中包含几个子峰，子峰个数需通过导数光谱数据处理技术中的二阶导数光谱来确定。图 9-9 中的曲线 C 是光谱 B 的二阶导数光谱。

从二阶导数光谱可以看出，在酰胺 I 谱带区间出现 6 个极小

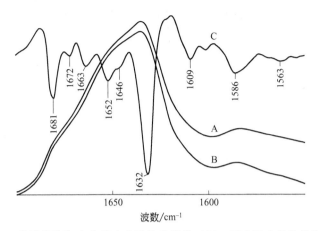

图 9-9　核糖核酸酶 A 在重水中酰胺 I 谱带（A）、减去重水后的差谱（B）
和差减光谱的二阶导数光谱（C）

值。曲线拟合时，将光谱区间向低频延伸到 $1550cm^{-1}$。一共拟合
出 9 个子峰。拟合结果示于图 9-10 中，拟合数据及谱带指认列于
表 9-1 中。

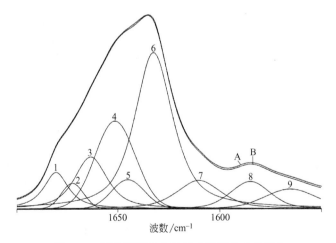

图 9-10　核糖核酸酶 A 酰胺 I 谱带的曲线拟合

A—原光谱；B—各子峰的加和光谱；编号 1～9 的光谱为
拟合得到的 9 个子峰的光谱

表 9-1　核糖核酸酶 A 酰胺Ⅰ谱带曲线拟合结果及谱带指认

子峰编号	面积	峰位 /cm^{-1}	峰高	半高宽 /cm^{-1}	峰形 Guassian-Lorenzian Mix	谱带指认
1	1.35	1680.7	0.069	14.6	0.88	转角
2	0.67	1672.6	0.049	12.9	0	转角
3	2.43	1663.4	0.099	19.1	0.66	转角
4	4.17	1651.3	0.167	23.5	0	α螺旋
5	1.13	1645.0	0.055	19.2	0	无规卷曲
6	8.64	1632.2	0.297	22.1	0.70	β折叠
7	1.70	1610.2	0.054	25.4	0.54	
8	1.35	1585.2	0.045	22.5	0.32	
9	1.09	1565.5	0.037	29.8	0.20	

　　将前面 6 个子峰的面积之和当成 100，分别计算出这 6 个子峰所占面积的百分数，即可定量计算出各种二级结构的含量（％）。计算结果表明，α螺旋、β折叠、无规卷曲和转角的含量分别为 22.7％、47.0％、6.1％和 24.2％。通过曲线拟合计算出来的各种结构的含量与晶体结构分析结果完全一致，说明采用曲线拟合法对样品进行定量分析是相当准确的。

9.4　导数光谱用于定量分析

　　采用吸收峰峰高和峰面积进行红外光谱定量分析时，分析结果的准确性很大程度上取决于基线的选择。当所分析的吸收谱带在基线选择遇到麻烦时，可以使用导数光谱法。

　　导数光谱的应用请参看第 6.7 节。导数光谱分为一阶、二阶和四阶导数光谱。这三种导数光谱都可以用于红外光谱的定量分析。由于导数光谱受噪声和水汽吸收峰的影响，在计算导数光谱之前，常使用数学平滑方法对光谱进行平滑（如 Savitzky-Golay 平滑法）。

如果光谱的噪声非常低，水汽吸收峰又非常小，可以直接计算导数光谱。

在一阶导数光谱中，出现正波瓣和负波瓣（图6-19）。通过红外软件可以计算出正一阶导数波瓣的强度、负一阶导数波瓣的强度和这两个波瓣强度之差。这三种强度中的任意两种强度的比值，正比于样品和参比的浓度。

在二阶和四阶导数光谱中（图6-20和图6-23），通常有一个正波瓣、一个负波瓣和第二个正波瓣。任何波瓣的强度，或这些波瓣强度的差值都能用于定量分析。

9.5 固体样品的定量分析

固体混合样品定量分析可以采用两种方法，一种是采用溴化钾压片法，另一种是采用溶液法，即将混合样品溶解在某种有机溶剂中进行测定。如果固体混合样品中的某些组分不能溶于有机溶剂，如绝大部分的无机物，这时只能采用溴化钾压片法测定。

如果固体混合样品中各组分为已知组分，或要求测定混合物中一两种已知组分的含量，这时需要绘制纯组分的工作曲线。

用电子天平准确称量不同质量的各种纯组分物质，准确度应达到±0.01mg。采用溴化钾压片法测定它们的光谱。在各组分光谱中挑选出不受其他组分吸收峰干扰的"独立峰"，测定各自独立峰的吸光度，以纯组分的质量为横坐标，相对应的吸光度为纵坐标作图，就可以得到各纯组分质量和吸光度的关系曲线，即工作曲线。工作曲线应是一条通过坐标原点的直线。

在进行定量分析时，准确称取1mg左右未知物，用溴化钾压片法测定其光谱。利用工作曲线即可知道所称样品中各组分的质量，从而计算出各组分的含量（%）。

利用溴化钾压片法进行定量测定，要想提高测量的准确度，有两点需要特别注意，一是要将玛瑙研钵中研磨好的样品全部转移到压片磨具中，二是压制出的锭片要均匀透明，以避免因光散射引起的光谱测量误差。

9.6 液体样品的定量分析

9.6.1 液池厚度的测定

液体样品的定量分析需要有液池，最好是选用可拆式液池。为什么不选用固定厚度液池呢？因为固定厚度液池的光程长一般都在 $50\mu m$ 以上，光程长小于 $50\mu m$ 的固定厚度液池很难清洗干净。

采用可拆式液池测定标准溶液的红外光谱时，由于每次测定时液膜厚度是不相同的，因此，需要对液池厚度进行归一化处理。例如，5 次测定光谱液膜的厚度分别为 17.4、18.5、19.8、20.5μm 和 21.2μm。将厚度归一化为 20.0μm。将这 5 张光谱分别乘以 1.15、1.08、1.01、0.97 和 0.94，即得到厚度都为 20.0μm 的光谱。现在余下的问题是，如何测定可拆式液池的液膜厚度？使用可拆式液池测定光谱后，每次都要将红外晶片取下来清洗干净，在两块晶片之间重新垫上一定厚度的垫片，拧紧固定螺丝。由于螺丝拧的松紧程度不同，空液池的厚度是不相同的。

空液池的厚度就是注入溶液后液膜的厚度。在注入液体样品之前应先测定空液池的厚度。测定空液池厚度采用干涉法。

将空液池插入样品室中的样品架上。以空气为背景，测定空液池的红外光谱，即可得到如图 9-11 所示的干涉条纹。产生干涉条纹的条件是，当两块晶片的表面非常平整，而且两块晶片装配后很平行。当红外光束通过空液池时，一部分红外光透过晶片，另一部分红外光从第二块晶片内表面反射回第一块晶片的内表面，再从第一块晶片的内表面反射至检测器。由于这两部分光的光程不相同而出现相位差，这两部分光发生干涉而产生干涉条纹。

从干涉条纹图中某一波数范围（ν_1 和 ν_2 之间）干涉波的数目 n，就可以计算出空液池的厚度 L（单位为 cm）：

$$L = \frac{n}{2} \times \left(\frac{1}{\nu_1 - \nu_2} \right) \qquad (9\text{-}3)$$

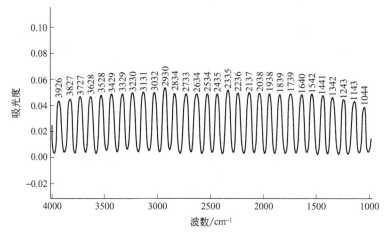

图 9-11　可拆式氟化钡晶片空液池测得的干涉条纹

图 9-11 所示是可拆式氟化钡晶片空液池测得的干涉条纹。ν_1 为 3926cm^{-1}，ν_2 为 1044cm^{-1}，在 3926～1044cm^{-1} 之间的干涉波数目为 29 个。根据式（9-3）计算液池的厚度如下：

$$L=\frac{29}{2}\times\left(\frac{1}{3962-1044}\right)=0.00503(\text{cm})=50.3(\mu m)$$

从式(9-3)可知，在相同的波数范围内，干涉条纹越密集，液池的厚度越厚。晶片表面越平整，液池装配时晶片越平行，出现干涉条纹的波数范围越大。低频端比高频端更容易出现干涉条纹。晶体材料的折射率越高，越容易出现干涉条纹。从第 5 章表 5-2 中可以看出，在透可见光的红外晶体材料中，硒化锌晶片的折射率最高（2.4），因此最容易出现干涉条纹。往硒化锌空液池中注入液体样品后测定光谱，仍然会出现干涉条纹。溴化钾晶体的折射率（1.56）比氟化钡晶体的折射率（1.46）还高，但用溴化钾晶片装配空液池时，不易测得干涉条纹，这是因为溴化钾的表面容易出现刻纹，表面不够平整的缘故。采用氟化钡或溴化钾晶片装配空液池，注入液体样品后测定光谱，在光谱中不会出现干涉条纹。

9.6.2 单一组分液体样品的定量分析

液体样品指的是有机溶液而不是水溶液,由于水的吸收峰非常强,所以水溶液不能用于红外光谱的定量分析。配制有机溶液所选用的有机溶剂红外吸收峰应尽量少,对固体样品或对有机液体应有足够大的溶解度。

当液体中只有一种已知溶质时,要准确测定溶液中溶质的含量(%),需要绘制工作曲线。将已知纯溶质配制成一系列已知浓度的标准溶液,用可变厚度液池测定标准溶液的红外光谱,对液池厚度进行归一化处理。从红外光谱中找出不受溶剂干扰的用于定量分析的溶质的独立吸收峰。以浓度为横坐标,独立吸收峰的吸光度为纵坐标作图,即得到工作曲线。

由式 (9-1) 可知,如果液体样品的浓度 c 保持不变,改变样品的厚度 b,以光谱中某一吸收峰的吸光度 A 对样品厚度 b 作图,应该得到一条通过坐标原点的直线。采用可拆式液池测试不同浓度样品的红外光谱,在对液池厚度进行归一化处理后,以光谱中某一吸收峰的吸光度 A 对样品的浓度 c 作图,也应该得到一条通过坐标原点的直线。图 9-12 是在氯仿溶剂中三棕榈酸甘油酯独立的羰基吸收峰的吸光度对浓度作图得到的工作曲线。这是一条通过坐标原点的直线。不同浓度测得的羰基吸收峰吸光度数据列于表 9-2 中。

表 9-2　氯仿中三棕榈酸甘油酯浓度与羰基吸收峰 ($1737cm^{-1}$) 的吸光度数据

浓度/(mg/L)	吸收峰高(吸光度)	浓度/(mg/L)	吸收峰高(吸光度)
400	0.062	7080	1.073
1000	0.152	11115	1.703
3526	0.535	13800	2.155

从图 9-12 可以看出,所有数据点都落在一条直线上,而且当羰基的吸光度达到 2.155 时,吸光度与浓度的关系仍然符合比耳定律。说明使用傅里叶变换红外光谱仪进行红外光谱定量分析时,如果能够正确地操作仪器,而且选择合适的吸收峰(通常选很尖锐的

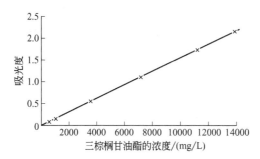

图 9-12　氯仿中三棕榈酸甘油酯羰基吸收峰的工作曲线

吸收峰），其吸光度在很大范围内与浓度的关系都能符合比耳定律。这给人们启示，在绘制工作曲线时，没有必要测试太多的数据点。如果对定量分析的准确度要求不是很高，只测试一个数据点也是可行的。这时只需将这个数据点与坐标原点连成直线即可。

　　有了工作曲线就可以对未知浓度的溶液样品进行定量分析，测试未知浓度溶液的红外光谱，测量相应吸收峰的吸光度，从工作曲线上即可直接读出溶液中溶质的浓度。

9.6.3　二组分液体的定量分析

　　准确测定溶液中两种或两种以上已知溶质的各自含量（％），也需要绘制工作曲线。将溶液中的已知纯溶质分别配制成一系列已知浓度的标准溶液，测定各纯溶质独立峰的吸光度，以浓度为横坐标，相对应的吸光度为纵坐标作图，即得到各纯溶质的工作曲线。测定待测溶液的红外光谱，测量各自独立峰的吸光度，从各自的工作曲线上即可读出它们的浓度。

　　绘制工作曲线是一件很繁琐的事情。如果对同一体系进行重复性定量分析，如生产过程的质量控制或同一产品的质量检定，绘制工作曲线是值得的。

　　对于只有两种组分的混合物的定量分析，除了采用绘制工作曲线方法测量各自含量外，还可以直接采用液膜法测量。这种分析方法简单、方便、可行，但分析误差较大，达5％左右。

如果混合物由已知的组分 m 和组分 n 组成，首先选择一种吸收峰较少或不干扰溶质测定的有机溶剂，将纯组分 m 和 n 分别配制成相同浓度的溶液，用干涉条纹法测定可拆式液池厚度（用厚度 $20\mu m$ 左右的垫片比较合适），然后测定这两种溶液的红外光谱。对液池厚度进行归一化后，得到组分 m 和组分 n 独立峰的吸光度 A_m 和 A_n。根据比耳定律

$$A_m = a_m b_m c_m \tag{9-4}$$

$$A_n = a_n b_n c_n \tag{9-5}$$

式（9-4）除以式（9-5），得：

$$\frac{A_m}{A_n} = \frac{a_m b_m c_m}{a_n b_n c_n} \tag{9-6}$$

式中，$b_m = b_n$，$c_m = c_n$，所以

$$\frac{A_m}{A_n} = \frac{a_m}{a_n} = K \tag{9-7}$$

计算组分 m 和组分 n 独立峰吸光度的比值 $K = A_m/A_n$。这个比值 K 也就是组分 m 和组分 n 独立峰的摩尔吸光系数的比值。

采用液膜法测定未知含量的混合物液体的红外光谱，得到 A'_m 和 A'_n。由于是用同一液膜测得的两个组分的光谱，所以 $b_m = b_n$。式（9-6）变成：

$$\frac{A'_m}{A'_n} = K \frac{c'_m}{c'_n} \tag{9-8}$$

因为式（9-8）中的 A'_m 和 A'_n 以及 K 为已知数，所以可以计算 c'_m/c'_n 的比值，从而计算出混合物中组分 m 和组分 n 的含量（%）。

下面举个例子说明直接采用液膜法分析二组分有机混合物含量的过程。

某混合物由丙酮和异丙醇组成，要求分析它们的含量（%）。将丙酮和异丙醇分别和 CCl_4 混合，体积比均为 0.3：1.0。用可拆式溴化钾液池，垫上 $15\mu m$ 厚的垫片，分别测定这两种混合液体的红外光谱，液池厚度经归一化后的光谱示于图 9-13 中。CCl_4 在

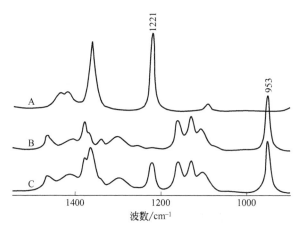

图 9-13 丙酮溶液的光谱（A）、异丙醇溶液的光谱（B）

和未知混合样品溶液的光谱（C）

$1600\sim850\text{cm}^{-1}$ 区间没有吸收峰。图 9-13A 和 B 分别是丙酮和异丙醇溶液的光谱。比较光谱 A 和 B，可以看出，丙酮溶液光谱中的 1221cm^{-1} 吸收峰是独立峰，异丙醇溶液光谱中的 953cm^{-1} 吸收峰是独立峰。这两个峰的吸光度分别为 0.617 和 0.455。代入式 (9-7) 得

$$K=\frac{0.617}{0.455}=1.36$$

将丙酮和异丙醇混合液按体积比为 1：2 混合。图 9-13C 是采用液膜法测试体积比 1：2 混合液得到的光谱。光谱中 1221cm^{-1} 吸收峰和 953cm^{-1} 吸收峰的吸光度分别为 0.212 和 0.422。代入式 (9-8) 得

$$\frac{c_{丙酮}}{c_{异丙醇}}=\frac{1}{1.36}\times\frac{0.212}{0.422}=0.369$$

所以，混合样品中丙酮的含量为 0.369/1.369＝27%；异丙醇的含量为 73%。计算值和实验值基本符合。

9.6.4 三组分液体的定量分析

三组分混合物的定量分析也可以采用上述方法。如果混合物中

含有 x、y 和 z 三种组分，由式（9-7）得

$$\frac{A_x}{A_y} = \frac{a_x}{a_y} = K_1 \tag{9-9}$$

$$\frac{A_y}{A_z} = \frac{a_y}{a_z} = K_2 \tag{9-10}$$

由式（9-8）得

$$\frac{c'_x}{c'_y} = \frac{1}{K_1} \times \frac{A'_x}{A'_y} \tag{9-11}$$

$$\frac{c'_y}{c'_z} = \frac{1}{K_2} \times \frac{A'_y}{A'_z} \tag{9-12}$$

合并式（9-11）和式（9-12）得

$$c'_x : c'_y : c'_z = \frac{1}{K_1} A'_x : A'_y : K_2 A'_z \tag{9-13}$$

测试同一混合液中 x、y 和 z 三种组分三个独立吸收峰的吸光度 A'_x、A'_y 和 A'_z。从式（9-13）的比值，可以计算出混合物中组分 x、y 和 z 的含量（%）。

9.7 多组分液体的定量分析

含有 n 个组分的混合物，在某一光程长时，在某一波数处的吸光度，比尔定律表述如下：

$$A = a_1 bc_1 + a_2 bc_2 + \cdots + a_n bc_n \tag{9-14}$$

公式（9-14）中的吸光度 A 定义为，在某一波数处，各种组分吸光度的加和。为了求解 n 个组分的浓度，需要在 n 个波数处，建立 n 个包含 n 个组分吸光度的方程。在固定光程长时，n 个方程组成方程组（9-15）：

$$A_1 = a_{11}bc_1 + a_{12}bc_2 + \cdots + a_{1n}bc_n$$
$$A_2 = a_{21}bc_1 + a_{22}bc_2 + \cdots + a_{2n}bc_n \tag{9-15}$$
$$\cdots \qquad \cdots \qquad \cdots$$

$$A_i = a_{i1}bc_1 + a_{i2}bc_2 + \cdots + a_{in}bc_n$$

式中　A_i——在波数 i 处总的吸光度；

　　　a_{in}——组分 n 在波数 i 处的吸光度系数；

　　　b——混合物样品在液池中的光程长；

　　　c_n——组分 n 在混合物中的浓度。

a_{in} 是组分 n 在波数 i 处的吸光度系数，其值可由纯组分配成的已知浓度溶液预先测得，这样就可以计算出吸光度系数和光程长的乘积 $a_{in}b$。在分析未知物时，已知吸光度系数和光程长的乘积 $a_{in}b$，吸光度 A_i 已经测量出来了，这样未知物浓度就可以计算出来。

对于三组分体系，解由三个方程组成的三元一次方程组很容易计算出三个组分的浓度。但对于 n 个方程组成的方程组（9-15），需要通过矩阵求逆解 n 个方程得出浓度 c_n。求逆方程如下公式（9-16）。

$$c_1 = A_1F_{11} + A_2F_{12} + \cdots + A_nF_{1n} \qquad (9\text{-}16)$$
$$c_2 = A_1F_{21} + A_2F_{22} + \cdots + A_nF_{2n}$$
$$\cdots \qquad \cdots \qquad \cdots \qquad \cdots$$
$$c_n = A_1F_{n1} + A_2F_{n2} + \cdots + A_nF_{nn}$$

式中，F_{nn} 是求逆相关系数。将吸光度测量值 A_n 代入公式（9-16）中，可以很容易计算出各个样品浓度。

采用矩阵求逆法从联立方程（9-16）很方便计算出浓度。矩阵求逆法解联立方程的程序在许多可编程计算器和计算机上都可运行。大部分商用定量分析程序中也都包含有这样的程序。经典最小二乘法回归（CLS）是一种复杂的矩阵求逆方法。

9.8　高分子共聚物和共混物的定量分析

高分子共聚物或共混物的定量分析和有机混合物的定量分析方法基本相同。现举一个例子说明定量分析过程，有一个聚苯乙烯和聚丙烯共混物薄膜样品，要求分析各自的含量（％）。

　　分别测定厚度为 38.1μm 聚苯乙烯和厚度为 15.0μm 聚丙烯薄膜的红外光谱。将厚度归一化为 10μm，即聚苯乙烯光谱乘以 0.262 和聚丙烯光谱乘以 0.667，图 9-14 中的光谱 A 和 B 分别为经厚度归一化后的聚苯乙烯和聚丙烯光谱。从图中可以看出，聚苯乙烯的 1493cm^{-1} 吸收峰和聚丙烯的 1167cm^{-1} 吸收峰是独立峰。根据比耳定律得

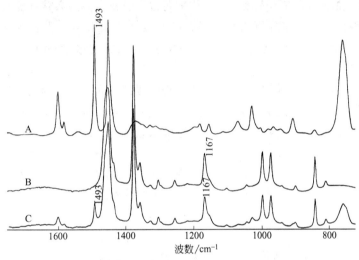

图 9-14　聚苯乙烯光谱（A）、聚丙烯光谱（B）及聚苯乙烯
和聚丙烯共混物的光谱（C）

$$\frac{A_1}{A_2} = \frac{a_1 b_1 c_1}{a_2 b_2 c_2} = \frac{a_1}{a_2} = K \qquad (9\text{-}17)$$

　　式中，A_1 为聚苯乙烯 1493cm^{-1} 吸收峰的吸光度；A_2 为聚丙烯 1167cm^{-1} 吸收峰的吸光度。光谱 A 和光谱 B 厚度经归一化后，$b_1 c_1 = b_2 c_2$。从这两个峰的吸光度计算出 K 值。$K = 0.595/0.173 = 3.44$

　　图 9-14C 是测得的共混物薄膜样品的红外光谱。将共混物光谱中 1493cm^{-1} 吸收峰的吸光度值（0.130）和 1167cm^{-1} 吸收峰的吸光度值（0.136）代入式（9-17）中，得

$$\frac{0.130}{0.136} = 3.44 \times \frac{C_1'}{C_2'} \qquad (9\text{-}18)$$

C_1'和C_2'分别表示共混物中聚苯乙烯和聚丙烯的浓度。从式（9-18）计算得到聚苯乙烯的含量为 22%，聚丙烯的含量为 78%。

附录

基团振动频率表（按振动频率由高到低排序）

振动模式	振动频率/cm^{-1}	注释
气态 H_2O 振转光谱	3950～3500	一系列尖锐的吸收峰
金属氢氧化物 O—H 伸缩	3700～3650	强，尖锐
结晶水伸缩	3630～2950	位于高频区的结晶水分子只参与金属配位
糖类 O—H 伸缩	3600～3050	出现多个 O—H 伸缩振动吸收峰，形成宽的吸收带
NH_2 反对称伸缩	3480～3270	
芳香族仲胺 NH 伸缩	3420～3300	吸收强度中等
NH_3	3414	反对称伸缩
醇羟基 O—H 伸缩	3400～3330	液态醇单峰，强且宽
羧酸二聚体 O—H 伸缩	3400～2200	强氢键使 O—H 伸缩振动谱带弥散
液态 H_2O 伸缩	约 3400	宽吸收带
NH_2 对称伸缩	3385～3125	
酰胺 NH_2 反对称伸缩	3360～3320	
NH_3	3336	对称伸缩
酚羟基 O—H 伸缩	3330～3240	单峰，强且宽
≡C—H 伸缩	约 3300	强度高，形状尖锐，非常特征
氨基酸 NH_3^+ 伸缩	3300～2000	弥散的强吸收谱带
铵盐 NH_3^+ 伸缩	3300～2000	弥散的强吸收谱带

续表

振动模式	振动频率/cm^{-1}	注释
伸酰胺酰胺 A	约 3300	NH 伸缩振动
脂肪族仲胺 NH 伸缩	3290～3270	强度弱
NH_3 振动	3289	3205,1625,1544,顺式二氨二氯化铂(Ⅱ)四种振动频率
NH_4^+ 反对称伸缩	3265～3000	较宽,强度中等
氨基酸 NH_2^+ 伸缩	3200～2000	弥散的强吸收谱带
PO—H 伸缩	3200～2000	弥散、宽峰
酰胺 NH_2 对称伸缩	3190～3160	
芳环 C—H 伸缩	3100～3000	弱,出现几个吸收峰
铵盐 NH_2^+ 伸缩	3100～2200	弥散的强吸收谱带
伸酰胺酰胺 B	约 3100	C—N—H 变角振动的一级倍频
$=CH_2$ 反对称伸缩	约 3080	强度较弱
NH_4^+ 对称伸缩	3075～3030	较宽,强度中等
NH^+ 伸缩	3050～240	弥散的强吸收谱带
$=C—H$ 伸缩	约 3040	强度较弱
$=CH_2$ 对称伸缩	约 3000	强度较弱
糖类 CH_3、CH_2 和 CH 伸缩	3000～2900	在这个区间出现多个伸缩振动谱带
CH_3 反对称伸缩	2960±5	饱和烷基
CH_2 反对称伸缩	2925±5	长链烷基
C—H 伸缩	约 2890	与电负性大的原子相连时,向高频位移,强度增加
CH_3 对称伸缩	2875±5	饱和烷基
CH_2 对称伸缩	2855±5	长链烷基
醛基 C—H 伸缩	2840～2720	弱,费米共振产生两个弱而尖锐的吸收峰
H_2S	2627	反对称伸缩
乙硼烷的 BH_2 反对称伸缩	2625～2595	中等

振动模式	振动频率/cm^{-1}	注释
H_2S	2615	对称伸缩
硫氢 S—H 伸缩	2600~2500	吸收谱带很弱,很特征
硼氢化钠的 BH_4 反对称伸缩	2597	
乙硼烷的 BH_2 对称伸缩	2540~2500	中等
P—H 伸缩	2460~2270	中等强度
PH_3	2421	反对称伸缩
CO_2 反对称伸缩	2359	R 支
CO_2 反对称伸缩	2338	P 支
PH_3	2327	对称伸缩
硼氢化钠的 BH_4 对称伸缩	2298	
—C≡C—(中心对称)伸缩	2280~2210	红外非常弱,拉曼非常强
氰化物—C≡N 伸缩	2280~2210	强
异氰酸酯—N=C=O 反对称伸缩	2275~2255	
脂肪族氰化物—C≡N 伸缩	2250~2245	
氰酸盐 C≡N 伸缩	约 2250	
异氰酸盐 O=C=N 反对称伸缩	约 2250	
芳香族氰化物—C≡N 伸缩	2245~2230	
单晶硅 Si—H 伸缩	2209	2177,2122,1946,氢气气氛中生长的单晶硅,尖锐
脂肪族异硫氰酸酯 N=C=S 反对称伸缩	2200~2050	强
芳香族异硫氰酸酯 N=C=S 反对称伸缩	2200~1900	强
CO	2173	R 支

续表

振动模式	振动频率/cm^{-1}	注释
硫氰酸盐 C≡N 伸缩	2160～2040	
异硫氰酸盐 N═C═S 反对称伸缩	2160～2040	
硫氰酸酯 C≡N 伸缩	约 2160	硫氰酸酯—S—C≡N 和异硫氰酸酯 S═C═N—为同分异构体
有机硅 Si—H 伸缩	2140～2100	吸收强度高,形状尖锐
H$_2$O 的和频吸收谱带	约 2140	变角振动与摇摆振动的和频峰。宽谱带
D$_2$O 的伸缩	约 2140	宽吸收带
叠氮化钠—N$_3$ 反对称伸缩	2137	强
HC≡C—R 的 C≡C 伸缩	2120～2030	弱,单取代频率取决于取代基吸电子或推电子的能力
无机氰化物—C≡N 伸缩	2120～2020	强
碳二亚胺 N═C═N 反对称伸缩	约 2120	很强
重氮 C═N═N 反对称伸缩	约 2120	强
CO	约 2120	R 支
HC≡C—Ar 的 C≡C 伸缩	约 2110	共轭效应向低频移动
气态 H$_2$O 变角振-转光谱	2000～1300	一系列尖锐的吸收峰,出现 P 支和 R 支
亚硝酰基—N≡O 伸缩	1950～1600	存在直线型配位和弯曲型配位
丁二酸酐(五元环) C═O 伸缩	1861,1785	环状脂肪族酸酐,高波数比低波数吸收峰强度低
酸酐羰基 C═O 伸缩	1860～1800 1800～1750	强。两个 C═O 伸缩振动发生耦合
开链脂肪族酸酐	1820,1750	高波数比低波数吸收峰强度高
脂肪族酰卤 C═O 伸缩	1815～1790	强
芳香族酰卤 C═O 伸缩	1810～1745	强

振动模式	振动频率/cm^{-1}	注释
戊二酸酐(六元环)C=O 伸缩	1804,1752	环状脂肪族酸酐,高波数比低波数吸收峰强度低
苯甲酸酐 C=O 伸缩	1786,1725	开链共轭体系酸酐
甲基丙烯酸酐 C=O 伸缩	1784,1724	开链共轭体系酸酐
环状邻苯二甲酰亚胺 C=O 伸缩	1774 和 1754	两个 C=O 伸缩振动发生耦合
环状琥珀酰亚胺 C=O 伸缩	1772 和 1691	两个 C=O 伸缩振动发生耦合
1,4-丁内酯 C=O 伸缩	1771	
酯羰基 C=O 伸缩	1770~1680	强
羧酸羰基 C=O 伸缩	1760~1660	强
脂肪族单体羧酸 C=O 伸缩	约 1760	非极性稀溶液中,极少数分子以单体形式存在
酚酯和烯酯 C=O 伸缩	1760±5	
酮羰基 C=O 伸缩	1750~1650	强
碳酸酯 C=O 伸缩	1750±5	
饱和脂肪酸酯 C=O 伸缩	1740±10	强,α-碳卤素取代,向高频移动
1,5-戊内酯 C=O 伸缩	1734	
1,6-己内酯 C=O 伸缩	1731	
饱和脂肪醛 C=O 伸缩	1730~1720	强
共轭体系酯 C=O 伸缩	1725±5	强,芳环或双键与酯羰基共轭
饱和脂肪酮 C=O 伸缩	1720~1710	强
NH$_4^+$ 对称变角	1720~1665	很弱
芳香醛 C=O 伸缩	1710~1630	强
脂肪族二聚羧酸 C=O 伸缩	1710~1700	与双键共轭,向低频移动
C=C 伸缩	1700~1610	
结晶水变角	1700~1580	
芳香族二聚羧酸 C=O 伸缩	1695~1660	与苯环共轭,向低频移动

续表

振动模式	振动频率/cm^{-1}	注释
芳香酮 C═O 伸缩	1690～1650	强
环状内酰胺 C═O 伸缩	1690～1660	随着环的缩小,张力增加,向高频移动
肟 C═N—OH 的 C═N 伸缩	1690～1640	
羰基 C═O 伸缩(酰胺 I)	1685～1630	
伯酰胺 C═O	1685～1660	脂肪族伯酰胺 α-碳卤素取代,向高频移动
醌羰基 C═O 伸缩	1680～1630	强。C═O 与芳环共轭,频率较低
共轭和氢键酯 C═O 伸缩	1680±5	强,共轭体系中有羟基或氨基
NH 面内弯曲	1680～1650	吸收强度很弱,没有实用价值
叔酰胺 C═O	1675～1645	
仲酰胺 C═O	1670～1650	蛋白质 α 螺旋位于 1651cm^{-1}
铵盐 NH$_3^+$ 不对称变角	1665～1580	强度中等
氨基酸 NH$_3^+$ 不对称变角	1660～1600	强度中等
NH$_2$ 变角	1650～1590	强度中等
液态 H$_2$O 变角	约 1645	吸收峰比较宽
铵盐 NH$_2^+$ 变角	1640～1595	很弱
氨基酸 NH$_2^+$ 变角	1640～1620	强度中等
伯酰胺酰胺 II	1640～1600	NH$_2$ 变角振动
NH$_3$	1628	不对称变角
芳环骨架振动	1625～1365	出现 3 组吸收峰
NaHCO$_3$	1621	1402(强),1003(中等),838,699
羧酸根 COO 反对称伸缩	1620～1540	强
乙硼烷 B…H…B 伸缩	1620～1580	强
氨基酸 COO 反对称伸缩	1600～1555	往往是光谱中最强的吸收峰

续表

振动模式	振动频率/cm^{-1}	注释
仲酰胺酰胺Ⅱ	1560~1520	C—N—H 弯曲振动
脂肪族硝基—NO$_2$反对称伸缩	1560~1545	强吸收
芳香族硝基—NO$_2$反对称伸缩	1550~1500	强吸收
D$_2$O 的和频吸收谱带	约 1550	变角振动与摇摆振动的和频峰。宽谱带
铵盐 NH$_3^+$ 对称变角	1545~1470	受碳氢变角振动或芳环骨架振动干扰难以辨认
氨基酸 NH$_3^+$ 对称变角	1545~1480	受碳氢变角振动干扰难以辨认
硝酸根 NO$_3$ 反对称伸缩	1510~1210	强吸收。有时出现多峰
NH$_4^+$ 不对称变角	1500~1385	非常强。出现一级倍频峰
糖类 CH$_3$、CH$_2$ 和 CH 变角	1480~1300	CH$_3$和 CH$_2$变角振动频率位于高频一侧
硼氧 B—O 伸缩	1480~1300	强吸收
HBO$_3$	1475	884,650,547
CH$_2$变角	1465±5	与电负性大的原子相连时,向低频移动
CH$_3$不对称变角	1460±5	CH$_3$不对称变角振动总是比 CH$_2$变角振动频率低一些
芳香族亚硝基 N＝O 顺式二聚	1445~1350	
CaCO$_3$	1433	878,713
醇 COH 面内弯曲	1430~1400	弱吸收,短链烷基醇谱带很明显
羧酸 COH 面内弯曲振动	1430~1400	吸收较弱
氨基酸 COO 对称伸缩	1430~1360	受碳氢变角振动的干扰难以指认
伯酰胺酰胺Ⅲ	1430~1350	C—N 伸缩振动
亚硝酸 NO$_2^-$ 反对称伸缩	1425~1260	
＝CH$_2$变角	1420~1400	吸收强度弱,受碳氢弯曲振动谱带的干扰

续表

振动模式	振动频率/cm^{-1}	注释
羧酸根 COO 对称伸缩	1420～1390	较弱
硫酸酯 SO$_2$ 反对称伸缩	1415～1390	强
醛基—CH 面内弯曲	1410～1390	无特征性,无实用价值
Na$_2$B$_4$O$_7$	1410～1360	1154～1076(强),948,815
C—H 变角	1400～1300	无特征性,无实用价值
SO$_3$	1391	反对称伸缩
脂肪族硝基—NO$_2$ 对称伸缩	1390～1360	吸收强度中等
磺酰氯 SO$_2$ 反对称伸缩	1380～1360	强
CH$_3$ 对称变角	1375±5	CH$_3$ 对称变角振动具有特征性
亚硝基胺 N—N＝O 的 N＝O 伸缩	1375～1310	
芳香族硝基—NO$_2$ 对称伸缩	1365～1330	强吸收
叠氮化钠—N$_3$ 对称伸缩	1363	强。拉曼活性
异氰酸酯—N＝C＝O 对称伸缩	1360～1310	
SO$_2$	1351	反对称伸缩
芳香族伯胺 C—N 伸缩	1350～1200	强
芳香族仲胺 C—N 伸缩	1350～1230	强
异氰酸盐 O＝C＝N 对称伸缩	约 1350	
磺酸酯 SO$_2$ 反对称伸缩	约 1350	强
砜 SO$_2$ 反对称伸缩	1350～1275	强
CH$_2$ 面外摇摆	1340～1150	弱吸收。与卤素相连时,出现强吸收
醌羰基和芳环 C—C 伸缩	1340～1280	出现两个强吸收峰
亚硝酸根 NO$_2^+$ 对称伸缩	1340～1325	

续表

振动模式	振动频率/cm^{-1}	注释
脂肪族磺酸 SO_2 反对称伸缩	约 1340	强
$NaHSO_4$	1336	1234(强),1071(强),1018,901,860
$P=O$ 伸缩	1320~1105	
羧酸 $C-OH$ 伸缩	1310~1250	强度中等
CH_2 扭曲	1300±10	弱,与极性基团相连时,强度增加
$=CH$ 面内弯曲	1300	强度很弱,但在某些化合物中,吸收很强
酚类 $C-OH$ 伸缩	1300~1150	强吸收
$(ArO)_3P=O$ 伸缩	约 1300	强
$NaPO_3$	1297	1102(强),994(强),879(强)
$K_2S_2O_8$	1297	1063(强),703(中等)
芳香酸酯 $C-O$ 伸缩	1290~1270	与 $C=O$ 相连的 $C-O$ 伸缩
脂肪族亚硝基 $N=O$ 反式二聚	1290~1200	
磷酸二氢盐 PO_2 反对称伸缩	约 1290	强
酮羰基和芳环 $C-C$ 伸缩	1280~1220	强
环状酸酐	1280~1210	$C-O$ 伸缩振动出现 1-3 谱带
叔酰胺酰胺Ⅲ	1280~1255	$C-N$ 伸缩振动
$(RO)_3P=O$ 伸缩	约 1280	强
过硫酸盐 SO_3 反对称伸缩	约 1280	强
碳氟振动	1280~1000	
CF_3 反对称伸缩	1278	强
芳香族 CF 伸缩	1270~1100	中等。与芳环共轭,频率提高
环氧丙烷(三元环)	1265 和 829	对称比反对称伸缩振动频率高
$NaNO_2$	1259	828(弱)
芳香族酰卤 $C-C$ 伸缩	1255~1170	强,芳环和酰卤基团连接的两个碳原子

基团振动频率表

振动模式	振动频率/cm^{-1}	注释
硫酸盐 SO$_3$ 反对称伸缩	1250 和 1220	强。分裂为两个谱带,后者比前者更强
(CH$_3$)$_3$ CR 的 C—C 伸缩	1245±10	中等,反对称伸缩振动;1200±10,中等,对称伸缩振动
芳香醚 C—O 伸缩	1240 和 1040	前者与芳环相连的 C—O 伸缩
脂肪酸酯和内酯 C—O 伸缩	1240~1150	与 C=O 相连的 C—O 伸缩
仲酰胺酰胺Ⅲ	约 1240	C—N 伸缩振动
—C(CH$_3$)$_2$—的 C—C 伸缩	1230±10	中等,反对称伸缩振动;1164±1,弱,对称伸缩振动
酮羰基和甲基 C—C 伸缩	1220~1170	强
P—O—Ar 中的 C—O 伸缩	1220~1165	强
Na$_5$P$_3$O$_{10}$	1216~1095	913(中等)
氰酸盐 C—O 伸缩	约 1215	
硼氢化钠的 BH$_4$ 对称变角	1210	
D$_2$O 的变角	约 1210	吸收峰比较宽
硫酸盐 SO$_4^{2-}$ 反对称伸缩	1210~1025	强
亚硫酸酯 S=O 伸缩	约 1210	强
CF$_2$ 反对称伸缩	约 1210	强
烯醚 C—O 伸缩	1200 和 1100	前者与双键相连的 C—O 伸缩
芳环和醛羰基 C—C 伸缩	约 1200	强
环内酰胺和环状酰亚胺酰胺Ⅲ	约 1200	C—N 伸缩振动
乙硼烷 BH$_2$ 变角	1200~1150	中等
碳二亚胺 N=C=N 对称伸缩	约 1200	
重氮 C=N=N 对称伸缩	约 1200	中等

振动模式	振动频率/cm^{-1}	注释
硫酸酯 SO_2 对称伸缩	1200～1190	强
磺酸盐 SO_3 反对称伸缩	1200～1170	强
硫碳 C=S 伸缩	1200～1020	中等
$(Ar)_3 P$=O 伸缩	约 1190	强
磺酰氯 SO_2 对称伸缩	1190～1160	强
H_2S	1183	弯曲
亚硫酸氢盐 SO_2 反对称伸缩	约 1180	强
芳香族磺酸 SO_2 反对称伸缩	1180 和 1130	强
$NaHSO_3$	1179	1072(中等),980(强)
$Na_2S_2O_5$	1178	1063(中等),980(中等),652(弱)
硫酸氢盐 SO_3 反对称伸缩	约 1175	强
磺酸酯 SO_2 对称伸缩	约 1175	强
$(CH_3)_2$ CHR 的 C—C 伸缩	1170±10	中等,反对称伸缩振动;1120±10,弱,对称伸缩振动
脂肪族磺酸 SO_2 对称伸缩	约 1170	强
脂肪族伯胺 C—N 伸缩	1160～1100	在指纹区,容易受干扰
砜 SO_2 对称伸缩	1160～1125	强
CF_2 对称伸缩	约 1155	强
$Na_2S_2O_4$	1151	996(中等),657(弱)
芳环 CH 面内弯曲	1150～990	极性取代基使吸收峰显著增强
糖类 C—OH 伸缩	1150～1000	出现几个 C—OH 伸缩振动吸收峰
糖类 C—O—C 伸缩	1150～1000	在这个区间只出现 C—O 伸缩振动谱带
亚磺酰氯 S=O 伸缩	约 1150	强
CF_3 对称伸缩	约 1148	强
SO_2	1147	对称伸缩
$R^1R^2R^3 P$=O 伸缩	约 1145	强

振动模式	振动频率/cm^{-1}	注释
脂肪族仲胺 C—N 伸缩	1140~1110	强
磷酸 P=O 伸缩	约 1140	
磷酸氢盐 PO$_3$ 反对称伸缩	约 1130	强
饱和脂肪醚 C—O	1125~1110	甲醚存在 C—O—C 反对称和对称伸缩振动
PH$_3$	1121	不对称变角
Na$_4$P$_2$O$_7$	1121	924（中等）
硼氢化钠的 BH$_4$ 不对称变角	1118	
KClO$_4$	1101	941,627,467
CH$_3$ 摇摆	1100~810	弱吸收。在有些化合物中出现强或较强吸收
直链 C—C 伸缩	1100~1020	弱,没有特征性
醇类 C—OH 伸缩	1100~1000	强吸收,某些醇类存在旋转异构体出现双峰
芳香族酰卤 C—X 伸缩	1100~870	强
有机硅 Si—O—Si 伸缩	1100~1000	强吸收
硅氢伸缩	1100~840	吸收峰很强,出现许多尖锐的吸收峰
磷酸二氢盐 PO$_2$ 对称伸缩	约 1100	强
磷酸二氢盐 P—(OH)$_2$ 反对称伸缩	约 1100	强
磷酸盐 PO$_4$ 反对称伸缩	1100~1050	非常强
脂肪族 CF 伸缩	1100~1000	强
芳香族 CCl 伸缩	1100~1030	中等。与芳环共轭,频率提高
石英 Si—O—Si 反对称伸缩	约 1089	强吸收
过硫酸盐 SO$_3$ 对称伸缩	约 1080	强
硫酸盐 SO$_3$ 对称伸缩	约 1080	弱吸收峰
芳香族 C—Br 伸缩	1075~1025	中等。与芳环共轭,频率提高

振动模式	振动频率/cm^{-1}	注释
四氢呋喃（五元环）	1070 和 911	分别为 C—O—C 反对称和对称伸缩振动
BF$_4$ 反对称伸缩	约 1070	
硝酸根 NO$_3$ 对称伸缩	1070～1020	高价态硝酸盐吸收强度中等
亚硫酸氢盐 SO$_2$ 对称伸缩	约 1070	中等
磺酸盐 SO$_3$ 对称伸缩	1070～1040	强
P—O—R 中的 C—O 伸缩	1060～975	强
亚砜 S＝O 伸缩	1060～1030	强
脂肪酸酯和内酯 C—O 伸缩	1050～1000	与烷基相连的 C—O 伸缩
开链脂肪族酸酐 C—O 伸缩	约 1050	只有乙酸酐存在 C—O—C 反对称和对称伸缩振动
硫酸盐 C—O 伸缩	1050～970	弱
磺酸酯 C—O 伸缩	1050～960	中等
＝CH$_2$ 扭曲	1040～990	RHC＝CH$_2$ 吸收强，位于 990±5
芳香酸酯 C—O 伸缩	1040～1010	与烷基相连的 C—O 伸缩
P—OH 伸缩	1040～910	强
芳香族磺酸 SO$_2$ 对称伸缩	1040 和 1010	强
硫酸氢盐 SO$_3$ 对称伸缩	约 1030	强
肟 C＝N—OH 的 N—O 伸缩	1020～900	强
硫酸酯 C—O 伸缩	1020～850	强
磷酸 P—(OH)$_3$ 反对称伸缩	约 1009	强
Na$_2$SiO$_3$	1005～858	
＝CH$_2$ 面外摇摆	1000～900	RHC＝CH$_2$ 吸收强，位于 910±5
硫酸盐 SO$_4^{2-}$ 对称伸缩	1000～950	无红外吸收或非常弱。拉曼峰很强
PH$_3$	990	对称变角
NaClO$_3$	990	967，938，625，499

续表

振动模式	振动频率/cm^{-1}	注释
亚硫酸盐 SO_3 对称伸缩	约 989	
Na_2SO_3	982	630,495
脂肪族酰卤 C—X 伸缩	980～910	强
亚硫酸氢盐 S—OH 伸缩	约 980	强
硫氧 S—O 伸缩	980～700	变化范围很大,化合物类型不同,频率不同
$Ba(ClO_3)_2 \cdot H_2O$	974	924,616,505,487
磷酸氢盐 PO_3 对称伸缩	约 970	强
磷酸盐 PO_4 对称伸缩	970～940	非常弱。拉曼活性
$R_1HC=CHR_2$ 的 C—H 面外弯曲反式	约 965	比较强
P—O—Ar 中的 P—O 伸缩	965～870	强
亚硫酸盐 SO_3 反对称伸缩	约 951	
羧酸 COH 面外弯曲	950～900	吸收峰较宽,强度中等,是一个特征谱带
异硫氰酸盐 N=C=S 对称伸缩	约 950	
亚硫酸酯 C—O 伸缩	约 950	强
$K_2Cr_2O_7$	948	765(中等),566(中等),376(强),136(强)
NH_3	932	对称变角
磷酸二氢盐 P—$(OH)_2$ 对称伸缩	约 920	强
NH_2 扭曲	910～750	宽且比较强,非常特征。芳香伯胺无此峰
$KMnO_4^-$	906	844,401,385,353
芳环 CH 面外弯曲	900～670	强,通常出现1～3个吸收峰
醛基—CH 面外弯曲	900～780	无特征性,无实用价值

续表

振动模式	振动频率/cm^{-1}	注释
硫酸盐 S—O 伸缩	900~800	弱
脂肪族磺酸 S—OH 伸缩	约 900	强
磺酸酯 S—O 伸缩	900~800	中等
NH_4VO_3	890	842(强),654(强),502(强)
磷酸 P—(OH)$_3$ 对称伸缩	约 887	
P—O—R 中的 P—O 伸缩	885~805	强
Na_2SeO_4	885	850,418,352
K_2CrO_4	884	859,398,385,343
$(NH_4)_6Mo_7O_{24}$	884	658(中等),574(中等),476(中等)
过氧化物的 O—O 伸缩	880~820	红外很弱或不出现,拉曼很强
Na_2HAsO_4	874	715(弱)
有机硅 Si—C 伸缩	870~740	强吸收
CCl$_3$ 伸缩	870~670	反对称和对称伸缩振动频率范围变化比较大
硫酸氢盐 S—OH 伸缩	约 860	中等
Na_2WO_4	859	828,931,544,319
碳化硅 Si—C 伸缩	约 850	在 777cm^{-1} 出现肩峰
亚硝酸根 NO$_2^-$ 弯曲	850~830	
硝酸根 NO$_3$ 面外弯曲	840~800	弱吸收
CCl$_2$ 伸缩	840~650	反对称和对称伸缩振动频率范围变化比较大
$NaIO_4$	838	786,362,316,260
P—F 伸缩	835~560	
硫酸酯 S—O 伸缩	830~770	中等
硫碳 C—S 伸缩	830~600	变化范围很大,化合物类型不同,频率不同
$NaBrO_3$	823	805,444,367

续表

振动模式	振动频率/cm^{-1}	注释
过硫酸盐 O—O 伸缩	约 810	红外无吸收峰,拉曼峰强
石英 Si—O—Si 对称伸缩	800 和 781	无定型 SiO_2 为单峰。位于 $805cm^{-1}$
脂肪族 CCl 伸缩	800~570	强
KIO_3	800	758,351,304
P—C 伸缩	795~750	弱,无实用价值
$KBrO_3$	794	780,426,359
CCl_4 反对称伸缩	785 和 762	红外吸收峰强
COO⁻ 变角	780~640	短链脂肪酸盐谱带比较弱,比较特征
氨基酸 COO 变角	780~700	很弱
NH 面外弯曲	770~700	脂肪族吸收峰弱且宽,但很特征
BF_4 对称伸缩	约 770	
硝酸根 NO_3 面内弯曲	765~715	弱吸收
$PbTiO_3$	765~515	强,宽
酰胺Ⅶ	约 750	弱。NH_2扭曲振动
硫氰酸盐 C—S 伸缩	约 750	
P=S 伸缩	750~580	
脂肪族磺酸 S—C 伸缩	约 750	强
磺酸酯 C—S 伸缩	730~600	中等
CH_2 面内摇摆	720±4	晶态长链烷基化合物分裂为 $730cm^{-1}$ 和 $720cm^{-1}$
脂肪族酰卤 O=C—X 变角	720~560	强
亚硫酸酯 S—O 伸缩	约 720	强
顺式 R_1HC=CHR₂ 面外弯曲	约 700	比较强
酰胺 V	约 700	弱。NH_2、NH 面外摇摆振动
H_2O 的摇摆	约 700	宽谱带
过硫酸盐 S—O 伸缩	约 700	中等

振动模式	振动频率/cm^{-1}	注释
脂肪族 C—Br 伸缩	700～500	强
醇 COH 面外弯曲	680～620	是一个宽谱带,吸收强度较弱,但很特征
CO_2 变角	669	Q 支
CF_3 变角	660～510	弱
COO⁻ 扭曲	650～610	短链脂肪酸盐谱带比较弱,比较特征
酰胺 IV	约 650	弱。O═C—N 面内弯曲振动
芳香族酰卤 O═C—X 变角	约 650	中等强度,受芳环 C—H 面外弯曲振动谱带的干扰
P—Cl 伸缩	650～445	
过硫酸盐 SO_3 不对称变角	约 640	中等
磷酸盐 PO_4 不对称变角	630～540	弱
亚硫酸盐 SO_3 不对称变角	约 630	
异氰酸盐 O═C═N 变角	约 625	
硫酸盐 SO_4^{2-} 不对称变角	约 620	弱
碳碘伸缩 C—I	610～500	弱
酰胺 VI	约 600	弱。O═C—N 面外弯曲振动
Na_3AlF_6	600	399(中等),260、214、185(中等),102(弱)
硫酸氢盐 SO_3 不对称变角	约 590	中等
过硫酸盐 SO_3 对称变角	约 565	中等
COO⁻ 面外摇摆	550～450	短链脂肪酸盐谱带比较弱,比较特征
氨基酸 COO 面外摇摆	550～500	强度中等
SO_3	536	面内弯曲
BF_4 不对称变角	约 530	

振动模式	振动频率/cm^{-1}	注释
SO_2	517	弯曲
亚硫酸盐 SO_3 对称变角	约 500	
磷酸 P—$(OH)_3$ 变角	约 486	中等强度
SO_3	484	面外弯曲
异硫氰酸盐 N＝C＝S 弯曲	约 480	
磷酸盐 PO_4 对称变角	470~410	弱
CCl_4 对称伸缩	463	拉曼谱带,强
硫酸盐 SO_4^{2-} 对称变角	约 460	弱
CCl_4 不对称变角	453	拉曼谱带,中等
硫酸氢盐 SO_3 对称变角	约 450	弱
BF_4 对称变角	约 360	
CCl_4 对称变角	317	拉曼谱带,中等

参 考 文 献

[1] 吴瑾光．近代傅里叶变换红外光谱技术及应用．北京：科学技术文献出版社，1994.

[2] 翁诗甫．傅里叶变换红外光谱仪．北京：化学工业出版社，2005.

[3] 翁诗甫．傅里叶变换红外光谱分析．第二版．北京：化学工业出版社，2010.

[4] Peter R. Griffiths，James A. de Haseth. Fourier Transform Infrared Spectrometry. Hoboken，NJ：Johnwiley& Sons, 1986.

[5] 董庆年．红外光谱法．北京：化学工业出版社，1979.

[6] 王宗明等．实用红外光谱学．北京：石油化学工业出版社，1991.

[7] 中本一雄．无机和配位化合物的红外和拉曼光谱．第四版．北京：化学工业出版社，1991.

[8] 钟锡华．现代光学基础．北京：北京大学出版社，2003.

[9] Arthur Finch. Chemical Applications of Far Infrared Spectroscopy. New York：Academic Press，1970.

[10] 刑其毅等．基础有机化学．第三版．北京：高等教育出版社，2005.

[11] 红外光谱定量分析技术通则（GB/T 32198—2015）.